单片机系统设计基础

王 雷 王幸之 陈志军
赵英宝 钟爱琴   编著

北京航空航天大学出版社

内 容 简 介

本书系统介绍了80C51及其兼容型单片机的性能结构、指令系统、编程方法、接口设计、抗干扰技术和系统设计方法。全书共分9章，内容深入浅出，通俗易懂，突出重点，有较丰富的实例和练习题，便于读者理解和记忆。

本书可作为本科院校自动化、计算机应用、仪器仪表、机电一体化等有关专业的教材，也可供从事单片机系统应用设计、产品开发和维修的广大科技人员阅读。

图书在版编目(CIP)数据

单片机系统设计基础／王雷等编著. －－北京：北京航空航天大学出版社，2012.5
 ISBN 978－7－5124－0784－8

Ⅰ.①单… Ⅱ.①王… Ⅲ.①单片微型计算机 Ⅳ.
①TP368.1

中国版本图书馆CIP数据核字(2012)第065469号

版权所有，侵权必究。

单片机系统设计基础

王　雷　王幸之　陈志军　编著
赵英宝　钟爱琴

责任编辑　陈　旭

*

北京航空航天大学出版社出版发行

北京市海淀区学院路37号(邮编100191)　http://www.buaapress.com.cn
发行部电话：(010)82317024　传真：(010)82328026
读者信箱：emsbook@gmail.com　邮购电话：(010)82316936
涿州市新华印刷有限公司印装　各地书店经销

*

开本：710×1 000　1/16　印张：27.5　字数：602千字
2012年5月第1版　2012年5月第1次印刷　印数：4 000册
ISBN 978－7－5124－0784－8　定价：49.00元

若本书有倒页、脱页、缺页等印装质量问题，请与本社发行部联系调换。联系电话：(010)82317024

前　言

单片机自问世以来,随着大规模集成电路的发展,其性能日趋完备、可靠性增强、经济成本下降,已成为电气自动化技术、仪器仪表领域以及计算机控制等相关专业的新产品开发和旧设备更新换代的重要技术手段,并取得了可观的经济效益和技术效果。

当前,我国高等院校有关专业均设置了单片机课程。单片机及其应用系统已成为高等院校有关专业本科学生在校期间以及将来择业、深造所必备的重要基础知识和技能。本书是作者结合多年的单片机教学和实践经验,并参考了国内有关院校的教材编写而成的。

与通用计算机相比,单片机的重要特征是具有较强的控制功能。同传统的电气控制和数字电子技术相比,单片机具有很强的软件功能,可以通过灵活的编程去完成某些传统手段依赖硬件方可实现的性能。与此同时,单片机的指令执行过程又与本身的硬件结构紧密相关。本书在叙述中将硬件与软件紧密结合,具体体现在讲述某些有关控制指令时,结合了相关时序、寻址方式、机器码特征以及扩展时控制信号的产生过程。

单片机系统的成功应用,不仅有赖于正确的软件和硬件设计,而且必须具有较强的抗干扰能力。本书详尽介绍了有关抗干扰设计的基础知识和技能,并贯穿于系统扩展设计之中。

学生在学习单片机之前,尽管已具备某些电子技术、计算机方面的基础知识,但本身实践经验的不足成为学习实践性很强的单片机技术的障碍。本书在叙述过程中,力争做到重点突出、通俗易懂,并根据作者的教学经验,对于学生在学习过程中易出现的误解加以提示,并比较归纳。书中配备了必要的实例,有助于加深学生对知识的理解。

单片机传入我国之后,早期主要是以 80C51 系列单片机(尤其是 80C31 型号)为主。随着技术的进步,出现了与 80C51 兼容、性能更加优越的单片机,称之为 80C51 兼容型单片机(如 AT89C51)。本书在主讲机型选择上既考虑到技术的传承性,又考虑到技术的先进性,具体体现在讲述单片机基本原理与结构时,以 80C51 单片机作为主讲机型;同时,对先进的单片机(AT89C51)也进行了介绍,并应用在实例中。

单片机技术内容很丰富。本书的前 6 章是必备的基础知识,后续章节可根据教学时间灵活安排,可选讲,或留作课程设计或毕业设计时阅读。

为使学生在有限的教学课时内掌握单片机的基础知识和工程设计的基本方法,教程的编写要选材典型、内容先进、联系实际、通俗深透。

1. 主讲机型的选取

主讲机型要有典型性,即能触类旁通,根据该机型结构很容易理解其他类型的单片机。80C51单片机具有典型的硬件结构和指令系统,其内核技术为许多单片机采用。用80C51作为主讲机型,仅着眼于公认的标准结构体系,并不表明是当前性能先进、应用广泛的机型。本书的第2、3、4章即以80C51为例,介绍单片机的硬件结构、指令系统及编程方法。

主讲机型还要有先进性,即在当前是性能先进、并获得广泛应用的机型。前面曾指出,80C51系列兼容型的性能要优于80C51单片机。本书选用AT89C51为另一个主讲机型。AT89C51除片内配置Flash程序存储器外,其余结构与80C51完全相同,是与AT80C51结构最接近的单片机。在第5章之后,介绍系统的工程设计和具体应用时,以AT89C51为主讲机型。

本书的特点之一就是根据不同的教学内容和目的,选用不同的主讲机型。

2. 通俗深透

教材要力求语言通俗,根据学生知识结构的实际,尽可能把问题通过对比的方法介绍深透。这样,不仅适合于学生自学,也提高了学生的学习兴趣。

单片机内容丰富,往往使初学者感到无所适从。本教程选材不仅突出重点,而且在叙述过程中注意及时归纳,条理清晰。

3. 突出工程设计及应用

通用型单片机必须经过规范化的系统设计,方可适应不同的技术要求。在满足生产工艺要求的同时,还要降低功耗,提高系统的抗干扰能力。

本书在介绍外围设计的同时,详尽地介绍了所用外围芯片的结构和性能,书末并附有查询目录。所选用的芯片均采用CMOS工艺,具有较低的功耗,而不采用传统的TTL工艺制造的高功耗芯片。第5章介绍了单片机应用系统抗干扰设计,在具体设计中应考虑抗干扰问题。

单片机应用系统设计的主要内容包括:外围扩展电路的硬件结构设计、低功耗设计、应用软件设计、抗干扰技术设计。将这些内容密切结合在一起,是本教程的又一特点。

4. 必须讲授的教学内容

考虑到各个院校教学时数及要求的差异,将教材内容分为必讲和选讲部分。第1~6章是单片机的基础知识和设计的基本方法,是应用基础,必须讲授。

5. 选讲内容的建议

本书的第7~9章可根据具体情况选择其中一部分或大部分,也可留给学生自学。学生学习完前6章,后几章的内容可以自学掌握。

6. 章末练习题

在每章的结尾均附有练习题。这些题目经过精选,题型多样,不是教学内容的简单重复,对深化概念,提高学生能力是有益的。

本书由王雷、王幸之负责统稿和定稿工作。王雷编写第 3 章、第 4 章和第 6 章;王幸之编写第 5 章;陈志军编写第 8 章和第 9 章;赵英宝编写第 1 章和第 7 章;钟爱琴编写第 2 章,并绘制了全书插图。

本书在编写过程中,得到了北京航空航天大学出版社的大力支持和帮助,特此表示感谢。

由于作者水平有限,书中难免有错误和不妥之处,敬请广大读者批评指正。有兴趣的读者可以发送电子邮件到:thunderwang@hebust.edu.cn,与作者进一步交流;也可以发送电子邮件到:xdhydcd5@sina.com,与本书策划编辑进行交流。

作者
2012 年 2 月

目 录

第1章 概 述 1
  1.1 单片机的含义 1
  1.2 单片机的发展历史 2
  1.3 单片机及其应用系统的发展趋势 4
  1.4 单片机的应用 6
  练习题1 7

第2章 80C51硬件组成及原理 8
  2.1 80C51的引脚排列及功能 8
  2.2 CPU与程序执行过程 11
    2.2.1 CPU的工作原理 11
    2.2.2 单片机执行程序的过程 13
  2.3 80C51存储器及空间分布 14
    2.3.1 常用存储器的分类 14
    2.3.2 存储器的物理空间和逻辑空间 16
    2.3.3 程序存储器 17
    2.3.4 数据存储器 18
  2.4 指令系统常用特殊功能寄存器 22
    2.4.1 程序状态字PSW 22
    2.4.2 累加器ACC 23
    2.4.3 B寄存器 23
    2.4.4 数据指针DPTR 24
    2.4.5 堆栈指针SP 24
  2.5 CPU时序与时钟电路设计 25
    2.5.1 定时单位与时序 25
    2.5.2 片外数据存储器访问过程及控制信号 27
    2.5.3 时钟电路的组成方式 29
    2.5.4 时钟电路的抗干扰措施 31
  2.6 复位操作原理及电路设计 32
    2.6.1 80C51的复位 32
    2.6.2 片外扩展的I/O接口电路的复位 33

  2.6.3 复位的抗干扰措施 ································· 34
 2.7 80C51的低功耗方式设计 ································· 34
 2.8 常用AT89系列单片机 ································· 37
  2.8.1 AT89C51单片机 ································· 37
  2.8.2 AT89C2051单片机 ································· 41
 练习题2 ································· 48

第3章 80C51单片机指令系统与程序设计 50

 3.1 指令格式和符号说明 ································· 51
  3.1.1 指令格式 ································· 51
  3.1.2 指令中的符号 ································· 51
 3.2 寻址方式和寻址空间 ································· 52
  3.2.1 字节操作中的寻址方式 ································· 52
  3.2.2 位操作中的寻址方式 ································· 54
  3.2.3 寄存器寻址与直接寻址的比较 ································· 55
 3.3 数据传送类指令 ································· 56
  3.3.1 一般传送指令 ································· 56
  3.3.2 16位地址指针传送指令 ································· 57
  3.3.3 累加器A与外部RAM传送指令 ································· 58
  3.3.4 读程序存储器中字节常数的指令 ································· 58
  3.3.5 栈操作指令 ································· 59
  3.3.6 累加器A数据交换指令 ································· 60
 3.4 算术运算类指令 ································· 60
  3.4.1 加法类指令 ································· 60
  3.4.2 减法类指令 ································· 64
  3.4.3 乘法和除法指令 ································· 65
 3.5 逻辑运算及移位类指令 ································· 66
  3.5.1 逻辑"与"运算指令 ································· 66
  3.5.2 逻辑"或"运算指令 ································· 66
  3.5.3 逻辑"异或"运算指令 ································· 67
  3.5.4 累加器清0及取反指令 ································· 67
  3.5.5 移位指令 ································· 67
 3.6 控制转移类指令 ································· 68
  3.6.1 无条件转移指令 ································· 68
  3.6.2 条件转移指令 ································· 73
  3.6.3 子程序调用及返回指令 ································· 75
  3.6.4 空操作指令 ································· 77
 3.7 位操作类指令 ································· 78

目录

- 3.7.1 位传送指令 ··· 78
- 3.7.2 位置位和复位指令 ··· 78
- 3.7.3 位运算指令 ··· 78
- 3.7.4 位控制转移指令 ··· 79
- 3.8 汇编语言程序设计 ··· 80
  - 3.8.1 汇编语言的特点及语句格式 ··· 80
  - 3.8.2 汇编语言程序的基本结构形式 ·· 81
- 3.9 汇编语言的伪指令与汇编 ··· 83
  - 3.9.1 汇编语言的伪指令 ··· 83
  - 3.9.2 汇编语言的汇编 ·· 85
- 3.10 汇编语言程序设计举例 ·· 87
  - 3.10.1 算术运算程序 ·· 87
  - 3.10.2 数制转换程序 ·· 93
  - 3.10.3 定时程序 ·· 95
  - 3.10.4 查表程序 ·· 96
  - 3.10.5 数据极值查找程序 ·· 97
- 练习题3 ··· 98

第4章 80C51单片机片内功能单元 ·· 102
- 4.1 并行 I/O 口 ·· 102
  - 4.1.1 P1 口 ··· 103
  - 4.1.2 P0 口 ··· 104
  - 4.1.3 P2 口 ··· 106
  - 4.1.4 P3 口 ··· 107
  - 4.1.5 通用 I/O 口功能的指令操作 ·· 108
  - 4.1.6 I/O 口的电气特性 ·· 110
  - 4.1.7 并行 I/O 口应用举例 ··· 111
- 4.2 中断系统 ·· 115
  - 4.2.1 中断源与中断向量地址 ·· 116
  - 4.2.2 中断标志与控制 ·· 118
  - 4.2.3 中断响应过程 ··· 122
  - 4.2.4 中断请求的撤除 ·· 124
  - 4.2.5 中断服务程序设计及举例 ·· 125
- 4.3 定时器/计数器 ·· 128
  - 4.3.1 定时器/计数器结构与功能 ·· 128
  - 4.3.2 定时器/计数器控制寄存器 ·· 129
  - 4.3.3 定时器/计数器的工作方式与程序设计举例 ··· 130
  - 4.3.4 动态读取定时器/计数器的计数值 ··· 139

4.4 串行通信口 ·············· 140
  4.4.1 概　述 ·············· 140
  4.4.2 串行口及控制寄存器 ·············· 144
  4.4.3 串行通信的工作方式 ·············· 147
  4.4.4 波特率的设置 ·············· 150
  4.4.5 串行通信编程及应用举例 ·············· 152
练习题 4 ·············· 163

第 5 章　单片机应用系统抗干扰技术 ·············· 166
5.1 干扰的来源及分类 ·············· 166
  5.1.1 干扰的来源 ·············· 166
  5.1.2 干扰的分类 ·············· 167
5.2 常用硬件抗干扰技术 ·············· 170
  5.2.1 接地技术 ·············· 170
  5.2.2 屏蔽技术 ·············· 173
  5.2.3 滤波技术 ·············· 178
  5.2.4 隔离技术 ·············· 190
  5.2.5 双绞线的抗干扰原理及应用 ·············· 194
  5.2.6 信号线间的串扰及抑制 ·············· 196
  5.2.7 抑制数字信号噪声常用硬件措施 ·············· 197
5.3 供电电源的抗干扰技术 ·············· 200
  5.3.1 电源干扰问题概述 ·············· 201
  5.3.2 电源抗干扰的基本方法 ·············· 203
  5.3.3 EMI 电源滤波器 ·············· 205
  5.3.4 瞬变干扰与 TVS ·············· 207
  5.3.5 电源变压器的屏蔽与隔离 ·············· 212
  5.3.6 供电直流侧抑制干扰措施 ·············· 213
5.4 印制电路板的抗干扰设计 ·············· 215
  5.4.1 地线和电源线的布线设计 ·············· 215
  5.4.2 信号线的布线原则 ·············· 217
  5.4.3 配置去耦电容的方法 ·············· 220
  5.4.4 芯片的选用与器件布局 ·············· 222
  5.4.5 印制电路板的安装和板间配线 ·············· 224
5.5 软件抗干扰原理与方法 ·············· 224
  5.5.1 软件抗干扰一般方法 ·············· 224
  5.5.2 指令冗余技术 ·············· 225
  5.5.3 软件陷阱技术 ·············· 225
  5.5.4 故障自动恢复处理程序 ·············· 228

5.5.5	数字滤波	232
5.5.6	干扰避开法	236
5.5.7	开关量输入/输出软件抗干扰设计	238

5.6 看门狗技术 ··· 238
练习题 5 ··· 244

第 6 章 单片机并行扩展与接口技术 246

6.1 单片机的扩展总线结构及编址技术 ··· 246
  6.1.1 单片机总线的构造方法 ··· 246
  6.1.2 编址技术 ··· 247
  6.1.3 80C51 单片机存储器的特点 ··· 250
6.2 单片机存储器的扩展 ··· 251
  6.2.1 扩展程序存储器的接口设计 ··· 251
  6.2.2 外部数据存储器的扩展 ··· 256
  6.2.3 扩展存储器综合设计举例 ··· 259
6.3 单片机 I/O 口及定时器扩展 ··· 262
  6.3.1 用 74HC244 扩展并行输入口 ··· 262
  6.3.2 用 74HC377 扩展并行输出接口 ··· 264
  6.3.3 8255A 可编程并行 I/O 扩展接口 ··· 265
  6.3.4 8253 可编程定时器/计数器扩展接口 ··· 271
6.4 单片机与 D/A 及 A/D 转换器接口 ··· 276
  6.4.1 D/A 转换器的技术性能 ··· 276
  6.4.2 8 位 D/A 转换器 DAC0832 ··· 277
  6.4.3 12 位 D/A 转换器 DAC1208 ··· 280
  6.4.4 D/A 转换器接口技术应用举例 ··· 282
  6.4.5 A/D 转换器的技术指标 ··· 284
  6.4.6 8 位 A/D 转换器 ADC0809 ··· 285
  6.4.7 8 通道 12 位 A/D 转换器 MAX197 ··· 289
  6.4.8 双积分 12 位 A/D 转换器 ICL7109 ··· 294
  6.4.9 V/F 转换器 AD652 在 A/D 转换中的应用 ··· 301
  6.4.10 A/D、D/A 扩展综合应用实例 ··· 307
6.5 LED 显示器与键盘接口技术 ··· 309
  6.5.1 LED 显示器结构原理 ··· 309
  6.5.2 8 位 LED 驱动器 ICM7218B ··· 311
  6.5.3 8279 键盘和显示器接口芯片 ··· 315
  6.5.4 键盘、LED 显示接口应用综合实例 ··· 327
6.6 LCD 显示器与接口芯片 ··· 333
  6.6.1 液晶显示器及其特点 ··· 333

6.6.2	ICM 7211M LCD 驱动器	334
6.6.3	89C51 与 LCD 驱动器接口电路	337

6.7 微型打印机接口电路 ································ 338
   6.7.1 TPμp-40A 主要性能及接口信号 ················· 338
   6.7.2 单片机与 TPμp-40A/16A 打印机接口电路 ············ 340

6.8 单片机扩展系统主机单元的抗干扰技术 ··················· 342
   6.8.1 总线的可靠性设计 ······················· 342
   6.8.2 芯片配置与抗干扰 ······················· 346
   6.8.3 时钟电路配置 ························ 349
   6.8.4 复位电路设计 ························ 349

练习题 6 ································· 350

第 7 章　单片机串行扩展与接口技术 ····················· 353

7.1 单片机串行扩展方式 ·························· 353
   7.1.1 I^2C 总线接口 ························ 353
   7.1.2 单总线接口 ························· 359
   7.1.3 SPI 串行外设接口 ······················· 359
   7.1.4 Microwire 串行扩展接口 ···················· 360
   7.1.5 80C51 UART 方式 0 串行扩展接口 ················ 361

7.2 单片机串行传输软件及其模拟技术 ····················· 362
   7.2.1 I^2C 总线典型信号的模拟子程序 ················· 362
   7.2.2 I^2C 总线模拟通用子程序 ···················· 364

7.3 串行扩展外围芯片及应用实例 ······················ 366
   7.3.1 I/O 口串行扩展芯片 PCF8574/8574A ··············· 366
   7.3.2 串行 LED 显示驱动器 MC14499 ················· 369
   7.3.3 12 位串行 A/D 转换器 MAX187 ················· 373

第 8 章　单片机功率接口技术 ······················· 377

8.1 功率驱动器件 ···························· 377
   8.1.1 74 系列功率集成电路 ····················· 377
   8.1.2 75 系列功率集成电路 ····················· 379
   8.1.3 MOC 系列光耦合过零触发双向晶闸管驱动器 ············ 380
   8.1.4 固态继电器 ························· 384

8.2 继电器型负载功率接口 ························· 387
   8.2.1 超小型电磁继电器 ······················· 388
   8.2.2 直流电磁式继电器功率接口 ··················· 388
   8.2.3 交流电磁式继电器功率接口 ··················· 389

8.3 过零触发双向晶闸管调功器 ······················· 390

第9章 单片机应用系统工程设计 ... 392
9.1 单片机应用系统设计概述 ... 392
9.1.1 设计步骤 ... 392
9.1.2 硬件设计要点 ... 393
9.1.3 软件设计要点 ... 394
9.1.4 抗干扰技术设计要点 ... 394
9.2 低功耗单片机系统设计 ... 395
9.3 单片机应用系统设计举例 ... 397
9.3.1 温度控制系统的组成 ... 397
9.3.2 硬件电路设计 ... 398
9.3.3 程序设计 ... 401

附录A 80C51系列单片机指令集 ... 415
A.1 按字母顺序排列的指令集 ... 415
A.2 按功能分类的指令集 ... 419

附录B 常用芯片索引 ... 424

参考文献 ... 426

第 1 章

概　述

单片机自 20 世纪 70 年代出现以来,由于结构简单、价格低廉、可靠性高、灵活性好、开发容易,应用发展很快。在我国,单片机已广泛应用在工业自动化、智能仪表、机电一体化、家用电器以及网络技术等各个方面。

1.1　单片机的含义

1. 单片机的单芯片形态结构

微型计算机的基本功能单元包括中央处理单元(CPU)、存储器(ROM、RAM)和若干输入/输出接口部件(如并行 I/O 口、串行口、定时器/计数器等)。

一般微型计算机的基本功能单元都是独立的集成芯片,通过印制板或软导线相互连接而构成一台计算机。这种多芯片组成的系统体积大、结构复杂、成本高、可靠性差,不适应现场控制的要求。

利用大规模集成技术,将计算机的各个基本功能单元集成在一块硅片上,这块芯片就具有一台计算机的属性,因而被称为单片微型计算机(Single Chip Microcomputer, SCM),简称单片机。这种将主要功能单元集成在一块集成电路芯片上的系统具有体积小、结构简单、价格低廉、稳定可靠的优点,适用于环境复杂的现场控制。

一般微型计算机和单片机,都具有计算机的功能属性。但基本功能单元采用了不同的组合形态,前者是基本功能单元为芯片形态的集合方式,后者则是基本功能单元在一块芯片上的集成方式。构成的形态不同,决定了其性能和应用特点的不同。

2. 单片机的控制属性

单片机主要用于测控领域,实现各种测试和控制功能。为了强调其控制属性,在国际上一般把单片机称为微控制器(Microcontroller Unit,MCU)。

3. 单片机的嵌入式应用特点

通用计算机一般以完成高速、海量的数据处理与计算为己任,通常是处于环境相对安全的机房内。单片机以实现现场测控为目的,应用时通常处于控制系统的内部(即嵌入其中),成为整个系统的一部分。为了强调其"嵌入"的特点,也把单片机称为嵌入式控制器(Embedded Microcontroller Unit,EMCU)。

在我国,单片机的叫法甚为普遍,本书沿用这一叫法。这里把单片机看作是面向对象控制,具有嵌入式应用特点的单芯片形态结构的微型计算机。英文缩写采用 MCU。

单片机作为最典型的嵌入式系统,它的成功推动了嵌入式系统的发展。同时,单片机的诞生,标志着计算机正式形成了通用计算机系统和嵌入式计算机系统两大分支。通用计算机系统以高速数值计算为己任,不必兼顾控制功能,其数据总线宽度不断更新,通用操作系统不断完善,以突出发展海量、高速数值计算能力。而以单片机为代表的嵌入式系统,以面向对象控制为己任,不断增加控制功能,提高可靠性,降低成本,减小体积,改善开发环境。

1.2 单片机的发展历史

从最初的单片机发展至今,大致经历了 3 代。下面以 Intel 公司的 8 位单片机为例进行说明。

① 第一代。以 1976 年 Intel 公司推出的 MCS-48 系列单片机为代表,主要技术特征是将 CPU 和计算机外围电路集成到了一个芯片上,开辟了单片机的成功之路。但不足之处是无串行口,中断处理比较简单,片内 RAM 和 ROM 容量较小。

② 第二代。以 1981 年 Intel 公司推出的利用 HMOS 工艺制造的 MCS-51 系列单片机为代表,典型芯片为 8051、8031、8751,如表 1.1 所列。

表 1.1 MCS-51 系列单片机型号及性能指标(一)

子系列	片内 ROM 形式			片内 ROM 容量/KB	片内 RAM 容量/B	寻址范围 /KB	I/O 特性			中断源
	无	ROM	EPROM				定时器/计数器	并行口	串行口	
51 子系列	8031	8051	8751	4	128	2×64	2×16	4×8	1	5
52 子系列	8032	8052	8752	8	256	2×64	3×16	4×8	1	6

MCS-51 系列又分成 51 和 52 两个子系列,其中 51 子系列是基本型,而 52 子系列属于增强型。这个阶段的单片机带有串行口,多级中断系统,16 位定时/计数器,片内 ROM 和 RAM 容量加大,寻址范围达 64 KB。

这一代的单片机主要技术特征是配置了外部并行总线(AB、DB、CB),便于外部接口电路的扩展;在 MCS-51 指令系统中设置有位操作指令,可用于位寻址,整个位操作系统构成了布尔处理器;规范了功能单元的特殊功能寄存器(SFR)的控制模式。布尔处理器和特殊功能寄存器是单片机控制功能在硬件结构方面的重要体现,是单片机的优点之一。

第1章 概述

该阶段的MCS-51单片机,形成了单片机的标准结构。采用HMOS工艺(高速MOS),即高密度短沟道MOS工艺,虽然有较高的集成度和速度,但其功耗较大。

MCS-51单片机片内程序存储器有3种配置形式:8051采用掩膜ROM,8751采用EPROM,而8031片内无程序存储器。

程序存储器的上述配置方式,给系统的应用和开发带来诸多不便,如本书的2.3.1小节和2.3.3小节所述。

③ 第三代。以80C51系列单片机为代表。该阶段,Intel公司对MCS-51早期产品进行了改进,采用HCMOS工艺,典型产品为80C51、80C31、87C51,如表1.2所列。

表1.2 MCS-51系列单片机型号及性能指标(二)

子系列	片内ROM形式			片内ROM容量/KB	片内RAM容量/B	寻址范围/KB	I/O特性			中断源
	无	ROM	EPROM				定时器/计数器	并行口	串行口	
51子系列	80C31	80C51	87C51	4	128	2×64	2×16	4×8	1	5
52子系列	80C32	80C52	87C52	8	256	2×64	3×16	4×8	1	6

该阶段的MCS-51单片机,仍然采用MCS-51早期产品的标准结构,只是制造工艺由HMOS改进成HCMOS。HCMOS工艺,即互补金属氧化物的HMOS工艺,是CMOS和HMOS的结合,除了具有HMOS的高速高密度之外,还具有CMOS的低功耗的特点。例如,8051的功耗为630 mW,而80C51的功耗只有120 mW。对于手提式或野外作业等要求低功耗的设备,必须使用HCMOS工艺的单片机。

MCS-51系列单片机采用两种半导体工艺,一种是HMOS,另一种是HCMOS。单片机型号中凡带有字母"C"的为HCMOS工艺,其余均为HMOS工艺。

MCS-51系列改进型单片机片内程序存储器仍然有3种配置形式。尽管采用了新工艺,降低了功耗,但片内程序存储器的配置仍然没有改进。这种片内程序存储器配置上的不足,使得由更加先进的单片机取代MCS-51系列单片机成为必然。

尽管MCS-51系列单片机在片内程序存储器配置等方面存在缺点,但其优异的控制性能和成功的应用,致使MCS-51系列单片机成为国内外公认的标准体系结构。20世纪80年代中期以后,Intel公司将MCS-51系列中的80C51内核使用权以专利互换或出售形式转让给世界许多著名的IC制造厂商,这些公司都在保持与80C51单片机兼容的基础上改善了80C51的许多特性。这样,80C51就发展成为上百品种的大家族,所有这些单片机都统称为80C51系列。也就是说,80C51系列包括Intel公司采用HCMOS工艺的MCS-51系列,也包括其他公司以80C51作为内核与MCS-51完全兼容的单片机。

为了叙述方便,本书中MCS-51系列仅包括HMOS和HCMOS的基本型;将MCS-51系列中采用HCMOS工艺的单片机称为80C51单片机;其他公司生产的兼容产品称为80C51系列兼容型单片机。

同80C51相比,80C51系列兼容型具有如下优点:

1. 采用Flash片内程序存储器

近几年,存储器广泛采用Flash技术。同EPROM相比,Flash不需要紫外线擦除,可电擦除后重新写入。特别是能在5 V下读/写的Flash存储器,既有静态RAM读/写方便的特点,又可在掉电后数据不会丢失。采用Flash的程序存储器,由于其集成度高、编程速度快、重写次数多,为新型单片机竞相采用。

单片机内配置Flash程序存储器,不会对单片机结构产生影响,却能简化系统设计,应用更加方便可靠。例如AT89C51单片机片内配置了4 KB的Flash,AT89S8252片内配置了8 KB的Flash。

为了防止复制,可对片内Flash存储器采用加锁方式。加锁后,无法读出其中的程序。单片机片内配置Flash程序存储器的成功应用,弥补了MCS-51系列在片内程序存储器配置方面的不足。

2. 增强了外部接口电路的扩展功能

例如,有的单片机配置了芯片间的串行总线(如I^2C总线),为单片机应用系统设计提供了更加灵活的方式;有的引入了具有较强功能的设备间网络系统总线——CAN总线。

3. 增加了一些外部接口功能单元

例如,配置了A/D、PWM、高速I/O口、PCA(可编程计数阵列)及计数器的捕捉/比较逻辑等。

综上所述,80C51系列兼容型单片机,以其对MCS-51经典结构的继承性和独特的优势,为我国业已采用MCS-51单片机设备的维护、更新换代,以及新产品的研发,提供了性能更加优化的技术平台。

1.3 单片机及其应用系统的发展趋势

目前以及未来相当长的一段时间内,单片机应用技术将向高性能、大容量、低功耗、外围电路内装化等方面发展。

1. 高性能化

主要是指进一步提高和改进CPU的性能,加快指令运行速度和提高系统控制的可靠性。采用流水线技术,可使指令以队列形式出现在CPU中,且有很高的运行速度。

2. 大容量化

在单片机应用系统中,存储器是除CPU外的另一个重要功能单元,其容量和性能直接影响系统的开发和应用效果。

以往单片机内的 ROM 为 1~4 KB,RAM 为 64~128 B。在需要复杂控制的场合,必须进行容量扩充。为了适应这种领域的要求,须运用新的工艺,使片内存储器大容量化。目前,单片机片内的 ROM 最大容量可达 64 KB,RAM 可达 2 KB。

3. 低功耗化

对于那些采用电池供电的单片机应用系统,降低功耗尤为必要。降低功耗的重要手段是采用 CMOS 技术。新型单片机广泛采用了 HCMOS 工艺,大大降低了功耗。

为了充分发挥低功耗的特点,HCMOS 单片机普通配置有等待(wait)和掉电(stop)两种节电工作方式。例如,80C51 单片机在正常运行(5 V,12 MHz)时,工作电流为 16 mA,同样条件下 wait 方式工作时,工作电流则为 3.7 mA,而在 stop(2 V)工作方式时,工作电流仅为 50 nA。

降低单片机的工作电源电压也可降低功耗。例如,AT89LV51 单片机的工作电源电压为 2.7~6 V,是低压单片机。

选用低功耗的外围芯片及设备,也是降低功耗的措施之一。过去单片机的外围扩展多采用 74TTL 芯片,其功耗较大。为了降低功耗,应选用 CMOS(HCMOS)工艺外围芯片。由采用 CMOS 工艺的 74HC 芯片代替 74TTL 芯片,它们的功能、使用和引脚几乎一样,基本上可以直接替换。

CMOS(HCMOS)器件的静态功耗很小,仅在逻辑状态发生转换的时间内,才有电流通过(被称为动态功耗)。动态功耗与逻辑状态的转换频率和转换时间成正比。单片机规定的最高工作频率越高,说明转换时间越短(高速)。为了降低功耗,尽量选用高速低频的工作方式,以降低转换时间和转换频率。

4. 外围电路内装化

为适应更高的测控功能要求,可把众多的外围功能器件集成在片内。除了一般必须有的 ROM、RAM、定时/计数器、中断系统外,集成的部件还有模/数转换器、数/模转换器、DMA 控制器、中断控制器、锁相环、频率合成器、字符发生器、声音发生器、CRT 控制器、译码驱动器等,使外围电路的设计大大简化。

随着集成工艺的不断发展,把大量外围电路全部装入单片机内,形成通用型 SOC(片上系统)单片机,例如 C8051F 系列,这也是目前单片机的发展趋势之一。

5. 以串行为主的外围扩展

在很长一段时间里,单片机是通过三总线(AB、DB、CB)结构扩展外围器件的。目前单片机用的外围器件普遍提供了串行扩展方式。特别是 I^2C 和 SPI 等串行总线的引入,使单片机系统结构更加简化及规范化,为单片机构成网络和分布式系统提供了方便条件。

6. 低噪声与高可靠性

为使产品能适应恶劣的现场环境,必须提高单片机的抗电磁干扰能力。各厂家在单片机内部电路中都采用了新的技术措施,使单片机的可靠性、抗干扰能力大大增强。单片机应用系统的抗干扰设计,越来越引起人们的重视。

7. 8位机仍有巨大的发展空间

由于大多数被控对象的响应速度要求不是很快,致使今后相当长的时期内,8位单片机仍有巨大的发展空间。在单片机硬件得到迅速发展的同时,单片机的应用语言也在改进。过去,单片机仅使用汇编语言,虽然程序直观,但编写效率不高,随着C编译器效率和单片机性能的提高,用高级语言代替汇编语言也渐成趋势。例如,应用Keil C51编写的程序(简称C51语言程序)经过优化,编译后的运行效率甚至要高于直接用汇编语言编写的程序。

在单片机技术领域,单片机本身性能不断改进,功能更加完善。在应用系统的设计方面除了传统的外围扩展技术外,抗干扰设计、低功耗设计以及C语言应用已成为发展趋势。

1.4 单片机的应用

单片机按适用范围可分为通用型和专用型单片机。80C51是通用型单片机,它不是为了某种专门用途、某类专用产品而设计的。专用型单片机是针对某类产品或某种专门用途而设计生产的。例如用于电子体温计内的单片机,在片内便集成有A/D接口等功能的温度测量电路。

单片机的应用遍及各个领域,主要表现在以下几个方面:

1. 家用电器领域

目前国内的家用电器普遍采用单片机控制系统,如洗衣机、电冰箱、空调机、微波炉、电饭煲等。

2. 办公自动化领域

现代办公室所使用的通用计算机系统中有大量的通信、信息类产品都采用了单片机,如键盘译码、磁盘驱动、打印机、复印机、绘图仪等。

3. 商业营销领域

在商业营销系统广泛使用的电子秤、收款机、条形码阅读器等设备中,大多采用单片机构成的专用系统。

4. 工业自动化领域

工业过程控制、过程监测、工业电气控制及机电一体化等控制系统,除采用一些小型工控机外,许多都是以单片机为核心的单机或多机网络系统。

5. 智能化仪表

目前,各种变送器、电气测量仪表普遍采用单片机系统取代传统的测量系统,使其具有存储、数据处理、查找、判断和语音等各种智能化功能。

6. 在计算机网络与通信技术中应用

比较高档的单片机具有通信接口,为单片机在计算机网络与通信设备中的应用创造了条件,如调制解调器、智能线路运行控制等。

单片机的应用,不仅带来了可观的经济效益,而且给传统控制技术带来了深刻变化。从前必须由模拟或数字等经典电子线路才能实现的控制功能,现在可以使用单片机通过软件方法实现。这种以软件取代传统电子电路并能提高系统性能的控制技术,称为微控制技术。随着单片机性能的不断提高,微控制技术的应用必将越来越广泛,其功能也会日趋完善。

练习题 1

1. 选择题。

(1) 单片机片内集成了基本功能单元(　　)。
　① 微处理器　　　　② 运算器　　　　③ 中央处理单元

(2) 工业自动化设备采用工控机实现自动控制,工控机属于(　　)。
　① 通用计算机　　　② 嵌入式计算机　　③ 微处理器

(3) 单片机的英文缩写为(　　)。
　① SCM　　　　　　② MCU　　　　　　③ PCL

2. 叙述单片机的含义。

3. 叙述计算机发展的两大分支及其特点。

4. 叙述半导体工艺 MOS、HMOS、CMOS 和 HCMOS 的特点,说明新型单片机广泛采用 HCMOS 工艺的目的。提示:从速度、密度和功耗 3 个方面比较。

5. 试述单片机应用系统低功耗设计的主要内容。

6. MCS-51、80C51、80C51 系列这 3 个概念有何区别?

7. 单片机与经典电子技术在实施控制方法上有何不同?

8. 填空题。

单片机应用系统设计的主要内容包括＿＿＿＿＿＿＿＿＿＿＿＿＿＿＿＿。

第 2 章
80C51 硬件组成及原理

80C51 系列单片机具有相同的内核。80C51 的基本组成如图 2.1 所示。

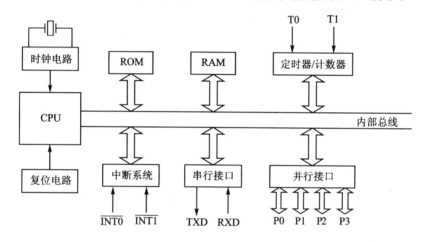

图 2.1　80C51 单片机的基本组成

本章介绍 80C51 单片机的引脚排列以及 CPU、时钟电路、复位电路、ROM 和 RAM。单片机的其他基本功能单元,如定时器/计数器、中断系统、串行口和并行口,将在第 4 章介绍。

本章最后还介绍了 AT89C51、AT89C2051 单片机的引脚及功能。通过与 80C51 单片机的比较,深化对 80C51 系列硬件结构的传承性及应用上兼容性的理解,为系统的工程设计和应用作技术准备。

2.1　80C51 的引脚排列及功能

80C51 有 40 引脚双列直插式(DIP)和 44 引脚方形贴片式(QFP)封装。80C51 的 DIP 封装及逻辑功能如图 2.2 所示。

第 2 章 80C51 硬件组成及原理

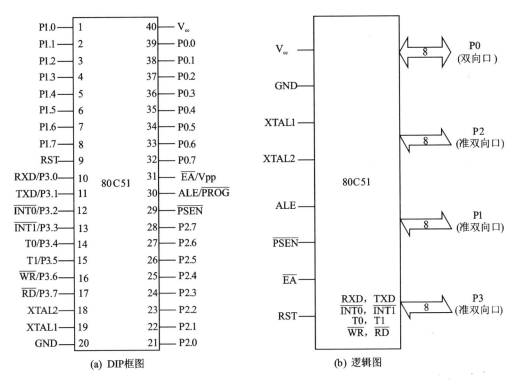

图 2.2 80C51 的 DIP 封装及逻辑图

下面介绍各引脚的主要功能。

1. I/O 口

I/O 口包括 4 个口，32 根线。在介绍 I/O 口功能前，先说明两个概念。

- 双向口：单片机的 I/O 口是 CPU 与片外设备进行信息交换的通道。为了提高接口的驱动能力，具有由场效应管组成的输出驱动器。当驱动器场效应管的漏极具有开路状态时，该口就具有高电平、低电平和高阻抗 3 种状态，称为双向口。
- 准双向口：单片机 I/O 口的输出驱动器场效应管的漏极接有上拉电阻，该口具有高电平、低电平两种状态，称为准双向口。

（1）P0 口——8 位，双向口。

当需要使用片外存储器时，P0 口可作为低 8 位地址/数据总线的分时复用线。P0 口也可作为通用 I/O 口使用。

（2）P1 口——8 位，准双向口。

P1 口是专为用户准备的通用 I/O 口。

（3）P2 口——8 位，准双向口。

当需要使用片外存储器时，P2 口输出高 8 位地址。P2 口和 P0 口共同组成 16 位地址线。P2 口也可作为通用 I/O 口使用。

(4) P3 口——8 位,准双向口。

P3 口可以提供各种替代功能(又称第二功能),如表 2.1 所列。

表 2.1 P3 口的替代功能

引脚	替代功能	说明
P3.0	RXD	串行数据接收
P3.1	TXD	串行数据发送
P3.2	$\overline{\text{INT0}}$	外部中断 0 申请
P3.3	$\overline{\text{INT1}}$	外部中断 1 申请
P3.4	T0	定时器/计数器 0 外部事件计数输入
P3.5	T1	定时器/计数器 1 外部事件计数输入
P3.6	$\overline{\text{WR}}$	外部 RAM 写选通
P3.7	$\overline{\text{RD}}$	外部 RAM 读选通

替代功能的具体应用,将在后续有关章节中介绍。

P3 口也可作为通用 I/O 口(又称第一功能)。

2. 专用控制线

专用控制线共 4 根线。

① RST——复位输入信号,高电平有效。

当振荡器稳定时,在 RST 引脚上施加 24 个晶振周期(即两个机器周期)以上的高电平,将单片机复位。

② $\overline{\text{PSEN}}$——片外程序存储器读选通信号(Program Store Enable),低电平有效。

从片外程序存储器中读取指令代码或常数时,$\overline{\text{PSEN}}$呈现低电平,外程序存储器的代码或常数便被送至 P0 口(此时 P0 口作数据总线)。

访问片外数据存储器时,$\overline{\text{PSEN}}$无效。

③ $\overline{\text{EA}}$/Vpp——$\overline{\text{EA}}$功能和 Vpp 功能(仅编程时使用)的复用输入线。

$\overline{\text{EA}}$(片内外程序存储器选择信号)的状态决定单片机起始执行片外程序存储器程序还是起始执行片内程序存储器程序。

当$\overline{\text{EA}}$为低电平时,单片机只能从 0000H 单元开始执行片外程序存储器程序。例如,80C51 单片机的$\overline{\text{EA}}$引脚必须恒接地。

当$\overline{\text{EA}}$为高电平时,单片机只能从 0000H 单元开始执行片内程序存储器程序。当执行片内程序的地址超过 0FFFH 时,便自动转向片外程序存储器中的程序,即从 1000H 单元开始继续执行。

④ ALE/$\overline{\text{PROG}}$——ALE 功能和$\overline{\text{PROG}}$功能(仅编程时使用)复用输出/输入线。

当单片机需要外扩存储器时,ALE 引脚输出的脉冲信号可作为地址锁存信号。ALE 的下降沿将 P0 口输出的低 8 位地址(此时 P0 口作地址总线低 8 位)锁存在外接的地址锁存器芯片中(由地址锁存器输出的 8 位地址与片外扩展 ROM 或 RAM 的低 8

位地址线相连），之后 P0 口才可以当作数据总线用。ALE 实现了 P0 口上的低 8 位地址和 8 位数据的分时传送。P0 口输出的低 8 位地址和 P2 口输出的高 8 位地址共同形成了访问片外设备的 16 位地址。

不管片外是否扩展存储器，ALE 端总是不间断地连续输出一个正脉冲信号，其频率固定为晶振频率的 1/6。这个脉冲信号既可作低 8 位地址的锁存信号，也可为片外某些设备提供定时脉冲。但要注意，每访问一次外部 RAM，便可丢失一个 ALE 脉冲。

单片机的程序存储器存有应用程序的机器代码，也可存入某些常数和表格。这些数据在失电情况下仍不丢失。87C51 单片机片内有 EPROM 程序存储器，必须将编制好的程序代码或某些必用常数先存入程序存储器中。向程序存储器写入信息的过程常被称为"编程"或"固化"，是由专门的编程器来完成的。ROM 的编程电压一般较高（如 +12 V），引脚 V_{pp} 在执行编程操作时可接入编程电压。引脚 $\overline{PROG}$ 在编程时输入编程脉冲。

除了上述 4 条专用控制线外，$\overline{WR}$ 和 $\overline{RD}$ 也是很重要的控制信号。

3．电源线

① V_{cc}——电源电压引入脚，典型值为 +5 V。
② GND——电源地。

4．外部晶振引线

① XTAL1——片内振荡器反相放大器输入端。当使用片内振荡器时，连接外部石英晶体和微调电容。当使用外部振荡器时，引脚 XTAL1 接收外振荡信号。

② XTAL2——片内振荡器反相放大器输出端。当使用片内振荡器时，连接外部石英晶体和微调电容。当使用外部振荡器时，引脚 XTAL2 悬空。

2.2 CPU 与程序执行过程

单片机是用软件完成一系列操作，在执行程序中起关键作用的是 CPU。CPU 是单片机的核心功能单元。

80C51 具有 4 种工作方式：程序执行方式、复位方式、低功耗方式和编程方式。本节介绍程序执行的基本过程。

2.2.1 CPU 的工作原理

CPU 主要由运算器和控制器两部分组成，如图 2.3 所示。

1．控制器

控制器由指令电路、时序电路和微操作控制电路等部分组成。控制器接受来自程序存储器中的逐条指令，进行指令译码，并通过定时和控制电路，发出对应操作的时序控制信号，使各部分协调工作，完成所规定的各种操作。

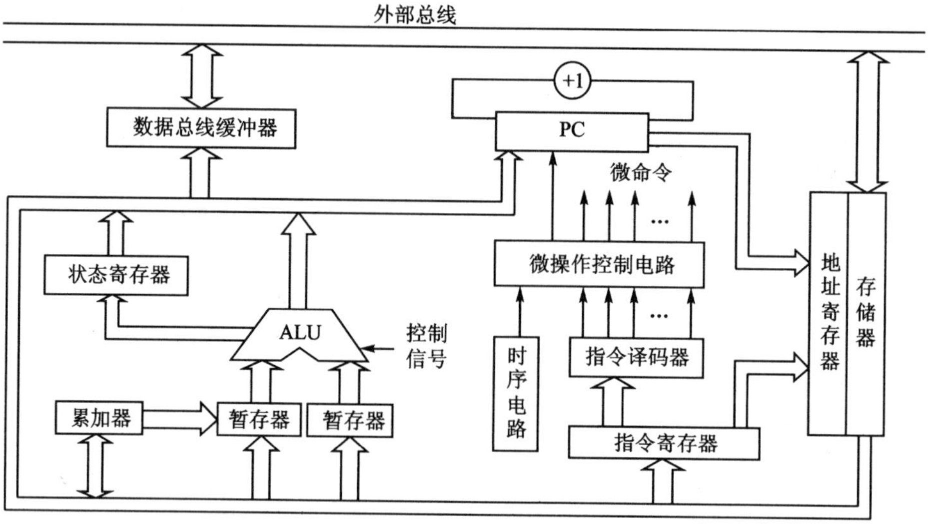

图 2.3 CPU 及指令执行示意图

(1) 指令部件

指令部件是一种能对指令进行分析、处理和产生控制信号的逻辑部件,是控制器的核心。通常,指令部件由程序计数器 PC、指令寄存器、指令译码器等组成。

1) 程序计数器 PC(Program Counter)

程序计数器是 16 位专用寄存器,用于存放和指示下一条要执行的指令代码的字节地址。当某条指令的一个代码字节从程序存储器中取出之后,PC 就会自动加 1,指向下一个代码字节地址。PC 是维持单片机有序地执行程序的关键部件。

PC 的自动加 1 功能,可保证程序按顺序执行,如果要求不按顺序执行指令,例如执行一条跳转指令,就是把程序转移目的地址送入程序计数器,取代原有的指令地址。

PC 的功能是固定的,用户不能用读/写类指令访问它。PC 有自己独特的变化方式,它的变化轨迹决定了程序执行的流程。程序计数器的位数决定了程序存储器的寻址空间。如 80C51 单片机有 16 位地址线,PC 计数器的位数也是 16 位,寻址空间为 64 KB。

2) 指令寄存器

指令寄存器是 8 位寄存器,用于暂时存放指令代码,等待译码。

3) 指令译码器

程序存储器中的指令代码在指令译码器中进行译码。所谓译码,就是把指令代码变换成执行该指令所需的各种控制信号。根据译码器输出的信号,CPU 定时地产生执行该指令所需的各种控制信号,使计算机正确执行程序所要求的各种操作。

(2) 时序部件

由时钟电路和脉冲分配器组成,用于产生微操作控制部件所需要的各种定时脉冲控制信号。详见本书第 2.5 节介绍。

(3) 微操作控制部件

可以为指令译码器的输出配上节拍电位和节拍脉冲,也可和外部进来的控制信号组合,共同形成相应的微操作控制序列,以完成规定的动作。

2. 运算器

运算器是用于对数据进行算术运算和逻辑操作的执行部件,包括算术/逻辑部件 ALU、累加器 ACC(Accumulator)、暂存器、程序状态字寄存器 PSW(Program Status Word)、BCD 码运算调整电路等。为了提高位操作能力,还增加了位处理逻辑电路的功能。在进行位操作时,进位位 CY 作为位累加器,整个位操作系统构成一台布尔(位)处理器。

(1) 算术/逻辑单元 ALU

ALU(Arithmetic Logic Unit)是用于对数据进行算术运算和逻辑操作的执行部件。在控制信号的作用下,它能完成算术加、减、乘、除和逻辑"与"、"或"、"异或"等运算,还可进行循环移位操作、位操作等。

(2) 暂存器

用以暂存进入运算器之前的数据。

2.2.2 单片机执行程序的过程

单片机执行一条指令可分为 3 个阶段:取指令、分析指令和执行指令。

- 取指令阶段:根据程序计数器 PC 所提供的地址,从程序存储器读出指令代码,送到指令寄存器。
- 分析指令阶段:将指令寄存器中的指令代码取出后进行译码,分析指令的性质。
- 执行指令阶段:根据取出的指令中的操作码、操作数,按指定的要求进行操作,即执行指令。

单片机中的程序事先都已固化在片内或片外程序存储器中。开机时,程序计数器 PC 中的内容为 0000H,即总是从 0000H 单元开始执行程序。

例如有一条待执行的指令为"MOV A,#20H",其功能是把立即数 20H 送入累加器中。该指令的机器码为"74H,20H"。假定指令在外程序存储器 1200H 单元开始存放,即 74H 存于 1200H,20H 存于 1201H。单片机执行过程如下($\overline{EA}=0$):

(1) 取指令阶段

① 程序计数器内容送到地址寄存器。

② 程序计数器内容自动加 1,变为 1201H。

③ 地址寄存器的内容通过地址译码电路,输出地址低 8 位(00H)到 P0 口(作地址总线低 8 位),之后在 ALE 信号作用下锁存在地址锁存器。高 8 位地址(12H)由 P2 口输出(作地址总线高 8 位)。这样,地址为 1200H 的程序存储器单元即被选中。

④ CPU 发出读程序存储器允许信号,即 $\overline{PSEN}=0$。在该信号控制下,被选中的存储器单元的内容(74H)通过 P0 口(此时作数据总线)被送到指令寄存器。之后 $\overline{PSEN}$

=1。

(2) 译码分析阶段

由于操作码为74H,经译码后单片机就会知道该指令是要求将一个立即数送到累加器A。立即数(即操作数)存放于操作码(74H)的下一个存储单元,地址为1201H。

(3) 指令执行阶段

要执行该指令,就要到存储器中取第2个字节。其过程与取操作码过程相似,只是PC值为1201H,取出的立即数(20H)送到累加器A,而不是进入指令寄存器。

指令执行完毕,PC指向1202H。

2.3 80C51存储器及空间分布

存储器是CPU的重要外围部件,其容量、结构及工艺特点是单片机性能的重要标志。

2.3.1 常用存储器的分类

下面介绍单片机中所使用的半导体存储器在功能上的分类。

1. 只读存储器ROM(Read Only Memory)

只读存储器在使用时只能读出而不能写入,断电后ROM中的信息不会丢失(为非易失性存储器)。因此常用来存放应用程序的机器代码及常数、表格等。

ROM按存储信息的方法可分为4种。

(1) 掩膜ROM

掩膜ROM也称固定ROM,由厂家将编好的应用程序写入ROM(称为固化)供用户使用,用户不能随意更改。其价格便宜,适合批量生产。例如,MCS-51系列中的8051、80C51单片机内为4 KB的掩膜ROM。

(2) 可编程序的只读存储器PROM(Programmable Read Only Memory)

它的内容可由用户根据自己所编的应用程序一次性写入。一旦写入,只能读出,不能再进行更改。这类存储器也称为OTP(Only Time Programmable)。

(3) 可改写的只读存储器EPROM(Erasable Programmable Read Only Memory)

前两种ROM只能进行一次性写入,用户较少使用。EPROM中的内容可以通过紫外线照射而彻底擦除,擦除后又可重新写入新的程序。如果使用得当,EPROM芯片可改写十几次。可用专门的紫外线擦除器对EPROM进行擦除,一般只需几分钟到二十几分钟。对EPROM写入信息的操作常称为固化或编程,可由专门的编程器完成。编程需要较高的电压(如+12 V)。

(4) 可电改写只读存储器E^2PROM(Electrically Erasable Programmable Read Only Memory)

E^2PROM可通过加电写入或清除其内容,其编程电压和清除电压均为+5 V,不需另加高电压。它既能与RAM一样读写操作简便,又有数据不会因掉电而丢失的优点,使用较为方便。E^2PROM保存的数据可达10年以上,芯片可擦写1 000次以上。E^2PROM的缺点是写入速度较慢,价格贵且容量较小。

2. 随机存储器 RAM(Random Access Memory)

这种存储器又称作读/写存储器,它不仅能读取存放在存储单元中的数据,还能随时写入新的数据。断电后RAM的信息全部丢失(为易失性存储器)。因此,RAM常用来存放经常需要改变的数据,如计算的中间结果等。

同ROM相比,RAM的读/写速度快,操作简便。

RAM按照存储信息的方式,又可分为静态和动态两种。

(1) 静态 SRAM(Static RAM)

其特点为只要有电源加于存储器,数据就能长期保留。

(2) 动态 DRAM(Dynamic RAM)

写入的信息只能保存若干毫秒,因此每隔一定时间必须重新写入一次,以保持原来的信息不变。这种重写的操作又称刷新。动态RAM的控制电路较为复杂。

单片机系统的数据存储器采用静态SRAM,简写为RAM。

3. 可现场改写的非易失性存储器

E^2PROM的最大缺点是改写信息的速度比较慢。随着新的半导体存储技术的发展,出现了各种新型的可现场改写信息的非易性存储器。

快擦写(也称闪烁)Flash是目前发展迅速、应用广泛的新型存储器。它是EPROM和E^2PROM技术有机结合的产物,其主要特点如下。

- 像ROM一样在断电后不丢失信息。从原理上看,它属于ROM型存储器。
- 具有RAM一样的读/写灵活性和较快的访问速度,存取时间已达到70 ns。从功能上看,其作用又相当于RAM型存储器。
- 具有高集成度的优点,可作成各种容量的存储器。其产品容量从以往的2~64 KB,发展到目前的16~64 MB。
- 具有较快的擦除和编程速度。Flash具有EPROM和E^2PROM类似擦除重写的特性。同EPROM相比,Flash不需要紫外线照射擦除,而和E^2PROM一样可实现电擦除,可在几秒内完成全片擦除。擦除速度要远远快于EPROM和E^2PROM。Flash在编程速度上,大大超过了E^2PROM和EPROM,其典型值为10 μs/B,至少比EPROM快一个数量级,比E^2PROM快了3个数量级。
- 具有较强的抗干扰能力,允许电源有10%的噪声波动。
- Flash还有一个突出的优点就是支持在线编程,允许芯片在不离开电路板或不离开设备的情况下,进行擦除和固化操作。
- 目前,很多新型单片机采用Flash作为片内程序存储器,例如AT89C51的片内含有4 KB Flash。

2.3.2 存储器的物理空间和逻辑空间

存储器中存储的信息是以 8 位(一个字节)为一个单元,每个单元由对应的半导体电路组成,这些半导体单元电路的组合,称为物理空间。单片机存储器在物理上分为 4 个空间:片内程序存储器、片内数据存储器、片外程序存储器、片外数据存储器,如图 2.4 所示。简写为片内 ROM、片内 RAM、片外 ROM、片外 RAM。

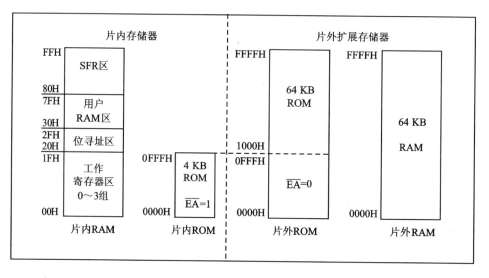

图 2.4　80C51 存储器空间分布

存储器内含有若干存储单元,CPU 每次只能访问一个单元。为了实现 CPU 的有序访问,每个存储单元对应一个编号,称为单元地址。所有单元地址的有效组合,称为逻辑空间,通常又称为寻址空间或地址空间。80C51 存储器的地址空间取决于地址总线的宽度。如 16 位地址总线的寻址空间为 64 KB($2^{16}=64\times1\,024$)。

80C51 存在 3 个逻辑空间:片内外程序存储器统一编址的 64 KB 空间、片内数据存储器 256 B 空间、片外数据存储器 64 KB 空间。

由图 2.4 可知,片内 ROM 和片外 ROM 存在 4 KB 的重叠区间(0000H~0FFFH)。这两个相互重叠的空间不能同时应用。例如,当使用片外 ROM($\overline{EA}=0$)时,最大程序存储空间为 64 KB(0000H~FFFFH);当使用片内 ROM($\overline{EA}=1$)时,最大程序存储空间也是 64 KB,即先执行片内 ROM 4 KB(0000H~0FFFH),之后执行片外 ROM 的 60KB(1000H~FFFFH)。

所以说,80C51 片内外 ROM 有统一编址的 64 KB 空间。

单片机存储器结构特点之一就是物理空间上的相互独立和逻辑空间上的重叠。这种重叠表现为:

- 程序存储器和片外数据存储器有 64 KB 的地址重叠区间。例如,0000H 既可指向程序存储器,也可指向片外数据存储器。
- 片内外数据存储器有前 256 B(00H~FFH)的重叠地址区间。例如,00H 和

0000H本质是同一地址,00H指向片内RAM,0000H指向片外RAM。
- 片内数据存储器和程序存储器有前256 B的重叠地址区间。

虽然地址有重叠,但是通过不同的指令形式和执行这些指令时发出的控制信号能够区分。例如,读取程序存储器中的常用数时用MOVC类指令;读/写片外数据存储器时用MOVX类指令;访问片内数据存储器时用MOV类指令。又如,$\overline{PSEN}$是片外程序存储器选通信号(从外ROM中取指令或用MOVC类指令读常数);$\overline{WR}$是写片外数据存储器选通信号(应用MOVX类写指令);$\overline{RD}$是读片外数据存储器选通信号(应用MOVX类读指令)。执行MOV类指令时不产生任何控制信号。$\overline{PSEN}$、$\overline{WR}$、$\overline{RD}$不能同时为低电平,但可以同时为高电平。

地址空间重叠结构的优点就是在有限的硬件资源条件下,寻求最大的访问空间。通常,16位的地址总线最大寻址空间为64 KB,80C51却能寻址128 KB(片外ROM 64 KB,片外RAM 64 KB)。

2.3.3 程序存储器

1. 程序存储器的配置

MCS-51系列单片机中80C51片内为4 KB掩膜ROM,87C51片内为4 KB EPROM,80C31片内无ROM。

80C51片内ROM地址空间为0000H~0FFFH(4 KB);片外ROM地址空间为0000H~FFFFH(64 KB)。

当$\overline{EA}$接地时,仅能使用片外ROM。当$\overline{EA}$接+5 V时,CPU从片内ROM的0000H开始取指令。当程序地址超过0FFFH时,自动转到片外ROM的地址空间(1000H~FFFFH)执行程序。

不管从片内或片外程序存储器读取指令,其操作速度是相同的。

80C31必须外配程序存储器和地址锁存器。通过ALE信号和地址锁存器实现P0口的低8位地址/数据线的分时复用。P2口作高8位地址线。$\overline{PSEN}$作为外程序存储器的选通信号。片外程序存储器可选市售芯片,如EPROM2764。由于片外配置灵活,最大容量可达64 KB,维修和开发较易操作,致使80C31曾一度成为我国的主流机型。但80C31组成的系统结构较复杂,外部连线过多,降低了可靠性。随着新型单片机的出现,80C31逐渐被取代。

2. 程序存储器中的保留单元

单片机ROM中有些单元具有特定的用处,主要有:
- 0000H~0002H,这3个单元总是存放一条3个字节的长转移指令,以便开机后直接转到应用程序入口。
- 0003H~0023H,被保留用于5个中断服务程序的入口地址,参见本书的4.2.1小节。

2.3.4 数据存储器

80C51 的 RAM 分为片内 RAM 和片外 RAM,两者在物理空间上是相互独立的,在地址空间上有 256 B 的重叠区域。

1. 片外 RAM

片外 RAM 是单片机片外扩展的 RAM。和片外 ROM 一样,由 ALE 信号和外扩的地址锁存器实现 P0 口低 8 位地址/数据总线分时复用,P2 用作高 8 位地址。不同的是,片外 RAM 有两个控制信号,即写选通信号 $\overline{WR}$ 和读选通信号 $\overline{RD}$。

由于片外 RAM 和片外 ROM 都是通过 P0 口和 P2 口实现外扩展,且寻址空间都是 64 KB(0000H～FFFFH),为了区分重叠地址,信号 $\overline{PSEN}$(片外 ROM 读选通)和 $\overline{WR}$、$\overline{RD}$ 是不能同时为低电平的,但可以同时为高电平。

后面分析将指出,CPU 从片外 ROM 取指操作和用 MOVC 类指令读常数表格时,将自动产生 $\overline{PSEN}$ 有效信号;在应用 MOVX 类指令读写片外 RAM 时,将自动产生 $\overline{WR}$、$\overline{RD}$ 有效信号。

2. 片内 RAM

片内 RAM 的地址范围是 00H～FFH,可划分为两部分:低 128 B 区(00H～7FH)和高 128 B 区(80H～FFH),如图 2.5 所示。与片外 RAM 应用不同,片内 RAM 除了可以暂存数据外,单片机的控制属性更多地是通过片内 RAM 高字节区某些单元的配置意义来实现,其功能是固定的。

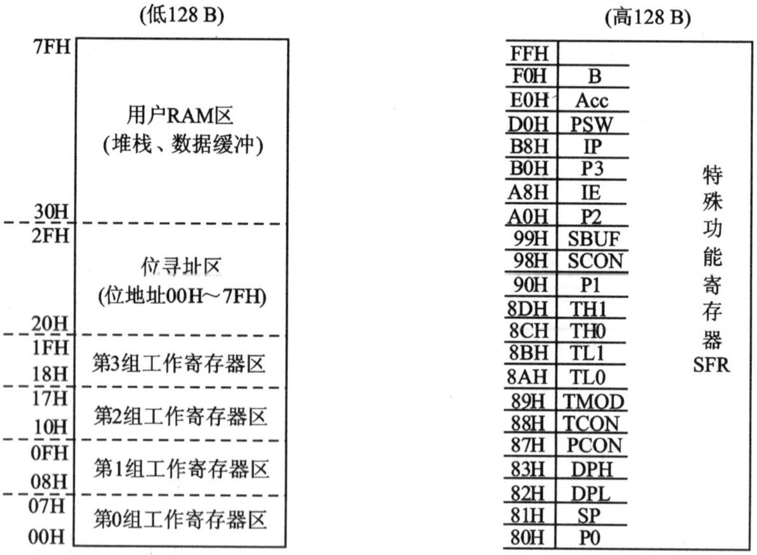

(低128 B)		(高128 B)		
7FH	用户RAM区 (堆栈、数据缓冲)	FFH		
		F0H	B	
		E0H	Acc	
		D0H	PSW	
		B8H	IP	
30H		B0H	P3	
2FH	位寻址区 (位地址00H～7FH)	A8H	IE	特殊功能寄存器 SFR
		A0H	P2	
		99H	SBUF	
		98H	SCON	
20H		90H	P1	
1FH 18H	第3组工作寄存器区	8DH	TH1	
		8CH	TH0	
17H 10H	第2组工作寄存器区	8BH	TL1	
		8AH	TL0	
0FH 08H	第1组工作寄存器区	89H	TMOD	
		88H	TCON	
		87H	PCON	
07H 00H	第0组工作寄存器区	83H	DPH	
		82H	DPL	
		81H	SP	
		80H	P0	

图 2.5 80C51 片内 RAM 配置图

第2章 80C51硬件组成及原理

(1) 片内低128B单元

低128B可划分为3个区域:工作寄存器区、位寻址区和用户RAM区。

1) 工作寄存器区

工作寄存器区又称通用寄存器区,可用于数据运算和传送过程中的暂存单元。

工作寄存器区又划分为4组:0组(00H~07H)、1组(08H~0FH)、2组(10H~17H)、3组(18H~1FH)。

每组工作寄存器区含有8个物理单元(每个单元为1个字节)。这些物理单元在编写应用程序时有两种表示方法:可用地址号表示,例如00H表示0组的第1个单元,08H表示1组的第1个单元,单元地址没有重号;也可用工作寄存器名称(R0~R7)表示,例如R0表示0组的第1个单元,也可用于表示1组的第1个单元等。显然用寄存器名称表示时出现了同名现象,即同一个寄存器名可表示4个组中相对应的物理单元。对于编定的程序指令,怎样确定寄存器名称的适用组别呢?程序状态字PSW中的RS1、RS0位的状态规定了当前R0~R7的隶属组别及对应的单元地址,如表2.2所列。

表2.2 工作寄存器名与RAM单元地址的对应关系

组	RS1	RS0	R0	R1	R2	R3	R4	R5	R6	R7
0	0	0	00H	01H	02H	03H	04H	05H	06H	07H
1	0	1	08H	09H	0AH	0BH	0CH	0DH	0EH	0FH
2	1	0	10H	11H	12H	13H	14H	15H	16H	17H
3	1	1	18H	19H	1AH	1BH	1CH	1DH	1EH	1FH

注:表中00H~1FH表示RAM单元地址。

例如当RS1、RS0=0、1时,R0对应08H,R4对应0CH等。

用单元地址或寄存器名均可表示工作寄存器中同一个物理单元。但对于同一类操作,采用不同的表达方式编写出的同功能指令,尽管有本质相同的执行结果,但两种方式的指令机器码长度是不一样的。详见本书第3章说明。

2) 位寻址区

对片内RAM的操作,80C51有两种操作方式:字节操作和位操作(即可以通过位指令使某位置1或清0)。位操作是单片机实施控制的重要手段。与字节处理器相对应,单片机的位操作由布尔(位)处理器完成。

片内RAM设置了16个单元为位寻址区,字节地址为20H~2FH。每个字节8位,共有8×16=128位。为了便于位操作,每个位设定一个地址编号(称位地址),如表2.3所列。表中的MSB(Most Significant Bit)表示最高有效位b7;LSB(Lest Significant Bit)表示最低有效位b0。

表 2.3 片内 RAM 寻址区的位地址

单元地址	MSB← b7	b6	b5	位地址(H) b4	b3	b2	b1	→LSB b0
2FH	7F	7E	7D	7C	7B	7A	79	78
2EH	77	76	75	74	73	72	71	70
2DH	6F	6E	6D	6C	6B	6A	69	68
2CH	67	66	65	64	63	62	61	60
2BH	5F	5E	5D	5C	5B	5A	59	58
2AH	57	56	55	54	53	52	51	50
29H	4F	4E	4D	4C	4B	4A	49	48
28H	47	46	45	44	43	42	41	40
27H	3F	3E	3D	3C	3B	3A	39	38
26H	37	36	35	34	33	32	31	30
25H	2F	2E	2D	2C	2B	2A	29	28
24H	27	26	25	24	23	22	21	20
23H	1F	1E	1D	1C	1B	1A	19	18
22H	17	16	15	14	13	12	11	10
21H	0F	0E	0D	0C	0B	0A	09	08
20H	07	06	05	04	03	02	01	00

由表 2.3 和图 2.5 可看出，128 个位地址与片内 RAM 低 128 个单元的字节地址空间是重叠的。例如 37H 既可表示 26H 单元的 b7 位，也可表示片内 RAM 37H 单元。怎样区分重叠地址序号呢？80C51 是用指令的操作码区分的。例如"SETB 37H"，这是位操作指令，功能是将片内 RAM 26H 单元的 b7 位置 1。CPU 操作根据 SETB（操作助记符）对应的操作码，便可断定 37H 表示的是位地址。又如"MOV 37H, R0"，这是字节操作指令，其功能是将 R0 中的内容传送到片内 RAM 37H 单元。CPU 根据 MOV 对应的操作码，便可断定 37H 此时表示的是片内 RAM 37H 单元。

3）用户 RAM 区

用户 RAM 区为 30H～7FH，共 80 个单元。该区由用户按要求自由安排。通常，堆栈区可以设在这里。

综上所述，片内 RAM 低 128 个单元的操作方式灵活而简便，充分体现了 80C51 标准化结构的特点。现归纳如下：

① 对片内 RAM 低 128 个单元的访问有两种操作方式：字节操作和位操作。对于寄存器工作区，仅能用字节操作；对于位寻址区，可以用字节操作，也可用位操作；对于用户 RAM 区，只能进行字节操作。

② 在编写的程序指令中，片内低 128 个单元的表达方式（称为寻址方式）目前只列举了 3 种：直接寻址、寄存器寻址和位寻址。对于工作寄存器区，可用地址序号（称直接寻址）或寄存器名称（称寄存器寻址）表达；对于位寻址区，字节操作时用单元地址表

达（直接寻址），位操作时用位地址（位寻址）表达；对于用户 RAM 区，用单元地址表达（直接寻址）。

③ R0～R7 可通过 RS0、RS1 的状态决定属于哪一个组别。

④ 同直接寻址相比，寄存器寻址具有指令机器码字节少的优点，可优化程序。

⑤ 对于位地址和单元地址的重叠，CPU 通过指令操作码加以识别。在第 3 章中，将要介绍另一种寻址方式（间接寻址方式）在片内 RAM 低 128 个单元中的应用。

（2）片内 RAM 高 128B 单元

片内 RAM 高 128 单元为特殊功能寄存器区。特殊功能寄存器 SFR（Special Function Register），又称专用寄存器，其功能是固定的，用户不可更改。80C51 共有 21 个 SFR，不连续地分布在片外 RAM 的高 128 个字节中。每个 SFR 的名称和地址列于表 2.4 中。

表 2.4 特殊单元功能寄存器一览表

寄存器符号	单元地址	寄存器名称
* ACC	E0H	累加器
* B	F0H	B 寄存器
* PSW	D0H	程序状态字
SP	81H	堆栈指示器
DPL	82H	数据指针低 8 位
DPH	83H	数据指针高 8 位
* IE	A8H	中断允许控制寄存器
* IP	B8H	中断优先控制寄存器
* P0	80H	并行 I/O 口 0
* P1	90H	并行 I/O 口 1
* P2	A0H	并行 I/O 口 2
* P3	B0H	并行 I/O 口 3
PCON	87H	电源控制及波特率选择寄存器
* SCON	98H	串行口控制寄存器
SBUF	99H	串行数据缓冲寄存器
* TCON	88H	定时器控制寄存器
TMOD	89H	定时器方式选择寄存器
TL0	8AH	定时器 0 低 8 位
TL1	8BH	定时器 1 低 8 位
TH0	8CH	定时器 0 高 8 位
TH1	8DH	定时器 1 高 8 位

注：* 寄存器既可以字节寻址，也可以位寻址。

SFR 都可按字节操作，有些还可以按位操作。SFR 中有 11 个除按字节寻址外，也可以位寻址,如表2.4中标有"＊"的寄存器。这些寄存器的字节地址都能被8整除,即字节地址的低位为8或0。对于片内高128字节中没有占用的单元,用户不可访问。这些未占用的单元留作新型单片机的开发,使其具有某些特定的控制功能。

由表2.4可看出,SFR的应用可分为3类,主要有：
- 指令系统占用,包括ACC、B、PSW、SP、DPL、DPH。
- 80C51的节电运行方式PCON。
- 用于80C51片内功能单元(并行I/O口、串行口、中断系统、定时器/计数器)。

和布尔处理器一样,SFR是单片机"面向控制"功能在硬件结构上的重要体现。SFR的规范化配置是80C51标准化结构的优势之一。

正确理解和应用SFR,是单片机系统设计和应用技术的基础。本书的第2.4节、第2.7节和第4章,将分别详尽介绍有关SFR的应用。由于SFR功能固定,单片机"片内RAM"更多地是指片内RAM的低128个单元。

2.4 指令系统常用特殊功能寄存器

在80C51指令系统中,有些SFR可以作为操作数、程序运行状态及堆栈指示器。

2.4.1 程序状态字PSW

PSW可用作程序运行状态标志。其位含义如表2.5所列。

字节地址＝D0H,复位值＝0000 0000B,可位寻址。

表2.5 PSW各位含义

位 序	b7	b6	b5	b4	b3	b2	b1	b0
位地址	D7H	D6H	D5H	D4H	D3H	D2H	D1H	D0H
位符号之一	PSW.7	PSW.6	PSW.5	PSW.4	PSW.3	PSW.2	PSW.1	PSW.0
位符号之二	CY	AC	F0	RS1	RS0	OV	—	P

当CPU进行各种算术或逻辑运算时,为反映操作过程或结果的状态,把PSW相应的位置"1"或清"0"。这些位的状态可通过指令读出,为CPU的运行提供依据。PSW中除PSW.1(保留位)、RS1和RS0及F0之外,其他4位PSW.0、PSW.2、PSW.6及PSW.7都是作为指令运行的标志位,通过对这些位的判断,实现某些特定的功能。

- P——奇偶标志位

该位反映累加器ACC内容的奇偶性。如果有奇数个"1",则P为"1",否则为"0"。在80C51指令中,凡是改变ACC中内容的指令均影响P。

- OV——溢出标志位

对于单字节的有符号数,若用最高位(b7)表示正、负号,则只有7位有效数位(b6

~b0),能表示-128～+127 之间的数。运算结果超出了这个数值范围,就会发生溢出,此时 0 V=1,否则 0 V=0。

此外,在执行乘法指令时,0 V=1 表示乘积超过 255;在执行除法指令时,0V=1 表示除数为 0。

- RS1、RS0——工作寄存器选择控制位

该两位用以选择指令当前使用的工作寄存器组。由用户用软件可以设置 RS1、RS0 的组合,以切换到当前选用的工作寄存器组,RS1、RS0 的组合关系如表 2.2 所列。

单片机复位后,RS1=RS0=0,CPU 自动选中第 0 组为当前工作寄存器。用户可通过指令改变 RS1、RS0 的状态,实现工作寄存器组的切换。这为调用子程序和中断服务程序中保护现场提供了方便。

- F0——用户标志位

该位可由用户置 1 或清 0,用于实现某些测控功能。

- AC——半进位标志位

当 CPU 进行加法(或减法)运算时,如果低半字节(b3～b0)向高半字节(b7～b4)有进位(或借位),即 b3 向 b4 进位(或借位)时,AC 置 1,否则清 0。

AC 可用于 BCD 码加法时的调整判别位。

- CY——进位标志位

当 CPU 进行加法(或减法)运算时,如果运算结果的最高位(b7)有进位(或借位),CY 则置 1,否则清 0。

在位操作时,CY 可以用作位累加器,在指令中简写成 C。

2.4.2 累加器 ACC

ACC 是指令系统中应用最为频繁的寄存器。其位含义如表 2.6 所列。

字节地址=E0H,复位值=0000 0000B,可位寻址。

表 2.6 ACC 的位含义

位 序	b7	b6	b5	b4	b3	b2	b1	b0
位地址	E7H	E6H	E5H	E4H	E3H	E2H	E1H	E0H
位符号	ACC.7	ACC.6	ACC.5	ACC.4	ACC.3	ACC.2	ACC.1	ACC.0

CPU 在进行算术、逻辑类操作时,ACC 的输出经常作为运算器的一个输入,而运算的结果也大多要送回 ACC 中。如指令"ADD A,R0"表示 ACC 中内容(输入)和 R0 中内容(输入)相加,结果又存到 ACC 中。

在指令系统中,累加器简记为"A"。

2.4.3 B 寄存器

在指令系统中,B 寄存器可以和累加器组成寄存器对"AB"使用,也可单独使用。

其位含义如表 2.7 所列。

字节地址＝F0H,复位值＝0000 0000B,可位寻址。

表 2.7　B 的位含义

位　序	b7	b6	b5	b4	b3	b2	b1	b0
位地址	F7H	F6H	F5H	F4H	F3H	F2H	F1H	F0H
位符号	B.7	B.6	B.5	B.4	B.3	B.2	B.1	B.0

在乘除运算指令中,B 寄存器和 A 累加器作为 AB 寄存器对形式出现。乘法指令的两个乘数分别取自 A 和 B,积存于 BA 中(双字节)。除法指令的被除数取自 A,除数取自 B,商存于 A,余数存于 B。

在其他一些指令中,B 寄存器作为片内 RAM 中的一个直接地址单元来使用。例如,指令"MOV　B,♯25H"和"MOV　0F0H,♯25H",其功能是将立即数 25H 传送到 B,指令代码都是 75F025H。这说明符号 B 和地址 0F0H 是等价的,尽管采用 B 名称,但仍是直接寻址方式,这也是访问 B 的唯一寻址方式。B 虽为寄存器,但不存在寄存器寻址方式。

2.4.4　数据指针 DPTR

DPTR 是单片机中唯一的 16 位寄存器,只能字节操作,不可位寻址。

DPTR 在指令系统中,主要用于存放存储器的 16 位地址,即作 16 位地址寄存器使用。DPTR 的应用体现在以下两方面。

1. 作为高低字节寄存器单独使用

表 2.4 表明,DPTR 可分成高 8 位 DPH(地址为 83H)和低 8 位 DPL(地址为 82H)单独使用。

例如,指令 MOV　DPH,♯12H;将立即数 12H 传送到 DPH;
　　　　　MOV　DPL,♯34H;将立即数 34H 传送到 DPL。
执行结果是 DPTR 中有 16 位数据 1234H。

2. DPTR 作为 16 位寄存器使用

例如,指令 MOV　DPTR,♯1234H,执行结果是 DPTR 中有 16 位数据 1234H。指令"MOV　8382H,♯1234H"是错误的;指令"MOV　82H,♯34H"是正确的。

2.4.5　堆栈指针 SP

SP(Stack Pointer)应用在 CPU 的堆栈操作中。

堆栈是指一个特定的片内 RAM 区,该区暂时存放数据和地址,专门用于保护中断服务程序和调用子程序的断点地址和保护现场数据。

堆栈的特点是按照"先进后出"的原则存取数据,这里的"进"与"出"是指进栈与出栈,最后进栈的数据所在的存储单元称为栈顶。从栈中取数,总是先取栈顶的数据,即最后进栈的数据先取出。随着栈中存放数据的增减,栈顶是变化的。

SP 是一个 8 位寄存器,用于存放栈顶的地址。每存入(或取出)1 个字节数据,SP 就自动加 1(或减 1)。SP 中内容始终指向栈顶。80C51 的堆栈操作规则如下:
- 进栈操作:SP 先加 1,后写入数据。SP 中的内容为当前栈顶单元的地址。
- 出栈操作:先读出数据,后 SP 减 1。SP 中的内容为当前栈顶单元的地址。

单片机复位后,SP 的初始化为 07H,使得堆栈实际上从 08H 开始存放数据。因为 08H~2FH 中包括工作寄存器和位寻址区,所以通常把 SP 的初值设为 30H 或以上的值。堆栈要注意允许的深度,即运行时的 SP 中栈顶位置不要超过 7FH。

2.5 CPU 时序与时钟电路设计

计算机工作时,是在统一的时钟控制下一拍一拍地进行的,这个脉冲由片内时序电路发出。时序就是 CPU 执行指令时所需控制信号的时间顺序。为了保证各部件的同步工作,单片机内部电路应在唯一的时钟信号控制下严格地按时序进行工作。由于时钟脉冲是单片机的基本工作脉冲,它控制着 CPU 的工作节奏。显然,时钟频率越高,工作速度就越快。由于不同的单片机硬件电路和器件不完全相同,其所要求的时钟频率范围也不一定相同。80C51 的时钟频率范围是 1.2~12 MHz。

2.5.1 定时单位与时序

CPU 执行指令的一系列动作都是在时序电路控制下一拍一拍进行的。由于指令执行操作过程的差异,不同指令的执行时间也不一定相同。为了便于对 CPU 时序进行分析,规定了几种定时单位:节拍、状态、机器周期和指令周期。

1. 节　拍

节拍(用 P 表示)就是时钟周期,是时钟频率的倒数,是单片机中最基本、最小的时间单位。

当时钟频率为 1 MHz 时,节拍为 1 μs;当时钟频率为 4 MHz 时,节拍为 250 ns。

2. 状　态

两个节拍定义为一个状态(用 S 表示)。S 的前半周期对应的节拍称为 P1,后半周期对应的节拍称为 P2。显然,状态信号出现的频率为时钟频率的 2 分频。

3. 机器周期

80C51 系列单片机的一个机器周期由 6 个 S 周期组成,并依次表示 S1~S6。由于一个状态又包括两个节拍,因此一个机器周期共有 12 个节拍(时钟周期),分别记作 S1P1,S1P2,…,S6P2。由于一个机器周期共有 12 个时钟周期,因此机器周期信号出现的频率就是时钟脉冲的 12 分频。

当时钟频率为 12 MHz 时,一个机器周期为 1 μs;当时钟频率为 6 MHz 时,一个机器周期为 2 μs。

4. 指令周期

执行一条指令所需的时间称为指令周期。它是最大的时序定时单位。80C51 的指令周期根据指令的不同可包含有 1、2、4 个机器周期。

80C51 的所有指令按其机器码的长度可分为单字节指令、双字节指令和三字节指令。指令周期可概括为以下几种情况:单字节单机器周期指令、单字节双机器周期指令、双字节单机器周期指令、双字节双机器周期指令、三字节双机器周期指令和单字节四机器周期指令。

三字节指令都是双机器周期;乘除指令是单字节四机器周期指令。

图 2.6 所示是几种典型的单机器周期和双机器周期指令。

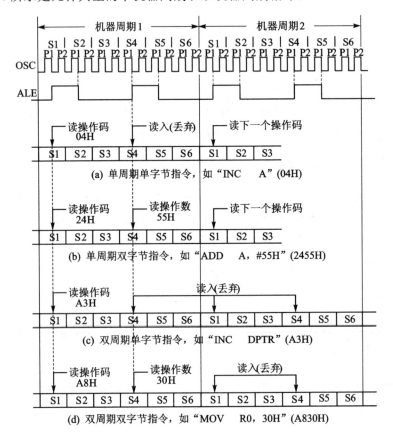

图 2.6 80C51 指令时序图

图 2.6(a)所示为单周期单字节指令时序。如"INC A"(机器码 04H)。执行从 S1P2 开始,读入操作码 04H;在 S4P2 时仍有读操作,但读入的数码被忽略,且 PC 此时并不加 1。

图 2.6(b)所示为单周期双字节指令时序。如"ADD A,♯55H"(机器码 2455H),执行从 S1P2 开始读入操作码 24H;在 S4P2 时再读入指令的第二个字节操作数 55H。

图 2.6(c)所示为双周期单字节指令时序。如"INC DPTR"(机器码 A3H),执行从 S1P2 开始,在整个两周期中,共发生了 4 次读操作,但后 3 次操作都无效。

图 2.6(d)所示为双周期双字节指令时序。如"MOV R0,30H"(机器码 A830H),执行从 S1P2 开始,操作码 A8H 被读入指令寄存器;在 S4P2 时读入第二字节的操作数 30H。在第二个机器周期内发生了两次读操作,但都无效。

单片机运行中,ALE 信号是以晶振频率的 1/6 频率固定出现的。在一个机器周期中,ALE 信号两次出现,第一次在 S1P2~S2P1 间,第二次在 S4P2~S5P1 间,有效宽度为一个状态。

2.5.2 片外数据存储器访问过程及控制信号

图 2.7 为访问片外 RAM 时的时序图,程序存于片外 ROM 中。

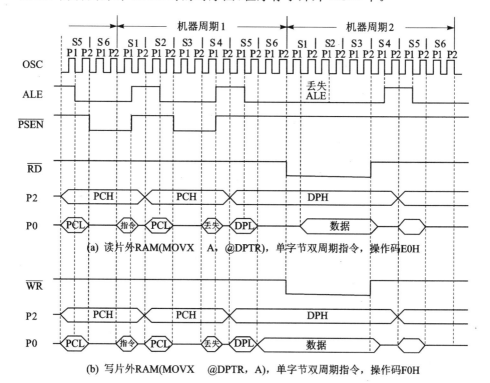

图 2.7 访问片外 RAM 时序图

图 2.7(a)是读片外 RAM 过程时序。第一个机器周期的前 4 个 S 状态为访问片外 ROM 的情况。在此前机器周期的 S5、S6 状态中,程序计数器 PC 的高 8 位 PCH(E0H 代码单元地址高 8 位)出现在 P2 口;PC 的低 8 位 PCL(E0H 代码单元地址低 8 位)出

现在 P0 口。在 S5 期间，ALE 的下降沿把 P0 口上的低 8 位地址锁存到片外地址锁存器中，P0 口变成高阻态，准备传送指令代码（E0H）。P2 口上的 PCH 保持到读指令结束。

第一个机器周期的 S1 开始访问片外 ROM，读指令代码（E0H）到指令寄存器（$\overline{\text{PSEN}}$有效）。从 S4 开始，又读入第二个字节。但由于是单字节指令，读入的代码无效，且 PC 值也不增加 1。

从 S5 开始访问片外 RAM。存于 DPH 中的片外 RAM 单元地址的高 8 位出现在 P2 口；存于 DPL 中的片外 RAM 单元地址的低 8 位出现在 P0 口。在 S5 期间，ALE 的下降沿将 P0 口上的低 8 位地址锁存在片外地址锁存器中。随后 P0 口变成高阻抗，准备读入数据。P2 口上的 DPH 一直保持到读操作结束。

在第 2 个机器周期，从 S1P1 开始，读信号 $\overline{\text{RD}}$ 变为有效的低电平信号，选中的片外 RAM 单元中的数据出现在 P0 口，之后由 CPU 读入累加器 A 中。读数据操作在 S3 结束，$\overline{\text{RD}}$ 信号恢复到高电平。

在第 2 个机器周期 S1～S3 周期内，是读片外 RAM 单元中的数据，在 S1P2 和 S2P1 间丢失了一次 ALE。

图 2.7(b) 是写片外 RAM 过程的时序。执行写指令"MOVX @DPTR,A"与执行读指令（MOVX A,@DPTR）情况基本一致，只不过选通信号变为 $\overline{\text{WR}}$，且在 $\overline{\text{WR}}$ 有效前，待写入的数据就出现在 P0 口，且一直保持到 $\overline{\text{WR}}$ 失效后。

通过时序分析，将有关概念总结如下：

- ALE 脉冲。不管 CPU 是否访问片外 ROM 或片外 RAM，ALE 是一个以 1/6 晶振频率连续出现的脉冲，其高电平脉宽为 2S（S 表示状态）。ALE 除作片外地址锁存器的锁存信号外，还可以作为外围芯片的定时脉冲。在访问片外 RAM 时会丢失一个 ALE 脉冲。
- $\overline{\text{PSEN}}$ 信号。$\overline{\text{PSEN}}$ 是片外 ROM 选通信号，低电平脉宽为 3 个时钟周期。当 CPU 从片外 ROM 中读取指令时，自动产生一个 $\overline{\text{PSEN}}$ 信号；在执行"MOVC"类指令（读片外 ROM 中的常数）时，也产生一个 $\overline{\text{PSEN}}$ 信号。在片内 ROM 取指令和读取常数时，以及访问片外 RAM 时，不产生 $\overline{\text{PSEN}}$ 信号。
- $\overline{\text{RD}}$ 信号。在执行"MOVX A,@DPTR"或"MOVX A,@Ri"（读片外 RAM 指令）时，自动产生一个控制信号 $\overline{\text{RD}}$，低电平有效宽度为 3 个 S。
- $\overline{\text{WR}}$ 信号。在执行"MOVX @DPTR,A"或"MOVX @Ri,A"（写片外 RAM 指令）时，自动产生一个控制信号 $\overline{\text{WR}}$，低电平有效宽度为 3 个 S。
- $\overline{\text{PSEN}}$、$\overline{\text{RD}}$、$\overline{\text{WR}}$ 不能同时为低电平，但可以同时为高电平。
- 指令时序对单片机应用系统设计的意义在于体现了单片机的微控制技术。

在实际应用中，可以通过执行一个无效的 MOVX 指令，产生一个控制信号 $\overline{\text{RD}}$ 或 $\overline{\text{WR}}$，利用该信号作外围器件（除片外 RAM）的选通信号。例如，片外 RAM 最大地址为 0FFFH，若使 DPTR 中存入 FFFFH，执行"MOVX A,@DPTR"指令为无效操作，产生的 $\overline{\text{RD}}$ 信号可作外围器件选通。这种通过指令而产生控制信号的方法，比利用传统电子电路产生脉冲信号要方便得多。
- 单片机外围芯片的匹配。在单片机的外围扩展设计中,选择芯片要求与单片机在速度和电平上匹配。通过指令时序可以看出从单片机输出有效地址到读指令操作完成,共经历了 5 个时钟周期(从 S5P1 到 S1P1)。若晶振选用 12 MHz,这个时间约为 416 ns。考虑到信息的稳定时间,这就要求片外 ROM 的读取时间应不大于 300 ns 左右。同样,对片外 RAM 也有工作速度上的要求。目前市场上出售的 ROM、RAM 芯片以及 74TTL 芯片一般是满足 80C51(最大时钟频率为 12 MHz)的速度要求的,可直接选用。当然,降低主机的时钟频率,就是降低对被使用的片外芯片工作速度的要求。提高主振频率也是当前单片机发展趋势之一,对于很高主频的单片机,外围芯片的选择必须考虑工作速度的问题。关于单片机与外围芯片引脚电平匹配问题,将在本书第 6 章中介绍。
- 外围电路的正确连接。通过时序分析,对于控制信号 ALE、$\overline{PSEN}$、$\overline{WR}$、$\overline{RD}$ 的产生过程及作用有了深刻理解,这有利于外围扩展电路的正确接线。单片机应用系统的外围扩展硬件结构设计的主要内容应包括:单片机引脚与外围芯片的正确接线、工作速度匹配、电平匹配等问题。

2.5.3 时钟电路的组成方式

80C51 的时钟可由两种方式产生:一种是内部方式,利用单片机内部的振荡电路;另一种方式为外部方式,利用外部振荡电路。

1. 内部时钟方式

内部时钟方式是指采用片内振荡源驱动片内时钟电路。MCS-51 系列单片机中的 HMOS 型(8051)和 HCMOS(80C51)的片内振荡器电路有一定区别,如图 2.8 所示。

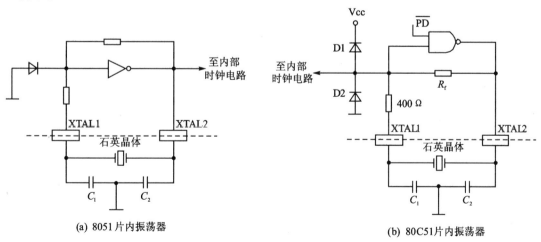

(a) 8051 片内振荡器　　　　　　(b) 80C51 片内振荡器

图 2.8　MCS-51 单片机片内振荡器

8051的片内振荡器实际上是一个单极性反相放大器,它与由石英晶体和外接电容构成的并联谐振回路构成一个受晶体控制(振荡器频率和晶振频率一致)的振荡器。它对晶体的规格和两电容(C_1、C_2)值的要求并不十分严格。如果晶体质量较好,两电容均取 30 pF 即可满足各种频率的需要。

与8051振荡器相同,80C51的片内振荡器也是由一个单极性反相放大器组成的受晶体控制的振荡器。但两者也有差别:

- 80C51可以在软件控制下,即通过对专用寄存器PCON的PD位写1的办法来关断振荡器。
- 80C51的内部时钟电路由XTAL1引脚上的信号驱动,而8051则由XTAL2上信号驱动。

振荡器信号送至片内时钟振荡电路,形成P1、P2、ALE和机器周期等脉冲信号。

图2.8(b)中当PD=1($\overline{PD}$=0),反相放大器被封锁,振荡器冻结;当PD=0($\overline{PD}$=1),反相放大器开启,振荡器工作。D1和D2分别起钳位到V_{cc}和GND电平的作用。这种振荡器可配用和8051振荡器同样的外部元件。当采用石英晶体时,两电容(C_1、C_2)均可取值 30 pF。

2. 外部时钟方式

外部时钟方式是采用片外振荡源驱动片内时钟电路。当采用外部振荡器时,其接线方式如图2.9所示。

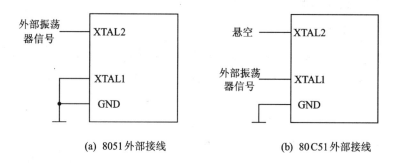

(a) 8051外部接线　　　　　(b) 80C51外部接线

图2.9　MCS-51单片机外部时钟方式电路

对于8051单片机,外部时钟工作方式时将片外振荡器信号接到XTAL2引脚,XTAL1引脚接地;对于80C51单片机,外部时钟工作方式时的片外振荡器信号接到XTAL1引脚,而XTAL2引脚悬空。

上述两种接法不同的原因,是因为8051的内部时钟电路由XTAL2上的信号驱动(如图2.8(a)所示);80C51的内部时钟电路由XTAL1(通过400 Ω电阻)上的信号驱动,如图2.8(b)所示。

2.5.4 时钟电路的抗干扰措施

单片机是在时钟信号的驱动下按既定时序执行指令实施控制的。外部电磁干扰的破坏作用,从本质上讲大都是对时钟信号有序工作的干扰。石英晶体和外接电容构成的并联谐振回路的感抗特性,直接影响到片内振荡器频率的高低和工作的稳定性。在设计印刷电路板时,晶体和电容尽可能安装得与单片机芯片靠近,且引脚线不要过长,以减少寄生电容,更好地保证振荡器稳定和可靠地工作。电容采用稳定性能好的高频电容。晶体和电容要远离发热元件。

当系统中的其他芯片也需要时钟信号时不能由 XTAL1 直接引出。如果由片内振荡器的引脚提供,必须要配置驱动电路,电路的元器件不可避免地会增加 XTAL1 引脚的寄生电容。图 2.10 提供了一种片外振荡器电路,可以同时向外提供时钟信号。图中的 U_4、U_3 将 XTAL1 端和外围电路隔离开来。U_3 要靠近 XTAL1。

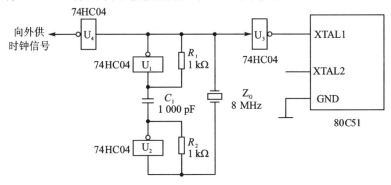

图 2.10 一种片外振荡器电路

74HC04 是反相器,引出端及主要电气特性如图 2.11 所示。

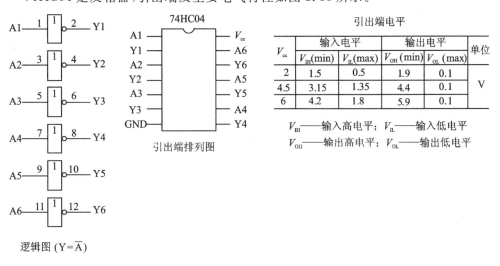

图 2.11 74HC04 引出端及主要电气性能

单片机都规定了适用的频率范围,如80C51为1.2～12 MHz。最高频率反映了最高的工作速度。工作在最高频率时,若外界干扰脉冲插入晶振脉冲序列中,将导致工作速度超限而破坏正常工作;工作在低频时,虽然插入了干扰脉冲,但工作速度仍是在允许范围内。同时,工作频率越高,越容易引起线间串扰及增大线路阻抗。因此,在满足工作要求情况下,选择低的运行频率有助于抗干扰。这就是高速低频的工作方式。同时,这种工作方式还能降低系统功耗,降低了外围芯片的工作频率,有利于设计时的速度匹配。因此,选择单片机时最高频率越高越好;而实际运行时,尽量选用较低频率的晶振。

2.6 复位操作原理及电路设计

2.6.1 80C51的复位

1. 复位操作

复位是单片机的初始化操作。其主要功能是将程序计数器 PC 初始化为 0000H,使单片机从 0000H 单元开始执行程序。

在运行中,外界干扰等因素可使单片机的程序陷入死循环状态或跑飞。为摆脱困境,可将单片机复位,以重新启动。

复位也使单片机退出低功耗工作方式而进入正常工作状态。

复位不影响片内 RAM 的内容,但对 SFR 中的一些寄存器有影响,如表 2.8 所列。

表 2.8 PC 及 SFR 的复位状态

寄存器	复位状态	寄存器	复位状态
PC	0000H	TH1	00H
ACC	00H	P0～P3	FFH
PSW	00H	IP	×××0,0000B
SP	07H	IE	0××0,0000B
DPTR	0000H	TMOD	00H
TCON	00H	SCON	00H
TL0	00H	SBUF	不定
TH0	00H	PCON	0×××,0000B
TL1	00H		

2. 复位信号及其产生电路

整个复位电路包括片内、外两部分。RST 为外部复位信号的输入引脚。在 80C51 内部,RST 接到一个施密特触发器的输入端,这样可以滤掉低于施密特触发电平的外界干扰信号,如图 2.12 所示。

复位信号是高电平有效,其有效时间应持续 24 个振荡脉冲周期(即两个机器周期)以上。RST 引脚电平在每个机器周期的 S5P2 均被采样一次。内部复位操作是在发现 RST 为高电平后的第 2 个机器周期进行的,并且此后的每个机器周期都重复进行复位操作,直到 RST 变成低电平为止。

外部复位电路有上电自动复位、按键电平复位两种功能,如图 2.13 所示。

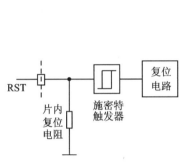

图 2.12 片内复位电路结构图

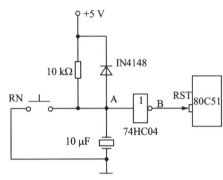

图 2.13 片外复位电路

上电时,A 点电平为低,B 点电平为高,其有效时间达两个机器周期以上,便可实现上电自动复位。随着电容的充电,A 点电平为高,B 点为低电平,完成了复位操作。图中的二极管 IN4148 是断电后电容的放电回路。

按下复位按钮 RN,电容短路,A 点为低电平,开始复位过程。松开按钮,待电容充电使 A 点为高电平,完成了复位操作。

上电自动复位还与电源的上升时间有关。只要电源的上升时间不超过 1 ms,就可以完成自动上电自动复位。这表明供电电源的上升时间越短,越有利于上电自动复位。

2.6.2 片外扩展的 I/O 接口电路的复位

在实际的应用系统设计中,有的外部扩展的 I/O 接口电路也需初始复位。这些 I/O 口芯片的复位处理可着重考虑以下两点:

- 尽量和单片机使用同一个 RST 信号,这样可实现系统同步复位,便于统一编写单片机和 I/O 口芯片的初始化程序,也使复位电路简化,如图 2.14 所示。I/O 口芯片(8279)引脚 RST 没直接取自 B 点,主要是考虑当引线过长时,可能对 80C51 的 RST 造成串扰。当引线较短时,也可将 8279 的 RST 点直接相连。

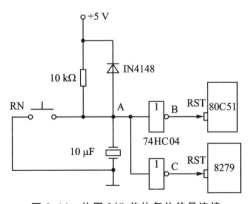

图 2.14 外围 I/O 芯片复位信号连接

- 一般来说,单片机的复位速度比外围 I/O 快一些。为保证外围 I/O 口的可靠复位,在初始化程序中应安排一定的延迟时间。例如,对于图 2.14,先将 80C51 初始化,再延时 10 ms,然后再对 8279 初始化。

2.6.3 复位的抗干扰措施

对于一般控制信号,有效选通为低电平,常态为高电平,这样的信号较稳定,如 $\overline{PSEN}$、$\overline{WR}$、$\overline{RD}$ 等。而 RST 信号高电平有效,常态为低电平。因此 RST 引脚是个敏感的部位。为了保证 RST 常态不受干扰,外接的复位电路尽量靠近 RST 引脚。如图 2.14 所示,应使 B 点尽量靠近 80C51 的 RST 引脚。

当外围 I/O 芯片要求有复位时,尽量不要从 80C51 的 RST 引脚直接引出复位信号,而应采取分离措施,如图 2.14 所示。

当按钮 RN 的引线过长时(如 RN 处于面板上),应采取光电隔离措施,如图 2.15 所示。光电耦合器 TLP521-1 与复位电路安装在印刷电路板上,N 点为按钮长线的接点。按下 RN,发光二极管导通,光敏三极管导通,电容短路,RST 高电平,单片机开始复位。松开 RN,发光二极管截止,光敏三极管截止,电容开始充电,直到 RST 变为低电平。

TLP521-1 光电耦合器将在本书第 5 章中介绍。

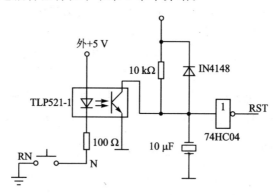

图 2.15 具有光电隔离的复位电路

2.7 80C51 的低功耗方式设计

80C51 有两种低功耗方式:空闲方式(idle mode)和掉电方式(power down mode)。空闲方式又称为待机方式,低功耗方式又称节电方式。80C51 正常运行和节电运行下的功耗比较如表 2.9 所列。

表 2.9 80C51 的正常工作方式与节电工作方式

运行模式	供电电压 V_{cc}	时钟频率	电流
正常运行	5 V	12 MHz	16 mA
空闲运行	5 V	12 MHz	3.7 mA
掉电运行	5 V	停振	16 μA

图 2.16 为两种节电运行方式的工作原理图。

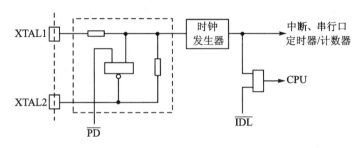

图 2.16 低功耗工作方式原理图

空闲方式和掉电方式都是由特殊功能寄存器中的电源控制器 PCON 的有关控制位来控制的。

PCON 是逐位定义的 8 位寄存器。其位定义格式如表 2.10 所列。

PCON 的字节地址＝87H，复位值＝0×××0000B，不可位寻址。

表 2.10 PCON 中的各位含义

	b7	b6	b5	b4	b3	b2	b1	b0
位序号	PCON.7	PCON.6	PCON.5	PCON.4	PCON.3	PCON.2	PCON.1	PCON.0
位符号	SMOD	—	—	—	GF1	GF0	PD	IDL

其中：

SMOD——波特率倍增位，在串行通信中应用；

GF1——用户通用标志 1；

GF2——用户通用标志 2；

PD——掉电方式控制位，PD＝1，则进入掉电方式；

IDL——空闲方式控制位，IDL＝1，则进入空闲方式。

由于 PCON 是不可位寻址的（即不能使用位操作指令对某位置 1 或清 0），因此常采用字节的逻辑操作指令实现对位的置 1 或清 0。例如，对 PCON 的 PCON.1 置 1，可用下述指令：

ORL PCON,♯0000 0001B

1. 空闲方式

（1）空闲方式的进入

如果用指令使 PCON 中 IDL 位置 1，系统便可进入空闲方式。在空闲方式下，振荡器仍然运行，CPU 进入休眠状态，所有外围电路（中断系统、串行口和定时器/计数器）仍然继续工作，内部 RAM 和 SFR 中的内容不变。

根据退出空闲方式的不同，安排 IDL 置 1 的指令在程序中的位置也不同。如果采用中断退出方式，可将 IDL 置 1 的指令安排在程序中的任何位置。如果采用复位退出方式，可将 IDL 置 1 的指令安排在应用程序的最后，紧接着可以再安排几条无关指令，如 NOP 指令。

（2）空闲方式的退出

空闲方式的退出有两种方法，即中断方式和硬件复位方式。

① 中断。在空闲方式下，若允许任何一个中断申请，则在响应的同时，IDL 位被片内硬件自动清 0，单片机退出空闲方式而进入正常工作状态。在中断服务程序中，须安排一条 RETI 指令，便可以使单片机返回断点继续执行程序。

② 硬件复位。空闲方式下，时钟振荡器仍在运行，故硬件复位信号只需保持两个机器周期有效即可完成复位过程。在复位逻辑发挥控制作用前，RST 引脚上的有效信号直接将 IDL 位清 0，CPU 便从它停止运行的地方（断点）恢复程序的执行，即从空闲方式的启动指令后面继续下去。在这期间，片内硬件阻止对片内 RAM 的访问，但不阻止对端口引脚的访问。为了避免在复位退出空闲方式时出现对端口引脚的不希望写入，系统在进入空闲方式时，紧随 IDL 置 1 的指令后面不应是对端口或外部 RAM 的写入命令，可以是几条无关指令，如 NOP 指令。在从断点执行 1、2 条指令后，复位逻辑发挥控制作用，最终导致 80C51 复位，各 SFR 均初始化成复位状态，程序从 0000H 单元重新开始执行。

中断退出方式是从断点开始继续执行程序；复位退出方式是先从断点开始执行程序，复位完成后从 0000H 开始执行。

2. 掉电方式

（1）掉电方式的进入

执行一条 PCON 寄存器的 PD 位置 1 的指令（是运行程序中的最后一条指令），单片机便可进入掉电方式。在掉电方式下，振荡器停止工作，但片内 RAM 和 SFR 中的内容不变，直到退出掉电方式。

进入掉电方式之前，V_{cc} 供电不能降低；进入掉电方式之后，V_{cc} 供电可降至 2 V；V_{cc} 恢复到正常运行水平后，才能结束掉电方式。

（2）掉电方式的退出

退出掉电方式的唯一方法是硬件复位。复位要重新定义 SFR，但不改变片内 RAM 的内容。

只有当 V_{cc} 恢复到正常工作水平，只要硬件复位信号维持 10 ms（待振荡器重新起振并稳定下来),便可使单片机退出掉电方式,从 0000H 单元开始执行程序。在空闲和掉电方式期间引脚的状态如表 2.11 所列。

表 2.11 空闲和掉电方式期间引脚状态

引 脚	执行片内程序		执行片外程序	
	空闲	掉电	空闲	掉电
ALE	1	0	1	0
$\overline{PSEN}$	1	0	1	0
P0	SFR 数据	SFR 数据	高阻	高阻
P1	SFR 数据	SFR 数据	SFR 数据	SFR 数据
P2	SFR 数据	SFR 数据	PCH	SFR 数据
P3	SFR 数据	SFR 数据	SFR 数据	SFR 数据

其中,PCH 表示 PC 程序计数器中的高字节;SFR 数据表示端口锁存器的数据。

2.8 常用 AT89 系列单片机

Intel 公司已把精力集中在 CPU 的生产上,并逐渐放弃了单片机的生产。美国 ATMEL 公司生产的 AT89 系列单片机,采用了 80C51 的核心结构和相同的指令系统,是与 80C51 完全兼容的单片机,并增加了一些新的功能。在实际中获得了广泛的应用。

AT89C51 单片机除了内部 Flash 程序存储器外,结构上与 80C51 基本相同;AT89C2051 单片机是低档型单片机,由于其结构简单、成本低,在某些仪器仪表和控制要求低的工业控制领域获得了广泛的应用。

本书在讲述单片机的核心硬件结构(第 2 章和第 4 章)和指令系统(第 3 章)时以 80C51 为主讲机型。掌握了 80C51 的基本结构和指令系统,对 80C51 系列中任何型号的单片机,都能触类旁通,举一反三。

本书在讲述单片机的系统扩展设计以及应用举例中,以 89C51 为主讲机型,因为现实中日益广泛应用的是 89C51,而不是 80C51 单片机。

2.8.1 AT89C51 单片机

1. 主要工作特性

- 内含 4 KB 的 Flash 程序存储器,擦写次数 1 000 次;
- 内含 128 B 的 RAM;
- 具有 32 根可编程 I/O 口线;
- 具有 2 个 16 位可编程定时器/计数器;
- 具有 6 个中断源、5 个中断矢量、2 级优先权的中断结构;

- 具有1个全双工的可编程串行通信接口;
- 具有1个数据指针 DPTR;
- 两种低功耗的工作模式,即空闲模式和掉电模式;
- 具有可编程的3级程序锁定位;
- AT89C51 的工作电源电压为 $5(1\pm0.2)$ V,典型值为 5 V;
- AT89C51 的最高工作频率为 24 MHz。

应指出,若将串行接收和发送分别当作两个中断,则为6个中断源;若将串行接收和发送看作一个中断,则为5个中断源。

2. AT89C51 的管脚排列

AT89C51 具有与 80C51 相同的核心硬件结构和指令系统。所谓核心结构是指图 2.1 所示的硬件组成结构,又称为 80C51 的标准结构。这是 AT89C51 与 80C51 兼容的基础。AT89C51 与 80C51 具有相同的引脚排列和功能,如图 2.17 所示。

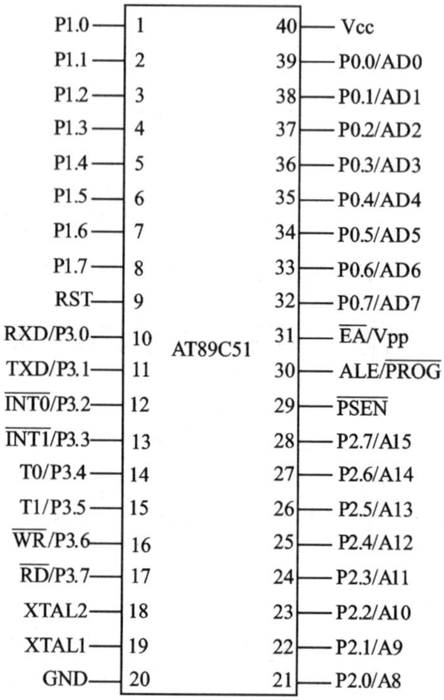

3. 主要电气特性

应用单片机时,为了保证运行的安全性,应使工作条件不超过所允许的极限参数。当单片机扩展外部接口部件和选用供电电源时,应考虑各个引脚的驱动能力和电平的匹配能力。表 2.12 和表 2.13 列出了 AT89C51 单片机的极限参数和各引脚的主要电气特性,供用户使用参考。

引脚	管脚号	引脚
P1.0	1 — 40	Vcc
P1.1	2 — 39	P0.0/AD0
P1.2	3 — 38	P0.1/AD1
P1.3	4 — 37	P0.2/AD2
P1.4	5 — 36	P0.3/AD3
P1.5	6 — 35	P0.4/AD4
P1.6	7 — 34	P0.5/AD5
P1.7	8 — 33	P0.6/AD6
RST	9 — 32	P0.7/AD7
RXD/P3.0	10 — 31	$\overline{EA}$/Vpp
TXD/P3.1	11 — 30	ALE/$\overline{PROG}$
$\overline{INT0}$/P3.2	12 — 29	$\overline{PSEN}$
$\overline{INT1}$/P3.3	13 — 28	P2.7/A15
T0/P3.4	14 — 27	P2.6/A14
T1/P3.5	15 — 26	P2.5/A13
$\overline{WR}$/P3.6	16 — 25	P2.4/A12
$\overline{RD}$/P3.7	17 — 24	P2.3/A11
XTAL2	18 — 23	P2.2/A10
XTAL1	19 — 22	P2.1/A9
GND	20 — 21	P2.0/A8

图 2.17 AT89C51 引脚排列(DIP)框图

表 2.12 AT89C51 工作极限参数

参 数	数 值
运行温度	$-55\sim+125$ ℃
存储温度	$-65\sim+150$ ℃
引脚对地电压	$-1.0\sim+7.0$ V
最大运行电压	6.6 V
直流输出电流	15.0 mA

表 2.13 AT89C51 单片机输入/输出电平（$V_{cc}=5\text{ V}$）

参 数	符 号	条 件	最小值	最大值	单 位
输入低电压	V_{IL}	$\overline{EA}$ 除外	−0.5	0.9	V
输入高电压	V_{IH}	XTAL、RST 除外	1.9	5.5	V
输出低电压 （P1、P2 和 P3）	V_{OL}	$I_{OL}=1.6\text{ mA}$		0.45	V
输出高电压 （P1、P2 和 P3） ALE 和 $\overline{PSEN}$	V_{OH}	$I_{OH}=-60\ \mu A$	2.4		V
		$I_{OH}=-25\ \mu A$	3.75		V
		$I_{OH}=-10\ \mu A$	4.5		V
输入低电压（$\overline{EA}$）	V_{IL1}		−0.5	0.7	V
输入高电压 （XTAL 和 RST）	V_{IH1}		3.5	5.5	V
输出低电压 （P0、ALE 和 $\overline{PSEN}$）	V_{OL1}	$I_{OL}=3.2\text{ mA}$		0.45	V
输出高电压 （P0 口用于外总线）	V_{OH1}	$I_{OH}=-800\ \mu A$	2.4		V
		$I_{OH}=-300\ \mu A$	3.75		V
		$I_{OH}=-80\ \mu A$	4.5		V

注：① 在静态条件下，I_{OL}（灌电流）的最大值为每个引脚的最大值 10 mA；P0 口 8 个引脚的总电流 I_{OL} 最大值为 26 mA；P1、P2 和 P3 每 8 个引脚总电流 I_{OL} 最大值为 15 mA；所有输出引脚总电流最大值为 71 mA。

② 掉电方式下的最小 V_{cc} 为 2 V。

4. 编程方式

AT89C51 有低电压编程和高电压编程两种模式。低电压编程可用于在线编程，高电压编程与一般常用的 EPROM 编程器兼容。

AT89C51 单片机的芯片封装顶端有编程电压标志：××××−5 表示 $V_{pp}=5\text{ V}$；××××−12 表示 $V_{pp}=12\text{ V}$。

(1) Flash 存储器的编程方式

表 2.14 列出了 AT89C51 Flash 的编程、校验、写锁定（保密位）及读片内特征标记时的逻辑电平。存储器在编程状态下都是一个字节编程。Flash 中各个单元不空（即不全为 FFH），应首先将芯片擦除（各个单元为 FFH）后方可进行编程。芯片出厂时 Flash 处于全空状态，可直接进行编程。

(2) Flash 编程操作

1）编程算法

在编程之前，必须将地址、数据、控制信号按表 2.14 和图 2.18 设置。

编程可按下列步骤进行。

① 在地址线上输入存储单元地址;
② 在数据线上输入对应的数据;
③ 按图 2.18 和表 2.14 组合正确的控制信号;
④ 对于高电压编程模式,将 $\overline{EA}/V_{pp}$ 升至 12 V;
⑤ 向 ALE/$\overline{PROG}$ 输入一个编程负脉冲,字节写周期由片内自动定时,一般不超过 1.5 ms;
⑥ 改变地址和数据,重复步骤①～⑤,直到目标文件编程结束。

表 2.14 Flash 的编程方式

方式		RST	$\overline{PSEN}$	ALE/$\overline{PROG}$	$\overline{EA}/V_{pp}$	P2.6	P2.7	P3.6	P3.7
写代码数据		H	L	负脉冲	V_{pp}	L	H	H	H
读代码数据		H	L	H	H	L	L	H	H
写锁定位	LB1	H	L	负脉冲	V_{pp}	H	H	H	H
	LB2	H	L	负脉冲	V_{pp}	H	H	L	L
	LB3	H	L	负脉冲	V_{pp}	H	L	H	L
片擦除		H	L	负脉冲	V_{pp}	H	L	L	L
读标志字节		H	L	H	H	L	L	L	L

注:V_{pp} 为 12 V 或 5 V;$\overline{PROG}$ 脉宽为 1～110 μs;H 为高电平,L 为低电平。

2) 数据查询

AT89C51 可通过数据查询(data polling)来判断编程是否结束。在写周期内,若试图读取刚写入的字节,则在 P0.7 引脚上得到数据的反码。一旦写周期完成,所有输出线上都将出现刚写入的真实数据,可以开始下一个字节的编程。在写周期启动后,数据查询可在任何时刻开始。

3) "准备就绪/忙"信号

字节的编程进程可以通过"准备就绪/忙"(READY/$\overline{BUSY}$)输出信号检测。编程期间 ALE/$\overline{PROG}$ 端变为高电平后,P3.4 引脚被拉成低电平,表示"忙";当编程完成后,P3.4 引脚又拉成高电平,表示"准备就绪"。

4) 编程校验

如果锁定位 LB1 和 LB2 没有被编程,那么代码数据可由数据线读出,用于校验。锁定位不能直接被校验,只有通过观察其特性间接得到证实。

5) 片擦除

整个 Flash 的所有字节存储单元和 3 个锁定位的擦除,可通过控制信号的正确组合并保持 ALE/$\overline{PROG}$ 引脚 10 ms 的低电平完成。在芯片擦除操作中,代码阵列全被写成"1"。任何非空白字节被编程之前,首先进行擦除操作。

6) 读标志字节

读标志字节与对 030H、031H、032H 单元的读取校验相似,只不过要求 P3.6 和 P3.7 引脚必须为低电平。读取的字节数据如下:

(030H)=1EH,表示 ATMEL 公司生产;
(031H)=51H,表示 89C51;
(032H)=FFH,表示编程电压 V_{pp}=12 V;
(032H)=05H,表示编程电压 V_{pp}=5 V。

(3) 程序锁定位和编程

AT89C51 片内含有 3 个锁定位,其状态可设置成非编程状态 U(Unprogrammed),也可设置成编程状态 P(Programmed),如表 2.15 所列。

表 2.15 AT89C51 程序锁定位状态特点

序 号	锁定位状态			保护模式
	LB1	LB2	LB3	
1	U	U	U	不具有编程锁定特性
2	P	U	U	禁止片外 ROM 中的 MOVC 指令从片内 ROM 中读取程序代码字节;$\overline{EA}$ 值在复位时被采样并锁存;禁止片内 Flash 编程
3	P	P	U	同 2,但校验也被禁止
4	P	P	P	同 3,并禁止执行片外程序

锁定位的编程可参照表 2.14 所列的控制信号电平进行组合。

2.8.2 AT89C2051 单片机

AT89C2051 是低电压、高性能的 CMOS 8 位微控器。AT89C2051 的主要特性是:

- 与 MCS - 51 系列产品兼容;
- 片内含有 2 KB 的 Flash 程序存储器,擦写次数 1 000 次;
- 片内含有 128 B 的 RAM;
- 具有 15 线 I/O 口;
- 含有 2 个 16 位的定时器/计数器 T0 和 T1;
- 中断系统具有 6 个中断源、5 个中断矢量、2 级中断优先权的中断结构;
- 具有可编程的串行 UART 通信接口;
- 具有 1 个数据指针 DPTR;
- 低功耗节电模式为空闲模式和掉电模式;
- 2 级程序存储器锁定位;
- 电源电压为 2.7~6 V;
- 最高工作频率为 24 MHz。
- 直接驱动 LED;
- 片内含有模拟比较器。

1. 引脚排列及功能

图 2.19 为 AT89C2051 的引脚排列(PDIP)框图。

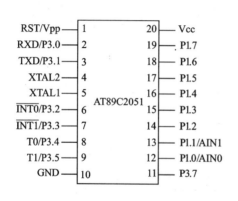

图 2.19 AT89C2051 引脚排列（PDIP）框图

(1) 引脚描述

● P1 口——8 位 I/O 口。

P1.2～P1.7 内含有上拉电阻，P1.0 和 P1.1 又是片内模拟比较器的同相输入（AIN0）和反相输入（AIN1）。端口结构框图如图 2.20 所示。

P1 口用作输出时，输出缓冲器可驱动 20 mA 的灌电流负载，直接驱动 LED 显示器。P1 口用作输入时，应先对端口写 1。外部的输入信号将 P1.2～P1.7 拉为低电平时，通过片内上拉电阻向外输出电流。

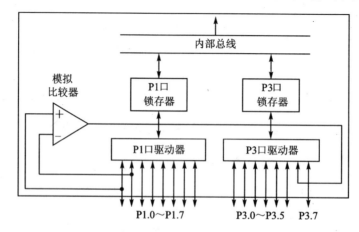

图 2.20 AT89C2051 端口结构框图

在 Flash 编程和校验时，P1 口可接收代码数据。

● P3 口——7 位，具有内部上拉电阻的双向 I/O 口。

P3 口提供给用户可用作 I/O 口的是 P3.0～P3.5 和 P3.7。P3.6 在片内与模拟比较器的输出端相连，不可当作通用 I/O 口那样访问。

P3 口的输出缓冲器可提供 20 mA 的灌电流负载。P3 口用作输入时，应先对端口写 1。当外部输入信号将其拉为低电平时，通过片内上拉电阻向外输出电流。

P3 口还具有替代功能。

在 Flash 编程和校验时，P3 口可接收某些控制信号。

● RST——复位输入。

在引脚 RST 保持两个机器周期的高电平（振荡器正常工作），单片机便可复位，所有 I/O 口引脚都输出高电平。

● XTAL1——片内振荡器反相放大器和片内时钟发生器的输入端。

● XTAL2——片内振荡器反相放大器的输出端。

● Vcc——电源电压。

- GND——电源地线。

2. 存储器的组织和特殊功能寄存器

AT89C2051 有两个存储空间:片内 2 KB 的 Flash 程序存储器空间(000H～7FFH);片内数据存储器空间包括 128 个字节的片内数据 RAM 区(00H～7FH)和片内 128 个字节的特殊功能寄存器(SFR)区(80H～FFH)。

AT89C2051 与 MCS-51 结构完全兼容,可以使用 MCS-51 指令系统编程,但是由于存储空间的局限性,某些指令的应用受到限制。

① 无条件转移指令有 LCALL、LJMP、ACALL、AJMP、SJMP、JMP @A+DPTR。这些指令用于 AT89C2051 时,目的转移指令必须在 000H～7FFH 区间。

② 条件转移指令有 CJNE、DJNE、JB、JNB、JC、JNC、JBC、JZ、JNZ。这些指令用于 AT89C2051 时,目的转移地址必须在 000H～7FFH 区间。

③ 片内 RAM 为 128 字节,栈区的设置必须限于 00H～7FH 区间。

④ AT89C2051 没有片外数据存储器,在 AT89C2051 的应用程序中不能包括 MOVX 类指令。

⑤ AT89C2051 的 5 个中断矢量与 MCS-51 系列单片机完全一样。

AT89C2051 共有 19 个特殊功能寄存器,如表 2.16 所列。

表 2.16 AT89C2051 特殊功能寄存器(SFR)

序 号	地 址	符 号	复位值	说 明
1	81H	SP	07H	堆栈指针
2	82H	DPL	00H	数据指针 DPTR 的低 8 位
3	83H	DPH	00H	数据指针 DPTR 的高 8 位
4	87H	PCON	0×××,0000B	电源控制器
5	88H	TCON	00H	定时器控制器
6	89H	TMOD	00H	定时器模式寄存器
7	8AH	TL0	00H	定时器 0 低 8 位
8	8BH	TL1	00H	定时器 1 低 8 位
9	8CH	TH0	00H	定时器 0 高 8 位
10	8DH	TH1	00H	定时器 1 高 8 位
11	90H	P1	FFH	P1 口锁存器
12	98H	SCON	00H	串行口控制器
13	99H	SBUF	××××,××××B	串行口数据缓冲器
14	0A8H	IE	0××0,0000B	中断允许寄存器
15	0B0H	P3	FFH	P3 口锁存器
16	0B8H	IP	×××0,0000B	中断优先寄存器
17	0D0H	PSW	00H	程序状态字
18	0E0H	ACC	00H	累加器
19	0F0H	B	00H	B 寄存器

地址空间80H～FFH并没有完全被SFR占用。未占用的单元,用户不可访问。

3. 低功耗运行模式

AT89C2051具有两种低功耗节电运行方式:空闲模式和掉电模式。

(1) 空闲模式

在空闲模式下,CPU进入休眠状态,片内RAM和SFR中的内容保持不变。

利用软件(使IDL=1)可进入空闲模式。结束空闲模式有两种方法:执行任何一个可允许中断和硬件复位。

如果没有外部上拉电阻,则将P1.0和P1.1设置为0;如果有外部上拉电阻,则将P1.0和P1.1设置为1。

(2) 掉电模式

在掉电模式下,振荡器停止工作,片内RAM和SFR的内容保持不变。

进入掉电模式的指令(使PD=1的指令)是执行程序的最后一条指令。结束掉电模式只能是硬件复位。复位将重新定义SFR的内容,但不改变片内RAM的内容。当V_{cc}恢复到正常运行值且振荡器重新启动并达到稳定后,复位方可有效。

在没有外部上拉电阻时,将P1.0和P1.1设置为0;有外部上拉电阻时,将P1.0和P1.1设置为1。

4. Flash编程和校验

(1) 程序存储器锁定位

AT89C2051片内含有两个锁定位,其状态可以是非编程状态(U),也可以是编程状态(P),从而得到不同的保护特性,如表2.17所列。

表2.17 锁定位保护模式

模式	锁定位		保护模式
	LB1	LB2	
1	U	U	没有程序锁定位功能
2	P	U	禁止Flash继续编程
3	P	P	同模式2,同时禁止校验

注:锁定位仅能用片擦除操作进行擦除。

(2) 编程模式和接口电路

AT89C2051出厂时片内代码阵列处于擦除状态(即片内程序存储器的单元内容为FFH),用户可直接用于编程。程序存储器每次编程一个字节。存储器编程结束时,要想重新编程任何一个非空字节(内容不为FFH的字节),必须擦除全部程序存储单元。

AT89C2051内含用于编程和校验的程序地址计数器。RST引脚上的脉冲上升沿复位计数器为000H。在XTAL1端每输入一个正脉冲,计数器自动加1指向下一个单元地址。

表2.18所列为Flash编程模式。图2.21和图2.22所示为编程和校验接口电路。

表 2.18 Flash 编程模式

模式		RST/Vpp	P3.2/$\overline{PROG}$	P3.3	P3.4	P3.5	P3.7
写代码数据①③		12V	负脉冲④	L	H	H	H
读代码数据①		H	H	L	L	H	H
写锁定位	LB1	12V	负脉冲④	H	H	H	H
	LB2	12V	负脉冲④	H	H	L	L
片擦除		12V	负脉冲②	H	L	L	L
读标志字节		H	H	L	L	L	L

① 片内编程地址计数器在 RST 引脚上的脉冲上升沿将其复位为 000H；XTAL1 引脚上的一个正脉冲使计数器加 1，指向下一个单元地址。

② 片擦除用负脉冲宽度为 10 ms。

③ 引脚 P3.1 是"准备就绪/忙"(READY/$\overline{BUSY}$)信号输出，用于控制编程的进程。

④ 编程用的负脉冲宽度为 1~110 μs。

(3) 编程和校验操作

1) 编程算法

编程 AT89C2051，可按下列步骤进行：

① 加电顺序为在 V_{cc} 和 GND 间施加电源，将 RST 和 XTAL1 接 GND。

② 引脚 RST 接 H，引脚 P3.2 接 H。

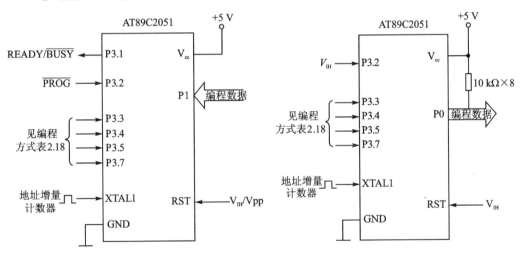

图 2.21 AT89C2051 Flash 的编程接口电路　　图 2.22 AT89C2051 Flash 的校验接口电路

③ 按表 2.18 配置 P3.3、P3.4、P3.5 和 P3.7 的逻辑电平，选择对应的编程操作模式。

④ 在数据线 P1.0~P1.7 上施加地址 000H 对应的代码字节。

⑤ 将 RST 的引脚电压上升到 V_{pp}=12 V。

⑥ 在 P3.2 引脚上施加一个负脉冲 $\overline{\text{PROG}}$,可编程一个代码字节或一个程序锁定位。字节写周期为片内自动定时,典型值为 1.2 ms。

⑦ 为校验编程数据,RST 由 12 V 降到 H,按表 2.18 配置 P3.2~P3.7 的电平。输出数据可以由 P1 口读出。

⑧ 为编程下一个单元地址的代码字节,在 XTAL1 引脚上施加一个正脉冲,地址计数器加 1,在 P1 口上施加新的代码数据。

⑨ 重复步骤⑤~⑧,改变代码数据和使地址计数器加 1,直到编程目标文件完成。

⑩ 断电顺序为使 XTAL1 接 L;使 RST 接 L;断电 V_{cc}。

2) 数据查询

AT89C2051 具有数据查询功能,用来表示写周期的结束。在写周期内,若要读出被写入的最后一个字节,将在引脚 P1.7 上出现写入数据的反码。一旦写周期完成,正确的数据将出现在全部数据线上,下一个写周期便可开始。可以在写周期的任何时刻进行数据查询。

3) "准备就绪/忙"信号

字节的编程进程也可以由"准备就绪/忙"(READY/$\overline{\text{BUSY}}$)信号来控制。P3.2/$\overline{\text{PROG}}$端脉冲由低变高,字节编程开始。此时,引脚 P3.1 变为低电平,用来表示"忙"。当编程完成后,P3.1 引脚重新变为高电平,用来表示"准备就绪",可以开始下一个写周期。

4) 程序校验

如果锁定位 LB1 和 LB2 没有被编程,代码数据可以由数据线读出,用于校验。程序校验步骤如下。

① RST 引脚由 L 变为 H,内部地址计数器复位成 000H。

② 按照表 2.18 配置相应的控制信号,在 P1 口读出数据。

③ 在 XTAL1 引脚上施加一个正脉冲,内部地址计数器加 1。

④ 在 P1 口上读出一个代码数据字节。

⑤ 重复步骤③和④,直到所有被编程的单元读出。

锁定位不能直接校验,可通过观察锁定位的特性间接得到校验。

5) 片擦除

按照表 2.18 配置相应的控制信号,并在 P3.2/$\overline{\text{PROG}}$引脚上施加 10 ms 脉宽的负脉冲,便可完成对 Flash 所有存储单元和两个锁定位的电擦除。擦除操作使所有 Flash 单元写成 FFH,锁定位为 U 状态。任何非空字节的再编程,必须先要执行擦除操作。

6) 读标志字节

读标志字节的过程与校验读出过程相同。标志字节的单元地址为 000H 和 001H,P3.5 和 P3.7 引脚必须为低电平。读出的标志字节如下:

(000H)=1EH,表示 ATMEL 公司制造;(001H)=21H,表示 89C2051。

5. 电气特性

为保证单片机应用的安全可靠,并能充分发挥各端口的驱动能力,表 2.19 列出了

AT89C2051 的运行极限参数,表 2.20 列出了 AT89C2051 的直流电气特性。

表 2.19　AT89C2051 工作极限参数

参　数	数　值	参　数	数　值
运行温度	−55～+125 ℃	引脚对地电压	−1.0～+7.0 V
储存温度	−65～+150 ℃	直流输出电流	25.0 mA

表 2.20　AT89C2051 直流电气参数

$\theta_A = -40 \sim 85\ ℃, V_{cc} = 2.7 \sim 6.0\ V$

参　数	符　号	条　件	最小值	最大值	单　位
输入低电压	V_{IL}		−0.5 V	$0.2V_{cc} - 0.1$ V	
输入高电压	V_{IH}	XTAL1,RST 除外	$0.2V_{cc} + 0.9$ V	$V_{cc} + 0.5$ V	
输入高电压	V_{IH1}	XTAL1,RST	$0.7V_{cc}$	$V_{cc} + 0.5$ V	
输出低电压 （P1 和 P3 口）	V_{OL}	$I_{OL} = 20$ mA,$V_{cc} = 5$ V $I_{OL} = 10$ mA,$V_{cc} = 2.7$ V		0.5	V
输出高电压 （P1 和 P3 口）	V_{OH}	$I_{OH} = -80\ \mu A$, $V_{cc} = 5(1 \pm 0.1)$ V	2.4		V
		$I_{OH} = -30\ \mu A$	$0.75V_{cc}$		
		$I_{OH} = -12\ \mu A$	$0.9V_{cc}$		
比较器输入 偏移电压	V_{OS}	$V_{cc} = 5$ V		20	mV
比较器输入 共模电压	V_{CM}		0 V	V_{cc}	
引脚电容	C_{IO}	$\theta_A = 25\ ℃$, 测试频率为 1 MHz		10	pF
电源电流	I_{CC}	正常工作,12 MHz, $V_{cc} = 6$ V/3 V		15/5.5	mA
		空闲模式,12 MHz, $V_{cc} = 6$ V/3 V,P1.0 和 P1.1=0 V 或 V_{cc}		5/1	mA
掉电模式	I_{CC}	$V_{cc} = 6$ V,P1.0 和 P1.1=0 V 或 V_{cc}		100	μA
		$V_{cc} = 3$ V,P1.0 和 P1.1=0 V 或 V_{cc}		20	μA

注：① 在静态条件下,输出灌电流 I_{OL} 限制为每个引脚的最大 I_{OL} 为 20 mA;所有输出引脚的最大电流 I_{OL} 总和为 80 mA。

② 掉电模式下,V_{cc} 最小值为 2 V。

练习题 2

1. 填空题。
80C51 单片机内部基本组成包括 _____。

2. 填空题。
分述 80C51 下列引脚的功能：
① RST 的功能是 _____
② $\overline{PSEN}$ 的功能是 _____
③ $\overline{EA}$/Vpp 的功能是 _____
④ ALE/$\overline{PROG}$ 的功能是 _____

3. 当使用 80C31 时，$\overline{EA}$ 引脚如何处理？

4. 在 80C51 扩展系统中，片外 ROM 和片外 RAM 共同处于同一个地址空间，为什么不会发生总线冲突？

5. 片内 RAM 低 128 个单元划分为哪 3 个部分？各部分的主要功能是什么？

6. 位地址 7CH 与字节地址 7CH 有何区别？位地址 7CH 具体在片内 RAM 中的什么位置？

7. 判断并填空。
根据下列 SFR 的地址，判断是否可位寻址？
① 81H（   ），其符号名称是 _____；
② 83H（   ），其符号名称是 _____；
③ 80H（   ），其符号名称是 _____；
④ 98H（   ），其符号名称是 _____；
⑤ 89H（   ），其符号名称是 _____；

8. 填空题。
为体现"面向控制"功能，80C51 除了设置布尔处理器外，另一个硬件结构是 _____。

9. 程序状态字 PSW 的作用是什么？常用的状态标志位有哪几位？

10. 填空题。
若 PSW 的内容为 18H，通用工作寄存器 R0 的地址是 _____；R1 的地址是 _____；R5 的地址是 _____；R7 的地址是 _____。

11. 程序计数器 PC 和数据指针 DPTR 有哪些异同？

12. 填空题。
① 当 CPU 从片外 ROM 中读取指令或常数表格时，$\overline{PSEN}$ 信号电平为 _____；在读取片内 ROM 指令或常数表格时，$\overline{PSEN}$ 信号电平为 _____；在访问片外 RAM 时，$\overline{PSEN}$ 信号电平为 _____。
② 在访问片外 RAM 时，$\overline{RD}$ 或 $\overline{WR}$ 信号电平为 _____，但 $\overline{PSEN}$ 信号电平

为_____。

③ 在_____情况下,ALE 将丢失一个脉冲,ALE 信号的作用是_____和_____。

13. 计算题。

当振荡频率为 8 MHz 时,试计算:

① 时钟周期为_____;

② 机器周期为_____;

③ 执行一条最长的指令周期为_____;

④ ALE 的周期为_____。

14. 比较 8051 与 80C51 外部时钟方式的不同,为什么?

15. 复位的作用是什么?有几种复位方法?

16. SBUF、SP 和 P0~P3 等特殊功能寄存器的复位值有什么特点?

17. 80C51 有几种低功耗方式?如何实现?

18. 判断题。

对 PCON 中的 PCON.0 位,若要置 1 或清 0,采取的操作为:

① 可采用位可寻址的位操作指令(　　);

② 可采用字节操作的方法(　　);

③ 可采用位寻址的位操作或字节操作(　　)。

19. 80C51 单片机的工作方式分为几种?$\overline{EA}/Vpp$ 和 ALE/$\overline{PROG}$引脚在程序执行方式和编程方式时作用有何不同?

20. 单片机外围扩展电路硬件结构设计的主要内容包括哪些?

第 3 章

80C51 单片机指令系统与程序设计

执行软件是计算机与通用数字电路的主要区别,也是微电子技术区别于通用电气和电子技术的根本特征。

软件是由具有一定意义的指令组成的。一台计算机所执行的指令集合就是它的指令系统。指令系统是计算机厂商定义的,它成为应用计算机必须理解和遵循的标准。每种计算机都有自己专用的指令系统。

指令系统可以用机器语言和汇编语言来表达。

指令用一组二进制编码表示,称为机器语言。计算机只能识别和执行二进制编码的机器语言。

为了便于记忆和使用,生产厂商对指令系统的每一条指令给出了助记符,并且还把各条指令的编码和助记符制成了对照表。通常用英文缩写符号来描述计算机指令系统,这种用助记符表示的指令称为汇编语言。用汇编语言编写的程序称为汇编语言程序。汇编语言程序必须翻译成机器码(即指令代码),计算机方可执行。

目前单片机主要使用汇编语言。指令系统的学习和应用是正确使用单片机的基础。本章介绍 80C51 单片机的汇编语言(即 MCS-51 汇编语言)。

80C51 指令系统共有 111 条指令,分为 5 大类:

- 数据传送类指令(28 条);
- 算术运算类指令(24 条);
- 逻辑运算及移位类指令(25 条);
- 控制转移类指令(17 条);
- 位操作类指令(17 条)。

3.1 指令格式和符号说明

3.1.1 指令格式

汇编语言指令的表示方法称为指令格式。80C51 指令格式如下：

标号：操作助记符　　操作数　;注释

- 操作助记符：它规定了指令的操作功能，如作加法、减法、数据传送等。在机器码中，这种操作功能用操作码表示。
- 操作数：这一部分指出了参与操作的数据来源、操作结果的目的单元。操作数可以是一个数（立即数）、存储单元地址、寄存器或地址标号。
- 标号：又称地址标号，是用户设定的指令语句所在地址的标志符号。一般由"字母-数字"串组成。标号可有可无。
- 注释：是为了便于阅读指令所作的说明。注释项可有可无。

80C51 指令系统中，操作码是指令的核心，不可缺少。操作码与操作数之间必须用空格分隔，操作数与操作数之间必须用逗号","分开。

根据指令机器码的长短，可分为单字节、双字节和 3 字节指令。根据指令的执行时间，又可分为单周期、双周期和 4 周期指令，周期是指机器周期。80C51 指令最长执行时间为 4 个机器周期。

3.1.2 指令中的符号

在讲述汇编指令之前，先介绍指令中使用的一些符号。

1. 字节操作指令中的符号

(1) 寄存器符号

- Rn——表示当前工作寄存器组的寄存器 R0~R7，即 n=0~7。
- A——表示特殊功能寄存器中的累加器 ACC。
- AB——是特殊功能寄存器中的累加器 ACC 和 B 寄存器的成对组合，称为 AB 寄存器对，在指令中一体使用。
- DPTR　　是特殊功能寄存器中的 DPH 和 DPL 的成对组合，称为数据指针（16 位），在指令中作整体使用。

(2) 直接地址符号

- direct——表示片内 RAM(00H~FFH) 单元的 8 位地址，它既可以指片内 RAM 低 128 个单元的字节地址，也可以指特殊功能寄存器的字节地址。
- addr16——16 位目的地址，在 LJMP 和 LCALL 指令中表示直接目的地址。
- addr11——11 位目的地址，在 AJMP 和 ACALL 指令中表示直接目的地址中的低 11 位。

(3) 间接地址符号
- Ri——只表示 R0、R1 两个寄存器,即 i=0,1。
- @——间接寄存器的前缀标志,如@R0,@R1 等。

(4) 偏移量符号
- rel——相对转移指令中的偏移量(-128～+127)。在指令代码中,rel 用补码表示。

2. 位操作指令中的符号
- C——位累加器,即程序状态字的第 7 位(进位标志)。
- bit——表示位地址,包括片内 RAM 低 128 个单元中的位寻址区(20H～2FH)和特殊功能寄存器中可直接进行位操作单元的位地址。
- /——位地址的前缀标志。加在位地址前面,表示该位状态取反。

3. 指令中的说明符号
- (×)——表示某个寄存器或某地址单元中的内容。
- ((×))——由×寄存器间接寻址单元中的内容。
- ←——箭头右边的内容传送到箭头左边的寄存器或存储器单元,即箭头左边的内容被箭头右边的内容所取代。
- →——箭头左边的内容传送到箭头右边的寄存器或存储器单元,即箭头右边的内容被箭头左边的内容所取代。

3.2 寻址方式和寻址空间

所谓寻址,就是如何指定操作数据所在的位置,或者如何指定转移目的地址。根据指定的方法不同,80C51 指令系统形成了 8 种不同的寻址方式。

3.2.1 字节操作中的寻址方式

1. 寄存器寻址方式

寄存器寻址方式是指操作数据来源于寄存器。指定了寄存器,就得到了操作数据。寄存器寻址方式的适用范围包括:
- 用 Rn(n=0～7)表示当前工作寄存器。在指令中的使用前要通过指定 PSW 中的 RS1、RS0 的状态,选择当前寄存器组。
- 用 A、AB 和 DPTR 表示的部分特殊功能寄存器。

2. 直接寻址方式

直接寻址方式又称直接地址寻址方式,是指以存储单元的地址形式表明参与操作的数据来源或转移目的地址。指定了地址,就得到了操作数据或目的地址。直接寻址方式的适用范围包括:

- 片内 RAM 的低 128 个单元。在指令中以地址形式表示操作数。
- 片内 RAM 的高 128 个单元中的特殊功能寄存器。在指令中除了能用单元地址形式外,还可以使用特殊功能寄存器的符号(表 2.4 中规定的符号),这些符号看作是单元地址的标号。

例如,P1 特殊功能寄存器的单元地址为 90H,指令"MOV R0,P1"和"MOV R0,90H"本质上是一样的,具有相同的机器码"A890H",均属于直接寻址,P1 可看作是 90H 的标号。

- 对于转移指令 AJMP、LJMP 和调用指令 ACALL、LCALL,在书写这些指令时,其转移目的地址可直接写出 16 位地址或标号,属于直接寻址方式。

3. 寄存器间接寻址方式

寄存器间接寻址表示指令中寄存器的内容是操作数据的地址,即寄存器为地址指针。间接寻址方式中的寄存器名称前加前缀@,记作@Ri(i=0,1)、@DPTR 形式。

寄存器间址方式的适用范围包括:

- 片内 RAM 的低 128 个单元。这里只能使用 R0 或 R1 作间址寄存器,形式为@Ri(i=0,1)。例如指令"MOV A,@R0",若 R0 中数据为 20H,其功能是将 20H 单元内容送到累加器 A 中。
- 片外 RAM 的 64 KB 单元,这里可使用 DPTR 作间址寄存器,形式为@DPTR。例如指令"MOVX A,@DPTR",若 DPTR 中数据为 1234H,其功能是将片外 RAM 1234H 单元的内容送到累加器 A 中。

对于片外 RAM 除使用 DPTR 作间接寄存器外,也可使用 R0 或 R1 作间址寄存器,这时 R0 或 R1 提供低 8 位地址,而高 8 位地址可由 P2 口提供。例如指令"MOVX A,@R0",若 R0 中内容为 20H,且 P2 口为 00H,其功能是将片外 RAM 0020H 单元内容送到累加器 A 中。

对于堆栈操作指令(PUSH 和 POP),堆栈指针 SP 中内容为栈顶位置,也可看作间接寻址方式。在栈操作过程中,SP 中的内容是自动加 1 或减 1,始终指向栈顶单元地址。

对于片外 RAM 的访问只能采用间接寻址方式;对于片内 RAM 的访问,可以采用直接寻址方式或间接寻址方式。

4. 立即寻址方式

立即寻址方式是以立即数(♯data 或 ♯data16)为操作数的寻址方式。参与操作的数据直接出现在指令中。例如:

- MOV A,♯20H;立即寻址,机器码为 7420H,功能是将立即数 20H 送入累加器 A 中。
- ADD A,♯35H;立即寻址,机器码为 2435H,功能是将累加器 A 中的内容与立即数 35H 相加,结果存入累加器 A 中。

程序存储器存放指令的机器码,所以立即寻址操作的实质是从程序存储器中取出操作数。

5. 变址寻址方式

变址寻址方式是以程序计数器 PC 或数据指针 DPTR 作为基址寄存器,以累加器 A 作为变址寄存器,这两者内容之和为有效地址。例如,假定指令执行前(A)＝54H, (DPTR)＝3F21H,执行指令:

MOVC　A,@A＋DPTR

其功能是将程序存储器 3F75H 单元的内容读入累加器 A。

这类寻址方式特别适合于查表,其中 DPTR 可指向 64 KB 的存储空间,累加器 A 指向 256 B 存储空间,但两者之和寻址空间仍在 64 KB 范围内。

对变址寻址方式说明如下:

- 变址寻址方式只能对程序存储器寻址,或者说它是专门针对程序存储器的寻址方式。如读程序存储器的指令:

  MOVC　A,@A＋DPTR

  MOVC　A,@A＋PC

- 变址寻址方式的 A、DPTR 以及 PC 中的内容为无符号数。
- 尽管变址寻址方式较复杂,但却都是单字节指令。

6. 相对寻址方式

相对寻址方式是指根据指令机器码中出现的相对偏移量,从而计算出程序的转移目的地址。下面以"SJMP　rel"为例说明操作过程。

SJMP　rel　　;(PC)←(PC)＋2＋rel

这是一条双字节指令。指令 SJMP 所处存储器单元地址(PC)称为源地址,CPU 取指令后,PC 自动加 2,将(PC)＋2 称为 PC 当前值,即下条指令地址。以 PC 当前值为基地址,加上给定的偏移量 rel,形成有效的转移目的地址。转移目的地址可向前,或向后,rel 的取值范围为－128～＋127。

SJMP 指令的机器码为 80rel,其中 rel 用补码表示。

3.2.2　位操作中的寻址方式

1. 位直接地址寻址方式

该方式指操作数是用二进制数表示的位地址。例如指令"CLR　20H",其功能是将地址为 20H 的位清 0。20H 表示片内 RAM 24H 单元的第 0 位。

位直接寻址方式适用范围包括:

- 片内 RAM 低 128 个单元中的位寻址区(20H～2FH),16 个单元共计 128 位,位地址为 00H～7FH。
- 片内特殊功能寄存器的可寻址位。对这些寻址位在指令中常用以下几种方法表示位直接寻址方式:

① 直接使用位地址。如 PSW 中的第 5 位地址为 D5H,清位指令为 CLR 0D5H;

② 使用位定义。如 PSW 的第 5 位是 F0 标志位,清位指令为 CLR F0;

③ 特殊功能寄存器名称加位数(位序号)表示。如 PSW 的第 5 位可表示成 PSW.5,清位指令为 CLR PSW.5。

上述 3 种方式是位直接寻址的不同表述。PSW.5、F0 可以看作是 0D5H 的标号。

2. 位寄存器寻址方式

PSW 的第 7 位是进位标志 CY,可用 C 表示,称为位累加器。例如,清位指令可写成 CLR C。

3.2.3 寄存器寻址与直接寻址的比较

从物理本质上讲,单片机内寄存器都对应某一存储单元。在那些使用较为频繁的指令中,为了书写方便,减少机器码的字节数据,多采用寄存器寻址方式。下面以累加器为例,对寄存器寻址与直接寻址进行比较,如表 3.1 所列。

表 3.1 累加器的寄存器寻址与直接寻址比较表

指 令	功 能	机器码	寻址方式
INC A	(A)←(A)+1	04H	寄存器寻址
INC ACC	(ACC)←(ACC)+1	05E0H	直接寻址
INC 0E0H	(0E0H)←(0E0H)+1	05E0H	直接寻址

上述 3 条指令的功能是相同的,都是使累加器的内容加 1。寄存器寻址的机器码为单字节,寄存器 A 隐含在操作码当中。后两条指令为双字节机器码,包含了直接地址。ACC 可看作是地址 0E0H 的标号。

对位操作指令,也有寄存器寻址和直接寻址,如表 3.2 所列。

表 3.2 位寄存器寻址与位直接寻址比较表

指 令	功 能	机器码	寻址方式
CLR C	(C)←0	C3H	位寄存器寻址
CLR CY	(CY)←0	C2D7H	位直接寻址
CLR PSW.7	(PSW.7)←0	C2D7H	位直接寻址
CLR 0D7H	(0D7H)←0	C2D7H	位直接寻址

上述 4 条指令的功能在本质上是一样的,都是使进位标志清 0。CY、PSW.7 可看作是位地址 0D7H 的标号。

机器码是否直接出现字节地址或位地址,是直接寻址和寄存器寻址的重要区别。机器码字节数较少,是寄存器寻址的优点,可优化程序。

一般来说,采用寄存器寻址方式的操作数隐含在机器码的操作码中,不出现寄存所对应的单元地址。

3.3 数据传送类指令

数据传送操作属于复制性质,而不是搬家性质。一般传送类指令操作助记符为 MOV,通用格式为:

MOV　＜目的操作数＞,＜源操作数＞

传送指令有从右向左传送的约定,即右边操作数为源操作数,是数据的来源;而左边的操作数为目的操作数,是传送数据的目的地址。

在数据传送操作中,除奇偶标志 P 外,一般不影响程序状态字 PSW(直接访问 PSW 除外)。

3.3.1 一般传送指令

1. 以累加器 A 为目的操作数的传送指令

```
MOV   A,Rn            ;(A)←(Rn)
MOV   A,direct        ;(A)←(direct)
MOV   A,@Ri           ;(A)←((Ri))
MOV   A,#data         ;(A)←#data
```

2. 以工作寄存器为目的操作数的传送指令

```
MOV   Rn,A            ;(Rn)←(A)
MOV   Rn,direct       ;(Rn)←(direct)
MOV   Rn,#data        ;(Rn)←#data
```

3. 以直接地址为目的操作数的传送指令

```
MOV   direct,A        ;(direct)←(A)
MOV   direct,Rn       ;(direct)←(Rn)
MOV   direct,@Ri      ;(direct)←((Ri))
MOV   direct1,direct2 ;(direct1)←(direct2)
MOV   direct,#data    ;(direct)←#data
```

4. 以寄存器间接地址为目的操作数的传送指令

```
MOV   @Ri,A           ;((Ri))←(A)
MOV   @Ri,direct      ;((Ri))←(direct)
MOV   @Ri,#data       ;((Ri))←#data
```

对于传送指令,立即数不能作目的操作数;Rn 和 Ri 不能同时为操作数。

例 3.1 把 25H 和 10H 数据分别传送到片内 RAM 20H 和 25H 单元;把 0CAH

送 P1 口;将 P1 口内容送到 P2 口;将 RAM 20H 单元内容送 25H 存储单元(用 R0 作间址)。

```
MOV  20H,#25H       ;(20H)←#25H
MOV  25H,#10H       ;(25H)←#10H
MOV  P1,#0CAH       ;(P1)←#0CAH
MOV  P2,P1          ;(P2)←(P1)
MOV  R0,#25H
MOV  @R0,20H        ;((R0))←(20H)
```

操作数的寻址方式和机器代码如表 3.3 所列。

表 3.3 例 3.1 操作数寻址方式与机器码

指令	目的操作数	源操作数	机器码
MOV 20H,#25H	直接寻址	立即寻址	75 20 25H
MOV 25H,#10H	直接寻址	立即寻址	75 25 10H
MOV P1,#0CAH	直接寻址	立即寻址	75 90 CAH
MOV P2,P1	直接寻址	直接寻址	85 90 A0H
MOV @R0,20H	间接寻址	直接寻址	A6 20H

源操作数一般在机器码的最后一个字节,但"MOV direct1,direct2"指令却是目的操作数在最后一个字节。

对于"MOV"类指令,当操作数是 P0～P3 端口时,是指向端口的引脚,而不是端口锁存器(SFR)。

3.3.2 16 位地址指针传送指令

```
MOV  DPTR,#data16    ;(DPTR)←#data16
```

这条指令是将 16 位数据送入数据指针 DPTR。这是 80C51 指令系统中唯一一条 16 位数据传送指令。该指令将高 8 位立即数送入 DPH,低 8 位立即数送入 DPL。例如:

```
MOV  DPTR,#1992H    ;(DPH)←#19H,(DPL)←#92H
```

DPTR 为寄存器寻址方式。

也可以写成两条 8 位传送指令:

```
MOV  DPH,#19H
MOV  DPL,#92H
```

DPH,DPL 为直接寻址方式。

3.3.3 累加器 A 与外部 RAM 传送指令

```
MOVX    A,@Ri              ;(A)←((Ri))
MOVX    A,@DPTR            ;(A)←((DPTR))
MOVX    @Ri,A   D          ;((Ri))←(A)
MOVX    @DPTR,A            ;((DPTR))←(A)
```

单片机与片外 RAM 进行数据交换时,操作特点是:
- 只能通过累加器 A。即 CPU 访问片外 RAM 时,数据必须暂存于 A,而不能是其他存储器、寄存器。
- 只能通过间接寻址方式。例如:执行

```
MOV     P2,♯10H
MOV     R0,♯08H
MOVX    A,@Ri
```

其功能是将片外 RAM 1008H 单元内容送累加器 A 中。还可通过下述指令实现:

```
MOV     DPTR,♯1008H
MOVX    A,@DPTR
```

- 操作助记符只能用 MOVX。

3.3.4 读程序存储器中字节常数的指令

```
MOVC    A,@A+DPTR          ;(A)←((A)+(DPTR))
MOVC    A,@A+PC            ;(PC)←(PC)+1,(A)←((A)+(PC))
```

上述两条指令以 DPTR 或当前 PC 作为基址寄存器,A 中的内容为 8 位无符号数(A 称为变址寄存器),将基址寄存器内容与 A 中的内容相加,得到一个 16 位地址,将该地址指出的程序存储器单元的内容送入累加器 A 中。

指令"MOVC A,@A+DPTR"可寻址 64 KB 空间。由于不可能在 64 KB 空间中全部是字节常数,所以利用该指令可读取的字节常数远远小于 64 KB。

指令"MOVC A,@A+PC"可寻址以 PC 当前值(下条指令地址)为起点的 256 B 空间,即变址寄存器 A 的取值范围为 00H～FFH。由于该指令之后不可能直接安排字节常数,即在该指令之后往往安排一些其他指令(如 RET)之后才是字节常数,所以读取的字节常数小于 256 B,最多为 255 B。

单片机从程序存储器中读取数据时,操作特点是:
- 只能从程序存储器中读取某些常数或表格,而 CPU 在执行程序时,程序存储器中的机器码是自动读入 CPU 的。
- 片内 ROM 和片外 ROM 均可使用 MOVC 指令。对片外 ROM 执行 MOVC 指令时,控制信号 $\overline{PSEN}$ 方可有效。

- 只能使用累加器 A。
- 只能采用变址寻址方式。
- 只能用操作助记符 MOVC。
- 通过指令访问程序存储器,只能读,不能写。

例 3.2 程序存储器中有一字形表的首地址为 0198H,若要调用表中第一个字符,则可用下列指令:

```
MOV     DPTR,#0198H         ;设置地址指针
MOV     A,#00H              ;设置变形首址
MOVC    A,@A+DPTR           ;寻找字形码
MOVX    @R0,A               ;字形码送外字形口
```

例 3.3 根据累加器 A 的内容(1~4)找出由伪指令 DB 所定义的 4 个字符中的一个。

```
START: MOVC A,@A+PC   ;(PC)←((PC)+1),(A)←((A)+(PC))单字节指令
       RET            ;单字节指令,地址为 PC 当前值
TAB:   DB   29H,0A2H,92H,45H
```

DB 是伪指令,功能是将右边的单字节数据存入其左边标号地址单元内。如果 DB 左边没有标号,则 DB 伪指令的右边字节数据在 DB 指定的当前地址连续存放。

在调用该子程序之前,必须对变址寄存器 A 赋对应值,方可读出相应的字节常数。如(A)=01H,读出 29H;(A)=02H,读出 0A2H,……。若将上面程序改写成:

```
START: MOVC A,@A+PC
       RET
       NOP
       NOP
       DB   29H,0A2H,92H,45H
```

在调用该子程序前,对变址寄存器 A 赋值:(A)=03H,读出 29H;(A)=04H,读出 0A2H,……。

又如,下列指令的编写是错误的:

```
MOVC A,@A+PC
DB   29H,0A2H,92H,45H
```

3.3.5 栈操作指令

栈操作指令有进栈 PUSH 和出栈 POP 两条指令。

```
PUSH  direct         ;(SP)←((SP)+1),(SP)←(direct)
POP   direct         ;(direct)←((SP)),(SP)←((SP)-1)
```

SP 为间接寻址(隐含在指令中),操作数为直接寻址。例如:

```
PUSH  B           ;B 为直接寻址方式
PUSH  DPH         ;DPH 为直接寻址方式
```

对于工作寄存器的堆栈操作,只能使用 Rn 的当前地址,而不能用 Rn 的名称,因为 Rn 是寄存器寻址方式。如 Rn 工作在组 1 时,R1 的直接地址为 09H,对 R1 的栈操作应写成:PUSH   09H 和 POP   09H;寻址形式 PUSH   R1 和 POP R1 是不正确的。同样,PUSH   A 和 POP   A 是不正确的,因为 A 为寄存器寻址,而指令 PUSH ACC 和 POP   ACC 才是正确的。

3.3.6　累加器 A 数据交换指令

1. 字节交换指令

```
XCH    A,Rn         ;(A)↔(Rn)
XCH    A,direct     ;(A)↔(direct)
XCH    A,@Ri        ;(A)↔((Ri))
```

该指令的功能是将 A 与源操作数内容互相交换。

2. 半字节交换指令

```
XCHD   A,@Ri        ;(A)_{0\sim 3}↔((Ri))_{0\sim 3}
```

这条指令的功能是将 A 中的低 4 位与 Ri 间址单元内容的低 4 位交换,各自的高 4 位不变。

例 3.4　设 A 中的内容为 58H,(R0)=20H,片内 RAM 20H 单元的内容为 65H,执行 XCHD   A,@R0 后,则 A 的内容为 55H,片内 RAM 20H 单元的内容为 68H。

3. 累加器 A 高 4 位与低 4 位相互交换指令

```
SWAP   A            ;(A)_{0\sim 3}↔(A)_{4\sim 7}
```

例如,设 A 中的内容为 ABH,执行上述指令后,A 中的内容就变为 BAH。

3.4　算术运算类指令

80C51 指令系统具有较强的加、减、乘、除四则运算指令,但只有 8 位数据运算指令,没有 16 位数据运算指令。

3.4.1　加法类指令

1. 加法指令

```
ADD    A,Rn;        (A)←(A)+(Rn)
ADD    A,direct;    (A)←(A)+(direct)
```

```
ADD   A,@Ri;        (A)←(A)+((Ri))
ADD   A,#data;      (A)←(A)#data
```

上述指令的功能是将累加器 A 中的内容与源操作数相加,结果存于 A 中。

当相加结果的第 3 位和第 7 位有进位时,分别将 PSW 中的 AC 位和 CY 位置 1,否则清 0。

无符号数相加后,若 CY=1,表示溢出;CY=0,表示无溢出。

若第 7 位有进位而第 6 位没有进位,或第 7 位没有进位而第 6 位有进位,则 OV=1;若第 7 位和第 6 位都有进位,或者都没有进位,则 OV=0。

对于带符号数(第 7 位为符号位)相加结果的溢出,取决于第 7 位和第 6 位。对于带符号数的加法,第 7 位和第 6 位当中仅有其中 1 位有进位时,将导致 OV=1。OV=1 表示两个正数相加结果变为负数,或两个负数相加结果变为正数的错误结果。

例如 (A)=0C2H,(R0)=0A9H,执行 ADD A,R0 指令,过程为

```
     1  1  0  0    0  0  1  0      C2H
  +) 1  0  1  0    1  0  0  1      A9H
    ─────────────────────────
     1  0  1  1    1  0  1  1     16BH
```

运算结果(A)=6BH,(AC)=0,(CY)=1,(OV)=1。若 0C2H 和 0A9H 是两个带符号的数,由于有溢出,则结果是错误的,因为两个负数相加的结果不可能得到正数。

例 3.5 片内 RAM 40H 和 41H 单元分别存放两个加数,相加结果存放在 41H 和 40H 单元。

编写程序如下:

```
        MOV   R0,#40H       ;设置地址指针
        MOV   A,@R0         ;取第一个加数
        INC   R0            ;修改地址指针
        ADD   A,@R0         ;两数相加
        DEC   R0            ;修改地址指针
        MOV   @R0,A         ;存放和的低字节
        INC   R0            ;修改地址指针
        JC    LOOP          ;有进位则转移
        MOV   @R0,#00H      ;存放和的高字节
        RET
LOOP:   MOV   @R0,#01H      ;存放和的高字节
        RET
```

2. 带进位的加法指令

```
ADDC   A,Rn           ;(A)←(A)+(Rn)+(CY)
ADDC   A,direct       ;(A)←(A)+(direct)+(CY)
```

```
ADDC  A,@Ri              ;(A)←(A)+((Ri))+(CY)
ADDC  A,#data            ;(A)←(A)+#data+(CY)
```

上述 4 条指令的操作数除了需要加上进位 CY 外,其余与 ADD 的 4 条指令的操作相同。

例 3.6 设 A 中的内容为 C3H,R0 中的内容为 AAH,CY=1,执行指令 ADDC A,R0 的过程为

```
        1 1 0 0   0 0 1 1      C3H
        1 0 1 0   1 0 1 0      AAH
   +)                      1
       ─────────────────────
        1 0 1 1 0  1 1 1 0    16EH
```

运算结果:A 中内容为 6EH,(AC)=0,(CY)=1,(0V)=1。

3. 加 1 指令

```
INC  A              ;(A)←(A)+1
INC  Rn             ;(Rn)←(Rn)+1
INC  direct         ;(direct)←(direct)+1
INC  @Ri            ;((Ri))←((Ri))+1
INC  DPTR           ;(DPTR)←(DPTR)+1
```

INC 指令是把指定的单元内容加 1,结果仍存在原单元中。加 1 指令除影响奇偶标志 P 外,运算结果不影响其他标志位。

INC DPTR 是 16 位加 1 指令,为寄存器寻址方式。

加 1 指令的操作数是 P0~P3 口时,数据来自端口锁存器(即 SFR),结果仍写回端口锁存器。这类以端口为目的操作数的指令被称为"读-修改-写"指令。详见第 4.1.5 节。

例 3.7 设 DPTR 的内容为 12FEH,执行下列指令:

```
INC  DPTR      ;(DPH)←12H,(DPL)←FFH
INC  DPTR      ;(DPH)←13H,(DPL)←00H
INC  DPTR      ;(DPH)←13H,(DPL)←01H
```

4. 二—十进制调整指令

```
DA  A
```

这是一条专用指令,用于对 BCD 码十进制加法运算结果的修正。80C51 指令系统中没有十进制(BCD)的加法指令,只能借助二进制加法指令。然而,二进制的加法用于十进制加法运算时,有时会产生错误结果。例如:

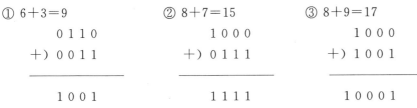

其中：①的运算结果是正确的,因为 9 的 BCD 码就是 1001；②的运算结果是不正确的,因为 BCD 码中没有 1111；③的运算结果也是错误的,因为运算结果是 11,而不是 17。

出错的原因在于 BCD 码是 4 位的二进制编码,而 4 位的二进制编码共有 16 个编码,但 BCD 码只用了其中的 10 个,剩下的 6 个没有用。通常把这 6 个没有用的编码(1010,1011,1100,1101,1110,1111)称为无效码。

在 BCD 码的加法运算中,凡是结果已进入或跳过无效编码区时,其结果都是错误的。相加的结果大于 9,说明已进入无效编码区,相加的结果有进位,说明已跳过无效编码区。但不管是哪一种出错情况,出错都是由 6 个无效编码造成的。表示 0~9 的 10 个 BCD 码(0000,0001,0010,0011,0100,0101,0110,0111,1000,1001)和二进制数具有相同的形式,所以用二进制相加,结果不超过 9 都是正确的;若相加的结果大于 9,即进入无效编码区,对二进制是正确的,但对 BCD 码是错误的。不难发现,对于无效编码区中的二进制数,通过"加 6"处理,就会变成 BCD 码的正确结果：

① 　1 0 1 0　 ;二进制 10　　② 　1 0 1 1 ;二进制 11　　③ 　1 1 0 0 ;二进制 12
+) 　0 1 1 0　 ;加 6 调整　　　+) 0 1 1 0 ;加 6 调整　　　+) 0 1 1 0 ;加 6 调整
────────────────　　　────────────────　　　────────────────
　1 0 0 0 0　 ;BCD 码 10　　　1 0 0 0 1 ;BCD 码 11　　　1 0 0 1 0 ;BCD 码 12

④ 　1 1 0 1　 ;二进制 13　　⑤ 　1 1 1 0 ;二进制 14　　⑥ 　1 1 1 1 ;二进制 15
+) 　0 1 1 0　 ;加 6 调整　　　+) 0 1 1 0 ;加 6 调整　　　+) 0 1 1 0 ;加 6 调整
────────────────　　　────────────────　　　────────────────
　1 0 0 1 1　 ;BCD 码 13　　　1 0 1 0 0 ;BCD 码 14　　　1 0 1 0 1 ;BCD 码 15

同样,对于相加结果有进位(已跳过无效编码区)的情况,通过"加 6"调整,也可得到正确的 BCD 结果。由此可见,需要对相加结果使用"加 6"调整的条件是：

① $(A)_{3\sim 0}>9$ 或 $(AC)=1$；　　② $(A)_{7\sim 4}>9$ 或 $(CY)=1$。

十进制的调整方法,在具体操作时是通过片内硬件逻辑电路完成的,即通过执行 "DA　A" 指令来实现。

十进制调整指令不影响溢出标志。

例 3.8　设累加器 A 的内容为 1000 1000B(即 BCD 码 88),工作寄存器 R5 的内容为 1001 1001B(即 BCD 码 99),(CY)=1。执行下列指令：

```
ADDC    A,R5           ;二进制加法
DA      A              ;十进制调整
```

第一条加法指令执行后,A 中的内容为 0010 0010B;(CY)=1,(AC)=1。然后执行十进制调整指令"DA　A"。因为(CY)=1,(AC)=1,所以高 4 位和低 4 位均自动加 6 调整,即

```
        (A)  =   1000 1000  BCD   88
        (R5) =   1001 1001  BCD   99
       +)                      1  CY=1
       ─────────────────────────────────
                10010 0010  BCD  122
    调整 +)      0110 0110  BCD   66
       ─────────────────────────────────
                11000 1000  BCD  188
```

例 3.9　设一个加数存于 40H 和 41H 单元,另一个加数存于 42H 和 43H 单元,和存于 40H 和 41H 单元。4 位 BCD 码的加法程序如下(假定相加的结果仍为 4 位 BCD 码):

```
    MOV    R0,#40H         ;R0 指向加数 BCD 十位、个位
    MOV    R1,#42H         ;R1 指向另一个加数 BCD 十位、个位
    MOV    A,@R0
    ADD    A,@R1           ;BCD 码个位、十位数相加,和存于 A
    DA     A               ;十进制调整
    MOV    @R0,A           ;BCD 十位、个位存于 40H 单元
    INC    R0              ;指针指向加数
    INC    R1              ;指针指向另一个加数
    MOV    A,@R0
    ADDC   A,@R1           ;BCD 百位、千位数相加,和存于 A
    DA     A               ;十进制调整
    MOV    @R0,A           ;BCD 千位、百位存于 41H 单元
    RET
```

3.4.2　减法类指令

1. 带借位减法指令

```
    SUBB   A,Rn            ;(A)←(A)-(Rn)-(CY)
    SUBB   A,direct        ;(A)←(A)-(direct)-(CY)
    SUBB   A,@Ri           ;(A)←(A)-((Ri))-(CY)
    SUBB   A,#data         ;(A)←(A)-#data-(CY)
```

如果第 7 位借位,则(CY)=1,否则(CY)=0;如果第 3 位有借位,则(AC)=1,否则(AC)=0。

溢出标志 OV 用于带符号数的减法,若第 7 位和第 6 位中只要有一位有借位,而另一位没有借位,则(OV)=1。(OV)=1 表示一个正数减去一个负数结果为负数,或一个负数减去一个正数结果为正数的错误结果。

例 3.10 设累加器 A 中的内容为 0ECH,寄存器 R5 中的内容为 75H,(CY)=1,执行指令 SUBB A,R5,其运算过程为:

```
      1 1 1 0  1 1 0 0    ECH
  -)  0 1 1 1  0 1 0 1    75H
      ─────────────────
      0 1 1 1  0 1 1 1
  -)                 1  = (CY)
      ─────────────────
      0 1 1 1  0 1 1 0    76H
```

运算结果:(A)=76H,(CY)=0,(AC)=0,(OV)=1。

2. 减 1 指令

```
DEC  A        ;(A)←(A)-1
DEC  Rn       ;(Rn)←(Rn)-1
DEC  direct   ;(direct)←(direct)-1
DEC  @Ri      ;((Ri))←((Ri))-1
```

减 1 指令的功能是把指令单元的内容减 1,结果仍存于原单元中。除奇偶标志 P 外,指令不影响其他标志位。

减 1 指令的目的操作数是 P0~P3 端口时,该指令属于"读-修改-写"指令,即将端口锁存器数据读出减 1 后,又送回原端口锁存器。详见 4.1.5 小节。

3.4.3 乘法和除法指令

1. 乘法指令

MUL A B ;($B_{15\sim8}$、$A_{7\sim0}$)←(A)×(B)

将 A 和 B 中的无符号数相乘,16 位乘积的低 8 位存于 A,高 8 位存于 B。乘法指令影响 3 个标志位:(CY)=0;若(B)=0,则(OV)=0;若(B)≠0,则(OV)=1;P 标志仍按 A 中的内容设置。

2. 除法指令

DIV A B ;(A)←商,(B)←余数

将 A 中的 8 位无符号数除以 B 中的 8 位无符号数,商存于 A,余数存于 B。DIV 操作影响 3 个标志位:(CY)=0;若(B)=0(即除数为 0)时,(OV)=1,表明除法没有意义;若(B)≠0(除数不为 0)时,则(OV)=0;P 标志仍取决于 A 的内容。

AB 必须成对使用,为寄存器寻址方式。

3.5 逻辑运算及移位类指令

80C51 指令系统能对位和字节操作进行基本的逻辑运算。本节介绍字节操作的逻辑运算,有关位操作将在后面介绍。

3.5.1 逻辑"与"运算指令

```
ANL   A,Rn              ;(A)←(A)·(Rn)
ANL   A,direct          ;(A)←(A)·(direct)
ANL   A,@Ri             ;(A)←(A)·((Ri))
ANL   A,#data           ;(A)←(A)·#data
ANL   direct,A          ;(direct)←(direct)·(A)
ANL   direct,#data      ;(direct)←(direct)·#data
```

逻辑"与"的运算符号为"·"。

例 3.11 已知(A)=1010 1101B,(R4)=0110 0101B,执行指令 ANL A,R4,其运算过程为:

$$
\begin{array}{r}
(A)=1 0 1 0\ 1 1 0 1 \\
\cdot)\ (R4)=0 1 1 0\ 0 1 0 1 \\
\hline
0 0 1 0\ 0 1 0 1
\end{array}
$$

A 中的内容为 25H。

3.5.2 逻辑"或"运算指令

```
ORL   A,Rn              ;(A)←(A)+(Rn)
ORL   A,direct          ;(A)←(A)+(direct)
ORL   A,@Ri             ;(A)←(A)+((Ri))
ORL   A,#data           ;(A)←(A)+#data
ORL   direct,A          ;(direct)←(direct)+(A)
ORL   direct,#data      ;(direct)←(direct)+#data
```

逻辑"或"的运算符号为"+"。

例 3.12 将累加器 A 的高 5 位送到 P1 口的高 5 位,而 P1 口的低 3 位保持不变。程序如下:

```
MOV   R2,A              ;暂存 A 的内容
ANL   A,#0F8H           ;取 A 的高 5 位
ANL   P1,#07H           ;取 P1 的低 3 位
ORL   P1,A              ;组合 P1 的内容
```

```
MOV    A,R2           ;恢复A的内容
```

3.5.3 逻辑"异或"运算指令

"异或"操作也是按位进行的。当两个操作数相同时,结果为0;不同时,结果为1。运算符号为⊕。

```
XRL    A,Rn           ;(A)←(A)⊕(Rn)
XRL    A,direct       ;(A)←(A)⊕(direct)
XRL    A,@Ri          ;(A)←(A)⊕((Ri))
XRL    A,#data        ;(A)←(A)⊕#data
XRL    direct,A       ;(direct)←(direct)⊕(A)
XRL    direct,#data   ;(direct)←(direct)⊕#data
```

使用"异或"指令可判别两个数是否相等。若相等,则结果为0。利用本指令可对目的操作数的某些位取反或保留:用1"异或"的位则取反;用0"异或"的位则保留。

例 3.13 执行指令 XRL P1,#0011 0001B 的结果为:P1口锁存器内容的第0、4、5位取反,其余位保留不变。

在8051指令系统中的逻辑"与"、"或"、"异或"运算时,当目的操作数是P0~P3端口时,指令属于"读-修改-写"指令。详见4.1.5小节。

3.5.4 累加器清0及取反指令

```
CLR    A   ;(A)←#00H
CPL    A   ;(A)←(Ā)
```

80C51指令系统没有"求补"指令,若需要进行"求补"运算,可用"取反加1"运算规则实现。

3.5.5 移位指令

80C51指令系统的移位操作只对累加器A进行,有左、右小循环和左、右大循环4种:

- 左小循环:RL   A
- 右小循环:RR   A
- 左大循环:RLC   A
- 右大循环:RRC   A

以上4条指令的操作过程如图3.1所示。

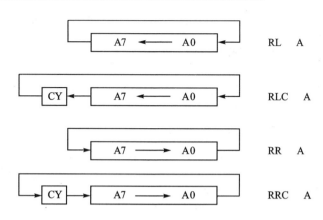

图 3.1　移位指令示意图

3.6　控制转移类指令

程序的顺序执行是靠 PC 自动加 1 实现的。要改变程序的执行顺序，实现分支转向，应通过提供转移目的地址，强迫改变 PC 值的方法来实现。这就是控制转移类指令的基本功能。

提供目的地址有 3 种寻址方式：直接寻址、变址寻址和相对寻址。转移类指令共分为两类转移：无条件转移和有条件转移。

3.6.1　无条件转移指令

1. 长转移指令

```
LJMP  addr16      ;(PC)←addr16
```

这是一条 3 字节指令，指令执行后把 16 位地址(addr16)送入 PC，从而实现了程序的转移。因为转移范围大，可达 64 KB(2^{16})，故称为"长转移"。

编制应用程序时，一般将 addr16 用地址标号代替。指令机器码为 02addr16。

例 3.14　在程序存储器 028FH 单元存放一条长转移指令：

```
028FH            LJMP  W000
                 …    …    …
1ED3H   W000：   NOP
```

地址标号 W000 数值为 1ED3H，长转移指令的机器码为 021ED3H。

长转移指令的操作数也可写成直接目的地址。如上述指令可写成：LJMP 1ED3H。

2. 绝对转移指令

```
AJMP   addr11      ;(PC)←(PC)+2,(PC)$_{10\sim0}$←addr11
```

这是一条双字节指令。指令所在地址(PC)称为源地址,下条指令的地址(PC)+2,称为 PC 当前值。指令提供的低 11 位地址 addr11 去替换 PC 当前值的低 11 位,高 5 位保留不变,形成新的 PC 值,即转移目的地址。

(1) 转移范围

Addr11 是无符号数,最小值为 000H,最大值为 7FFH,因此 addr11 所确定的转移范围是 2 KB(2^{11})。由于转移目的地址的高 5 位和该指令 PC 当前值的高 5 位相同,即转移范围是包括 PC 当前值的同一 2 KB 区域内。以 PC 当前值为参考点,转移可以向前,也可以向后。

根据地址高 5 位的不同,可将 64 KB 程序存储器分成 32 页(2^5),每 2 KB 为一页。每一页的地址范围如表 3.4 所列。

表 3.4 页面地址范围

页面序号	页面地址范围	页面序号	页面地址范围
0	0000H~07FFH	16	8000H~87FFH
1	0800H~0FFFH	17	8800H~8FFFH
2	1000H~17FFH	18	9000H~97FFH
3	1800H~1FFFH	19	9800H~9FFFH
4	2000H~27FFH	20	A000H~A7FFH
5	2800H~2FFFH	21	A800H~AFFFH
6	3000H~37FFH	22	B000H~B7FFH
7	3800H~3FFFH	23	B800H~BFFFH
8	4000H~47FFH	24	C000H~C7FFH
9	4800H~4FFFH	25	C800H~CFFFH
10	5000H~57FFH	26	D000H~D7FFH
11	5800H~5FFFH	27	D800H~DFFFH
12	6000H~67FFH	28	E000H~E7FFH
13	6800H~6FFFH	29	E800H~EFFFH
14	7000H~77FFH	30	F000H~F7FFH
15	7800H~7FFFH	31	F800H~FFFFH

若在程序存储器 07FDH 单元有一条 AJMP 指令,读指令代码后 PC 内容就是 07FFH(即 PC 当前值),若向高地址跳转就到 0800H 以后了。这样高 5 位地址就要发生变化,这是不允许的。也就是说,07FFH 是第 0 页面中的最后一个字节,从这里往高地址方向再无 AJMP 跳转的余地了,2 KB 是不准确的。应当说,AJMP 跳转的目的地

址必须与 AJMP 后面一条指令位于同一个 2 KB 页面范围之内。

(2) 指令代码的组成

AJMP 指令的机器码格式如表 3.5 所列。

表 3.5 AJMP 指令的机器码格式

高字节	A10	A9	A8	0	0	0	0	1
低字节	A7	A6	A5	A4	A3	A2	A1	A0

A10～A0 为转移目的地址的低 11 位,00001 是指令操作码。

(3) AJMP 指令的编写形式

- 编写应用程序时,指令 AJMP 的操作数常采用地址标号,即采用"AJMP 目的地址标号"的形式。

例 3.15   在程序存储器 0AFEH 单元存放一条 AJMP 指令:

```
0AFEH        AJMP   LPMA
             ……  ……
0B5DH        LPMA:  NOP
```

指令代码构成过程如下所示:

位 序	B15	B14	B13	B12	B11	B10	B9	B8	B7	B6	B5	B4	B3	B2	B1	B0	
PC 当前值	0	0	0	0	1	0	1	1	0	0	0	0	0	0	0	0	0B00H
低 11 位目的地址						0	1	1	0	1	0	1	1	1	0	1	35DH
指令代码	0	1	1	0	0	0	0	1	0	1	0	1	1	1	0	1	615DH

AJMP 指令转移范围是 0800H～0FFFH。

例 3.16   在程序存储器 01D9H 单元存放一条 AJMP 指令:

```
00CBH        LPMB:  NOP
             ……  ……
01D9H        AJMP   LPMB
```

指令代码构成过程如下所示:

位 序	B15	B14	B13	B12	B11	B10	B9	B8	B7	B6	B5	B4	B3	B2	B1	B0	
PC 当前值	0	0	0	0	0	0	0	1	1	1	0	1	1	0	1	1	01DBH
低 11 位目的地址						0	0	0	1	1	0	0	1	0	1	1	0CBH
指令代码	0	0	0	1	0	0	0	1	1	1	0	0	1	0	1	1	01CBH

AJMP 指令转移范围是 0000H～07FFH。

机器汇编时,汇编程序自动将目的地址(必须与 PC 当前值在同一页面内)中的低 11 位和操作码 00001 按格式构成指令代码。在执行该指令代码时,CPU 从代码字节中取出低字节 8 位,与高字节的高 3 位形成 11 位地址并取代 PC 当前值中的低 11 位,保留高 5 位,形成转移目的地址。

- 编写应用程序时,指令 AJMP 的操作数也可用直接目的地址表示。例如,对于例 3.15,可写成"AJMP　0B5DH";对于例 3.16,可写成"AJMP　00CBH"。
- 编写应用程序时,AJMP 的操作数一般不能写成 11 位目的地址。

例如,对于例 3.15,若写成"AJMP　35DH",机器汇编时,汇编程序将把转移目的地址当作 035DH,显然超出了转移范围。

又如,对于例 3.16,若写成"AJMP　0CBH",机器汇编时,汇编程序把转移目的地址当作 00CBH,汇编结果正确。这说明,在第 0 页内,由于高 5 位均为 0,用 16 位表示和用 11 位表示目的地址是相同的。因此,在第 0 页内,编写 AJMP 指令形式可以写成"AJMP　目的地址低 11 位";在其他页内,则不允许。

以后对于 addr11 为操作数的汇编语言转移指令,对 addr11 不再另加说明。

3. 短转移指令

```
SJMP  rel   ;(PC)←(PC)+2+rel
```

这是相对寻址方式的双字节指令,机器码为 80rel,其中偏移量 rel 用补码形式表示。SJMP 指令所在程序存储器单元地址(PC)称为源地址,下条指令的地址(PC)+2 称为 PC 当前值。程序转移目的地址在以 PC 当前值为中心的前后 256 个字节范围内($-128 \sim +127$)。偏移量为正表示向后转移(向程序地址增大方向);偏移量为负表示向前转移(向程序地址减小方向)。偏移量 rel 的真值与补码对应关系如表 3.6 所列。00H 对应于 PC 当前值。

表 3.6　偏移量 rel 的真值与补码的对应关系

真 值	-128	-127	-126	…	-02	-01	00	+01	+02	+03	…	+126	+127
	-80H	-7FH	-7EH	…	-02H	-01H	00H	+01H	+02H	+03H	…	+7EH	+7FH
补 码	80H	81H	82H	…	FEH	FFH	00H	01H	02H	03H	…	7EH	7FH

在编制应用程序时,常采用"SJMP　目的地址标号"形式即操作数是目的地址标号。程序在机器汇编时,由汇编程序自动计算偏移量并形成机器码;执行程序时,CPU根据机器码的偏移量自动计算出转移目的地址。对于手工汇编可采用下列计算方法求转移目的地址和偏移量:

转移目的地址＝(PC)+2+rel

如果 rel 是正数,表示向后转移;如果 rel 是负数的补码,先变换成对应的负偏移量,再求出向前转移的目的地址。

偏移量 rel＝目的地址-(源地址+2);

如果计算的 rel 为正数,表示向后转移;如果计算出的 rel 为负数,表示向前转移,负数 rel 的补码形式为:

$$rel = FFH - (源地址 + 2 - 目的地址) + 1;$$

这表明,8位二进制负数的补码求法是:(包括最高位在内)数的各位取反后加1。

例3.17 写出下段程序中相对转移指令的机器码。

```
1F81H    LOOP: NOP
              … … …
1FFEH         SJMP  LOOP
```

Rel = 1F81H - (1FFEH + 2) = -7FH,补码为81H,故机器码为8081H。

例3.18 写出下段程序中相对转移指令的机器码。

```
1FFEH         SJMP  LOOP
              … … …
207FH    LOOP: NOP
```

Rel = 207FH - (1FFEH + 2) = 7FH,故机器码为807FH。

编制应用程序时,也可采用"SJMP 直接目的地址"形式,即以目的地址作为操作数。如对于例3.17,可写成"SJMP 1F81H";对于例3.18,可写成"SJMP 207FH"。

例3.19 程序存储器2000H单元存放一条"SJMP rel"指令,试确定转移目的地址的最小值和最大值。

```
2000H  SJMP  rel
```

目的地址最小值 = (PC) + 2 - 80H = 2002H - 80H = 1F82H

目的地址最大值 = (PC) + 2 + 7FH = 2002H + 7FH = 2081H

即转移范围为:1F82H~2081H,共计256个字节。

若rel = FEH,是"-02H"的补码,则目的地址 = (PC) + 2 - 02 = (PC),即目的地址和源地址相同,程序就在该指令上踏步。如:

```
HERE: SJMP  HERE   或   HERE: SJMP  $   ;机器码均为80FEH
```

在80C51指令系统中,以$代表指令的源地址。

若rel = 00H,则目的地址 = (PC) + 2,即目的地址为下一条指令地址。如:

```
SJMP    NEXT      ;机器码为8000H
NEXT: MOV   A,#00H
```

程序转移到NEXT处。

现将相对转移指令"SJMP rel"的应用归纳如下:

- 编制程序时,常采用"SJMP 目的地址标号"形式,机器码为80rel。由于机器码中包含的是相对偏移量,不包括具体地址值,这对于程序的修改和调用,带来很大方便。

- 编制程序时,也可采用"SJMP 直接目的地址"形式,机器码为80rel。由于在汇编语言中出现了具体地址,这不利于程序的修改和调用。

- 编制程序时,不可采用"SJMP 偏移量"形式。如将例 3.17 写成:

```
1F81H    LOOP: NOP
              … … …
1FFEH          SJMP   81H
```

在机器汇编时,汇编程序将偏移量 81H 当作目的地址 0081H,超出了转移范围。

- 相对转移指令的转移范围为 256 个字节,即以 PC 当前值为中心的 $-128 \sim +127$ 区间。由于转移范围小,故称短转移指令。

以后,对于含有 rel 为操作数的汇编语言指令,对 rel 不再另加说明。

对于无条件转移指令,可归纳为:在编写程序时,汇编语言指令 LJMP、AJMP 和 SJMP 的操作数为转移目的地址,可写成地址标号或 16 位直接地址。用标号表示更普遍、更简洁。对于后两条指令,要注意转移范围的限制。

4. 变址寻址转移指令

```
JMP   @A+DPTR    ;(PC)←(A)+(DPTR)
```

以 DPTR 内容为基础(称为基址),A 中的内容为变址。当 DPTR 固定时,A 中赋值不同,可以实现程序的分支转移,其计算公式为

$$转移目的地址 = (A) + (DPTR)$$

这种由基址寄存器(DPTR)和变址寄存器(A)共同实现的间址方式,称为变址寻址。

结合 3.3.4 小节的读程序存储器指令,不难看出:变址寻址只适用于程序存储器的单元地址。

3.6.2 条件转移指令

执行条件转移指令时,如指令规定的条件满足,则进行程序转移;否则,程序顺序执行。

1. 累加器判零转移指令

```
JZ    rel ;若(A)=0,则(PC)←(PC)+2+rel,即转移
          ;否则(PC)←(PC)+2,即顺序执行。
JNZ   rel ;若(A)≠0,则(PC)←(PC)+2+rel,即转移
          ;否则(PC)←(PC)+2,即顺序执行。
```

上述两条指令均为双字节指令,机器码分别为 60rel 和 70rel,rel 是一个带符号的 8 位二进制的补码。第一条指令转移条件是(A)=0,第二条指令转移条件是(A)≠0,A 中的内容为转移指令前面最后一条指令的执行结果。单片机的程序状态字 PSW 中没有零标志,只能用累加器的内容为零(或非零)作为判断条件。

例 3.20 分析下段程序中指令 JZ 的机器码。

```
0184H           MOV   A,R2        ;单字节指令
                XRL   A,#1AH      ;双字节指令
                JZ    LPM
                … … …
01C2H   LPM:    NOP
                … … …
```

指令"JZ LPM"指令源地址 0187H,则

rel = 目的地址－(源地址＋2H);

   ＝01C2H－(0187H＋2H)＝39H

指令"JZ LPM"的机器码为 6039H。

例 3.21 分析下段指令的机器码。

```
1A58H   LPM:   NOP
               … … …
1A61H          MOV   A,0CH       ;双字节指令
               XRL   A,R5        ;单字节指令
               JNZ   LPM
               … … …
```

指令 JNZ 源地址为 1A64H,则

rel = 目的地址－(源地址＋2H)

   ＝1A58H－(1A64H＋2H)＝－0EH

负数 0EH 的补码为 F2H,故指令"JNZ LPM"的机器码为 70F2H。

2. 比较条件转移指令

比较条件转移指令是把两个操作数进行比较,以是否相等作为条件来控制程序转移。共有 4 条指令:

```
CJNE  A,#data,rel      ;累加器内容与立即数不等则转移,否则顺序执行
CJNE  A,direct,rel     ;累加器内容与片内 RAM 中指定单元内容不等则转移,否则顺序执行
CJNE  Rn,#data,rel     ;工作寄存器内容与立即数不等则转移,否则顺序执行
CJNE  @Ri,#data,rel    ;片内 RAM 指定单元(间址形式)内容与立即数不等则转移,否则顺序执行
```

上述 4 条指令是 3 字节指令,具有数值比较和程序转移两方面功能。

两个操作数比较结果影响 CY 标志,但不影响操作数中的内容(即指令中的 A、Rn 或 direct 单元中内容不变化)。当左操作数＝右操作数时,(CY)＝0,程序顺序执行;当左操作数＞右操作数时,(CY)＝0,程序转移执行;当左操作数＜右操作数时,(CY)＝1,程序也转移执行。

对于 3 字节的相对寻址指令,可采用下列计算求转移目的地址和偏移量:

转移目的地址＝(PC)＋3＋rel

偏移量 rel＝目的地址－(源地址＋3)

3. 减1条件转移指令

这是一组把减1与条件转移两种功能结合在一起的指令,共有两条。

(1) 寄存器减1条件转移指令(双字节指令)

```
DJNZ    Rn,rel      ;(Rn)←(Rn)-1
```

若(Rn)≠0,则(PC)←(PC)+2+rel,即程序转移;
若(Rn)=0,则(PC)←(PC)+2,即程序顺序执行。

(2) 直接寻址单元减1条件转移指令(3字节指令)

```
DJNZ    direct,rel  ;(direct)←(direct)-1
```

若(direct)≠0,则(PC)←(PC)+3+rel,即程序转移;
若(direct)=0,则(PC)←(PC)+3,即程序顺序执行。

这两条指令主要用于控制程序循环。如预先把寄存器或内部 RAM 单元赋值循环次数,再利用减1条件转移指令,以减1后是否为0作为转移条件,即可实现按次数循环控制。

例 3.22 将外部 RAM 地址为 1100H~11FFH 的 256 个单元清 0,试编制实现程序。

```
       MOV   R7,#00H        ;置计数初值,00H首次减1后为FFH
       MOV   A,#00H
       MOV   DPTR,#1100H    ;清0单元首地址
LOOP:  MOVX  @DPTR,A        ;清0
       INC   DPTR
       DJNZ  R7,LOOP        ;计数值减1,不为0则循环
       RET                  ;返回
```

3.6.3 子程序调用及返回指令

从主程序转向子程序的指令称为子程序调用指令;从子程序返回主程序的指令称为返回指令。

调用指令与转移指令的主要区别是转移指令不保存返回地址,而子程序调用指令在转向目的地址的同时,必须保留返回地址(称为断点地址),以便执行返回指令时回到主程序断点的位置。通常采用堆栈技术保存断点地址,这样可以允许多重子程序调用(在子程序中再次调用另外的子程序)。

1. 绝对调用指令(双字节指令)

```
ACALL   addr11  ;(PC)←(PC)+2,(SP)←(SP)+1,(SP)←(PC)_{7~0}
                ;(SP)←(SP)+1,(SP)←(PC)_{15~8},以上为断点保护操作
                ;(PC)_{10~0}←addr11,(PC)_{15~11}保留,形成转移目的地址
```

指令格式如表 3.7 所列。

表 3.7　绝对调用指令格式

高字节	A10	A9	A8	1	0	0	0	1
低字节	A7	A6	A5	A4	A3	A2	A1	A0

指令代码中提供了子程序入口地址的低 11 位。这 11 位地址的 A7～A0 占据指令的低字节，A10～A8 占据指令高字节的高 3 位，低 5 位为操作码。为了实现子程序调用，该指令共完成两项操作：

- 断点保护。断点保护是通过自动方式的堆栈操作实现的，即把加 2 以后的 PC 值(即下条指令地址，称为 PC 当前值)自动送入栈区保存起来，待子程序返回时再送回 PC。
- 构造目的地址。目的地址的构造是在 PC 加 2 的基础上，以提供的低 11 位地址取代 PC 当前值中的低 11 位，PC 的高 5 位保持不变。

指令的调用范围是包括 PC 当前值在内的 2 KB 页面内。

编制应用程序时，ACALL 指令的操作数可以是子程序入口的地址或标号。

例 3.23　在程序存储器 8100H 单元处有一条绝对调用指令，确定指令机器码以及 BUS00 的取值范围。

```
            ORG    8100H
            ACALL  BUS00
  …         …      …
BUS00       EQU    848FH
            END
```

848FH＝1000 0100 1000 1111B，构成机器码为 918FH，如下所示：

高字节	1	0	0	1	0	0	0	1
低字节	1	0	0	0	1	1	1	1

BUS00 的取值范围，即指令的调用范围是 8000H～87FFH，如下所示：

	A15	A14	A13	A12	A11	A10	A9	A8	A7	A6	A5	A4	A3	A2	A1	A0
PC 当前值高 5 位	1	0	0	0	0											
11 位地址最小值						0	0	0	0	0	0	0	0	0	0	0
11 位地址最大值						1	1	1	1	1	1	1	1	1	1	1

将 PC 当前值的高 5 位和低 11 位地址相结合，形成转移目的地址。

2. 长调用指令(3 字节指令)

LCALL　　addr16　　;(PC)←(PC)＋3,(SP)←(SP)＋1,(SP)←(PC)$_{7\sim0}$
　　　　　　　　　　;(SP)←(SP)＋1,(SP)←(PC)$_{15\sim8}$，以上为断点保护操作

;(PC)←addr16,形成转移目的地址

指令执行后,断点进栈保护,add16 作为子程序入口地址。

编写应用程序时,LCALL 指令的操作数可以是子程序的入口地址或标号。

本指令的调用范围是 64 KB(0000H～FFFFH)。

例 3.24 已知下列程序段：

```
           ORG    0100H
           MOV    SP,#60H
           …     …     …
           ORG    0200H
           LCALL  MIR
           …     …     …
           RET
MIR        EQU    8100H
           END
```

程序执行结果：(SP)=62H,(61H)=03H,(62H)=02H,(PC)=8100H。

3. 返回指令

- 子程序返回指令为

RET   ;$(PC)_{15\sim8}$←(SP),(SP)←(SP)-1,$(PC)_{7\sim0}$←(SP),(SP)←(SP)-1

- 中断返回指令为

RETI   ;$(PC)_{15\sim8}$←(SP),(SP)←(SP)-1,$(PC)_{7\sim0}$←(SP),(SP)←(SP)-1

子程序返回指令和中断返回指令都是从堆栈中取出 16 位断点地址送给 PC,使子程序返回主程序。RET 指令安排在子程序结束处,RETI 指令安排在中断服务程序结束处。

此外,RETI 指令还具有清除中断响应时被触发的优先级状态,开放较低级中断和恢复中断逻辑等功能。

执行调用或返回指令后,SP 始终指向栈顶单元地址。

例 3.25 已知(SP)=62H,(62H)=07H,(63H)=30H,执行 RET 指令后,其结果是：

(SP)=60H,(PC)=0730H,即 CPU 从 0730H 处开始执行程序。

3.6.4 空操作指令

NOP   ;(PC)←(PC)+1

空操作指令也是一条控制指令,控制 CPU 不做任何操作,只消耗一个机器周期的时间。空操作指令是单周期单字节指令,因此执行后 PC 加 1,时间延续一个机器周期。NOP 指令常用于程序的等待或时间的延迟。

3.7 位操作类指令

位操作就是以位为单位进行运算和操作。位变量也称为布尔变量或开关变量。

3.7.1 位传送指令

```
MOV   C,bit      ;(C)←(bit)
MOV   bit,C      ;(bit)←(C)
```

C 表示位累加器，bit 表示位地址(以后涉及 bit 符号，不再另外说明)。由于没有可寻址位之间的直接传送指令，位之间无法实现直接传送。如果需要位之间的传送，必须以 C 作中介实现。

应记住，在汇编指令中，PSW 中的 CY 标志可用 C 表示，称为位累加器；SFR 中的 ACC 可用 A 表示，称为字节累加器，简称累加器。

例 3.26 将片内 RAM 24H 单元的第 0 位的内容传送到片内 RAM 2BH 单元的第 2 位。20H 单元第 0 位的位地址为 20H，2BH 单元的第 2 位的位地址为 5AH，编写程序如下：

```
MOV   10H,C      ;暂存 C 内容
MOV   C,20H      ;20H 位送 C
MOV   5AH,C      ;C 送 5AH 位
MOV   C,10H      ;恢复 C 内容
```

3.7.2 位置位和复位指令

```
SETB  C          ;(C)←1
SETB  bit        ;(bit)←1
CLR   C          ;(C)←0
CLR   bit        ;(bit)←0
```

将位置 1 称为置位，将位清 0 称为复位。

3.7.3 位运算指令

位运算都是逻辑运算，有"与"、"或"、"非"3 种，共 6 条指令。

```
ANL   C,bit      ;(C)←(C)·(bit)
ANL   C,/bit     ;(C)←(C)·(bit̄)
ORL   C,bit      ;(C)←(C)+(bit)
ORL   C,/bit     ;(C)←(C)+(bit̄)
CPL   C          ;(C)←(C̄)
CPL   bit        ;(bit)←(bit̄)
```

"/bit"表示位中的内容的"非",运算后 bit 中的内容不取反,保持原内容不变,用"·"表示"与"运算,用"+"表示"或"运算。

在位操作指令中,没有位的"异或"运算,需要时可由上述多条位操作指令实现。

例 3.27 用位运算指令实现位的"异或"操作(用"⊕"表示异或运算)。

由于 bit1⊕bit2＝($\overline{bit1}$·bit2)＋(bit1·$\overline{bit2}$),实现程序如下:

```
MOV     C,bit2          ;(C)←(bit2)
ANL     C,/bit1         ;(C)←(C)·($\overline{bit1}$)
MOV     10H,C
MOV     C,bit1          ;(C)←(bit1)
ANL     C,/bit2         ;(C)←(C)·($\overline{bit2}$)
ORL     C,10H           ;(C)←(bit1·$\overline{bit2}$)＋(bit2·$\overline{bit1}$)
MOV     10H,C           ;(C)←bit1⊕bit2
```

通过位逻辑运算,可对各种组合逻辑电路进行模拟,即用软件的方法来获得组合电路的逻辑功能。

3.7.4 位控制转移指令

位控制转移指令就是以位的状态作为实现程序转移的判断条件。

1. 以 C 的状态为条件的转移指令(双字节指令)

```
JC      rel             ;若(C)=1,则(PC)←(PC)+2+rel,即程序转移
                        ;若(C)=0,则(PC)←(PC)+2,即程序顺序执行
JNC     rel             ;若(C)=0,则(PC)←(PC)+2+rel,即程序转移
                        ;若(C)=1,则(PC)←(PC)+2,即程序顺序执行
```

2. 以 bit 状态为条件的转移指令(3 字节指令)

```
JB      bit,rel         ;若(bit)=1,则(PC)←(PC)+3+rel,即程序转移
                        ;若(bit)=0,则(PC)←(PC)+3,即程序顺序执行
JNB     bit,rel         ;若(bit)=0,则(PC)←(PC)+3+rel,即程序转移
                        ;若(bit)=1,则(PC)←(PC)+3,即程序顺序执行
JBC     bit,rel         ;若(bit)=1,则(PC)←(PC)+3+rel,即程序转移,且同时伴随着清 bit,
                        ;即(bit)=0
                        ;若(bit)=0,则(PC)←(PC)+3,即程序顺序执行
```

JBC 指令中,当 bit 是 P0~P3 端口中某一位时,该指令称为"读-修改-写"指令。详见本书第 4.1.5 节。

3.8 汇编语言程序设计

3.8.1 汇编语言的特点及语句格式

1. 汇编语言的特点

汇编语言有以下特点：

① 助记符指令与机器指令一一对应，所以用汇编语言编写的程序占用存储空间小，运行速度快，可编写出最优化的程序。

② 汇编语言是面向计算机的。汇编语言的程序设计人员必须对计算机硬件有相当深入的了解。

③ 汇编语言能直接访问存储器及接口电路，也能处理中断，因此汇编语言程序能直接管理和控制硬件设备。

④ 各种计算机都有自己的汇编语言，不同计算机的汇编语言之间不能通用，因此汇编语言缺乏通用性，程序不易移植。

2. 汇编语言的语句格式

各种计算机汇编语言的语句格式及语法规则基本相同。MCS-51汇编语言的语句格式为

[标号]：[操作码][目的操作数]，[源操作数]；[注释]

其中每部分也称为字段。各部分之间用一个空格或字段分界符分隔。常用的字段分界符有冒号"："、逗号","和分号";"。

(1) 标　号

标号用来说明指令的地址，用于其他语句对该句的访问。标号有以下规定：

① 标号由1～8个字母和数字组成，字母打头，冒号"："结束，中间允许有数字符号。标号中的字符个数不超过8个，若超过8个，则以前面的8个字符有效，后面的字符不起作用。

② 不能用本汇编语言已经定义的符号作为标号，如指令助记符、伪指令以及寄存器的符号名称等。

③ 同一标号在一个程序中只能定义一次，不能重复定义。

④ 一条语句可以有标号，也可以没有标号，取决于本程序中有无语句访问这条语句。

(2) 操作码

操作码是汇编语句格式中唯一不能空缺的部分，用于规定语句执行的操作内容。

(3) 操作数

操作数用于表明指令操作数据或数据存储地址。操作数可以是空白，也可以是一项、两项，各操作数之间用逗号分开，MCS-51指令系统的操作数有寄存器、立即数、直

接、间接等7种寻址方式。

操作数与操作码之间用空格分开。

(4) 注　释

注释不属于语句的功能部分，只是对语句的解释说明，只要用";"号开头，即表明以下为注释的内容。使用注释可使程序的文件编制显得更加清楚，帮助程序人员阅读程序。注释可有可无，长度不限，一行不够时可以接着写，但换行时要注意在开头使用";"号。

(5) 分界符

分界符(分隔符)用于把语句中的各部分隔开，以便区分，包括空格、冒号、分号或逗号等多种符号。

冒号(:)——用于标号之后。

空格( )——用于操作码和操作数之间。

分号(;)——用于注释之前。

逗号(,)——用于操作数之间。

3.8.2　汇编语言程序的基本结构形式

1. 顺序结构

顺序结构是最简单的程序结构，在顺序程序中无分支、循环和调用子程序，程序是逐条顺序执行的。

例3.28　被加数存于片内 RAM 32H，31H 和 30H；加数存于片内 RAM 35H，34H 和 33H；相加之和存于片内 RAM 32H，31H 和 30H；进位存于 00H 单元。其程序如下：

```
START: MOV    R0,#30H        ;被加数低字节地址
       MOV    R1,#33H        ;加数低字节地址
       MOV    A,@R0
       ADD    A,@R1          ;低字节相加结果
       MOV    @R0,A
       INC    R0
       INC    R1
       MOV    A,@R0
       ADDC   A,@R1          ;中间字节相加
       MOV    @R0,A          ;存中间字节相加结果
       INC    R0
       INC    R1
       MOV    A,@R0
       ADDC   A,@R1          ;高字节相加
       MOV    @R0,A          ;存高字节相加结果
       CLR    A
```

```
        ADDC    A,#00H
        MOV     00H,A           ;存进位
        RET
```

2. 分支结构

分支结构是通过转移指令实现的。根据程序的功能特点,又可分为单分支程序、多分支程序等。

例 3.29   假定在片外 RAM 2000H,2001H 和 2002H 的 3 个连续单元中,2000H 和 2001H 单元存放着两个无符号数,要求找出其中较大者并存于 2002H 单元。其程序如下:

```
        ORG     0100H
START:  CLR     C
        MOV     DPTR,#2000H     ;设置数据指针
        MOVX    A,@DPTR         ;取第 1 个数
        MOV     R2,A            ;暂存于 R2
        INC     DPTR            ;数据指针加 1
        MOVX    A,@DPTR         ;取第 2 个数
        SUBB    A,R2            ;两数比较
        JNC     LOOP1           ;第 2 个数大则转 LOOP1
        XCH     A,R2            ;第 1 个数大则交换
LOOP0:  INC     DPTR
        MOVX    @DPTR,A         ;存大数
        RET
LOOP1:  MOVX    A,@DPTR
        SJMP    LOOP0
```

3. 循环结构

循环是为了重复执行一个程序段。在汇编语言中可以通过条件判断循环是否结束。

例 3.30   将内部 RAM 20H 为起始的数据串(最大长度为 32 字节)传送到外部 RAM 2000H 为首地址的区域,直到发现"$"字符的 ASCII 码为止。其程序如下:

```
        MOV     R0,#20H         ;内 RAM 数据串首地址
        MOV     DPTR,#2000H     ;外 RAM 数据串首地址
        MOV     R7,#20H         ;最大数据串长度
LOOP0:  MOV     A,@R0
        XRL     A,#24H          ;判断是否为"$"字符
        JZ      LOOP1
        MOV     A,@R0
        MOVX    @DPTR,A
        INC     R0
```

```
            INC     DPTR
            DJNZ    R7,LOOP0
LOOP1:      RET
```

3.9 汇编语言的伪指令与汇编

3.9.1 汇编语言的伪指令

1. ORG 汇编起始地址命令

在汇编语言源程序的开始,通常都要用一条 ORG(Origin)伪指令规定程序的起始地址。命令格式为

[标号]: ORG [地址]

其中:[标号]是选择项,根据需要选用;[地址]项通常为 16 位绝对地址,但也可以使用标号或表达式。例如:

```
            ORG     8000H
START:      MOV     A,♯00H
            …   …   …
```

即规定标号 START 代表地址 8000H,目标程序的第一条指令从 8000H 开始。

2. END 汇编终止命令

END(End Of Assembly)是汇编语言源程序的结束标志,在整个源程序中只能有一条 END 命令,且位于程序的最后。如果 END 命令出现在中间,则其后面的源程序汇编时将不予处理。命令格式为

[标号]: END

命令中的[标号]是选择项。这个标号应是源程序第一条指令的符号地址。例如:

```
            ORG     8100H
START:      MOV     A,♯00H
            MOV     R7,♯10H
            MOV     R0,♯20H
LOOP:       MOV     @R0,A
            INC     R0
            DJNZ    R7,LOOP
            RET
            END
```

3. EQU 赋值命令

EQU(Equate)命令用于给标号赋值。赋值以后,其符号值在整个程序中有效。命令格式为

［字符名称］ EQU ［赋值项］

其中，［赋值项］可以是常数、地址、标号或表达式。其值为8位或16位二进制数。赋值以后的字符名称既可以作立即数使用，也可以作地址使用。例如：

```
            ORG    6000H
START:      MOV    R7,♯05H
LOOP:       LCALL  DELAY
            DJNZ   R7,LOOP
            RET
DELAY       EQU    1880H
            END
```

4. DB 定义字节命令

DB(Dfine Byte)命令用于从指定的地址开始，在程序存储器的连续单元中定义字节数据。命令格式为

［标号］：DB ［8位数据表］

字节数据可以是一字节常数或字符，也可以是用逗号分开的字符串，或用引号括起来的字符串。例如：

DB "How are you?"

DB命令把字符串中的字符按ASCII码存于连续的ROM单元中。

常使用本命令存放数据表格，例如存放数码管显示的十六进制数的字形码，可使用多条DB命令定义：

```
DB   3FH,06H,5BH,4FH
DB   66H,6DH,7DH,07H
DB   7FH,6FH,77H,7CH
DB   0C0H,0F9H,0A4H,0B0H
```

5. DW 定义字命令

DW(Define Word)命令用于从指定地址开始，在程序存储器的连续单元中定义16位的数据字。命令格式为

［标号］：DW ［16位数据表］

使用DW命令存放数据时，数据的高8位在前（低地址），低8位在后（高地址）。例如：

```
DW   "AA"              ;存入41H,41H
DW   "A"               ;存入00H,41H
DW   "ABC"             ;不合法,因超过两个字节
DW   100H,1ACH,814     ;按顺序存入01H,00H,01H,ACH,FCH,DCH
```

DB和DW定义的数据表，数的个数不得超过80个。如果数据的数目较多时，可使用多个定义命令。在MCS-51程序设计中，常以DB定义数据，以DW定义地址。

6. DS 定义存储区命令

DS(Define Storage)命令用于从指定地址开始,保留指定数目的字节单元作为存储区,供程序运行使用。汇编时,这些单元不赋值。命令格式为

[标号]: DS [16位数据表]

例如:

ADDTBL: DS 20   ;从标号 ADDTBL 代表的地址开始,保留20个连续的地址单元

又例如:

ORG 8100H

DS   08H   ;从 8100H 地址开始,保留8个连续的地址单元

注意 DB,DW 和 DS 命令只能对程序存储器使用,而不能对数据存储器使用。

7. BIT 位定义命令

本命令用于给字符名称赋以位地址。命令格式为

[字符名称]: BIT [位地址]

其中[位地址]可以是绝对地址,也可以是符号地址(即位符号名称)。例如:

AQ BIT P1.0   ;把 P1.0 的位地址赋给变量 AQ。在其后的编程中,AQ 就可以作为位地址(P1.0)使用

3.9.2 汇编语言的汇编

将用助记符编写的源程序转换成机器码的过程称为汇编。汇编分为手工汇编和机器汇编。

对于简单的应用程序,可以通过查表翻译指令的方法将源程序翻译成机器码,称之为手工汇编。

由于手工汇编是按绝对地址进行定位,所以手工汇编时要根据转移的目标地址计算转移指令的偏移量,而且容易出错。此外,对于汇编后的目标程序,如需增加、删除或修改指令,就会引起以后各指令地址的改变,转移指令的偏移量也要重新计算。因此,手工汇编不是理想的方法,通常只用于小的程序。

编写完单片机的源程序之后,由于单片机本身软硬件资源所限,无法由单片机本身自动汇编(机器汇编),只能借助于通用计算机对源程序进行汇编。

使用一种计算机的汇编程序去汇编另一种计算机的源程序,具体说就是运行汇编程序进行汇编的是一种计算机,而运行汇编得到目标程序的则是另一种计算机,这种使用一种计算机的汇编程序去汇编另一种计算机的源程序的汇编过程,被称为交叉汇编。单片机的机器汇编就是交叉汇编。

在交叉汇编之前,一般还要借助于通用计算机进行单片机的程序设计。通常使用编辑软件进行源程序的编辑,以形成一个由汇编指令和伪指令组成的源程序文件。这

个过程被称为机器编辑。

交叉汇编之后,再使用串行通信方法,把汇编得到的目标程序传送到单片机,进行程序的调度和运行。

"机器编辑→交叉汇编→串行发送",这3个过程构成了单片机软件设计的3个基本步骤。

源程序编写如下:

```
            ORG    8000H
START:      MOV    R0,#20H
            MOV    R7,#07H
            CLR    F0
LOOP:       MOV    A,@R0
            MOV    2BH,A
            INC    R0
            MOV    2AH,@R0
            CLR    C
            SUBB   A,@R0
            JC     NEXT
            MOV    @R0,2BH
            DEC    R0
            MOV    @R0,2AH
            INC    R0
            SETB   F0
NEXT:       DJNZ   R7,LOOP
            JB     F0,START
HERE:       SJMP   $
            END
```

手工汇编结果如表3.8所列。

表3.8 手工汇编结果

目标程序部分		源程序部分		
地 址	机器码	标 号	助记符指令	备 注
8000	7820	START:	MOV R0,#20H	
8002	7F07		MOV R7,#07H	
8004	C2D5		CLR F0	
8006	E6	LOOP:	MOV A,@R0	
8007	F52B		MOV 2BH,A	
8009	08		INC R0	
800A	862A		MOV 2AH,@R0	
800C	C3		CLR C	

续表 3.8

目标程序部分		源程序部分		备注
地 址	机器码	标 号	助记符指令	
800D	96		SUBB A,@R0	
800E	4008		JC NEXT	偏移 1
8010	A62B		MOV @R0,2BH	
8012	18		DEC R0	
8013	A62A		MOV @R0,2AH	
8015	08		INC R0	
8016	D2D5		SETB F0	
8018	DFEC	NEXT:	DJNZ R7,LOOP	偏移 2
801A	20D5E3		JB F0,START	偏移 3
801D	80FE	HERE:	SJMP $	偏移 4

偏移 1 的计算:
　　Rel1=目的地址−(源地址+2)=8018H−(800EH+2)=08H

偏移 2 的计算:
　　Rel2=目的地址−(源地址+2)=8006H−(8018H+2)=−14H
　　$(-14H)_{补码}$=ECH

偏移 3 的计算:
　　Rel3=目的地址−(源地址+3)=8000H−(801AH+3)=−1DH
　　$(-1DH)_{补码}$=E3H

偏移 4 的计算:
　　Rel4=目的地址−(源地址+2)=801DH−(801DH+2)=−2H
　　$(-2H)_{补码}$=FEH

3.10　汇编语言程序设计举例

3.10.1　算术运算程序

1. 加减运算

(1) 不带符号的多字节数加法

例 3.31　设有两个 4 字节的二进制数,分别存放在以 30H 和 50H 为起始地址的单元中(先存放低字节)。求这两个数的和,并将和存放在以 30H 为起始地址的单元中,试编制程序。

程序如下:

```
        ORG    2000H
JAZ:    MOV    R0,#30H        ;指向加数最低位
        MOV    R1,#50H        ;另一加数最低位
        MOV    R2,#04H        ;字节个数存于 R2
        LCALL  JAFA           ;调用加法子程序
        JC     OVER           ;有进位则转出
        MOV    34H,#00H       ;无进位清最低字节单元
        SJMP   HERE
OVER:   MOV    34H,#01H       ;最高字节单元为 01H
HERE:   SJMP   HERE
        ORG    1000H
JAFA:   CLR    C              ;C 清 0
JAADD:  MOV    A,@R0          ;取出加数一个字节
        ADDC   A,@R1          ;加上另一个数的一个字节
        MOV    @R0,A          ;保存和
        INC    R0             ;修改加数地址
        INC    R1
        DJNZ   R2,JAADD       ;没加完则继续
        RET
```

（2）不带符号的两个多字节数减法

例 3.32 设有两个 N 字节无符号数分别存于片内 RAM 单元中,低字节在前,高字节在后。由 R0 指定被减数单元地址,由 R1 指定减数单元地址,要求差值存放在原被减数单元中,假定最高字节没有借位。

程序如下：

```
        CLR    C
        MOV    R7,#N          ;设定 N 字节
LOOP:   MOV    A,@R0          ;从低位取被减数字节
        SUBB   A,@R1          ;两数相减
        MOV    A,@R0          ;保存差
        INC    R0
        INC    R1
        DJNZ   R7,LOOP
        RET
```

（3）带符号数加、减运算

对于带符号数的减法运算,只要将减数的符号位取反,就可把减法运算按加法运算处理。

对于带符号数的加法运算,首先要进行两数符号的判定,如果两数符号相同,应进行两数相加,并以被加数符号为结果符号。如果两数符号不同,应进行两数相减。如果相减的差为正,则差即为最后的结果,并以被减数符号为结果符号;如果相减的差为负,则应将其差值取补,并把被减数符号取反作为结果符号。

例 3.33 假定 20H 和 21H 以及 22H 和 23H 中分别存放两个 16 位的带符号二进制数,其中 20H 和 22H 的最高位为两数的符号位。请编写带符号双字节二进制数的加减法程序,以 BUSB 为减法程序入口,以 BADD 为加法程序入口,以片内 RAM 24H 和 25H 保存运算结果。

程序如下:

```
BUSB: MOV    A,22H           ;取减数高字节
      CPL    ACC.7
      MOV    22H,A           ;减数符号位取反进行加法
BADD: MOV    A,20H           ;取被加数
      MOV    C,ACC.7
      MOV    F0,C            ;被加数符号位存于 F0
      XRL    A,22H           ;两数高字节"异或"
      MOV    C,ACC.7         ;两数同号(CY)=0,异号(CY)=1
      MOV    A,20H           ;取被加数
      CLR    ACC.7           ;被加数高字节符号位清 0
      MOV    20H,A           ;取其数值部分
      MOV    A,22H           ;取加数
      CLR    ACC.7           ;加数高字节符号位清 0
      MOV    22H,A           ;取其数值部分
      JC     JIAN            ;两数异号转 JIAN
JIA:  MOV    A,21H           ;两数同号进行加法
      ADD    A,23H           ;低字节相加
      MOV    25H,A           ;保存低字节和
      MOV    A,20H
      ADDC   A,22H           ;高字节相加
      MOV    24H,A           ;保存高字节和
      JB     ACC.7,QAZ       ;符号位为 1 转溢出处理
QWE:  MOV    C,F0            ;结果符号处理
      MOV    ACC.7,C
      MOV    24H,A
      RET
JIAN: MOV    A,21H           ;两数异号进行减法
      CLR    C
      SUBB   A,23H           ;低字节相减
      MOV    25H,A           ;保存差
      MOV    A,20H
      SUBB   A,22H           ;高字节相减
      MOV    24H,A           ;保存差
      JNB    ACC.7,QWE       ;没借位转 QWE
BMP:  MOV    A,25H           ;有借位,差值取补
      CPL    A
      ADD    A,#01H
```

```
        MOV    25H,A
        MOV    A,24H
        CPL    A
        ADDC   A,#00H
        MOV    24H,A
        CPL    F0                    ;符号位取反
        SJMP   QWE
QAZ：  … …                          ;溢出处理(从略)
```

2. 乘法运算

对于单字节乘法运算,使用一条乘法指令 MUL AB 即可;对于多字节的乘法就必须通过程序实现。

例 3.34 假设被乘数存放于 R6 和 R7 中,乘数存放于 R4 和 R5 中,乘积存放于 40H,41H,42H 和 43H 中。低字节在前,双字节乘法结果最多为 4 字节。

双字节乘法按一般竖式相乘原理,设 R6×R4=H64,L64;R7×R4=H74,L74;R5×R6=H56,L56;R7×R5=H75,L75。其中,H 表示高字节,L 表示低字节。竖式乘法过程表示为

```
                R7    R6
          ×)    R5    R4
          ─────────────────
                H64   L64  ←── R6×R4
          H74   L74        ←── R7×R4
          H56   L56        ←── R5×R6
    H75   L75              ←── R7×R5
    ─────────────────────────────
   (43H) (42H) (41H) (40H)
```

具体程序如下:

```
        ORG    0020H
MUL16:  MOV    R0,#40H           ;积地址指针
        MOV    A,R6
        MOV    B,R4
        MUL    AB                ;R6×R4=H64,L64
        MOV    @R0,A             ;L64→(40H)
        MOV    R3,B              ;H64→R3
        MOV    A,R7
        MOV    B,R4
        MUL    AB                ;R7×R4=H74,L74
        ADD    A,R3              ;L74+H64→R3
        MOV    R3,A
        MOV    A,B
        ADDC   A,#00H            ;H74+CY→R2
        MOV    R2,A
```

```
        MOV    A,R6
        MOV    B,R5
        MUL    AB              ;R5×R6=H56,L56
        ADD    A,R3            ;L56+L74+H64→A
        INC    R0
        MOV    @R0,A           ;A→(41H)
        MOV    R1,#00H
        MOV    A,R2
        ADDC   A,B             ;H56+R2+CY→R2
        MOV    R2,A
        JNC    NEXT
        INC    R1
NEXT:   MOV    A,R7
        MOV    B,R5
        MUL    AB              ;R7×R5=H75,L75
        ADD    A,R2            ;L75+R2→A
        INC    R0
        MOV    @R0,A           ;A→(42H)
        MOV    A,B
        ADDC   A,R1            ;H75+R1+CY→A
        INC    R0
        MOV    @R0,A
        RET
```

3. 除法运算

对于单字节除法运算使用一条除法指令 DIV AB 即可；但对于多字节的除法运算就必须通过程序实现。

多字节除法的程序设计常采用"恢复余数法"，其设计思想是做减法。

仿照手工算法进行除法，设被除数为 100011，除数为 101，求 100011B÷101B=？

$$
\begin{array}{r}
000111 \\
101\overline{)100011} \\
-)\;101 \\
\hline
111 \\
-)\;101 \\
\hline
101 \\
-)\;101 \\
\hline
0
\end{array}
$$

…………被除数
…………$2^{-1}×$除数
…………余数
…………$2^{-2}×$除数
…………余数
…………$2^{-3}×$除数

计算机除法运算采用"左移被除数相除法"。做除法前先将余数单元清 0，在 CY=0 条件下，执行左循环移位，将被除数最高位移入余数单元最低位，被除数最低位变为

0,然后用余数减去除数。若够减,则此时被除数移位单元最低位置1,即商为1,同时用差取代余数;若不够减,则此时的被除数移位单元仍为0,即商为0。这样重复移位做减法,直到被除数全部左移入余数单元。最后被除数移位单元变成了商数单元,余数单元存有余数。

设被除数为1011B,除数为0101B,余数单元全清0,下面是采用左移位的除法过程。

第1次移位:余数单元=0001,被除数移位单元=0110,余数单元减去除数,不够减,继续左移。

第2次移位:余数单元=0010,被除数移位单元=1100,余数单元减去除数,不够减,继续左移。

第3次移位:余数单元=0101,被除数移位单元=1000,余数单元减去除数,够减且差为0000,用此时的差值取代原来余数,并将被除数移位单元最低位置1,即余数单元=0000,被除数移位单元=1001,继续左移。

第4次移位:余数单元=0001,被除数移位单元=0010,移位完成,最后结果是:商为0010,余数为0001。

例3.35 编写一个16位÷16位的除法程序。假定被除数存于40H和41H中,除数存于44H和45H中,商存于40H和41H中,余数存于42H和43H中。低字节在前,48H和49H为暂存单元。

程序如下:

```
            ORG     0059H
DIV16:      MOV     R0,#40H        ;被除数为0则退出
            MOV     A,@R0
            JNZ     LOP0
            INC     R0
            MOV     A,@R0
            JNZ     LOP0
            CLR     A
            MOV     42H,A
            MOV     43H,A
            RET
LOP0:       MOV     R0,#44H        ;除数为0则退出
            MOV     A,@R0
            JNZ     LOP1
            INC     R0
            MOV     A,@R0
            JNZ     LOP1
            RET
LOP1:       CLR     A              ;清余数单元42H和43H
            MOV     42H,A
```

	MOV	43H,A	
	MOV	R2,♯10H	;置移位次数
LOP2：	CLR	C	;CY = 0
	MOV	R3,♯04H	
	MOV	R0,♯40H	;被除数地址指针
LOP3：	MOV	A,@R0	;余数单元,被除数单元左移一次
	RLC	A	
	MOV	@R0,A	
	INC	R0	
	DJNZ	R3,LOP3	
	MOV	R0,♯42H	;余数单元减除数
	MOV	R1,♯44H	
	MOV	A,@R0	
	CLR	C	
	SUBB	A,@R1	
	MOV	48H,A	;暂存差的低字节
	INC	R0	
	INC	R1	
	MOV	A,@R0	
	SUBB	A,@R1	
	MOV	49H,A	;暂存差的高字节
	JC	LOP4	;不够减继续左移
	MOV	R0,♯42H	;够减时差值取代原余数
	MOV	R1,♯48H	
	MOV	A,@R1	
	MOV	@R0,A	
	INC	R0	
	INC	R1	
	MOV	A,@R1	
	MOV	@R0,A	
	MOV	A,40H	
	INC	A	;够减时被除数单元加1
	MOV	40H,A	
LOP4：	DJNZ	R2,LOP2	
	RET		
	END		

3.10.2 数制转换程序

1. 十六进制数转换成 ASCII 码

例 3.36 在片内 RAM 20H 单元中有 2 位十六进制数,将其转换成 ASCII 码,并存于 21H 和 22H 两个单元中。

程序如下：

```
        MOV     SP,#3FH
MAIN:   PUSH    20H             ;十六进制数进栈
        LCALL   HASC            ;调用转换子程序
        POP     21H             ;第一位转换结果送21H单元
        MOV     A,20H           ;再取原十六进制数进栈
        SWAP    A               ;高低半字节交换
        PUSH    ACC             ;交换后的十六进制数进栈
        LCALL   HASC            ;调用转换子程序
        POP     22H             ;第二位转换结果送22H单元
        RET
HASC:   DEC     SP              ;跨过断点保护内容
        DEC     SP
        POP     ACC             ;弹出转换数据
        ANL     A,#0FH          ;屏蔽高4位
        ADD     A,#07H          ;修改变址寄存器内容
        MOVC    A,@A+PC         ;查表
        PUSH    ACC             ;查表结果进栈
        INC     SP              ;修改堆栈指针回到断点保护内容
        INC     SP
        RET
ASCTAB: DB"0,1,2,3,4,5,6,7"     ;ASCII码表
        DB"8,9,A,B,C,D,E,F"
```

2. ASCII码转换成十六进制数

例3.37 将外部RAM 30H～3FH单元的ASCII码依次转换为十六进制数，并存入片内RAM 60H～67H单元中。

程序如下：

```
MAIN:   MOV     R0,#30H         ;设置ASCII码地址指针
        MOV     R1,#60H         ;设置十六进制数地址指针
        MOV     R7,#08H         ;需拼装的十六进制数的字节数
LOOPA:  LCALL   TRAN            ;调用转换子程序
        SWAP    A               ;A中高低4位交换
        MOV     @R1,A           ;存于内部RAM
        INC     R0
        LCALL   TRAN            ;调用转换子程序
        XCHD    A,@R1           ;十六进制数拼装
        INC     R0
        INC     R1
        DJNZ    R7,LOOPA
        RET
```

```
TRAN:   CLR     C
        MOVX    A,@R0           ;取 ASCII 码
        SUBB    A,#30H          ;减去 30H
        CJNE    A,#0AH,LOOPB
        SJMP    LOOPC
LOOPB:  JC      DONE
LOOPC:  SUBB    A,#07H
DONE:   RET
```

3.10.3 定时程序

在单片机应用系统中,定时功能除可使用定时器/计数器实现外,还可使用定时程序完成。定时程序是典型的循环程序,是通过执行一个具有固定延迟时间的循环体来实现延时的。

1. 单循环定时程序

```
        MOV     R7,#TIME
LOOP:   NOP
        NOP
        DJNZ    R7,LOOP
        RET
```

NOP 指令的机器周期为 1,DJNZ 指令的机器周期为 2,则一次循环共 4 个机器周期。如果单片机的晶振频率为 6 MHz,则一个机器周期是 2 μs,因此一次循环的延迟时间为 8 μs。定时程序的总延迟时间是循环段的整数倍,该程序的延迟时间为 8×TIME(μs)。这个程序的最长延时时间为 256×8 μs=2 048 μs。

2. 较长时间的定时程序

为了加长定时时间,通常采用多重循环的方法。如下面的双重循环的定时程序,最长可延时 262 914 个机器周期,即 525 828 μs 或大约 526 ms(晶振频率为 6 MHz)。

```
        MOV     R7,#TIME1       ;1 个机器周期
LOOP1:  MOV     R6,#TIME2       ;1 个机器周期
LOOP2:  NOP                     ;1 个机器周期
        NOP                     ;1 个机器周期
        DJNZ    R6,LOOP2        ;2 个机器周期
        DJNZ    R7,LOOP1        ;2 个机器周期
        RET                     ;2 个机器周期
```

最长定时时间计算公式为
$$(256×4+2+1)×256×2+4=525\ 828\ \mu s$$

3. 以一个基本的延时程序满足不同的定时要求

如果系统中有多个定时要求,可以先设计一个基本的延时程序,使其延迟时间为各

定时时间的最大公约数,然后以此基本程序作为子程序,通过调用的方法实现所需要的不同定时。例如：要求的定时时间分别为 5 s,10 s 和 20 s,设计一个 1 s 延时子程序 DELAY,则不同定时的调用情况表示如下(晶振频率为 6 MHz):

```
            MOV     R5,#05H         ;延时 5 s
LOOP1:      LCALL   DELAY
            DJNZ    R5,LOOP1
            RET
            MOV     R5,#0AH         ;延时 10 s
LOOP2:      LCALL   DELAY
            DJNZ    R5,LOOP2
            RET
            MOV     R5,#14H         ;延时 20 s
LOOP3:      LCALL   DELAY
            DJNZ    R5,LOOP3
            RET
DELAY:      MOV     R7,#0FAH
LOOPA:      MOV     R6,#0FAH
LOOPB:      NOP
            NOP
            NOP
            NOP
            NOP
            NOP
            DJNZ    R6,LOOPB
            DJNZ    R7,LOOPA
            RET
```

延时时间为

$$(250\times 8+2+1)\times 250\times 2+4=1\ 001\ 504\ \mu s\approx 1\ s$$

3.10.4 查表程序

预先把数据以表格的形式存放在程序存储器中,然后使用程序读出。这种能读出表格数据的程序被称为查表程序。MCS-51 指令系统准备了专用的查表指令:

```
MOVC  A,@A+DPTR
MOVC  A,@A+PC
```

这两个 MOVC 指令的功能是完全相同的。它们在不改变 DPTR 和 PC 的状态下,只根据 A 的内容就可以取出表格中的数据。但这两条指令在具体使用上也存在差异。前一条指令的基址寄存器 DPTR 能提供 16 位基址,而且还能在使用前给 DPTR 赋值,查表空间可达 64 KB。后一条指令是以 PC 作为基址寄存器,虽然也能提供 16 位地址,但 PC 不能被赋值,所以其基址是固定的。由于 A 的内容为 8 位无符号数,因此只能在当前指令下面的 256 个地址单元内进行查表,即数据只能放在该指令后面的 256 个单元之内,而且表格只能被程序段所使用。

例 3.38 设有一个巡回检测报警装置,需要对 16 路输入值进行比较,当每一路输入值等于或超过该路的报警值时,实现报警。下面根据这一要求,编制一个查表程序。

设 X_i 为路数,查表时 X_i 按 0,1,2,…,15(i=15)取数,表中报警值是双字节数,依 X_i 顺序列成表格放在 TAB 中。进入查表程序前,路数 X_i 放在 R2 中,其输入值存于 R0 和 R1 当中。查表结果若需报警,将 P1.0 置 1,否则清 0。

查表程序如下:

```
        ORG     1000H
TB1:    MOV     A,R2            ;路数 Xi→R2→A
        ADD     A,R2            ;R2 + R2→A
        MOV     R2,A            ;A→R2
        MOV     DPTR,#TAB       ;取数据表首地址
        MOVC    A,@A+DPTR       ;取出高字节
        MOV     R4,A            ;高字节→R4
        INC     R2              ;地址指向低字节
        MOV     A,R2
        MOVC    A,@A+DPTR       ;取出低字节
        MOV     R3,A            ;低字节→R3
        CLR     C
        MOV     A,R0            ;当前输入值与报警值比较
        SUBB    A,R3            ;低字节相减
        MOV     A,R1
        SUBB    A,R4            ;高字节相减
        JNC     LOOP
        CLR     P1.0            ;输入值<报警值
        RET                     ;返回
LOOP:   SETB    P1.0            ;输入值≥报警值
        RET                     ;返回
        ORG     2000H
TAB:    DW      05F0H,0E89H,0A69H,1EAAH
        DW      0D9BH,7F93H,0373H,26D7H
        DW      2710H,9E3FH,1A66H,22E3H
        DW      1174H,16EFH,33E4H,6CA0H
        END
```

3.10.5 数据极值查找程序

极值查找就是在指定的数据区中挑出最大或最小值。

例 3.39 片内 RAM 20H 单元开始存放 8 个无符号 8 位二进制数,找出其中的最大值。

极值查找操作的主要内容是进行数值大小的比较。假定在比较过程中,以 A 存放大数,与之逐个比较的另一个数放在 3AH 单元中,比较结束后,把查找到的最大数送到 3BH 单元中。

程序如下:

```
            MOV     R0,#20H       ;数据区首地址
            MOV     R7,#08H       ;数据区长度
            MOV     A,@R0         ;读第一个数
            DEC     R7            ;循环次数
LOOP:       INC     R0
            MOV     3AH,@R0       ;读下一个数
            CJNE    A,3AH,CHK     ;数值比较
            SJMP    LOOP1
CHK:        JNC     LOOP1         ;A 值大则转
            MOV     A,@R0         ;大数送 A
LOOP1:      DJNZ    R7,LOOP       ;继续比较
            MOV     3BH,A
            RET
```

练习题 3

1. 问答题

(1) 80C51 指令系统有哪几种寻址方式?访问特殊功能寄存器采用什么寻址方式?

(2) 指令系统中的间接寻址范围是多少?

(3) 变址寻址主要用于什么场合?其寻址范围是多少?

(4) 相对寻址方式有什么特点?其寻址范围是多少?

(5) CPU 读程序存储器 ROM、CPU 读写片外 RAM,以及片内 RAM 之间的信号传送的指令在操作助记符、寻址方式有什么不同?

(6) "DA A"指令的作用是什么?怎样使用?

(7) 压栈指令和出栈指令的作用是什么?SP 如何变化?

(8) 立即数为什么不能作目的操作数?

2. 判断下列指令是否正确。

(1) MOV   R0,@R1

(2) MOV   #25H,A

(3) MOV   A,#25H

(4) MOV   A,@R2

(5) MOV   @R1,A

(6) MOVX A,1234H

(7) MOVX R0,@DPTR

(8) MOVX @DPTR,A

(9) PUSH DPTR

(10) PUSH DPH

(11) PUSH DPL

(12) PUSH R7

(13) PUSH 07H

(14) POP A

(15) POP ACC

(16) 通过加法实现 2×A 运算,判断下列指令的正误:

● ADD A,A

● ADD A,ACC

(17) 在程序存储器 0010H 处分别存放下列指令,判断其正误:

● AJMP 001AH

● AJMP 0800H

● AJMP 07FFH

● AJMP 0980H

3. 计算题

(1) 已知如下一段程序:

```
2100H    MOV     A,@A+PC      ;单字节
2101H    RET                  ;单字节
2102H    NOP                  ;单字节
         DB                   ……
```

试确定变址寄存器 A 的取值范围;计算所能读出的字节数的地址区间;利用该程序能否读出 2200H 单元的字节常数。

(2) 在程序存储器 2000H 处存有"SJMP LOOP"指令,试求指令的机器码。

● 当 LOOP EQU 2060H 时;

● 当 LOOP EQU 1FA2H 时。

(3) 在程序存储器 2500H 处存有"CJNE A,#25H,LOOP"指令,试求指令的机器码。

● 当 LOOP EQU 2550H 时;

● 当 LOOP EQU 24B2H 时。

(4) 已知如下一段程序,试求"SJMP LOOP"的机器码。

```
         ORG     1000H
         SJMP    LOOP
         …   …
         RET
LOOP     EQU     0FAOH
```

(5) 已知调用指令如下所示:

```
        ORG    1000H
        MOV    SP,#50H
        LCALL  5431H
        NOP
        NOP
        RET
```

试写出执行"LCALL 5431H"后,(51H)=？(52H)=？(PC)=？

(6) 已知绝对转移指令如下所示,试求"AJMP TRAN"的机器码。

```
        ORG    97FEH
        AJMP   TRAN
        …      …
        RET
TRAN    EQU    9A00H
```

4. 指令分析与编程

(1) 已知(A)=7AH,(R0)=30H,(30H)=A5H,(PSW)=80H,请填写每条指令的执行结果(各指令互不影响)。

    ① XCH   A,R0
    ② XCH   A,30H
    ③ XCH   A,@R0
    ④ XCHD A,@R0
    ⑤ SWAP A
    ⑥ ADD   A,R0
    ⑦ ADD   A,30H
    ⑧ ADD   A,#30H
    ⑨ ADDC A,30H
    ⑩ SUBB A,30H
       SUBB A,#30H

(2) 已知(A)=83H,(R0)=17H,(17H)=34H,试写出执行下列程序段后 A 的内容。

```
        ANL    A,#17H
        ORL    17H,A
        XRL    A,@R0
        CPL    A
```

(3) 已知两个十进制数分别在内部 RAM 40H 和 50H 单元开始存放(低位在前),其字节长度存放在内 RAM 30H 单元。编写程序实现两个十进制数求和,并把求和结果存放在 40H 开始的单元中。

(4) 在片外 RAM 中把 8000H 单元开始的 30H 字节数据传送到 8100H 开始的单元中去,用编程实现。

(5) 若片外 RAM 的容量不超过 256 个字节,试编写程序将片外 RAM 50H 中的内容传送到片内 RAM 30H 单元中。

(6) 用两种方法将程序存储器 20F0H 单元中的常数读入累加器中,如下所示。

方法 1：2010H   MOV   A,#NNH
                 MOVC A,@A+PC

试写出 NNH 的具体值。

方法 2：MOV   DPTR,#MMMMH
       MOV   A,#NNH
       MOVC   A,@A+DPTR

试写出 NNH、MMMMH 的具体值。

第 4 章

80C51 单片机片内功能单元

单片机是 CPU 和功能单元部件集成在一起的芯片式微机系统。本章结合逻辑电路示意图,说明片内功能单元的工作原理、引脚使用、编程方法以及注意事项。这些内容是片外系统扩展和接口技术基础。

本章介绍的功能单元包括并行 I/O 口、中断系统、定时器/计数器、串行通信口等。这些功能单元构成了单片机的硬件核心,也是兼容型单片机所共有的标准结构。

4.1 并行 I/O 口

CPU 执行程序具有快速的特点,而一些外围设备,如键盘、显示器等处理数据却呈现慢速的特性。为了使 CPU 和外围设备在信息传输和处理速度上匹配,在两者之间需要一种装置作媒介,这种媒介称为输入/输出(I/O)接口,简称接口。

CPU 通过总线向输出锁存器写入数据,数据存入锁存器之后,CPU 可以执行其他操作,锁存器中的数据可供外围设备使用。通过输出锁存器的记忆作用,解决了 CPU 的快速性和外围设备速度较慢的矛盾。对来自外围设备的输入数据,一般不经过锁存器,而是通过输入缓冲器进入内部总线由 CPU 读入。这种通过数据总线、输出锁存器、输入缓冲器和引脚,直接与外围设备交换数据的过程,称为通用 I/O 口功能(即 I/O 口的第一个功能),如图 4.1 所示。

单片机 I/O 口还具有其他一些功能。如为了实现扩展外部存储器、D/A 和 A/D 转换器、可编程 I/O 芯片等,I/O 口可作为三总线(AB,DB,CB)使用;还可以作为串行通信线和外部中断输入线等。所有这些,可称为 I/O 口的第二个功能。

80C51 单片机配置有 4 个片内外数据传输的接口,称为 P0、P1、P2、P3 口。每个接口具有 8 位并行的输入/输出(I/O)线,占用 8 个引脚。

每个接口(或称端口)都包括输出锁存器、输出驱动器、输入缓冲器和引脚。由于这 4 个接口的功能不尽相同,结构上存在一些差异。

输出锁存器就是特殊功能寄存器,可用 P0、P1、P2、P3 表示(如表 2.4 所列)。每个

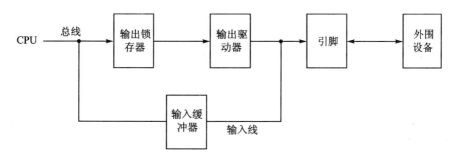

图 4.1 通用 I/O 口功能示意图

口除了按字节寻址外,还可以按位寻址,便于控制功能的实现。

4.1.1 P1 口

P1 口是单功能 8 位并行口,字节地址为 90H,也可以用 P1 表示。位地址为 90H~97H(也可以用 P1.0~P1.7 表示)。P1 口各位具有完全相同但又相互独立的电路结构,如图 4.2 所示。

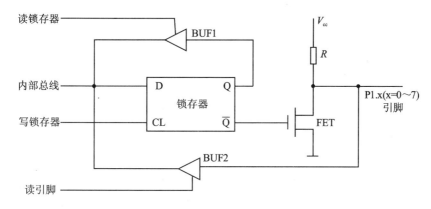

图 4.2 P1 口位电路结构示意图

1. 位电路结构组成

① 一个数据输出锁存器,用于输出数据的锁存。
② 两个三态输入缓冲器,BUF1 用于读锁存器,BUF2 用于读引脚。
③ 数据输出驱动电路,由场效应管 FET 和片内上拉电阻 R 组成。
④ 端口引脚 P1.x(x=0~7)。

2. 工作过程分析

① 输出操作。输出操作是写输出锁存器操作。P1 口作为输出口时,若 CPU 输出 1,则 Q=1,$\overline{Q}$=0,FET 截止,P1 引脚的输出为 1;若 CPU 输出 0,则 Q=0,$\overline{Q}$=1,FET 导通,P1 口引脚为 0。

② 输入操作。输入操作是读端口引脚的操作。P1 口作为输入口时,先向锁存器

写1,使FET截止,P1引脚上的电平状态经输入缓冲器BUF2进入内部总线,然后进入CPU。

关于读锁存器,将在本书第4.1.5节中讨论。

3. P1口的特点

P1口为单功能口：通用I/O口。

P1口由于有内部上拉电阻,引脚没有高阻抗状态,即引脚状态非0即1,称为准双向口。作输出口时,通过上拉电阻 R 可以向外输出高电平,不需要再在片外接上拉电阻。

P1口读引脚时,必须先向输出锁存器写1,即$\overline{Q}=0$,FET截止,引脚的状态方可输入BUF2。若锁存器为0,即$\overline{Q}=1$,FET导通,引脚被钳位在0电平,使输入的高电平无法读入。此外,FET导通状态下,引脚的高电平被强行拉回低电平,便可能产生很大的电流经过FET而将其烧坏。单片机复位后,锁存器自动被置1;当P1口由原来的输出状态转变为输入状态时,应首先置锁存器为1,方可执行输入操作。

P1口能驱动4个TTL负载。

CPU不占用P1口,完全由用户支配。

4.1.2 P0口

P0口是一个双功能的8位并行口,字节地址为80H,也可用P0表示;位地址为80H～87H(也可用P0.0～P0.7表示)。I/O口的各位具有完全相同但又相互独立的电路结构,如图4.3所示。

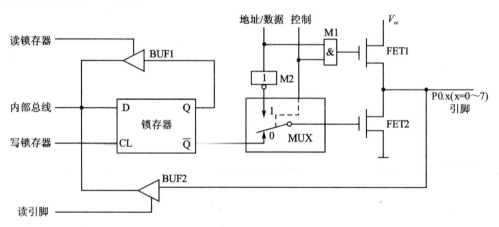

图4.3 P0口位电路结构示意图

1. 位电路结构的组成

① 一个输出锁存器,用于输出数据的锁存。

② 两个三态输入缓冲器,分别用于读锁存器和引脚输入数据的缓冲。

③ 一个多路开关MUX,它的一个输入来自锁存器,另一个输入为地址/数据信号

的反相输出。MUX 由控制信号控制,能实现锁存器的输出与地址/数据输出之间的转换。

④ 数据输出驱动电路,由两只场效应管 FET1 和 FET2 组成。

⑤ P0 口引脚(P0.0~P0.7)。

2. 工作过程分析

(1) 作通用 I/O 口使用

用作通用 I/O 口功能时,对应的控制信号为 0,"与"门 M1 输出为 0,FET1 截止,形成漏极开路。P0 口作输出时,MUX 在控制信号作用下接通锁存器的输出端 $\overline{Q}$。来自 CPU 的写脉冲加在输出锁存器的 CL 端,数据可写入锁存器,并由 P0 口引脚输出。当锁存器输出 1 时,$\overline{Q}$ 为 0,FET2 截止,输出为漏极开路,必须在芯片外接一个上拉电阻,才能有高电平输出;当锁存器输出口为 0 时,$\overline{Q}$ 为 1,FET2 导通,P0 口引脚输出低电平。

P0 口作输入时(读引脚),锁存器的输出状态必须为 1(即 $\overline{Q}$ 为 0),FET2 截止,引脚的状态通过三态输入缓冲器 BUF2 进入内部总线。

(2) 作地址/数据复用线使用

此时是外接存储器的低 8 位地址线和 8 位数据总线。

当 P0 口作地址/数据复用线输出时,对应的控制信号为 1,使"与"门 M1 处于开启状态,并使 MUX 接通反相器 M2 的输出。当地址/数据信息为 1 时,"与"门 M1 输出为 1,场效应管 FET1 导通;M2 输出为 0,FET2 截止,P0 口引脚输出为 1。当地址/数据信息为 0 时,"与"门 M1 输出为 0,场效应管 FET1 截止;M2 输出为 1,FET2 导通,P0 口引脚输出为 0。随着地址/数据信息状态的变化,输出驱动电路的上下两个场效应管轮流导通,从而形成推拉式结构,大大提高了负载能力。场效应管此时起到上拉电阻的作用。

当 P0 口作地址/数据复用线输入时,对应的控制信号为 0,MUX 接通锁存器的 $\overline{Q}$ 端。锁存器输出为 1(单片机复位后,输出锁存器被置 1),场效应管 FET2 截止;上拉场效应管 FET1 由于控制信号为 0 也截止,从而保证引脚的高阻抗输入。从引脚输入的数据信息直接通过输入缓冲器 BUF2 进入内部总线。

具有高阻抗输入的 I/O 口称为真正双向口,它是具有高电平、低电平和高阻抗 3 种状态的端口。因此,P0 作地址/数据复用线时,是一个真正的双向口,简称双向口。

3. P0 口的特点

P0 口为双功能口:通用 I/O 口和地址/数据复用线。一般情况下,如果 P0 已作地址/数据复用口,就不能再作通用 I/O 口使用。

当 P0 口作地址/数据复用口时,是一个真正的双向口。外接 ROM 和 RAM 时,不需要片外接上拉电阻。

当 P0 口作通用 I/O 口时,需要在片外接上拉电阻,此时是一个准双向口。为保证引脚的正确读入,应首先向锁存器写 1。

P0 口能驱动 8 个 TTL 负载。

4.1.3　P2 口

P2 口是一个双功能 8 位并行口,其字节地址为 A0H,也可用 P2 表示;位地址为 A0H～A7H(也可用 P2.0～P2.7 表示)。P2 口的各位具有完全相同又相互独立的电路结构,如图 4.4 所示。

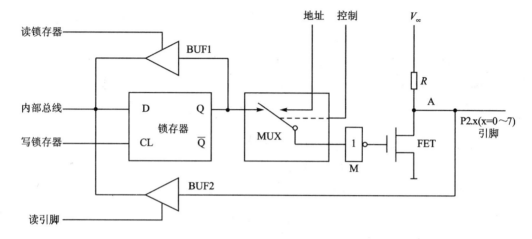

图 4.4　P2 口位电路结构示意图

1. 位电路结构组成

① 一个输出数据锁存器,用于输出数据锁存。
② 两个三态输入缓冲器,分别用于锁存器和引脚数据的输入缓冲。
③ 一个多路开关 MUX,它的一个输入端来自锁存器输出 Q,另一个输入端来自内部地址的高 8 位。输出端经过反相器 M 与 FET 相接。
④ 输出驱动电路,由场效应管 FET 和内部上拉电阻 R 组成。
⑤ P2 口引脚(P2.0～P2.7)。

2. 工作过程分析

(1) 作为通用 I/O 口使用

作为通用 I/O 口使用时,在内部控制信号的作用下,MUX 与输出锁存器 Q 端相连。

在输出时,CPU 输出 1,Q=1,FET 截止,P2 口引脚输出为 1;CPU 输出 0,Q=0,FET 导通,P2 口引脚输出为 0。

在输入时(读引脚),先向锁存器写 1,使场效应管 FET2 截止,P2 口引脚的状态信息经缓冲器 BUF2 进入内部总线。

(2) 作为高 8 位地址输出线(A8～A15)使用

在内部控制信号作用下,MUX 与地址线相连。当地址线为 0 时,场效应管 FET

导通,P2口引脚输出0;当地址线为1时,场效应管FET截止,P2口引脚输出1。

3. P2口的特点

P2口是双功能口:通用I/O口功能和高8位地址口。

作为地址输出线时,与P0口输出的低8位地址一起构成16位地址线,可以寻址64KB的地址空间。

当P2口作为高8位地址输出口时,由于地址不是来自输出锁存器,因此输出锁存器的内容保持不变。

作通用I/O时,是准双向口。作输入时,应先向锁存器写1。

P2口能驱动4个TTL负载。

4.1.4 P3口

P3口是一个双功能的8位并行口,每一位都可以分别定义第二输入功能或第二输出功能。其字节地址为B0H,也可用P3表示;位地址为B0H~B7H(也可用P3.0~P3.7表示)。P3口的各位具有完全相同但又相互独立电路结构,如图4.5所示。

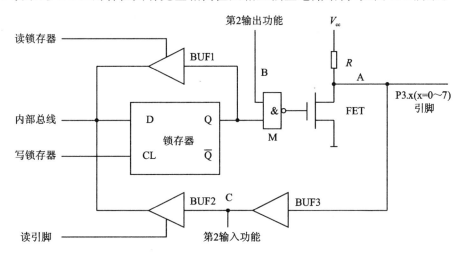

图4.5 P3口位电路结构示意图

1. 位电路结构组成

① 1个数据输出锁存器。

② 3个三态输入缓冲器BUF1、BUF2和BUF3,分别用于读锁存器、读引脚和第二功能数据的输入缓冲。

③ 输出驱动电路,由"与非"门M、场效应管FET和内部上拉电阻R组成。

④ P3口引脚(P3.0~P3.7)。

2. 工作过程分析

(1) 通用 I/O 口功能

当 P3 口实现第一功能通用输出时,第二输出功能端应保持高电平,"与非"门 M 为开启状态。CPU 输出 1 时,Q=1,FET 截止,P3 口该位引脚输出为 1;CPU 输出 0 时,Q=0,FET 导通,P3 口该位引脚输出为 0。

由 P3 口实现第一功能通用输入(读引脚)时,相应位的锁存器和第二输出功能端均应置 1,FET 截止,P3 口引脚上的数据通过 BUF3、BUF2 进入内部总线。

(2) 第二输出/输入功能

当选择第二输出功能时,该位的锁存器需要置 1,使"与非"门 M 为开启状态。当第二输出功能端为 1 时,FET 截止,P3 口引脚输出为 1;当第二输出功能端为 0 时,FET 导通,P3 口引脚输出为 0。

当选择第二输入功能时,该位的锁存器和第二输出功能端均为 1,保证 FET 截止,P3 口引脚的数据通过输入缓冲器 BUF3 而由 C 点获得。

3. P3 口特点

P3 口内部有上拉电阻,不存在高阻抗输入状态,为准双向口。

P3 口作为第一功能通用输入,或作为第二功能的输出/输入,均需将相应位的锁存器置 1。实际应用中,由于上电复位后 P3 口锁存器自动置 1,就可以进入功能操作。

在某位不作为第二功能使用时,可作为第一功能 I/O 口使用。

引脚的输入有两个缓冲器,第一功能的输入通过 BUF2 获取,第二功能的输入通过 BUF3 获取。

P3 口的第二功能输入引脚有:
- P3.0——RXD,串行输入口;
- P3.2——$\overline{INT0}$,外部中断 0 的请求输入端;
- P3.3——$\overline{INT1}$,外部中断 1 请求输入端;
- P3.4——T0,定时器/计数器 0 的外部计数脉冲输入端;
- P3.5——T1,定时器/计数器 1 的外部计数脉冲输入端。

P3 口的第二功能输出引脚有:
- P3.1——TXD,串行输出口;
- P3.6——$\overline{WR}$,外部数据存储器写选通,低电平有效;
- P3.7——$\overline{RD}$,外部数据存储器读选通,低电平有效。

P3 口能驱动 4 个 TTL 负载。

4.1.5 通用 I/O 口功能的指令操作

通用 I/O 口功能有两种读操作:读引脚和读锁存器操作;有一种写操作:写锁存器操作。这些操作是由指令区分的。

1. 读引脚操作

CPU发出读引脚指令时,引脚的电平通过读引脚输入缓冲器进入内部总线。这类指令在执行前,必须由指令或复位将输出锁存器置1,使输出驱动器对应的场效应管截止;否则引脚电平被钳位在0电平,无法正确读入引脚信号,严重时会损坏场效应管。

读引脚指令的格式为

MOV　＜目的操作数＞,＜Px口源操作数＞　;x＝0,1,2,3

Px为源操作数,既可以是字节操作,也可以是位操作。

读引脚操作指令(以P1口为例)如下:

```
MOV    A,P1            ;(A)←(P1)
MOV    direct,P1       ;(direct)←(P1)
MOV    Rn,P1           ;(Rn)←(P1)
MOV    @Ri,P1          ;((Ri))←(P1)
MOV    C,P1.0          ;(C)←(P1.0)
```

2. 写输出锁存器操作

CPU发出写输出锁存器指令时,写入数据锁存器出现在Q端,然后通过输出驱动器出现在引脚。

写锁存器操作指令格式为

MOV　＜Px口目的操作数＞,＜源操作数＞

Px口目的操作数只是字节操作。

写锁存器操作指令(以P1口为例)如下:

```
MOV  P1,A              ;(P1)←(A)
MOV  P1,direct         ;(P1)←(direct)
MOV  P1,Rn             ;(P1)←(Rn)
MOV  P1,@Ri            ;(P1)←((Ri))
MOV  P1,#data          ;(P1)←#data
```

3. 输出锁存器的"读-修改-写"指令

这种类型的指令包含所有口的逻辑操作(ANL、ORL、XRL)和位操作(JBC、CPL、MOV、SETB、CLR等)指令,如表4.1所列。CPU发出该类指令时,锁存器的值首先通过读锁存器输入缓冲器进入内部总线,待该值修改后,又重新写到锁存器中。

表4.1　常用"读-修改-写"指令

序号	助记符	功能	实例
1	ANL	逻辑"与"	ANL P1,A
2	ORL	逻辑"或"	ORL P2,A
3	XRL	逻辑"异或"	XRL P3,A

续表 4.1

序 号	助记符	功 能	实 例
4	INC	加 1	INC P2
5	DEC	减 1	DEC P2
6	DJNZ	循环判断指令	DJNZ P3,LABEL
7	JBC	测试位为1,跳转并清0	JBC P1.0,LABEL
8	CPL	位取反	CPL P3.0
9	CLR	清位指令	CLR Px.y
10	SETB	置位指令	SETB Px.y
11	MOV	位传送指令	MOV Px.y,C

注：x 表示某端口，y 表示某位。

"读-修改-写"指令基本格式为

＜助记符＞ ＜Px 口目的操作数＞，＜源操作数＞

Px 口作为目的操作数，可以是字节操作，也可以是位操作。表 4.1 中有些是单操作数指令，可视 Px 口既为目的操作数，也为源操作数。

表 4.1 中的后 5 条指令，"读-修改-写"的关系不够明显。实际上它们是先将口的 8 位锁存器内容一起读入，再按指定位进行修改，然后又以 8 位形式一起写入锁存器。

表 4.1 所列指令用于控制时，读锁存器操作可以避免一些错误。如用 P1.0 去驱动晶体管的基极，当 P1.0 写入 1 之后，晶体管导通。若 CPU 接着读该引脚的值，即晶体管基极的值，则值为 0。但正确的值应是 1，可以从读锁存器得到。

4.1.6 I/O 口的电气特性

1. 80C51 并行 I/O 口的驱动能力

首先介绍标准 TTL 负载概念。一个标准的 TTL 负载的含义是指：高电平输出电流 20 μA，低电平吸收电流 0.4 mA。

P0 口驱动 8 个 TTL，即高电平时能输出 160 μA，低电平时吸收 3.2 mA。

P1、P2、P3 口驱动 4 个 TTL，即高电平可输出 80 μA，低电平时可吸收 1.6 mA。

2. 80C51 I/O 口的引脚电平

80C51 的 I/O 口引脚电平如表 4.2 所列。

表 4.2　80C51 I/O 口引脚电平

(TA＝0～70 ℃，V_{cc}＝4.5～5.5 V，GND＝0 V)

符　号	参　数	最　小	最　大	单　位	测试条件
V_{IL}	输入低电平	－0.5	0.8	V	
V_{IH}	输入高电平	2.0	V_{cc}＋0.5	V	
V_{OL}	P1，2，3 口输出低电平		0.45	V	I_{OL}＝1.6 mA
V_{OL1}	P0 口输出低电平		0.45	V	I_{OL}＝3.2 mA
V_{OH}	P1，2，3 口输出高电平	2.4		V	I_{OH}＝－80 μA
V_{OH1}	P0 口输出高电平	2.4		V	I_{OH}＝－400 μA

从表 4.2 可看出，80C51 单片机的 I/O 口属于 TTL 电平，即可以直接扩展 TTL 集成芯片，如 74LS 集成芯片。但是，74LS 是电流控制型，功耗较大，输出电平的抗干扰能力差。

最近，国内外开发 HCMOS 系列芯片极为活跃，例如 74HC 芯片。74HC 系列芯片与 74LS 系列芯片在引脚排列、驱动能力、输入/输出逻辑关系完全兼容，即原先采用 74LS 型号的芯片，完全可以由 74HC 相对应型号取代。

74HC 系列芯片是 CMOS 电平。80C51 单片机的 I/O 口输出驱动器有上拉电阻或上拉场效应管，这说明引脚的输出电平与负载有关(参见表 2.13)。74HC 系列芯片输入电流最大值为 1 μA，因此当单片机驱动 74HC 系列芯片时，V_{OH}≈5 V。这表明，在传输导线不太长的情况下，单片机可以直接扩展 74HC 系列芯片(为降低分布电容，扩展数量受限)。

4.1.7　并行 I/O 口应用举例

例 4.1　P0 口用作地址/数据复用线。

如图 4.6 所示，P1 口的输入配置作为 P0 口的低 8 位地址，P1 口输入反相作为 P0 口的数据，分别由发光二极管显示。

电路分析：单片机在执行 MOVX 类指令时，P0 口、P2 口才能实现第二功能，控制信号 ALE，$\overline{WR}$ 和 $\overline{RD}$ 方可有效。因此，应用 MOVX 指令，除了可以访问片外 RAM 外，还可以访问其他片外接口设备，如扩展 I/O 口、A/D 及 D/A 转换器等，它们和片外 RAM 一样占用片外 RAM 的地址空间和相应控制信号。

将 P1 口状态存入 DPL，作为 P0 口低 8 位地址，P2.7 存入 DPH；P1 口状态反相存入 A，作为 P0 口的 8 位数据。

执行"MOVX @DPTR，A"时，DPL 出现在 P0 口，在 ALE 下降沿作用下锁存于 74HC373，发光二极管显示(低电平亮)；P2.7(通过 DPH)为低电平选通 74HC377。然后，P1 口反相状态作为数据出现在 P0 口，在 $\overline{WR}$ 作用下锁存于 74HC377，发光二极管显示。

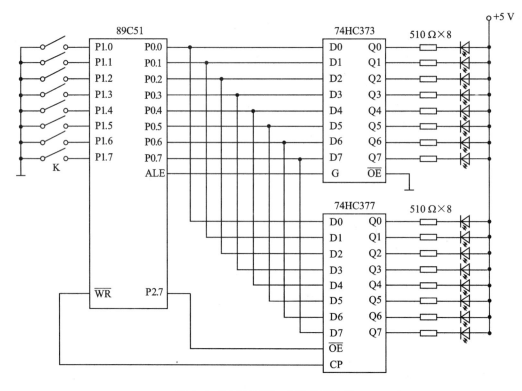

图 4.6 P0 口的第二功能应用实例

P0 口的第二个功能不具有输出锁存,所以采用具有锁存功能的 74HC373。

应用编程:

```
            ORG    0000H
            LJMP   START
            ORG    0200H
START:      MOV    A,P1           ;P1 口状态作低 8 位地址
            MOV    DPL,A
            MOV    DPH,#7FH       ;P2.7 选通 74HC377,低电平有效
            MOV    R0,A           ;存 P1 口状态于 R0
            CPL    A
            MOVX   @DPTR,A        ;P1 口反相作为 P0 口数据
            SETB   P2.7           ;保持
LOOP:       MOV    A,P1           ;P1 口状态没变化则等待
            XRL    A,R0
            JNZ    START
            SJMP   LOOP
            END
```

74HC373 的管脚排列及功能如图 4.7 所示。

74HC373 是 8D 锁存器。当 $\overline{OE}=0$,$G=1$ 时,输出跟随输入变化;当 $\overline{OE}=0$,G 由

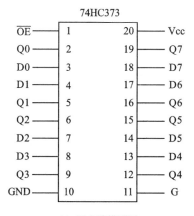

(a) 引出端排列图

控制$\overline{OE}$	允许G	输入D	输出Q
L	H	H	H
L	H	L	L
L	L	×	Q0
H	×	×	Z

(b) 功能表

图 4.7 74HC373 引脚排列及功能表

高变低时，输出端的 8 位信息被锁存，直到 G 再次变为高电平。功能表中的 Z 表示高阻状态，Q0 表示稳态输入条件建立之前 Q 的电平，即 G=1 时 Q 的电平。

通常选用 74HC373 作地址锁存器，可以直接将单片机的 ALE 信号与 G 端相连，而将$\overline{OE}$接地。

74HC377 的管脚排列及功能如图 4.8 所示。

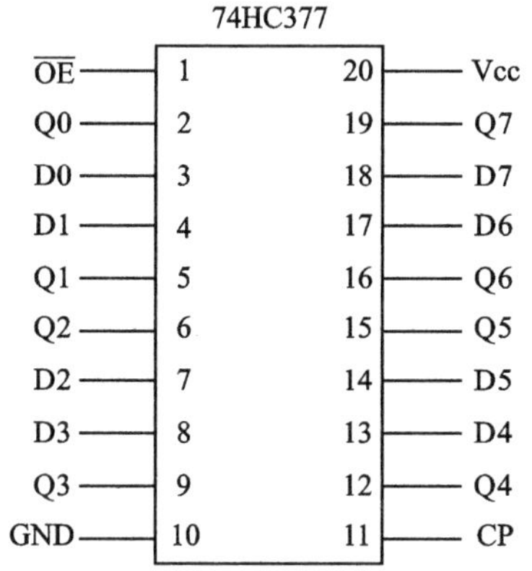

(a) 引出端排列图

工作模式	输入			输出
	CP	$\overline{OE}$	Dn	Qn
输入“1”	↑	L	H	H
输入“0”	↑	L	L	L
保持	↑	H	×	不变
保持	×	H	×	不变

(b) 功能表

图 4.8 74HC377 的管脚排列及功能表

74HC377 是 8 位 D 触发器。功能表中反映了输入信号之间的时序要求：输入使能端$\overline{OE}$和输入信号 Dn 的有效要比时钟 CP 的变化（由低到高）提前一段时间，触发器才能正常工作。当$\overline{OE}$为高电平时，触发器被锁住，输出保持原来的状态。

在本书第 5 章中将指出，74HC373 和 74HC377 有较高的驱动能力。图 4.6 中两接口芯片引脚低电平时吸收电流约 8 mA（发光二极管压降约 1V）。

例 4.2 P0 口用作通用 I/O 口。

要求 P0 口输出显示 P1 口的输入状态，P2 口输出显示 P1 口输入状态的反相。如图 4.9 所示。

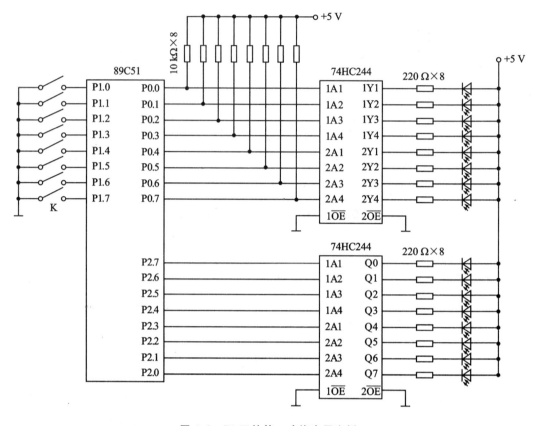

图 4.9　P0 口的第一功能应用实例

电路分析：单片机在执行 MOV 类指令时，P0 口、P2 口可实现通用 I/O 口功能。P0 口外接上拉电阻。74HC244 称为三态输出的缓冲器/驱动器，用于驱动发光二极管。

P0 口和 P2 口具有输出锁存功能，选用的 74HC244 不具有锁存功能，但有较高的驱动能力。

应用编程：

```
        ORG    0000H
        LJMP   START
        ORG    0200H
START:  MOV    A, P1
        MOV    P0, A
        MOV    R0, A
        CPL    A
        MOV    P2, A
LOOP:   MOV    A, P1
```

```
XRL    A,R0
JNZ    START
SJMP   LOOP
END
```

图 4.10 为 74HC244 的引脚排列及功能表,其驱动能力可达 25 mA。

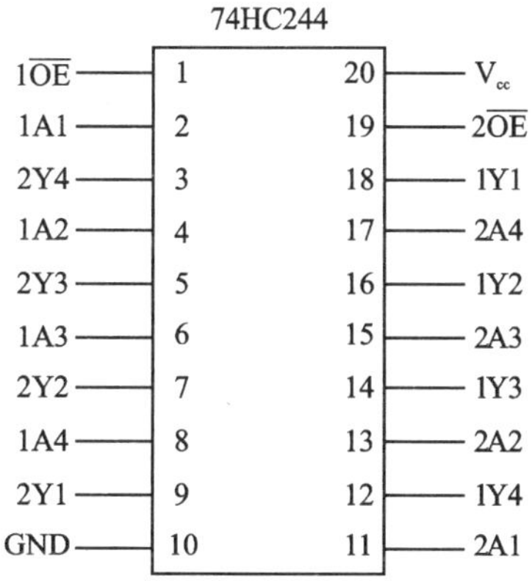

(a) 引出端排列图   (b) 功能表

图 4.10 74HC244 的引脚排列及功能表

4.2 中断系统

所谓中断,是当计算机执行正常程序时,系统中出现某些急需处理的事件,CPU 暂时中止执行当前程序,转去执行服务程序,以对发生的更紧迫的事件进行处理。待处理结束后,CPU 自动返回原来的程序继续执行。图 4.11 是 CPU 在中断方式下的工作流程。

现将图 4.11 说明如下:

① 中断申请与响应。中断源提出申请,并建立相应的标志位(由片内硬件自动设置中断标志)。CPU 响应中断,结束当前的工作,把运行的当前程序的断点地址压入栈区,即保护断点。这由片内硬件自动完成。

② 保护现场。把断点处的有关信息(如工作寄存器、累加器、程序状态字 PSW、数据指针等)压入栈区,即保护现场。这由用户软件完成。

③ 执行中断服务程序。中断服务程序是进行中断处埋的具体过程,以子程序形式出现。

④ 恢复现场。执行完中断服务程序后,将断点处保护的有关信息从堆栈中弹出,以确保返回原来程序后继续使用这些信息。这由用户程序完成。

⑤ 中断返回。中断服务程序结束后要返回原来的程序。返回用 RETI 指令实现。

从流程图可看出,只有当一条指令执行完毕,才可以响应中断。这是为了保证指令执行的完整性。

单片机响应中断后并不能自动关中断,为此在进行现场保护和恢复现场之前要先

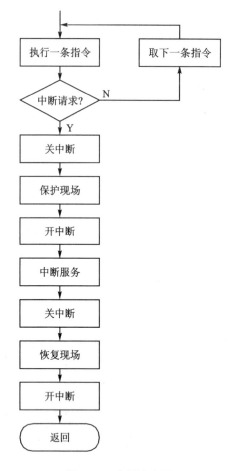

图 4.11 中断流程图

关中断,以屏蔽其他中断请求。待现场保护和现场恢复操作完成之后,为使系统具有中断嵌套功能,再开中断系统。开中断和关中断操作由用户程序完成。

中断技术主要应用在以下几个方面:

① 实现 CPU 与外部设备的速度配合。CPU 和外部设备交换信息时,可先行启动这些设备,使其做好信息交换的准备工作,然后 CPU 又去执行原来的程序。待外部设备工作准备就绪,可向 CPU 发出中断请求。CPU 响应中断,在中断服务程序中与外部设备交换信息。待信息交换完成后,CPU 再返回断点,继续执行原来的程序。

② 实现实时控制。所谓实时控制,就是被控对象可以随时向计算机发出请求,要求及时处理,以确保被控制对象保持在最佳状态。这种要求计算机做出快速响应的实时处理功能,可应用中断技术完成。

③ 实现故障的及时处理。借助中断技术可以对计算机运行中的某些故障(如断电故障、运算出错等)及时发现,并迅速自动处理。

④ 实现人机对话。计算机运行中需要通过键盘、按钮等来进行人工干预。一般由键盘、按钮等发出中断请求,当 CPU 响应中断后,在中断服务程序中完成人机对话。

4.2.1 中断源与中断向量地址

中断源是向 CPU 发出中断请求的来源,80C51 共有 6 个中断源:2 个外部中断源、2 个定时器/计数器溢出中断以及 2 个串行中断。

1. 外部中断

外部中断包括外部中断 0 和外部中断 1。它们的中断请求信号分别由单片机引脚 $\overline{INT0}$/P3.2 和 $\overline{INT1}$/P3.3 输入。

外部中断请求有两种信号方式:电平方式和脉冲方式。电平方式的中断请求是低电平有效。只要在 $\overline{INT0}$ 或 $\overline{INT1}$ 引脚上出现有效低电平时,就激活外部中断标志。脉冲方式的中断请求则是脉冲的负跳变有效。在这种方式下,两个相邻机器周期的第一个周期内，$\overline{INT0}$或$\overline{INT1}$引脚电平为高电平，第二个周期内为低电平，就激活外部中断标志。在脉冲方式下，中断请求信号的高电平和低电平状态应分别至少维持1个机器周期，以便使 CPU 采样到电平状态由高到低的变化。

2. 内部定时器和外部计数中断

单片机内部有两个定时器/计数器，对脉冲信号进行计数。若脉冲信号为周期固定的内部脉冲信号(脉冲信号周期为一个机器周期)，则计数脉冲的个数反映了时间的长短。这被称为定时方式。若脉冲信号来自单片机外部，则由引脚 T0/P3.4 或 T1/P3.5 引入。这种脉冲信号的周期往往是不固定的，计数脉冲的个数仅仅反映了外部脉冲输入的多少。这被称为计数方式。可见，定时器/计数器是同一个脉冲计数结构，仅因输入脉冲的方式不同而被称为是定时器/计数器，并不意味着它是两种不同的计数结构。为叙述方便，很多情况下将定时器/计数器简称为是定时器，用 T 表示。

当定时器发生溢出(计数状态由 FFFFH 再加 1，变为 0000H 状态)时，单片机内硬件自动设置一个溢出标志位。CPU 查询到这个标志位为 1 时，便激活中断。

定时方式中断由单片机内部脉冲引起的溢出中断，不需要在外部设置脉冲引入端。计数方式中断是由外部输入脉冲(负跳变计数)引起的溢出中断，脉冲加在引脚 T0/P3.4 或 T1/P3.5。

3. 串行中断

串行中断是为串行通信的需要而设置的。每当串行口发送完或接收完一帧信息时，便自动将串行发送或接收中断标志位置 1。当 CPU 查询到这些标志位为 1 时，便激活串行中断。串行中断是单片机片内自动发生的，不需要在片外设置引入端。

4. 中断向量地址

中断源发出中断请求，CPU 响应中断后便转向中断服务程序的入口。中断源引起的中断服务程序的入口地址(中断向量地址)是固定的，用户不可更改。中断服务程序入口地址如表 4.3 所列。

表 4.3　中断源与中断向量地址

中断源		中断标志位	向量地址
外部中断 0($\overline{INT0}$)		IE0	0003H
定时器 0(T0)中断		TF0	000BH
外部中断 1($\overline{INT1}$)		IE1	0013H
定时器 1(T1)中断		TF1	001BH
串行口中断	发送中断	TI	0023H
	接收中断	RI	

由于各向量地址间隔仅为 8 个字节，一般是容纳不下一个中断服务程序的。通常在向量地址处安置一条无条件转移指令(AJMP 或 LJMP)，转到中断服务程

序的指定地址。

由于 0003H~0023H 是中断向量地址区,单片机应在程序入口地址 0000H 处安置一条无条件转移指令,从而跨越中断向量地址区而转到指定的主程序地址。

由表 4.3 可看出,串行中断实际上有两个中断源,发送中断和接收中断。由于这两种中断共有同一个中断向量地址,致使一些教科书中将两种中断源视为一个中断源(在这种情况下,单片机共有 5 个中断源)。毕竟中断源和中断向量是有区别的,本书将串行中断视为有两个中断源(在这种情况下,单片机共有 6 个中断源)。

4.2.2 中断标志与控制

中断源申请中断时,要将相应的中断请求标志置位。CPU 查询到这些有效标志位,便响应中断。单片机转入中断服务程序时,这些中断请求标志有的是由片内硬件自动清除,有的是由用户软件清除。

中断控制是单片机提供给用户控制中断的一些手段,主要包括中断请求触发方式的选择,中断是否允许以及中断优先级的确定等。

中断标志与控制,实际上是对一些 SFR 的操作,包括定时器控制寄存器、串行口控制寄存器、中断允许控制寄存器和中断优先级控制寄存器。因此,熟悉与中断有关的 SFR 的操作(主要是位操作),是理解和应用中断系统的关键。

1. 定时器/计数器控制寄存器 TCON

TCON 主要用于寄存外部中断请求标志、定时器溢出标志和外部中断触发方式的选择。该寄存器的字节地址是 88H,也可以位寻址。该寄存器的各位内容及位地址如表 4.4 所列。

表 4.4 寄存器 TCON 的各位内容及位地址

位 序	b7	b6	b5	b5	b4	b3	b1	b0
位地址	8FH	8EH	8DH	8CH	8BH	8AH	89H	88H
位序号	TCON.7	TCON.6	TCON.5	TCON.4	TCON.3	TCON.2	TCON.1	TCON.0
位符号	TF1	TR1	TF0	TR0	IE1	IT1	IE0	IT0

TCON 的位地址共有 3 种表示方法:位地址、位序号和位符号,三者的寻址方式是等同的。其中位序号和位符号可看作是位地址的标号。例如:指令 SETB 8FH、SETB TF1 和 SETB TCON.7 的机器码都是 D28FH。

TCON 既有定时器中断标志功能,又有外部中断标志与控制功能。其中与中断有关的共有 6 位:

- IE0 和 IE1:外部中断请求标志位。当 CPU 采样到 $\overline{INT0}$(或 $\overline{INT1}$)端出现有效中断时,IE0(或 IE1)位便由片内硬件自动置 1;当中断响应完成,转到中断服务程序时,再由片内硬件自动清 0。
- IT0 和 IT1:外部中断请求信号触发方式控制位。

IT0(或 IT1)=1 时,$\overline{INT0}$(或 $\overline{INT1}$)信号为脉冲触发方式,脉冲负跳变有效；
IT0(或 IT1)=0 时,$\overline{INT0}$(或 $\overline{INT1}$)信号为电平触发方式,低电平有效。IT0(或 IT1)位可由用户软件置 1 或清 0。
- TF0 和 TF1：定时器溢出标志位。当定时器 0(或定时器 1)发生计数溢出时,TF0(或 TF1)由片内硬件自动置 1；当完成中断响应,并转向中断服务程序时,由片内硬件自动清 0。

TF0 和 TF1 标志位也可用于查询方式(非中断方式),即用户程序查询该位状态,判断是否应转向对应的处理程序段；否则不执行处理程序。待转入处理程序后,必须由软件清 0。

关于 TR0 和 TR1 位的意义,将在本书的第 4.3 节中讨论。

2. 串行口控制寄存器 SCON

SCON 的字节地址是 98H,也可以位寻址。该寄存器各位的内容及位地址如表 4.5 所列。

表 4.5　寄存器 SCON 各位的内容及位地址

位　序	b7	b6	b5	b5	b4	b3	b1	b0
位地址	9FH	9EH	9DH	9CH	9BH	9AH	99H	98H
位序号	SCON.7	SCON.6	SCON.5	SCON.4	SCON.3	SCON.2	SCON.1	SCON.0
位符号	SM0	SM1	SM2	REN	TB8	RB8	TI	RI

SCON 的位地址有 3 种表示方法：位地址、位序号和位符号,三者的表达是相同的。其中位序号和位符号可看作是位地址的标号。例如：指令 SETB　98H、SETB RI 和 SETB　SCON.0 的机器码都是 D298H。

其中与中断有关的控制位共 2 位：
- TI：串行口发送中断请求标志位。当串行口发送完一帧信号后,由片内硬件自动置 1；在转向中断服务程序后,必须由软件清 0。
- RI：串行口接收中断请求标志位。当串行口接收完一帧信息后,由片内硬件自动置 1；在转向中断服务程序后,必须由软件清 0。

串行中断请求由 TI 和 RI 的逻辑"或"得到。由表 4.3 可知,无论是发送中断还是接收中断,中断向量地址是唯一的,即 0023H。待转向中断服务程序后,必须用软件查询 TI 或 RI 的状态,方可判断是串行发送中断还是串行接收中断,从而转向不同的处理程序段。这就是 TI 和 RI 不能由片内硬件自动清 0,而必须由软件清 0 的道理。

其他位的功能将在本书第 4.4 节介绍。

3. 中断允许控制寄存器 IE

IE 寄存器的字节地址是 A8H,也可以位寻址。该寄存器的内容及位地址如表 4.6 所列。

表 4.6 寄存器 IE 的内容及位地址

位 序	b7	b6	b5	b5	b4	b3	b1	b0
位地址	AFH	AEH	ADH	ACH	ABH	AAH	A9H	A8H
位序号	IE.7	IE.6	IE.5	IE.4	IE.3	IE.2	IE.1	IE.0
位符号	EA	—	—	ES	ET1	EX1	ET0	EX0

IE 的位地址有 3 种表达方式：位地址、位序号和位符号。指令 SETB 0AFH、SETB EA 和 SETB IE.7 的机器码均为 D2AFH。

其中与中断有关的共 6 位：

- EA：中断允许总控制位。

    EA＝0,中断总禁止,禁止所有中断；

    EA＝1,中断总允许,但各个中断源的允许与禁止,还取决于各个中断允许位的状态。

- EX0 和 EX1：外部中断允许控制位。

    EX0(或 EX1)＝0,禁止外中断$\overline{INT0}$($\overline{INT1}$)；

    EX0(或 EX1)＝1,允许外中断$\overline{INT0}$($\overline{INT1}$)。

- ET0 和 ET1：定时器中断允许控制位。

    ET0(或 ET1)＝0,禁止定时器 0(或定时器 1)中断；

    ET0(或 ET1)＝1,允许定时器 0(或定时器 1)中断。

- ES：串行中断允许控制位。

    ES＝0,禁止串行(TI 或 RI)中断；

    ES＝1,允许串行(TI 或 RI)中断。

单片机复位后,(IE)＝0XX00 0000B,因此中断系统处于禁止状态。

单片机响应中断后不会自动关中断,即中断允许控制位不会自动清 0。因此在转到中断服务程序后,应用软件完成关闭或打开中断操作。

4. 中断优先级控制寄存器 IP

80C51 单片机具有高、低两个中断优先级。各中断源的优先级由 IP 寄存器的有关位设定。

IP 寄存器字节地址为 B8H,也可以位寻址。该寄存器的内容及位地址如表 4.7 所列。

表 4.7 寄存器 IP 的内容及位地址

位 序	b7	b6	b5	b5	b4	b3	b1	b0
位地址	BFH	BEH	BDH	BCH	BBH	BAH	B9H	B8H
位序号	IP.7	IP.6	IP.5	IP.4	IP.3	IP.2	IP.1	IP.0
位符号	—	—	—	PS	PT1	PX1	PT0	PX0

IP 的位地址有 3 种表达方式：位地址、位序号和位符号。指令 SETB 0B0H、SETB PX0 和 SETB IP.0 的机器码均为 D2B8H。

其中与中断有关的共 5 位：
- PX0：外部中断 0($\overline{INT0}$)优先级设定位；
- PT0：定时器 0(T0)优先级设定位；
- PX1：外部中断 1($\overline{INT1}$)优先级设定位；
- PT1：定时器 1(T1)优先级设定位；
- PS：串行中断优先级设定位。

各中断优先级的设定，可用软件对 IP 的各个对应位置 1 或清 0。设定为 1 时为高优先级；设定为 0 时为低优先级。

中断优先级是为中断嵌套服务的。80C51 单片机中断优先级的控制原则是：

① 低优先级中断请求不能打断高优先级的中断服务，但高优先级的中断请求可以打断低优先级的中断服务，从而实现中断嵌套，如图 4.12 所示。

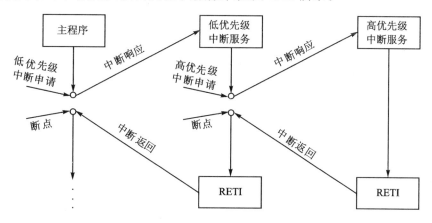

图 4.12 中断嵌套示意图

② 如果一个中断请求已被响应，则同级的中断响应将被禁止，即同级的中断不能相互打断。

为使中断系统记忆当前进行的中断服务程序的优先级，以便中断嵌套的判断处理，中断系统内部设置了两个不可寻址的中断"优先级生效触发器"：一个是高优先级生效触发器，置 1 表示当前服务的中断是高优先级的，以阻止其他中断的请求；另一个是低优先级的，允许被高优先级的中断响应所中断。

当中断服务程序结束时，执行 RETI 返回指令，除了返回到断点之外，该指令还使优先级生效触发器复位。

③ 如果同级的多个中断请求同时出现，则由单片机内部硬件直接查询，按自然响应顺序确定执行哪一个中断。各个中断源自然响应的先后顺序为：外部中断 0、定时器 0、外部中断 1、定时器 1、串行口中断(TI+RI)。

单片机复位后，(IP)=×××0,0000B，各中断源均为低优先级；优先级生效触发器处于复位状态。

4.2.3 中断响应过程

中断响应就是单片机 CPU 对中断源提出的中断请求的接收。下面对 80C51 的整个中断响应过程进行说明。

1. 中断采样与中断请求标志

中断响应过程的第一步是对中断请求的采样。采样就是辨别外部中断请求信号，并把它锁存在定时器控制寄存器 TCON 的 IE0 和 IE1 位中。只有外中断请求才有采样问题。

CPU 在每个机器周期的 S5P2 状态对中断请求引脚 $\overline{INT0}$/P3.2 和 $\overline{INT1}$/P3.3 进行采样。对于电平方式的外中断请求，若采样到低电平，则表明中断请求有效，将 IE0 或 IE1 位置 1；否则继续为 0。对于脉冲方式的外中断请求，若在两个相邻的机器周期采样到先高后低的电平，则说明中断请求有效，将 IE0 或 IE1 位置 1；否则继续为 0。由此可见，脉冲方式的高、低电平持续时间应在一个机器周期以上，才能保证中断请求有效。

除外部中断源外，其他中断源都发生在单片机内部，不存在中断外部采样问题。这些内部中断源在每个机器周期的 S5P2 状态，由片内硬件自动直接操作相应的中断请求标志位，若中断申请有效，则将其置 1；否则继续为 0。

图 4.13 表明了中断源的采样和置中断标志位的过程。从图中可看出，每个中断源对应一个中断标志位，6 个中断源对应 6 个中断标志位。

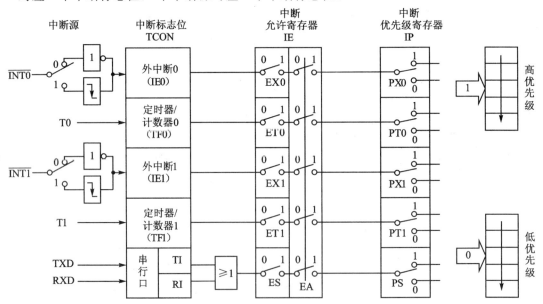

图 4.13 80C51 中断系统结构示意图

2. 中断标志位的查询

外部中断源或内部中断源的有效请求信号锁定在各中断请求标志位中。中断是否响应,还与中断允许控制寄存器 IE 和中断优先级寄存器 IP 各位的状态有关。在中断允许情况下,按中断优先级的设定顺序排列,如图 4.13 所示。单片机在每个机器周期的 S5P2 根据中断请求信号的状态置中断请求标志位,而在下一个机器周期的 S6 状态按中断优先级的顺序对中断请求标志位进行查询。如果查询到有的标志位为 1,紧接着在下一个机器周期的 S1 状态开始进入中断响应周期。

中断查询在每个机器周期都要重复执行,但如果遇到下列条件之一时,虽然中断标志位为 1,也不能立即产生中断。

① CPU 正在处理同级或高一级的中断。

② 查询周期不处于执行当前指令的最后一个机器周期。这样是为了使当前指令执行完毕后才响应中断,以确保当前指令的完整执行。

③ 当前正在执行返回指令(RET 和 RETI)或访问 IE 和 IP 指令。因为按照中断系统的特性规定,在执行完这些指令之后,还应再继续执行一条指令,方可响应中断。

3. 中断响应操作

CPU 中断响应周期完成如下操作:

① 将相应的优先级生效触发器置 1;

② 硬件清除相应的中断请求标志(串行中断标志需要用软件清除);

③ 执行一条硬件子程序调用指令,保护断点,并转向中断服务程序入口。

响应中断要执行一条由硬件自动生成的长调用指令"LCALL addr16",这里的 addr16 就是中断向量地址,使程序转到中断入口地址,去执行中断服务程序。通常在中断向量地址处存放一条无条件转移指令,使中断服务程序可在程序存储器 64 KB 地址空间内任意安排。

单片机在结束中断服务程序时执行 RETI 指令,恢复断点,以转到断点处继续执行原来的程序,并将优先级生效触发器清 0。

4. 中断响应时间

中断响应时间是从查询中断标志位的那个机器周期到转向中断入口地址所需要的机器周期数。

80C51 的最短响应时间为 3 个机器周期。在指令的最后一个机器周期对中断请求标志位查询,在这个机器周期结束后即刻响应中断,产生 LCALL 指令(为 2 周期指令)。这样就经历了 1 个查询周期和执行 LCALL 的 2 个机器周期,合计用了 3 个机器周期。

图 4.14 为由中断源发出中断请求至单片机响应中断的时间顺序示意图。

中断响应最长时间为 8 个机器周期。若中断查询时,刚好执行 RET、RETI 或访问 IE、IP 指令,则需要把当前指令执行完再继续执行一条指令,才能响应中断。执行

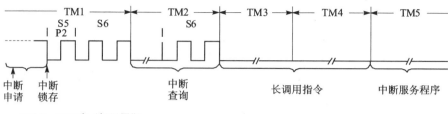

图 4.14 中断响应时序图

RET、RETI 或访问 IE、IP 的指令最长需要 2 个机器周期,而如果继续执行的那条指令恰好是 MUL 或 DIV 指令,则又需要 4 个机器周期,再加上执行 LCALL 的 2 个机器周期,从而使中断响应达到最长时间——8 个机器周期。

在一般应用过程中,中断响应时间的长短无关紧要,只是在精确定时应用的场合,才考虑中断响应时间的影响。

4.2.4 中断请求的撤除

中断响应后,TCON 或 SCON 中的中断请求标志位应及时撤除,否则就意味着中断请求仍然存在,形成中断的重复响应。下面按中断类型分别说明中断请求的撤除方法。

1. 定时器溢出中断的自动撤除

定时器的溢出中断响应后,由片内硬件自动将中断请求标志位 TF0 或 TF1 清 0。

2. 脉冲请求方式外部中断的自动撤除

在脉冲请求方式的外部中断响应之后,同样通过片内硬件自动将中断请求标志位 IE0 或 IE1 清 0。

3. 串行中断的软件撤除

串行中断标志位 TI 和 RI 在中断响应后,片内硬件不能自动清除。因为这两个中断标志位对应同一个向量地址(0023H),中断响应后还必须查询这两个标志位的状态,以判定是接收中断还是发送中断,然后方可撤除。因此,串行中断请求的撤除应使用软件的方法,在中断服务程序中将其清 0。

4. 电平请求方式外部中断的强制撤除

在电平请求方式的外部中断响应之后,同样可通过片内硬件自动将中断请求标志位清除。但是由于中断请求的低电平仍然存在,在下一个机器周期采样中断请求时,又使 IE0 或 IE1 重新置 1。为此,还需要在中断响应后把中断请求输入端从低电平强制改成高电平。其电路如图 4.15 所示。

用 D 触发器锁存外来的中断请求信号,由 Q 端送到 $\overline{INT0}$(或 $\overline{INT1}$)引脚。中断响应之后,使 P1.0 引脚输出一个低电平可以将 D 触发器置 1,从而撤除低电平的中断请

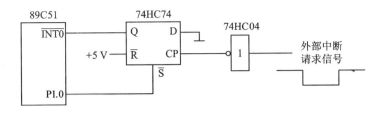

图 4.15 电平方式外部中断请求的撤除电路

求。P1.0 输出低电平在中断服务程序开始部分由下面几条指令实现(复位后 P1.0 输出高电平):

```
CLR    P1.0    ;P1.0=0,Q=1,撤除中断
NOP
SETB   P1.0    ;P1.0=1,准备下次中断申请
```

外部中断请求信号的常态为高电平,即 CP 端为低电平。

图 4.16 是双 D 型正边沿触发器 74HC74 的引脚排列和功能表。

输 入				输 出	
$\overline{S}$	$\overline{R}$	CP	D	Q	$\overline{Q}$
L	H	×	×	H	L
H	L	×	×	L	H
L	L	×	×	H*	H*
H	H	↑	H	H	L
H	H	↑	L	L	H
H	H	L	×	Q_0	$\overline{Q}_0$

(a) 引脚排列图   (b) 功能表

图 4.16 双 D 触发器 74HC74 的引脚排列及功能表

功能表中 $\overline{S}$(SET)为置 1 端,$\overline{R}$(RESET)为清 0 端。当 $\overline{S}$=L 和 $\overline{R}$=L 时,输出 Q=$\overline{Q}$ 为不稳定状态。

4.2.5 中断服务程序设计及举例

中断系统在完成中断查询和中断响应之后,便执行中断服务程序。下面对中断服务程序编制中的一些问题加以说明。

1. 中断服务程序的入口地址

如前所述,各个中断向量地址之间仅相差 8 个字节,一般满足不了中断服务程序的长度要求。通常的做法是,在中断向量地址单元开始安排一条无条件转移指令 AJMP 或 LJMP,转向实际的中断服务程序的入口地址。这样可使中断服务程序在 64 KB 空间内任意安排。

2. 现场保护和现场恢复

所谓现场是指中断响应时刻单片机中数据存储器的状态,主要是工作寄存器、累加器、DPTR 和 SFR 相关寄存器在程序断点处的状态。在中断服务程序中若仍然使用这些单元,便破坏了这些单元的原先状态,当中断返回后影响了原来程序的正常运行。因此,在执行中断服务程序之前要把这些存储单元送入堆栈保护起来,这就是现场保护。现场保护一定要位于中断处理程序的前面。

中断服务程序结束,在返回原来程序之前,需要将保存的现场内容从堆栈中弹出,以恢复被保护的存储单元原来的内容,这就是现场恢复。现场恢复一定要位于中断处理程序之后,返回指令 RETI 之前。

堆栈操作指令 PUSH direct 和 POP direct 可用于现场的保护和恢复。但要注意指令的操作顺序:先压栈者后弹出,后压栈者先弹出。

对于工作寄存器 R0~R7 的现场保护和恢复,可采用工作组别的保护、切换与恢复的方式。

例如,需要现场保护和恢复累加器 A、寄存器 B、数据指针 DPTR、工作寄存器 R0~R7 (原程序运行中使用 1 组,即 RS1=0,RS0=1,中断服务程序中可使用 2 组,即 RS1=1,RS0=0),程序编写如下:

```
        PUSH    PSW             ;保护 RS1、RS0 及 PSW 中其他位
        PUSH    ACC             ;保护 ACC
        PUSH    B               ;保护 B
        PUSH    DPH             ;保护 DPTR 高 8 位
        PUSH    DPL             ;保护 DPTR 低 8 位
        SETB    RS1             ;RS1 = 1,RS0 = 0
        CLR     RS0
                N               ;中断处理程序
        POP     DPL             ;恢复 DPTR 低 8 位
        POP     DPH             ;恢复 DPTR 高 8 位
        POP     B               ;恢复 B
        POP     ACC             ;恢复 ACC
        POP     PSW             ;恢复 RS1、RS0 及 PSW 中其他位
        RETI                    ;返回
```

例 4.3 利用外部中断源 $\overline{INT0}$ 和 $\overline{INT1}$,实现中断嵌套,设 $\overline{INT1}$ 为高优先级中断。程序如下:

```
            ORG     0000H
START1:     AJMP    MAIN1           ;转主程序
            ORG     0003H
            AJMP    SINT0           ;转INT0中断服务
            ORG     0013H
            AJMP    SINT1           ;转INT1中断服务
```

```
            ORG      0100H
MAIN1:      SETB     EA                ;中断总允许
            SETB     EX0               ;INT0中断允许
            SETB     EX1               ;INT1中断允许
            SETB     PX1               ;INT1为高优先级
            SETB     IT0               ;INT0为脉冲方式
            SETB     IT1               ;INT1为脉冲方式
DISP:       MOV      P1,#3CH           ;显示 3C,等待中断
            SJMP     DISP
            ORG      0120H             ;INT0中断服务
SINT0:      MOV      R0,#0AH           ;置循环次数
DE1:        MOV      P1,#0FH           ;显示 0F,至少延时 10 s
            LCALL    DELAY1            ;延时 1 s 子程序
            DJNZ     R0,DE1
            RETI
            ORG      0140H             ;INT1中断服务
SINT1:      MOV      R1,#05H           ;置循环次数
            MOV      P1,#0F0H          ;显示 F0,延时 2.5 s
DE2:        LCALL    DELAY2            ;延时 0.5 s 子程序
            DJNZ     R1,DE2
            RETI
DELAY1      EQU      2000H             ;延时 1 s 子程序
DELAY2      EQU      2050H             ;延时 0.5 s 子程序
```

例 4.4 利用外部中断,实现单步操作。

所谓单步操作,就是由外来脉冲控制程序的执行,每来一个脉冲就执行一条指令。外来脉冲是通过按键产生的,因此实际上单步操作就是按一次键执行一条指令。

假定利用外部中断 0 来实现程序的单步执行。为此应建立单步执行的外部控制电路,以按键产生脉冲作为外部中断 0 的中断请求信号,经INT0端输入。将电路设计成不按键为低电平,按动一下键则产生一个正脉冲的功能。

主程序如下:

```
SETB     PX0              ;INT0为高优先级
CLR      IT0              ;INT0为电平中断方式
SETB     EA               ;中断总允许
SETB     EX0              ;INT0中断允许
...                       ;运行程序
```

中断程序如下:

```
JNB      P3.2,$           ;INT0=0,则"原地踏步"
JB       P3.2,$           ;INT0=1,则"原地踏步"
RETI                      ;返回
```

在没有按动键的时候，$\overline{INT0}=0$，中断请求有效，单片机响应中断。但转入中断服务程序后，只能在第一条指令上"原地踏步"；当按一次键时，产生一个正脉冲使$\overline{INT0}=1$，从第一条指令转到第二条指令上"原地踏步"等待。当正脉冲结束后，便执行第三条指令返回运行程序的断点处。80C51中断系统有一个重要特性，就是在执行中断返回指令RETI后，至少执行一条指令后才能再响应新的中断。所以中断返回后必须执行运行程序中的一条指令。由于返回后的$\overline{INT0}$已为低电平，外部中断0请求有效，单片机就再一次响应中断，进入中断服务程序后又"原地踏步"，等待下一次按键的到来，从而实现运行程序的单步执行。

4.3 定时器/计数器

80C51内部有两个可编程的定时器/计数器，分别称为定时器/计数器0和定时器/计数器1(简写为T0和T1)。它们都具备定时和计数功能，有4种工作方式可供选择。

4.3.1 定时器/计数器结构与功能

图4.17是定时器/计数器的结构框图。CPU通过内部总线与定时器/计数器交换信息。定时器/计数器0由TH0(地址为8CH)和TL0(地址为8AH)组成；定时器/计数器1由TH1(地址为8DH)和TL1(地址为8BH)组成。TH0(TH1)表示高8位，TL0(TL1)表示低8位。这4个8位计数器均属于特殊功能寄存器。TMOD寄存器用来确定工作方式；TCON是控制寄存器，用来控制T0和T1的启动、停止、定时、计数操作并设置溢出标志。

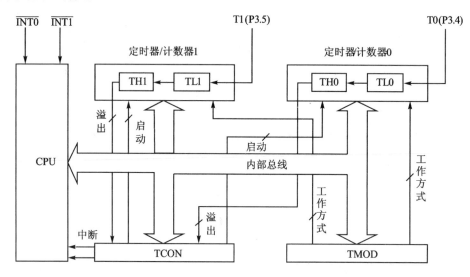

图4.17 定时器/计数器结构框图

1. 计数功能

80C51 有 T0/P3.4 和 T1/P3.5 两个引脚,分别为 T0 和 T1 的计数脉冲输入端。外部输入的计数脉冲在负跳变有效,计数器加 1。当计数器计满后,再来一个计数脉冲,计数器全部回 0,这就是溢出。

脉冲的计数长度与计数器预先装入的初值有关。初值越大,计数长度越小;初值越小,计数长度越大。最大计数长度为 65 536(2^{16})个脉冲(初值为 0)。

由于采样计数脉冲是在相邻的两个机器周期内进行的,即如果前一个机器周期采样为高电平,后一个机器周期采样为低电平,计数器方可计数,因此计数脉冲频率不能高于晶振频率的 1/24。假如晶振频率为 6 MHz,则计数脉冲频率应低于 0.25 MHz。

2. 定时功能

定时功能是对单片机内的机器周期计数,每来一个机器周期信号,定时器加 1。计数满后再来一个机器周期信号,定时器全部回 0,这就是溢出。由开始计数到溢出这段时间就是定时时间。

定时时间与预先装入的初值有关。初值越大,定时越短;初值越小,定时越长。在初值为 0 时,最长定时为 65 536(2^{16})个机器周期。例如,晶振为 12 MHz,最长定时为 65.536 ms;晶振为 6 MHz,最长定时为 131.072 ms。

4.3.2 定时器/计数器控制寄存器

与定时器/计数器有关的控制寄存器共有 4 个,均属于特殊功能寄存器。

1. 定时器/计数器控制寄存器 TCON

TCON 具有中断和定时器/计数器控制功能。有关中断控制的内容已在本章的第 4.2.2 小节介绍,现只对定时器/计数器的控制功能加以说明。

- TF0 和 TF1:定时器/计数器溢出标志位。

  当 T0(或 T1)溢出时,TF0(或 TF1)置 1。在中断方式时,此位用作中断标志位,中断响应后由片内硬件自动清 0;在查询方式时,此位可作状态查询,在查询有效后应用软件将该位清 0。

- TR0 和 TR1:定时器/计数器运行控制位。

  TR0(或 TR1)=0,停止 T0(或 T1)工作;TR0(或 TR1)=1,启动 T0(或 T1)工作。

  该位根据需要由软件置 1 或清 0。

2. 工作方式寄存器 TMOD

TMOD 字节地址为 89H,不可位寻址。其各位定义如表 4.8 所列。

表 4.8 TMOD 各位定义

	定时器/计数器 1				定时器/计数器 0			
位序	b7	b6	b5	b4	b3	b2	b1	b0
位符号	GATE	C/$\overline{\text{T}}$	M1	M0	GATE	C/$\overline{\text{T}}$	M1	M0

TMOD 的低半字节用于 T0，高半字节用于 T1。其中：

- GATE：门控位。

    GATE＝0，以 TR0（或 TR1）启动或禁止定时器/计数器。

    GATE＝1，以 TR0·$\overline{\text{INT0}}$（或 TR1·$\overline{\text{INT1}}$）启动或禁止定时器/计数器。在 TR0（或 TR1）＝1 条件下，当$\overline{\text{INT0}}$（或$\overline{\text{INT1}}$）引脚为高电平时，启动 T0（或 T1）；当$\overline{\text{INT0}}$（或$\overline{\text{INT1}}$）引脚为低电平时，T0（或 T1）停止工作，同时可进入$\overline{\text{INT0}}$（或$\overline{\text{INT1}}$）的中断服务程序，但不是定时器/计数器的溢出中断。

    不管 GATE 处于什么状态，只要 TR0（或 TR1）＝0，定时器/计数器便停止工作。

- C/$\overline{\text{T}}$：计数方式/定时方式选择位。

    C/$\overline{\text{T}}$＝0，选择定时工作方式；C/$\overline{\text{T}}$＝1，选择计数工作方式。

- M1 和 M0：工作方式选择位。

    M1 M0＝0 0，选择工作方式 0；M1 M0＝0 1，选择工作方式 1；M1 M0＝1 0，选择工作方式 2；M1 M0＝1 1，选择工作方式 3。

3. 中断允许寄存器 IE

IE 在本章第 4.2.2 节中已介绍，其中与定时器/计数器有关的控制位重复说明如下：

- ET0(ET1)：定时器/计数器中断允许控制位。

    ET0(ET1)＝0，禁止 T0(T1)中断；ET0(ET1)＝1，允许 T0(T1)中断。

4. 中断优先级寄存器 IP

IP 寄存器在本章第 4.2.2 节中已介绍，其中与定时器/计数器有关的控制位重复说明如下：

- PT0(PT1)：定时器/计数器优先级设定位。

    PT0(PT1)＝1，T0(T1)为高优先级；PT0(PT1)＝0，T0(T1)为低优先级。

4.3.3 定时器/计数器的工作方式与程序设计举例

根据 TMOD 中的 M1 和 M0，可选择 4 种不同的工作方式。T0 和 T1 的工作方式

0、工作方式 1、工作方式 2 的工作方式相同,而 T0 和 T1 的工作方式 3 差别较大。

1. 工作方式 0

工作方式 0 是 13 位计数结构,由 TH0(TH1)的 8 位(作 13 位计数器的高 8 位)和 TL0(TL1)的低 5 位构成,TL0(TL1)的高 3 位未用。当 TL0(TL1)的低 5 位溢出时,向 TH0(TH1)进位。当 13 位计数器溢出时,将 TF0(TF1)置 1,可作为状态查询位,在中断允许条件下也可申请中断。方式 0 的逻辑结构如图 4.18 所示。

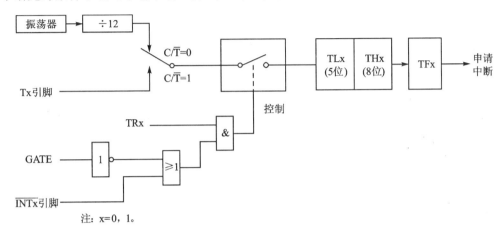

图 4.18 定时器/计数器方式 0 的逻辑结构图

(1) 定时功能

$C/\overline{T}=0$,定时器对机器周期计数,定时时间的计算公式为:

$$定时时间=(2^{13}-计数初值)\times 机器周期$$

若晶振频率为 12 MHz,则最短定时时间为

$$[2^{13}-(2^{13}-1)]\times(1/12)\times 10^{-6}\times 12=1\ \mu s$$

最长定时时间为

$$(2^{13}-0)\times(1/12)\times 10^{-6}\times 12=8\ 192\ \mu s$$

(2) 计数功能

$C/\overline{T}=1$,外部负跳变脉冲通过引脚 T0/P3.4 或 T1/P3.5 供 13 位计数器计数。计数值的范围是 $1\sim 8\ 192(2^{13})$。

例 4.5 设 AT89C51 的晶振频率 $f_{osc}=6$ MHz,(OSC 是 oscillator 的缩写),使用定时器 1 以方式 0 产生周期为 600 μs 的等宽正方波脉冲,并由 P1.7 输出,以查询方式完成。

① 确定计数初值。

欲产生周期为 600 μs 的等宽正方波脉冲,只需在 P1.7 脚以 300 μs 为周期交替输出高低电平即可,因此定时时间应为 300 μs。设待求计数初值为 N,则

$$(2^{13}-N)\times(1/6)\times 10^{-6}\times 12=300\times 10^{-6}$$

$$N=8042D=1F6AH$$

写成二进制码形式为

位　序	D15	D14	D13	D12	D11	D10	D9	D8	D7	D6	D5	D4	D3	D2	D1	D0
二进制	0	0	0	1	1	1	1	1	0	1	1	0	1	0	1	0

将低 5 位(D4～D0)写入 TL1 中的形式为

$$0\ 0\ 0\ D4\ D3\ D2\ D1\ D0 = 0000\ 1010B = 0AH$$

TL1 中的高 3 位 D7D6D5 可以是任意值,本例中取 000B。

将高 8 位(D12～D5)写入 TH1 中的形式为

$$D12\ D11\ D10\ D9\ D8\ D7\ D6\ D5 = 1111\ 1011B = FBH$$

② TMOD 初始化。

若 T1 设定为方式 0,则 M1 M0＝00;为实现定时功能应使 $C/\overline{T}=0$;为实现 T1 启动控制应使 GATE＝0。设定工作方式寄存器(TMOD)＝00H。

③ 启动和停止定时器。

TR1＝1,启动;TR1＝0,停止。

④ 编写程序。

```
            ORG     1000H
START2:     MOV     TCON,#00H       ;清 TCON
            MOV     TMOD,#00H       ;工作方式 0
            MOV     TH1,#0FBH       ;计数初值高字节
            MOV     TL1,#0AH        ;计数初值低字节
            MOV     IE,#00H         ;关中断
LOOPR1:     SETB    TR1             ;启动 T1
LOOPA:      JBC     TF1,LOOPB       ;查询是否溢出
            SJMP    LOOPA
LOOPB:      CLR     TR1             ;停止 T1
            MOV     TH1,#0FBH       ;重装计数初值
            MOV     TL1,#0AH
            CPL     P1.7            ;输出取反
            SJMP    LOOPR1          ;重新启动 T1
            END
```

2. 工作方式 1

方式 1 是 16 位计数结构,由 TH 的高 8 位和 TL 的低 8 位组成。方式 1 的逻辑结构如图 4.19 所示。

(1) 定时功能

当 $C/\overline{T}=0$,对机器周期计数,定时时间的计算公式为:

$$定时时间 = (2^{16} - 计数初值) \times 机器周期$$

若晶振频率为 12MHz,则最短定时时间为

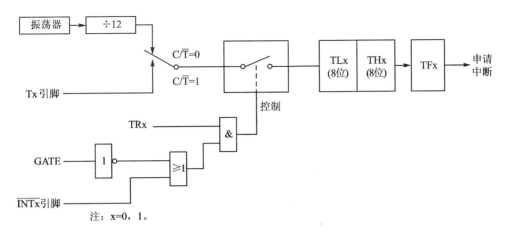

图 4.19 定时器/计数器方式 1 的逻辑结构图

$$[2^{16}-(2^{16}-1)]\times(1/12)\times10^{-6}\times12=1\ \mu s$$

最长定时时间为

$$(2^{16}-0)\times(1/12)\times10^{-6}\times12=65\ 536\ \mu s\approx65.5\ ms$$

(2) 计数功能

当 C/$\overline{\text{T}}$=1,外部负跳变脉冲通过引脚 T0/P3.4 或 T1/P3.5 供 16 位计数器计数。计数值的范围是 1~65 536(2^{16})。

例 4.6 设 AT89C51 的晶振频率 f_{OSC}=6 MHz,使用定时器 1 以方式 1 产生周期为 600 μs 的等宽正方波脉冲,并由 P1.7 输出,以中断方式完成。

① 计算计数初值。

$$(2^{16}-N)\times(1/6)\times10^{-6}\times12=300\times10^{-6}$$
$$N=65\ 386D=FF6AH$$

② TMOD 初始化。

若 T1 设定方式 1,则 M1 M0=01;并且 C/$\overline{\text{T}}$=0,GATE=0,从而得(TMOD)=10H。

③ 启动和停止定时器

由 TR1 单独启动和停止定时器 1。

④ 编写程序。

```
            ORG     1200H
START3:     MOV     TCON,#00H
            MOV     TMOD,#10H        ;T1 工作方式 1
            MOV     TH1,#0FFH        ;计数初值高 8 位
            MOV     TL1,#6AH         ;计数初值低 8 位
            SETB    EA               ;中断总允许
            SETB    ET1              ;T1 中断允许
            SETB    TR1              ;启动 T1
HERE1:      SJMP    $                ;等待中断
```

```
            ORG     001BH                ;T1 中断入口
            LJMP    LOOPA
            ORG     1500H
   LOOPA:   CLR     TR1                  ;关闭 T1
            MOV     TH1,#0FFH            ;重装计数初值高 8 位
            MOV     TL1,#6AH             ;重装计数初值低 8 位
            CPL     P1.7                 ;输出取反
            SETB    TR1                  ;重新启动 T1
            RETI                         ;中断返回
            END
```

3．工作方式 2

方式 0 和方式 1 的最大特点是在循环定时和循环计数应用中必须反复用软件重新设置初值。这样就会影响定时精度，也使程序设计不够简洁。方式 2 具有自动重新加载功能，变软件加载为硬件加载。在这种工作方式下，将 16 位计数器分成两部分：用 TL 作计数器，用 TH 作预置计数器。程序初始化时把计数初值分别装入 TL 和 TH 中，当 TL 计数溢出后，TH 便以硬件方式自动向 TL 重新写入计数初值。

方式 2 的逻辑结构如图 4.20 所示。

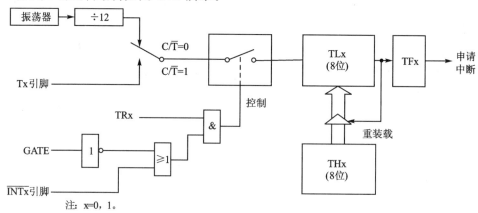

图 4.20 定时器/计数器方式 2 的逻辑结构图

（1）定时功能

当 $C/\overline{T}=0$，定时器对机器周期计数，定时时间的计算公式为：

$$定时时间=(2^8-计数初值)\times 机器周期$$

（2）计数功能

当 $C/\overline{T}=1$，外部负跳变脉冲通过引脚 T0/P3.4 或 T1/P3.5 供 8 位计数器 TL 计数。计数范围是 1～256。

方式 2 不但省去了用户程序中的重装计数初值的指令，而且有利于提高定时精度。这种自动重装加载的方式适用于循环定时或循环计数。例如，用于产生固定脉宽的脉冲，以及作为串行口数据通信的波特率发生器。

例 4.7 设 AT89C51 的晶振频率为 6 MHz，设有一周期为 20 ms 的负脉冲信号引至 T0/P3.4 端，要求每发生一次负跳变，P1.0 端就输出一个 10 ms 脉宽的同步负脉冲；同时 P1.1 端输出一个 15 ms 脉宽的同步正脉冲。其波形如图 4.21 所示。

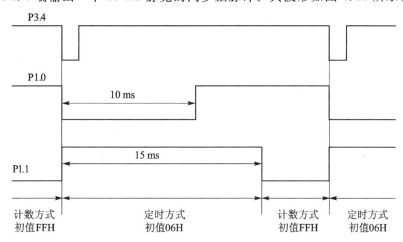

图 4.21 例 4.7 波形图

首先将 T0 作为方式 2 计数功能，初值为 FFH，P3.4 口负脉冲每跳变一次，便发生一次溢出，TF0=1；然后改变 T0 为定时方式 2，定时 500 μs，则初值为 06H，并使 P1.0=0，P1.1=1。通过定时循环 20 次，延时 10 ms 后，再使 P1.0=1。T0 继续定时循环 10 次，延时 5 ms 后，使 P1.1=0，T0 再恢复到计数状态。

程序如下：

```
            ORG     1000H
START4:     SETB    P1.0              ;P1.0 为高电平
            CLR     P1.1              ;P1.1 为低电平
LOOPA:      MOV     TCON,#00H
            MOV     TMOD,#06H         ;T0 为计数方式 2
            MOV     TH0,#0FFH         ;计数一次就溢出
            MOV     TL0,#0FFH
            SETB    TR0               ;启动 T0 计数方式
LOOPB:      JBC     TF0,LOOPC         ;检测到溢出就跳转
            SJMP    LOOPB
LOOPC:      CLR     TR0               ;关闭 T0
            MOV     TMOD,#02H         ;T0 为定时方式 2
            MOV     TH0,#06H          ;置初值，延时 500 μs
            MOV     TL0,#06H
            MOV     R5,#14H           ;循环定时 20 次
            CLR     P1.0              ;P1.0 为低
            SETB    P1.1              ;P1.1 为高
            SETB    TR0               ;启动 T0 定时方式
LOOPD:      JBC     TF0,LOOPE         ;检测 500 μs 定时到？
```

	SJMP	LOOPD	
LOOPE:	DJNZ	R5,LOOPD	;延时 10 ms
	SETB	P1.0	;P1.0 为高
	MOV	R5,#0AH	;循环定时 10 次
LOOPF:	JBC	TF0,LOOPG	;检测 500 μs 定时到？
	SJMP	LOOPF	
LOOPG:	DJNZ	R5,LOOPF	;延时 5 ms
	CLR	P1.1	;P1.1 为低
	CLR	TR0	;关闭 T0
	SJMP	LOOPA	
	END		

例 4.8 AT89C51 的晶振频率 $f_{osc}=6$ MHz，使用 T0 以工作方式 2 产生 200 μs 的定时，并在 P1.0 口输出周期为 400 μs 的连续方波，试编程实现。

① 计算计数初值。

$$(2^8-N)\times(1/6)\times 10^{-6}\times 12=200\times 10^{-6}$$
$$N=156D=9CH$$

② TMOD 初始化。

方式 2 时，M1 M0=10，定时功能要求 C/$\overline{T}$=0，GATE=0。T1 不使用，相关位设为 0，从而可得 (TMOD)=02H。

③ 编写程序。

	ORG	1200H	
START5:	MOV	TCON,#00H	
	MOV	TMOD,#02H	;定时方式 2
	MOV	TH0,#9CH	;设置初值
	MOV	TL0,#9CH	
	SETB	EA	;中断总允许
	SETB	ET0	;T0 中断允许
	SETB	TR0	;启动 T0
HERE2:	SJMP	$	;等待中断
	ORG	000BH	;T0 中断入口
	LJMP	LOOPA	
	ORG	1500H	
LOOPA:	CPL	P1.0	;P1.0 输出取反
	RETI		;中断返回
	END		

例 4.9 用 T1 以工作方式 2 计数，每计 200 次进行 R1 的加 1 操作。试编写程序。

① 计数初值。

$$2^8-200=56D=38H$$

② TMOD 初始化。

若 M1 M0＝10,C/$\overline{\text{T}}$＝1,GATE＝0,则(TMOD)＝60H。

③ 编写程序。

```
            ORG     2000H
START6：    MOV     IE,#00H           ;禁止中断
            MOV     TCON,#00H
            MOV     TMOD,#60H         ;计数方式2
            MOV     TH1,#38H          ;计数初值
            MOV     TL1,#38H
            SETB    TR1               ;启动T1
LOOPA：     JB      TF1,LOOPB         ;查询计数溢出
            SJMP    LOOPA
LOOPB：     CLR     TF1               ;清溢出标志
            INC     R1                ;R1加1操作
            SJMP    LOOPA             ;循环操作
            END
```

4. 工作方式3

在工作方式3,T0被分解成两个独立的8位定时器/计数器TL0和TH0；而T1在工作方式3时完全禁止工作。

(1) 定时器/计数器0

在工作方式3,TCON和TMOD中与T0有关的位TR0、TF0、GATE、C/$\overline{\text{T}}$和M1 M0完全归TL0使用,引脚T0/P3.4和中断源引脚$\overline{\text{INT0}}$/P3.2也归TL0使用。TL0可作8位定时器或计数器,操作过程与工作方式0和工作方式1相同。

在工作方式3,TH0仅能当8位定时器使用。由于T0的所有控制位和相关引脚已被TL0占用,TH0只能借用T1的控制位TR1和TF1,即TH0的启动与禁止由TR1控制,溢出时使TF1＝1。

在工作方式3,T0可同时构成两个定时器或一个计数器与一个定时器。

在工作方式3,若TL0发生中断,中断入口地址为000BH；若TH0发生中断,中断入口地址为001BH。

定时器/计数器0在工作方式3下的逻辑结构如图4.22所示。

(2) 定时器/计数器1

定时器/计数器0工作在方式3时,TH0占用了TR1和TF1,此时定时器/计数器1只能工作在方式0、方式1和方式2,且只能作串行口波特率发生器使用,不能使用查询或中断。

定时器/计数器0工作在方式3,定时器/计数器1作波特率发生器使用时,只须写入工作方式字(方式0、方式1或方式2)便可自动运行。由于定时器/计数器1不能在方式3下使用,如果使其停止工作,只须写入一个方式3控制字就可以了。

例4.10 设AT89C51的晶振频率为6MHz,定时器/计数器0工作在方式3,使

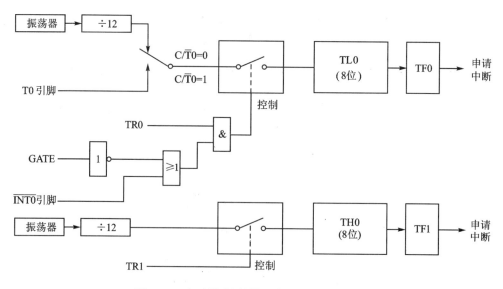

图 4.22 定时器/计数器 0 方式 3 逻辑结构图

TL0 和 TH0 分别产生 200 μs 和 400 μs 的定时中断,并在 P1.0 和 P1.1 口产生周期为 400 μs 和 800 μs 的方波。此时定时器/计数器 1 作串行波特率发生器使用,并设工作在方式 2,时间常数设定为 F3H,试编制程序。

TL0 和 TH0 作为两个独立的定时器,计算 TL0 和 TH0 的计数初值 N_1 和 N_2:

$$(2^8-N_1)\times(1/6)\times10^{-6}\times12=200\times10^{-6},\ N_1=9\text{CH}$$
$$(2^8-N_2)\times(1/6)\times10^{-6}\times12=400\times10^{-6},\ N_2=38\text{H}$$

程序如下:

```
            ORG     0000H
START6:     LJMP    MAIN2
            ORG     000BH
            LJMP    ITOP
            ORG     001BH
            LJMP    ITIP
            ORG     1600H
MAIN2:      MOV     SP,#30H          ;设置堆栈
            MOV     TCON,#00H
            MOV     TL0,#9CH         ;计数初值
            MOV     TH0,#38H
            MOV     TH1,#0F3H        ;计数初值
            MOV     TL1,#0F3H
            MOV     PCON,#80H        ;SMOD=1
            MOV     TMOD,#23H        ;T0 为工作方式 3,T1 为方式 2
            SETB    EA               ;中断总允许
            SETB    ET0              ;TL0 中断允许
            SETB    ET1              ;TH0 中断允许
            SETB    TR0              ;启动 TL0
```

```
            SETB    TR1                 ;启动 TH0
LOOP:       NOP                         ;等待中断
            NOP
            SJMP    LOOP
            ORG     1700H               ;TL0 中断服务程序
ITOP:       MOV     TL0,#9CH            ;重装计数初值
            CPL     P1.0                ;输出取反
            RETI
            ORG     1800H               ;TH0 中断服务程序
ITIP:       MOV     TH0,#38H            ;重装计数初值
            CPL     P1.1                ;P1.1 输出取反
            RETI
            END
```

当定时器/计数器 0 工作在方式 3 时,欲使定时器/计数器 1 停止工作,只要将控制字 33H 写入 TMOD 即可。

波特率的设置问题,可参阅本章第 4.4.4 节。

4.3.4 动态读取定时器/计数器的计数值

所谓动态读取是指在定时器/计数器运行中读取计数值。由于不可能同时读取 TL 和 TH,动态读取很可能出错。比如,先读 TL,后读 TH,因为定时器/计数器处于运行状态,很可能读 TH 之前正好 TL 向 TH 进位,这时读取的 TL 值就不对了。同样,先读 TH,再读取 TL,也可能出错。

避免错误的读取方法是:先读 TH,后读 TL,再读 TH。将两次读得的 TH 进行比较,若两次值相等,表明读数正确,否则重复上述过程。

正确读取的程序如下:

```
LOOP:       MOV     A,TH_x              ;X = 0,1
            MOV     R0,TL_x             ;X = 0,1,将 TL_x 存于 R0
            CJNE    A,TH_x,LOOP
            MOV     R1,A                ;将 TH_x 存于 R1
            RET
```

还有一种读取方法是:在读取之前,用软件先关闭定时器/计数器;读入之后,再用软件开启。读取 T0 的程序:

```
            CLR     TR0
            MOV     R0,TL0
            MOV     R1,TH0
            SETB    TR0
            ……
```

4.4 串行通信口

计算机 CPU 与外部交换信息的方式有两种：并行通信和串行通信。

并行通信就是数据的所有位同时传送。其特点是传送速度快，效率高；但传输线的根数不能少于传送的位数，传送成本高。计算机内部的数据交换一般是并行通信；与外界交换信息时，并行传送的距离应小于 30 m。

串行通信就是数据位按顺序传送。其特点是只需要一对传输线，成本低；但速度慢，效率低。计算机与外界数据的交换大多是串行的，传送的距离可以从几米到几千公里。

4.4.1 概 述

1. 串行通信的基本原理

串行通信就是将传输的数据由并行变成串行，再由串行变成并行的过程。图 4.23 是串行数据通信的原理图，左边是发送器，右边是接收器。

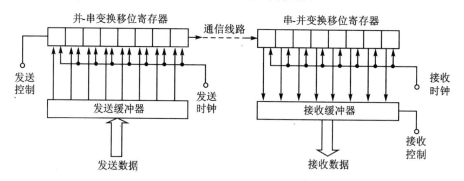

图 4.23 数据通信原理图

发送器是由发送缓冲器和并-串变换移位寄存器组成。CPU 将待发送的数据以并行方式送入发送缓冲器。如果移位寄存器为空，由发送控制脉冲将缓冲器的内容并行送入移位寄存器，并行送入完成，缓冲器变空。在发送时钟控制下，移位寄存器的内容逐位被送到通信线路上。如果发送完毕，移位寄存器变空，可接受缓冲器中内容，准备新的发送。发送缓冲器变空，准备接受 CPU 下一次要发送的数据。

接收器由接收缓冲器和串-并变换移位寄存器组成。从通信线路上送来的数据，在接收时钟的控制下，逐位移入串-并变换移位寄存器。全部串行数据移入后，接收控制脉冲就把这些数据位并行地移入接收缓冲器。这时串行数据已还原成并行数据，可由 CPU 读取。

串行通信是在时钟脉冲的有效控制下实现信息传输的。对于发送方，发送时钟的上升沿逐次将数据传送到通信线路上。对于接收方，接收时钟的有效边沿通常出现在每个数据位宽的中央(采样时刻在位宽中心)，以确保在有效的位时间宽度内检测信息。

串行通信数据与时钟的配合,如图 4.24 所示。

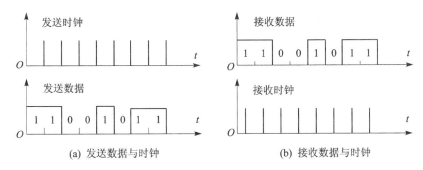

图 4.24　串行通信与时钟

串行通信在一根传输线上传送信息,接收方除了用高低电平来区分信息外,还要用位宽来区分信息。对于并行通信,采用多根线路传输,接收方仅用高低电平区分信息,无需用位宽来区分信息。

串行通信的接收方能否正确地在有效位宽内采样和接收信息,是通信成败的关键。为了保证正确传送,发送时钟和接收时钟应保持一定精度的同步。若接收时钟与发送时钟不能按一定精度保持同步,则接收到的数据位宽与发送数据位宽必然存在误差。若最后一位的数据位宽累积误差超过了一定的限制,便不能接收到正确的数据。如图 4.25 所示,假定接收频率高于发送频率,接收方确认起始位时,时钟恰好在起始的中央,从第 3 个接收时钟开始便不能接收到正确数据。

2. 同步通信和异步通信

根据时钟的同步方式以及传送数据格式的不同,串行通信可分为同步通信和异步通信两种方式。

(1) 同步通信

同步通信的基本特点是要求发送与接收时钟严格保持同步,传送的数据位宽不存在误差累积。

同步通信是一次传送一批数据。每批数据的开始约定 1~2 个同步字符码(SYNC),用以表示传输数据流的开始,保证发送与接收的起始同步。同步通信的格式如图 4.26 所示。

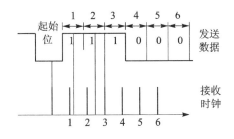

图 4.25　接收时钟高于发送时钟

图 4.26　同步通信的一般数据格式

同步通信中的接收时钟是依靠与发送时钟信息相关的原理而产生的,能确保与发送时钟的严格同步。例如,接收时钟可以从接收数据流中提取,或者用一个与发送时钟相关的内部振荡器提供。

同步通信常用于传输信息量大,速度要求高的场合(可达 800 Kb/s)。但同步通信的硬件设备复杂、成本较高。

(2) 异步通信

异步通信的基本特点是发送与接收时钟是相互独立的,不能保证完全相同,最多也不过是要求具有相同的标称频率值。这就是采用"异步通信"这个名称的原因。

通过正确选取双方的时钟,使其误差限制在一定范围之内,再加上选取合适的数据格式,异步通信就能满足串行通信的基本要求。

与同步通信相比,异步通信传输信息量小,速度低。但串行异步通信的硬件结构简单、成本小,是一种简便的串行通信方式。

异步通信以字符为单位传送,每次传送的位信息量少,致使发送完最后一位字符时,发送与接收数据位宽的累积误差不会超过允许的范围。异步串行通信的字符格式如图 4.27 所示。

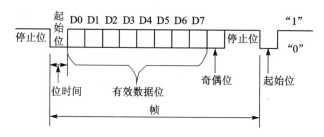

图 4.27　异步串行通信的字符格式

图中各位的功能及有关含义如下:
- 起始位:发送器通过发送起始位(使数据线处于 0 状态,又称 space 状态)而开始字符的传送。在发送器空闲时,数据线应保持在 1 状态(又称 mark 状态)。
- 有效数据位:起始位之后就开始传送数据位,低位在前,高位在后。串行异步通信的编码形式,可以是 5,6,7 或 8 位。
- 奇偶校验位:用于传送字符的差错校验,其方式为奇校验、偶校验或无校验。
- 停止位:停止位在最后,为 1 状态,表示传送结束。停止位可以是 1,1.5 或 2 位。
- 位时间:又称位宽度,指一个格式位的时间宽度。格式位包括有效数据位、起始位、校验位和停止位。一个格式位的宽度就是发送时钟的周期。
- 帧(frame):从起始位开始到停止位结束的全部内容称之为一帧。异步通信是一帧一帧进行的,传送可以是连续的,也可以是断续的。按帧传送时数据位较少,因此对位宽的误差积累要求相对较低。

3. 串行通信数据通路形式

串行通信通路形式分为：单工形式、全双工形式及半双工形式，如图4.28所示。

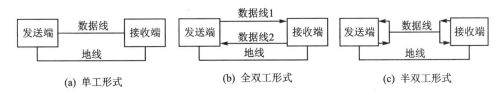

(a) 单工形式　　　　　(b) 全双工形式　　　　　(c) 半双工形式

图4.28　串行通信通路形式

(1) 单工形式

单工(simplex)形式的数据传送是单向的，只需要一根数据线，一方固定为发送端，另一方固定为接收端，如图4.28(a)所示。

(2) 全双工形式

全双工(full-duplex)形式的数据传送是双向的，可以同时发送和接收数据，需要两根数据线，如图4.28(b)所示。

(3) 半双工形式

半双工(half-duplex)形式的数据传送也是双向的，但任何时刻只能由其中的一方发送数据，另一方接收数据。该形式可以使用一根数据线，也可以使用两根数据线，如图4.28(c)所示。

4. 串行通信传送速率

串行通信传送速率用每秒所传送的格式位来表示，称为波特率(band rate)，每秒传送一个格式位就是1波特，即

$$1 波特 = 1 位/秒(b/s)$$

发送和接收时钟频率决定了波特率的高低，即通信速度。波特率的选择应根据速度的需要、线路质量以及设备情况等因素，并参照有关通信标准共同确定。波特率选定之后，就要选择发送时钟和接收时钟频率，使之满足波特率的要求。

5. 串行通信接口电路

串行通信接口电路很多，完成异步通信的硬件电路称为 UART(Universal Asynchronous Receiver Transmitter)，即通用异步收发器；完成同步通信的硬件电路称为 USRT(Universal Synchronous Receiver Transmitter)，即通用同步收发器；能同步又可异步通信的硬件电路称为 USART(Universal Synchronous/Asynchronous Receiver Transmitter)，即通用同步/异步收发器。

典型的串行口通信由专门的接口芯片提供，如 Intel 公司的 8250(UART 型)和 8251(USRT 型)等。

单片机将异步串行通信接收/发送电路 UART 集成在芯片内部，使用简单、方便。本书介绍80C51单片机串行通信口的原理、组成及编程技术。同本章以前介绍的基本

功能单元(I/O口、中断系统、定时器/计数器)相似,串行口功能是由特殊功能寄存器实现的。掌握和熟悉有关特殊功能寄存器,是学习串行通信的关键。

4.4.2 串行口及控制寄存器

80C51内部的UART是全双工的,既可以实现串行异步通信,也可以作为同步移位寄存器使用。UART串行口结构如图4.29所示,可分为两大部分:波特率发生器和串行口。

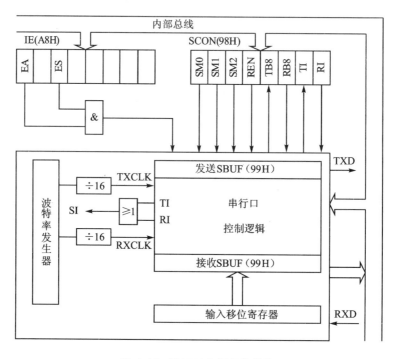

图4.29 UART串行口的结构

波特率发生器提供串行口发生时钟TXCLK和接收时钟RXCLK,由定时器/计数器1及内部的一些控制开关和分频器组成。与波特率发生器有关的特殊功能寄存器有TMOD、TCON、PCON、TL1和TH1等。值得注意的是:波特率发生器须经16分频,才是串行口发送和接收时钟,其频率就是传送波特率;接收时钟16分频器的输入状态,是RXD端的采样脉冲。

串行口包括:①串行口缓冲寄存器SBUF。②串行口控制逻辑,它用来控制输入移位寄存器,将外部的串行数据转换成并行数据输入;也用来控制输出寄存器,将内部的并行数据转换为串行数据输出;还用来控制串行中断RI和TI。③串行口控制寄存器SCON。④串行数据输入/输出引脚,即RXD/P3.0和TXD/P3.1。

1. 串行口缓冲寄存器SBUF

串行口有两个缓冲寄存器SBUF:发送寄存器和接收寄存器。它们都是字节寻址,字节地址均为99H,但物理结构上是完全独立的。单片机通过读/写指令来区分两个寄存器。

串行接收数据由引脚 RXD/P3.0 进入,通过输入移位寄存器进入 SBUF,形成了串行接收的双缓冲结构。这种结构可以避免在下一帧数据输入时,前一帧数据还没读入 CPU 所产生的帧重叠错误。

串行发送数据通过引脚 TXD/P3.1 送出。发送过程 CPU 是主动的,发送器采用了单缓冲结构,并不会发生帧重叠错误。

2. 串行通信控制用特殊功能寄存器

(1) 串行控制寄存器 SCON

SCON 用于串行通信控制,字节地址为 98H,位地址为 9FH~98H,寄存器的内容及位地址如表 4.9 所列。

表 4.9 寄存器 SCON 的内容及位地址

位 序	b7	b6	b5	b5	b4	b3	b1	b0
位地址	9FH	9EH	9DH	9CH	9BH	9AH	99H	98H
位符号	SM0	SM1	SM2	REN	TB8	RB8	TI	RI

其中:

- SM0 和 SM1:串行口工作方式选择位。SM0 和 SM1 的状态组合所对应的工作方式参见表 4.10 所列。

表 4.10 串行口的工作方式

SM0	SM1	工作方式	功能简述	波特率
0	0	0	8 位同步移位寄存器	$f_{osc}/12$
0	1	1	10 位 UART	可变
1	0	2	11 位 UART	$f_{osc}/32$ 或 $f_{osc}/64$
1	1	3	11 位 UART	可变

- SM2:多机通信控制位。

SM2 位主要用于方式 2 和方式 3 下的多机通信。

SM2 在串行口工作方式 2 或方式 3 接收时的配置说明如下:

若 SM2=1,只有接收到第 9 位(RB8)为 1,才将接收到的前 8 位数据送入 SBUF,并置位 RI 产生中断请求;若接收到第 9 位为 0,则将接收到的前 8 位数据丢弃,RI 仍为 0,不启动中断。

若 SM2=0,则不论接收到的第 9 位(RB8)是 0 还是 1,都将接收到的前 8 位数据装入 SBUF,并置位 RI,产生中断请求。

SM2 在串行口工作方式 1 接收时的配置说明如下:

当以串行口方式 1 接收时,在 9 位数据(8 位数据,1 位停止位)收齐之后,还必须满足以下两个条件,这次接收才真正有效:RI=0;SM2=0 或接收到停止位为 1。若满足这两个条件,则将移位寄存器中接收到的 8 位数据存入串行口缓冲器 SBUF,收到的停止位则进入 RB8,并使中断标志 RI 置为 1。若不满足这两个条件,则这一次收到的数据就不装入 SBUF,丢失了一组数据。

一般在方式 1 时将 SM2 设置为 0。

串行通信工作在方式 0 时,SM2 必须为 0。

- REN:允许/禁止串行口接收控制位。用软件将该位置 1 时允许串行接收,启动 RXD,开始接收数据。该位被软件清 0 时,禁止接收。
- TB8:在方式 2 和方式 3 中,是被发送的第 9 位数据,可根据需要由软件置 1 或清 0。该位也可作为数据的奇偶校验位。在方式 1 中,TB8 为停止位。在方式 0 中不用 TB8。
- RB8:在方式 2 和方式 3 中,是被接收到的第 9 位数据(来自发送方的 TB8 位);在方式 1 中,RB8 收到的是停止位。在方式 0 中不使用 RB8。
- TI:发送中断标志位。

在方式 0 中,发送完第 8 位数据后由内部硬件置 1。在其他方式中,一帧传送的停止位开始发送时,便由内部硬件置 1。因此,TI=1 表示帧发送完毕,其状态可请求中断,也可供查询。TI 必须由软件清 0。

- RI:接收中断标志位。

在方式 0 中,接收完第 8 位数据后由内部硬件置 1。方式 1 中,串行口接收到停止位的中间时刻由内部硬件置 1。方式 2 和方式 3 的 RI 置位情况见 SM2 说明。因此,RI=1 表示帧接收结束,其状态可请求中断,也可供查询。RI 必须由软件清 0。

当发送完一帧数据时(TI=1)和接收完一帧数据时(RI=1),串行口都要引起中断。这两种中断服务程序的入口地址都是 0023H。但 CPU 并不知道是 TI 还是 RI 申请中断,必须由软件查询 TI 和 RI 状态,方可进入相应的处理程序。

(2) 电源控制寄存器 PCON

PCON 主要是为 HCMOS 单片机电源控制而设置的专用寄存器。其高位 SMOD 是串行口波特率的倍增位,当 SMOD=1 时,串行口的波特率加倍。系统复位时,SMOD=0。

PCON 的字节地址是 87H,不可寻位。各位含义如表 4.11 所列。

表 4.11 寄存器 PCON 中各位含义

位 序	b7	b6	b5	b5	b4	b3	b1	b0
位符号	SMOD	—	—	—	GF1	GF0	PD	IDL

(3) 中断允许控制寄存器 IE

现将 IE 与串行通信有关的控制位说明如下:

- ES=0,禁止串行口中断;
- ES=1,允许串行口中断。

（4）中断优先级控制寄存器 IP

现将 IP 与串行口有关的控制位说明如下：
- PS=0,串行口中断为低优先级；
- PS=1,串行口中断为高优先级。

4.4.3 串行通信的工作方式

80C51 单片机共有 4 种工作方式,见表 4.10 所列。从表是可看出,不同的工作方式在传送的数据位数和波特率的配置方式是不同的。

1. 串行通信工作方式 0

当 SM0 SM1＝00H 时,串行口选择方式 0。这种工作方式实质上是一个同步移位寄存器,其波特率固定为 $f_{osc}/12$。发送/接收的是 8 位数据,低位在先,顺序接收/发送。帧格式如下：

方式 0 的数据由芯片 RXD/P3.0 进行发送或接收,移位同步脉冲由 TXD/P3.1 端口输出。

方式 0 中 SCON 寄存器的 SM2、RB8 和 TB8 位都不起作用,一般将它们都设置为 0。

（1）发送过程
- 启动：执行任何一条写 SBUF 指令就开始发送。
- 发送：在移位脉冲作用下,RXD 端输出数据。移位脉冲由 TXD 端输出。

在 S3,S4,S5 状态下,移位脉冲为低电平；在 S6,S1,S2 状态下,移位脉冲为高电平。移位时钟周期为一个机器周期,即波特率为 $f_{osc}/12$。
- 结束：一帧数据发送完毕,TI＝1,申请中断。

（2）接收过程
- 启动：用软件使 REN＝1 和 RI＝0,就会启动接收过程。
- 接收：采样 RXD 端口,将其数据移入输入移位寄存器。

接收时所用的移位时钟与发送时一样：每个机器周期的 S3,S4,S5 状态均为低电平；S6,S1,S2 状态均为高电平。移位时钟周期为 个机器周期,即波特率为 $f_{osc}/12$。TXD 端可输出移位时钟。
- 结束：一帧数据接收完毕,RI＝1,申请中断。

综上所述,单片机方式 0 发送/接收数据与 TXD 端输出移位时钟是同步的。发送时外部接收芯片在 TXD 输出移位时钟作用下,将 RXD 输出的数据接收。接收时外部发送芯片在 TXD 输出移位脉冲作用下,将数据送到 RXD 端由单片机接收。由 TXD 发出移位脉冲,在发送或接收数据过程中单片机始终处于主动地位。

方式 0 不能用于两个单片机之间通信。

2. 串行通信工作方式 1

当 SM0 SM1＝01H 时,串行口选择方式 1。数据传送的波特率取决于定时器 1 的溢出率,且可改变。TXD/P3.1 端口发送数据,RXD/P3.0 端口接收数据,为全双工发送/接收。发送/接收一帧信息共 10 位:一位起始位(0)、8 位数据位和 1 位停止位(1)。帧格式如下:

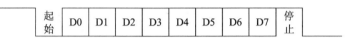

(1) 发送过程

● 启动:执行任何一条写 SBUF 指令就启动发送。

"写 SBUF"信号将 1 装入发送移位寄存器的第 9 位,即停止位 1 的自动插入;同时通知发送控制器启动发送。

发送各位的定时与波特率发生器的 16 分频计数器(输出为波特率)同步。

● 发送:在移位脉冲作用下,TXD 端输出串行数据。

发送一开始,从 TXD 端先发送一个起始位 0,即起始位 0 的自动插入。当起始位 0 经过一个位时间之后,SBUF 中的数据 D0 由 TXD 端输出。此后,SBUF 中的数据将逐位由 TXD 端送出。

● 结束:一帧数据发送完毕,TI＝1,申请中断。

从"写 SBUF"到发送结束,16 分频计数器的输出(如图 4.29 所示)共发生了 10 次翻转,即每翻转一次,传送一位帧信息。

(2) 接收过程

● 启动:用软件使接收允许标志位 REN＝1 和 RI＝0,就启动了接收过程。

当 REN＝1 时,CPU 对 RXD 端采样,采样速率为波特率的 16 倍。若检测到负跳变,16 分频计数器立刻复位。16 分频计数器复位的目的是使计数器(输出移位脉冲)与输入位时间同步。

如果所接收到的第一位不是 0,说明它不是一帧的起始位,接收电路等待下一个负跳变的到来。

● 接收:通过位检测器对 RXD 端采样,移位脉冲将 RXD 端口的数据逐位移入输入移位寄存器。

CPU 对 RXD 端采样,采样速率为波特率的 16 倍。16 分频计数器输入的 16 个状态把每个位宽度分成 16 份。在第 7,8,9 状态时,位检测器对 RXD 端的值采样。这 3 个状态从理论上讲对应于每个位宽度的中央,即在每位的中央点上采样。若发送端与接收端的波特率有差异,采样点就会发生偏移,只要这种差异在允许范围之内,就不至于产生错位或错码。在上述 3 个采样值中,至少有两个值一致时才被接收,称为 3 取 2 表决法,这样可以抑制噪声。

● 结束:一帧数据接收结束,且必须同时满足下列两个条件时才会使 RI＝1,申请中断。

① RI=0；

② SM2=0 或接收到的停止位=1。

上述两个条件任何一条不满足时,所接收的数据就被丢弃掉,RI 仍为 0,不申请中断;两者都满足时,停止位就进入 RB8,8 位数据位进入 SBUF,RI=1,申请中断。以后,接收控制器将重新采样 RXD 端出现的负跳变,以接收下一帧数据。

3. 串行通信工作方式 2 和 3

当 SM0 SM1=10H 时,串行口工作在方式 2;当 SM0 SM1=11H 时,串行口工作在方式 3。由 TXD/P3.1 引脚发送数据,由 RXD/P3.0 引脚接收数据,以全双工方式进行发送/接收。

发送或接收一帧信息为 11 位:一位起始位(0)、9 位数据位和 1 位停止位(1)。帧格式如下：

发送时第 9 位数据由 TB8 提供,可用软件置 1 或清 0;接收时将第 9 位数据装入 RB8。

方式 2 和方式 3 的不同仅在于它们的波特率产生方式不同。方式 2 的波特率固定为 $f_{osc}/32$ 和 $f_{osc}/64$；方式 3 的波特率则由定时器 1 的溢出率决定,用程序设定,是可以改变的。

(1) 发送过程

● 启动:执行任何一条写 SBUF 的指令而启动发送过程。

"写 SBUF"指令将 8 位数据装入 SBUF,同时还将 TB8 装入发送移位寄存器的第 9 位(D 触发器),即为帧格式中的 D8 位,并通知发送控制器开始发送。

● 发送:在移位脉冲作用下,SBUF 中的数据由 TXD 端输出。

发送刚开始时,在 TXD 端口输出一个起始位 0,即自动插入起始位 0。

起始位维持一个位时间之后,SBUF 中的数据依次送入 TXD 端口。

最后,在移位脉冲作用下,帧格式中的 D8 位和停止位 1 依次出现在 TXD 端口。一帧数据发送完毕。

● 结束:一帧数据发送完毕,TI=1,申请中断。

一帧信息发送过程,从"写 SBUF"到发送结束,16 分频计数器的输出(如图 4.29 所示)共翻转 11 次。

(2) 接收过程

● 启动:当软件使 REN=1 和 RI=0 时,就启动了接收过程。

与方式 1 类似,方式 2 和方式 3 的接收过程始于在 RXD 端检测到负跳变时。CPU 以 16 倍波特率的速率对 RXD 端不断采样,直到采样到负跳变。接收到负跳变之后,16 分频计数器就立刻复位。如果所接收到的第一位不是 0,接收电路复位,等待下一个负跳变的到来。

- 接收：通过对 RXD 端口采样，移位脉冲将采样值不断移入输入移位寄存器。若起始位有效(0)，维持一个位时间之后，开始接收这一帧中的其他位。
- 结束：完成一帧的接收过程，RI＝1，并同时满足下列两个条件才会发生中断。
① RI＝0；
② SM2＝0 或接收到第 9 位数据为 1。

不满足上述两个条件，所接收到的数据帧就会被丢弃掉，RI 仍然为 0；两个条件都满足时，第 9 位数据(TB8)就进入 RB8，前 8 位数据则进入 SBUF，RI＝1，申请中断。一个位时间过后，无论上述条件是否满足，接收控制器将重新采样 RXD，等待负跳变的到来，准备重新接收。

4.4.4　波特率的设置

异步串行通信的发送和接收移位脉冲相互独立，为了保证信息传输的正确，单片机通常采用的措施是：
- 发送方先发送起始位 0，接收方检测到起始位 0 后，方可启动接收过程，这就保证了发送与接收的同步性。
- 接收方的采样频率 16 倍于波特率，在位宽中心点采样，这有利于抑制传送噪声。
- 每帧传送的数据位要少(10 或 11 位)，这就能保证位宽累计误差在允许范围之内。
- 发送方和接收方的波特率设置要求一致。

本节将讨论串行通信波特率的有关问题。串行口通信波特率随工作方式选择的不同而异，它与振荡器频率 f_{osc}、电源控制寄存器(PCON)的 SMOD 位以及定时器 1 的设置有关。

1．各种工作方式下的波特率

(1) 串行口工作方式 0

波特率固定不变，仅与振荡器频率 f_{osc} 有关，其大小为 $f_{osc}/12$。

(2) 串行口工作方式 2

波特率的设置有两种形式，如图 4.30 所示。

- 当 SMOD＝1 时，波特率 $=\dfrac{2^{SMOD}}{64}f_{osc}=\dfrac{1}{32}f_{osc}$；
- 当 SMOD＝0 时，波特率 $=\dfrac{2^{SMOD}}{64}f_{osc}=\dfrac{1}{64}f_{osc}$。

(3) 串行口工作方式 1 和方式 3

其波特率是可变的：

$$方式 1、3 \ 波特率 = \dfrac{2^{SMOD}}{32}(T1 \ 的溢出率)$$

通过对定时器/计数器 1 的设置，可选不同的波特率。方式 1 和方式 3 的波特率

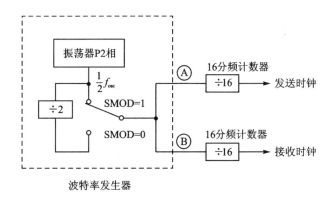

图 4.30　串行口方式 2 波特率设置

的设置原理如图 4.31 所示。SMOD 的设置可执行下列指令：

```
MOV   PCON,#00H   ;SMOD = 0
MOV   PCON,#80H   ;SMOD = 1
```

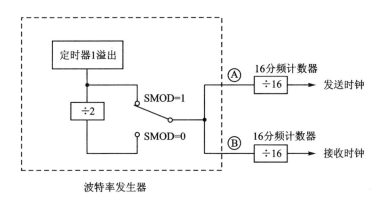

图 4.31　方式 1 和 3 的波特率的设置

2. 定时器 1 溢出率的计算

溢出率定义为每秒的溢出次数，与定时器的工作模式有关。串行通信一般都使定时器 1 工作在模式 2，因此下面只讨论定时器 1 在模式 2 下的溢出率。

定时器 1 的模式 2 为 8 位自动重装定时器，溢出率不仅与 f_{osc} 有关，还与 TH1 的计数初值 N 有关，N 越大，溢出率就越高。极限情况是：若 $N=$FFH，那么每隔一个机器周期，定时器就溢出一次。对于一般情况，溢出一次所需的时间为

$$(2^8-N)\times 1 \text{个机器周期} = (2^8-N)\times 12 \times \frac{1}{f_{osc}}\text{s}$$

定时器 1 每秒所溢出的次数为

$$\text{定时器 1 的溢出率} = \frac{\frac{f_{osc}}{12}}{(2^8-N)}$$

例如,若单片机晶振频率 $f_{osc}=6$ MHz,TH1=N=F3H,则溢出率为

$$\frac{\frac{6\times10^6}{12}}{(2^8-\text{F3H})}\approx 38\,461.5\,\text{次/s}$$

3. 波特率的计算与编程

当定时器1选择模式2,串行通信在方式1和方式3下的波特率为

$$\text{波特率}=\frac{2^{\text{SMOD}}}{32}\times\text{定时器1溢出率}=\frac{2^{\text{SMOD}}}{32}\times\frac{f_{osc}}{12\times(2^8-N)}=\frac{2^{\text{SMOD}}\times f_{osc}}{384\times(256-N)}$$

实际应用中往往是先给定波特率,而后定出常数初值N,那么

$$N=256-\frac{2^{\text{SMOD}}\times f_{osc}}{\text{波特率}\times 384}$$

例如,若系统时钟频率为 $f_{osc}=6$ MHz,当SMOD=1,波特率为2 400时,则初值N为

$$N=256-\frac{2^1\times 6\times 10^6}{2\,400\times 384}=242.98\approx 243=\text{F3H}$$

初始化程序如下:

```
MOV    TMOD,#20H      ;定时器1模式2
MOV    TH1,#0F3H      ;计数初值 N
MOV    TL1,#0F3H
MOV    PCON,#80H      ;SMOD=1
MOV    SCON,#50H      ;串行口方式1
SETB   TR1            ;启动定时器1
```

4.4.5 串行通信编程及应用举例

1. 串行口方式0应用举例

串行口方式0主要用于扩展并行I/O口。

例4.11 8位并出/串入移位寄存器74HC164扩展8位并行输出接口。

参见图4.32,使用74HC164并行输出端接8只发光二极管XD,并从上到下依次点亮,反复循环。当串行口将8位状态码串行输出后,TI=1,把TI当作状态查询,试编制程序。

74HC164是8位并行输出/串行输入寄存器,具有门控串行输入端(A、B)和清除端(CLR)。图4.32中,A端接+5V,B端作为串行输入口,与单片机RXD相接,由它决定第一级触发器(QA端)的状态。在时钟脉冲为高电平或低电平期间,串行输入数据可以变化。时钟脉冲发生正跳变时,实现从QA向QH方向的移位,信号被置入寄存器。

程序如下:

```
ORG     0100H
```

第 4 章 80C51 单片机片内功能单元

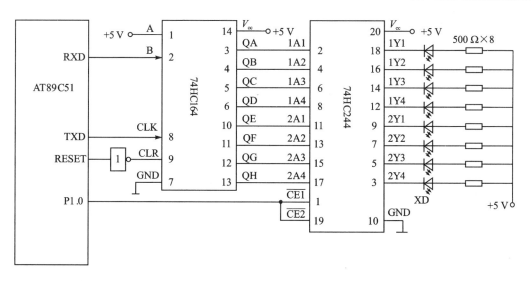

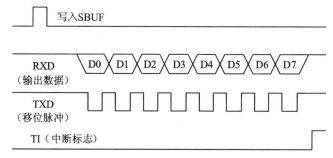

图 4.32 串行口与 74HC164 配合及发送时序

```
         MOV    SCON,#00H        ;串行口方式 0
         CLR    ES               ;关中断
         MOV    A,#7FH           ;发光管状态码,自上而下依次亮
CELR:    SETB   P1.0             ;关闭并行输出驱动
         MOV    SBUF,A           ;串行输出启动
LOOP:    JNB    TI,LOOP          ;状态查询
         CLR    P1.0             ;开启并行输出驱动
         LCALL  DELAY            ;延时子程序
         CLR    TI               ;清除发送标志
         RR     A                ;发光管下移,修改状态码
         SJMP   CELR             ;循环
DELAY:   EQU    0500H            ;延时子程序入口地址
         END
```

图 4.33 给出了 74HC164 芯片管脚排列及功能表。

表中:H 是高电平(稳态);L 是低电平(稳态);X 是无关(任一输入,包括跳变);QA0,QB0,…,QH0 分别指明稳态输入条件建立之前 QA,QB,…,QH 的电平;QA$_n$,

$QB_n,\cdots,QG_n$ 分别为时钟最近正跳变之前 $QA,QB,\cdots,QG$ 的电平,指明移动1位。

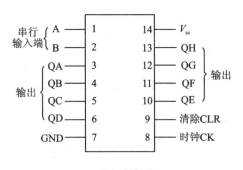

(a) 引出端排列图　　　　　　　　　　(b) 功能表

图 4.33　74HC164 管脚排列及功能

例 4.12　用 8 位并入/串出移位寄存器 74HC165 扩展 8 位并行输入接口。

图 4.34 是用 74HC165 扩展 8 根输入口线的应用电路。图中 CK 为时钟输入端,连接 TXD;D0~D7 为并行输入端,分别接芯片 A~H 脚;QH 端为串行数据输出端,连接 RXD;$S/\overline{L}=0$ 时允许并行置入数据(A~H 脚数据置入 QA~QH 触发器);$S/\overline{L}=1$ 允许串行移位,在时钟作用下,将数据从 QA 到 QH 方向移位。

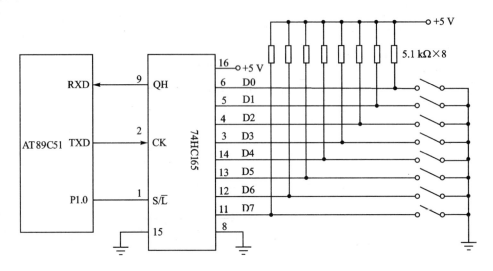

图 4.34　利用 74HC165 串行移位寄存器扩展输入口

若从扩展口读入一个字节数据,并存入 60H 中,子程序如下:

```
ORG     0100H
MOV     R0,#50H         ;设片内 RAM 指针
MOV     SCON,#00H       ;串行口方式 0
CLR     P1.0            ;允许并行置入数据
SETB    P1.0            ;允许串行移位
```

```
        SETB    REN             ;方式 0 启动接收
        JNB     RI,$            ;等待接收一帧数据
        CLR     RI              ;清接收中断标志
        MOV     A,SBUF          ;读取缓冲器数据
        MOV     @R0,A           ;存入 60H 单元
        RET
        END
```

图 4.35 给出了 74HC165 芯片管脚排列及功能表。

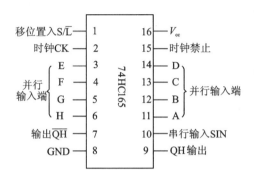

输入端					内部输出		输出
移位置入	移位禁止	时钟	串行	并行 A ⋯ H	QA	QB	QH
L	×	×	×	a ⋯ h	a	b	h
H	L	L	×	×	QA0	QB0	QH0
H	L	↑	H	×	H	QAn	QGn
H	L	↑	L	×	L	QAn	QGn
H	H	×	×	×	QA0	QB0	QH0

(a) 引出端排列图　　　　　　　　　　(b) 功能表

图 4.35　74HC165 引脚排列及功能

74HC165 为 8 位串行移位寄存器,在时钟作用下将数据从 QA 到 QH 方向移位。用 8 个独立的直接数据输入端来进行并行输入数据,当移位/置入输入端由高到低跳变时,并行输入端的数据被直接置入寄存器,而与时钟、时钟禁止及串行输入的电平无关。移位/置入输入端是高电平时,并行置数功能就被禁止。$\overline{QH}$(7 脚)是串行输出 QH 的反码。在移位时钟有效作用下,串行输入端(10 脚)数据沿 QA 以 QH 方向移位。若将一片 74HC165 的 QH(9 脚)与另一片 74HC165 的 SIN(10 脚)相连,可实现 16 位并行扩展输入。

2. 串行口方式 1 实现双机通信

例 4.13　设甲、乙两个 AT89C51 应用系统,将它们的串行口相连,实现双机通信,如图 4.36 所示。由于通信直接以 TTL 电平进行,两机的连线不宜过长(≤1 m)。下面以甲机发送,乙机接收为例,用累加和进行校验,说明发送/接收程序的设计方法。

甲机将片外 RAM 4000H～43FFH 单元的内容向乙机发送。首先发送数据块长度,并由乙机做出校验回答。数据块长度发送正确之后,方可向乙机发送数据。每发完 256 个字节,向乙机发送一个累加和校验码,并由乙机做出校验回答。

乙机接收甲机发送的数据,并写入以 4000H 开始的片外 RAM 单元中。首先接收数据块长度,接着接收数据,每接收完 256 个字节,接收校验码,进行累加和校验。数据传送结束时,向甲机发送一个状态字,表示传送正确还是错误。

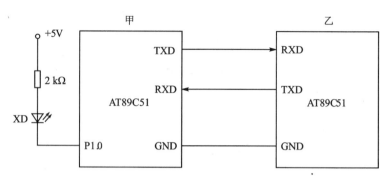

图 4.36 双机全双工通信

波特率指定为 2 400 波特,需要确定定时初值和 SMOD 值。初值按下式计算:

$$N=256-\frac{(6\times10^6)\times 2^{\text{SMOD}}}{2\,400\times 384}$$

若取 SMOD=0,则 $N=249.49\approx 249$,误差较大;取 SMOD=1,则 $N=242.98\approx 243=$F3H,误差较小。

程序作如下约定:

定时器 T1 按方式 2 工作,计数初值为 F3H,SMOD=1。

串行口按方式 1 工作,允许接收。

R7、R6 设为数据块长度寄存器,R5 设为累加和校验码寄存器。

传送错误时发光二极管 XD 亮,否则灭。

编写发送子程序如下:

```
        ORG     0100H
TRT:    MOV     TMOD,#20H       ;T1 为方式 2
        MOV     TL1,#0F3H       ;计数初值
        MOV     TH1,#0F3H
        MOV     PCON,#80H       ;SMOD=1
        CLR     ES              ;关串行中断
        SETB    TR1             ;启动 T1
        MOV     SCON,#50H       ;串行口方式 1,REN=1,SM2=0,TI=0,RI=0
        SETB    P1.0            ;XD 灭
RPT:    MOV     DPTR,#4000H     ;数据块首地址
        MOV     R6,#00H         ;数据块长度低 8 位
        MOV     R7,#04H         ;数据块长度高 8 位
        MOV     R5,#00H         ;清累加和校验码
        MOV     SBUF,R6         ;启动发送数据块长度低 8 位
        MOV     A,R6
        ADD     A,R5
        MOV     R5,A            ;形成累加和校验码
ML0:    JBC     TI,ML1          ;等待发送
        SJMP    ML0
```

```
ML1:    MOV     SBUF,R7             ;启动发送数据块长度高8位
        MOV     A,R7
        ADD     A,R5
        MOV     R5,A                ;形成累加和校验码
ML2:    JBC     TI,ML3              ;等待发送R7
        SJMP    ML2
ML3:    MOV     SBUF,R5             ;发送累加和校验码
        MOV     R5,#00H             ;清校验码
ML4:    JBC     TI,ML5              ;等待发送校验码
        SJMP    ML4
ML5:    JBC     RI,ML6              ;等待乙机回答
        SJMP    ML5
ML6:    MOV     A,SBUF              ;回答信号为0表示传送正确
        JZ      MLX1                ;正确则转MLX1
        CLR     P1.0                ;传送出错,XD亮
        SJMP    RPT                 ;重新发送
MLX1:   SETB    P1.0                ;XD灭
ML7:    MOVX    A,@DPTR             ;读数据字节
        MOV     SBUF,A              ;启动发送字节数据
        ADD     A,R5                ;形成校验码
        MOV     R5,A
        INC     DPTR                ;地址指针加1
ML8:    JBC     TI,ML9              ;等待发送一个字节数据
        SJMP    ML8
ML9:    DJNZ    R6,ML7              ;发送完256个字节?
        MOV     SBUF,R5             ;发送校验码
        MOV     R5,#00H             ;清校验码
ML10:   JBC     TI,ML11             ;等待发送校验码
        SJMP    ML10
ML11:   JBC     RI,ML12             ;等待乙机回答
        SJMP    ML11
ML12:   MOV     A,SBUF              ;回答信号为0表示传送正确
        JZ      MLX2                ;回答正确转MLX2
        CLR     P1.0                ;传送出错,XD亮
        SJMP    RPT                 ;重新发送
MLX2:   SETB    P1.0                ;XD灭
        DJNZ    R7,ML7              ;继续发送数据,直到R7为00H
        RET
        END
```

编写接收子程序如下:

```
        ORG     0100H
RSV:    MOV     TMOD,#20H           ;T1为方式2
```

	MOV	TL1,#0F3H	;计数初值
	MOV	TH1,#0F3H	
	MOV	PCON,#80H	;SMOD=1
	CLR	ES	;关串行中断
	SETB	TR1	;启动T1
	MOV	SCON,#50H	;串行口方式1,REN=1,SM2=0,TI=0,RI=0
RPT:	MOV	DPTR,#4000H	;数据块首地址
	MOV	R5,#00H	;清校验码
ML0:	JBC	RI,ML1	;等待接收数据块长度低8位
	SJMP	ML0	
ML1:	MOV	A,SBUF	;数据块长度低8位送R6
	MOV	R6,A	
	ADD	A,R5	
	MOV	R5,A	;形成累加和校验码
ML2:	JBC	RI,ML3	;等待接收数据块长度高8位
	SJMP	ML2	
ML3:	MOV	A,SBUF	
	MOV	R7,A	;数据块长度高8位送R7
	ADD	A,R5	;形成校验码
	MOV	R5,A	
ML4:	JBC	RI,ML5	;等待接收校验码
	SJMP	ML4	
ML5:	MOV	A,SBUF	;读取校验码
	XRL	A,R5	;校验码比较
	JZ	RIGHT1	
	MOV	SBUF,#0FFH	;传送错误时的回答
WT1:	JBC	TI,RPT	;传送错误,重新传送
	SJMP	WT1	
RIGHT1:	MOV	R5,#00H	;清校验码
	MOV	SBUF,#00H	;传送正确时的回答
ML6:	JBC	TI,WTD	;发送等待
	SJMP	ML6	
WTD:	JBC	RI,ML7	;等待接收数据
	SJMP	WTD	
ML7:	MOV	A,SBUF	;接收数据,存于片外RAM
	MOVX	@DPTR,A	
	INC	DPTR	;修改地址指针
	ADD	A,R5	;形成校验码
	MOV	R5,A	
	DJNZ	R6,WTD	;接收完256个字节?
ML8:	JBC	RI,ML9	;等待接收校验码
	SJMP	ML8	
ML9:	MOV	A,SBUF	;读取校验码
	XRL	A,R5	;校验码比较
	JZ	RIGHT2	;传送正确则转RIGHT2

```
              MOV    SBUF,#0FFH           ;传送错误时的回答
WT2：    JBC    TI,RPT                    ;传送错误,重新传送
              SJMP   WT2
RIGHT2： MOV    R5,#00H                   ;清校验码
              MOV    SBUF,#00H             ;传送正确时的回答
ML10：   JBC    TI,ML11
              SJMP   ML10
ML11：   DJNZ   R7,WTD                    ;继续接收数据
              RET
              END
```

3. 串行口方式 2 或方式 3 实现多机通信

单片机的多机通信是一台主机与多台从机之间的信息交换。主机发出的信息可以传到各个从机,各从机发出的信息也能被主机接收,各从机之间不直接通信。由于通信直接以 TTL 电平进行,主机与从机之间的连线以不超过 1 m 为宜。

工作方式 2 或 3 时,发送方的第 9 位数据用指令装入 TB8,接收方将接收到的第 9 位数据自动装入 RB8。

串行口工作在方式 2 或方式 3 下,接收到的数据受 SM2 位控制。当 SM2=1,只有接收到的第 9 位数据 RB8=1 时,才将接收到的数据装入 SBUF,并置位 RI,发出中断请求;若 RB8=0 时,接收到的数据被舍弃,RI 仍为 0,不发出中断申请。当 SM2=0 时,无论接收到的第 9 位数据是 0 还是 1,都要把接收到的数据送入 SBUF,并置位 RI,发出中断申请。

多机通信时,主机的 TB8=1,表示发送的是地址;TB8=0,表示发送的是数据。通信开始时,主机首先发送地址,各从机的 SM2=1,主机的 TB8=1。各从机收到的 RB8=1,便各自发出中断申请,并在中断服务程序中判断主机发送的地址是否与从机地址相符合。若地址相符,则说明主机要与其通信,以后该机的 SM2=0,准备接收主机发来的数据;若地址不符,则仍然保持 SM2=1。由于主机发送数据时 TB8=0,因此没被选中的从机不会接收主机发出的数据。

例 4.14 如图 4.37 所示。串行口按方式 3 进行通信。主机和从机的晶振 $f_{osc}=6$ MHz,波特率为 1 200,SMOD=0,定时器 1 选用模式 2,计数初值 N 为

$$N=256-\frac{1\times 6\times 10^6}{384\times 1\ 200}=256-13=243=F3H$$

从机的地址编码:
- 00——0#从机地址;
- 01——1#从机地址;
- 02——2#从机地址。

工作寄存器的设定:
- R0——存放数据块首地址;
- R2——存放从机地址;

- R4——发送的数据块长度；
- R5——存校验和。

主机 P1 口标志：
- P1.0＝0,选择 0＃从机；
- P1.1＝0,选择 1＃从机；
- P1.2＝0,选择 2＃从机；
- P1.3＝0,传送错误。

以主机向从机发出数据块为例,编制程序。

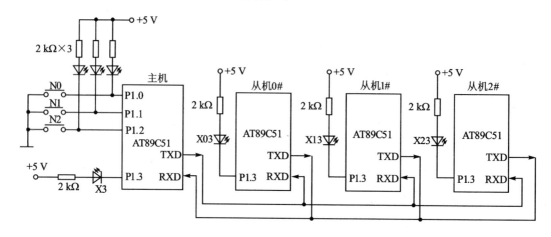

图 4.37 主从式多机通信

(1) 主机发送程序(查询方式)

```
        ORG     0100H
START:  MOV     TMOD,#20H       ;T1 为方式 2
        MOV     TL1,#0F3H       ;计数初值
        MOV     TH1,#0F3H
        CLR     ES              ;关串行中断
        MOV     PCON,#00H       ;SMOD = 0
        MOV     SCON,#0D8H      ;串行口方式 3,REN = 1,SM2 = 0,TB8 = 1
        SETB    TR1             ;启动 T1
ML:     JNB     P1.0,AD0        ;按键选择通信从机
        JNB     P1.1,AD1
        JNB     P1.2,AD2
        SJMP    ML
AD0:    MOV     R2,#00H         ;选中 0＃从机
        SJMP    ML0
AD1:    MOV     R2,#01H         ;选中 1＃从机
        SJMP    ML0
AD2:    MOV     R2,#02H         ;选中 2＃从机
```

```
ML0:    MOV     A,R2
        MOV     SBUF,A              ;发送从机地址
ML1:    JBC     TI,ML2              ;发送等待
        SJMP    ML1
ML2:    JBC     RI,ML3              ;等待从机回答
        SJMP    ML2
ML3:    MOV     A,SBUF              ;判断地址相符?
        XRL     A,R2
        JZ      ML5
ML4:    CLR     P1.3                ;地址故障指示,X3 亮
        SJMP    ML                  ;重新发送
ML5:    SETB    P1.3                ;X3 灭
        CLR     TB8                 ;地址相符时,TB8 = 0
ML6:    MOV     R0,#50H             ;假定数据块首地址为 50H
        MOV     R4,#20H             ;假定数据块长度为 20H
        MOV     R5,#00H             ;清校验码和
ML7:    MOV     A,@R0               ;发送数据
        MOV     SBUF,A
        ADD     A,R5
        MOV     R5,A                ;形成校验码
ML8:    JBC     TI,ML9              ;等待发送
        SJMP    ML8
ML9:    INC     R0                  ;修改地址指针
        DJNZ    R4,ML7              ;发送完?
ML10:   JBC     RI,ML11             ;等待接收校验和
        SJMP    ML10
ML11:   MOV     A,SBUF              ;判断校验码相符?
        XRL     A,R5
        JNZ     ML12
        LCALL   DELAY               ;延时子程序
        SJMP    ML13
ML12:   CLR     P1.3                ;数据传送错误,X3 亮
ML13:   SETB    TB8
        SJMP    ML                  ;重新联络
        END
```

(2) 从机接收程序(0#从机为例)

```
        ORG     0100H
START:  MOV     R2,#00H             ;0# 从机地址
SRD:    MOV     TMOD,#20H           ;T1 为方式 2
        MOV     TL1,#0F3H           ;计数初值
        MOV     TH1,#0F3H
        SETB    EA                  ;开总中断
```

	SETB	ES	;开串行中断
	MOV	PCON,#00H	;SMOD=0
	MOV	SCON,#0F0H	;串行口方式3,REN=1,SM2=1,RB8=0
	SETB	TR1	;启动 T1
	SJMP	$	;等待中断
	ORG	0023H	;串行中断入口
	LJMP	1000H	
	ORG	1000H	;中断服务程序
	JBC	RI,IN	;转到接收处理
	CLR	TI	;清除发送中断标志
	RETI		
IN:	JB	RB8,ML0	;RB8=1,接收地址
	SJMP	ML2	;RB8=0,接收数据
ML0:	MOV	A,SBUF	;读入从机地址
	XRL	A,R2	;地址判定
	JZ	ML1	;是本机地址转 ML1
	RETI		;不是本机地址,维持 SM2=1,返回
ML1:	CLR	SM2	;SM2=0,准备接收数据
	MOV	SBUF,R2	;本机地址回送
	MOV	R0,#50H	;数据块首地址
	MOV	R4,#20H	;数据块长度 20H
	MOV	R5,#00H	;清校验和
	RETI		
ML2:	MOV	A,SBUF	;接收数据块
	MOV	@R0,A	
	ADD	A,R5	;形成校验和
	MOV	R5,A	
	INC	R0	;修改地址
	DJNZ	R4,ML3	
	SETB	SM2	;准备重新接收地址
	MOV	SBUF,R5	;送校验和
	CPL	P1.3	
ML3:	RETI		
	END		

对从机而言,每接收完一组数据,X3 指示灯状态就要变换一次。例如,第一次 X3 亮,第二次就灭,第三次又亮,……。

练习题 4

1. 问答题

(1) 什么是接口？接口的基本功能是什么？

(2) P1 口、P0 口、P2 口和 P3 口具有什么特点？

(3) P0 口作通用 I/O 口时，应注意什么问题？

(4) 并行 I/O 在什么情况下为准双向口？为什么？

(5) 单片机对口进行读操作时，何时读锁存器？何时读引脚？

(6) 试比较：MOV A,P1；MOV P1,A；ANL P1,A 指令操作过程有何不同？

(7) 80C51 中断向量地址是怎样分配的？

(8) 80C51 共有几个中断源？它们对中断请求是如何控制的？

(9) TCON 中，哪些位用来表示中断标志、中断信号方式和启动定时器？

(10) SCON 寄存器反映中断状态标志的是哪些位？

(11) 什么是中断优先级？中断优先级处理的原则是什么？

(12) 对于外部中断方式，怎样进行有关控制器的初始化？

(13) 80C51 在什么条件下可以响应中断？

(14) 中断响应标志位是怎样清除的？

(15) 定时器/计数器有哪些功能？最高计数频率是多少？最长计时时间是多少？

(16) TCON、SCON 和 TMOD 寄存器的寻址方式有何不同？

(17) 若(TMOD)=6AH，定时器 0 和定时器 1 分别工作在什么方式？

(18) 若 f_{osc}=8 MHz，外部中断采用负脉冲触发方式，那么中断请求信号的低电平至少应持续多少时间？

(19) 设 f_{osc}=12 MHz，80C51 定时器的工作方式 0、方式 1 和方式 2 的最大定时时间间隔分别是多少？

(20) 80C51 定时器工作方式 3 中的 T0 和 T1 有何不同？

(21) 并行通信和串行通信在识别信息方式上有何区别？

(22) 串行同步通信和异步通信的主要区别是什么？

(23) 串行异步通信的帧格式是怎样规定的？

(24) 80C51 串行工作方式共有几种？说明 TI、RI 和 SMOD 位的意义？

(25) 80C51 串行口方式 0 怎样启动发送和接收？波特率是怎样规定的？帧格式是怎样规定的？

(26) 80C51 串行口方式 1 的帧格式是怎样规定的？发送和接收如何启动？接收到的数据和停止位存于什么寄存器？波特率是怎样规定的？

(27) 80C51 串行口方式 2 的帧格式是怎样规定的？接收到的数据存于什么寄存器？方式 2 的波特率是怎样规定的？

(28) 80C51 串行口方式 2 和方式 3 的主要区别是什么？

(29) 80C51 实行串行口多机通信的过程是什么?

(30) 串行同步通信每次传送一批数据,异步通信按帧传送,为什么?

2. 填空题

(1) 根据功耗和抗干扰性能,74HC 系列芯片要_____74LS 系列芯片。

(2) 对于 P0 口,执行"MOV"类指令,可实现_____功能;执行"MOVX"类指令,可实现_____功能。

(3) 80C51 单片机响应中断时,程序断点地址保护由片内_____自动完成;现场保护与恢复由_____完成;关中断与开中断由_____完成;中断返回由_____指令完成。

(4) 80C51 定时器的定时方式计数脉冲来自_____;计数方式的计数脉冲来自_____。

(5) 中断优先级是为_____服务的,其控制原则是_____。

(6) 80C51 的 SCON 寄存器中的 SM0、SM1 用于_____;SM2 主要用于_____;在方式 1 时,SM2 一般设置为_____;在方式 0 时,SM2 必须_____。

(7) 80C51 串行通信工作方式 1,指令_____启动发送;标志_____结束发送。

(8) 80C51 串行通信用的波特率设置成固定方式为_____;设置成可变方式为_____。

3. 判断题

(1) 只要 EA=0,所有中断全禁止;( )EA=1,所有中断全开放。( )

(2) 指令 RETI 只完成中断返回原程序功能。( )

(3) 只有外部中断才存在中断采样问题。( )

(4) 80C51 在执行完指令"RET"后可立即响应中断。( )

(5) TCON 和 TMOD 均可用于字节和位操作。( )

(6) 定时器方式 1 时,最小定时计数初值为 FFFFH。( )

(7) 80C51 串行通信传送数据是低位在前,高位在后。( )

(8) 波特率也可由 T0 溢出率实现。( )

(9) SBUF 寄存器在物理结构上是独立的,逻辑空间上是同一的。( )

(10) 80C51 串行通信工作方式 0,发送方和接收方可同时为单片机。( )

(11) REN 用软件设置,也可由硬件自动设置。( )

(12) RI 置 1 由内部硬件自动完成,清 0 则必须由软件实现。( )

4. 编程序

(1) 设 $f_{osc}=6$ MHz,利用定时器 0 的方式 1 在 P1.6 口产生一串 50 Hz 的方波,定时器的溢出采用中断方式处理,试编制实现程序。

(2) 设单片机晶振频率 $f_{osc}=6$ MHz,使用定时器 1 以方式 0 产生周期为 500 μs 的等宽正方波脉冲,并由 P1.0 口输出,以查询方式完成,试编制程序。

(3) 用定时器 0 以工作方式 1 计数,每计 500 次累加一次,并将累加值存于以片外 RAM 5000H 为起始地址的 4 字节单元中,试编制程序实现。

(4) 以 80C51 串行口按工作方式 1 进行串行数据通信。假定波特率为 1 200 波特,以中断方式传送数据,试编写全双工通信程序。

(5) 以 80C51 串行口按工作方式 3 进行串行数据通信。假定波特率为 1 200 波特,第 9 位数据作奇偶校验位,以中断方式传送数据,试编写通信程序。

第 5 章
单片机应用系统抗干扰技术

所谓干扰,就是有用信号以外的电磁噪声引起系统性能下降,使其不能正常工作的一种电磁危害现象。单片机大多用于电磁环境较为复杂和恶劣的工业现场,这就要求必须有很高的抗干扰能力。

干扰的产生是由多方面因素决定的,干扰的抑制技术复杂,有很强的实践性。对于单片机应用系统,必须分析干扰的来源,针对不同的干扰源采用不同的抑制或消除干扰的措施。常用的抗干扰措施分为硬件抗干扰和软件抗干扰两大类,硬件抗干扰措施又包括传输线的抗干扰、接地技术、滤波技术、隔离技术、电源的抗干扰及印制板抗干扰等。

5.1 干扰的来源及分类

5.1.1 干扰的来源

1. 供电电源的干扰

单片机系统运行现场往往有很多大功率用电设备,设备的启/停(特别是大电感性负载)会造成电网电压的大幅度涨落(浪涌),欠压或过压,可达到额定电压的±15%以上。这种状况有时长达几分钟,几小时,甚至更长时间。电网中大功率开关的频繁通断、电机的启停、电焊机的应用等因素,可使电网上常常出现几百伏,甚至几千伏的尖峰脉冲干扰。

浪涌电压、尖峰脉冲干扰会造成电网的严重污染。单片机应用系统几乎都由交流电源供电,干扰主要通过电源引入,必须采取措施加以克服。

2. 传输通道的干扰

在工业现场,单片机应用系统的输入输出信号线和控制线多达几百条甚至几千条,其长度可达几百米或几千米,通过线间静电感应或电磁感应原理,不可避免地将干扰引入单片机系统。如果电气设备漏电,接地系统又不完善,或者测量部件绝缘不好,都会使通道中直接串入干扰信号;各通道的线路如果同处一根电缆或捆绑在一起,各个通道之间会通过电磁感应而产生相互干扰。有时这种通过感应而产生的干扰电压会达几十伏,使系统无法正常工作。

3. 空间干扰

空间干扰是指空间电磁辐射形成的干扰,如太阳及其他天体辐射的电磁波,广播电台或通信发射台发出的电磁波,周围电气设备如电机、变压器、中频炉、可控硅逆变电源等发出的电磁干扰,气象条件、空中雷电、甚至地磁场的变化也会引起干扰。

以上3种干扰中以来自供电电源的干扰最严重,其次为来自通道的干扰。来自空间的辐射干扰不太突出,一般加以适当的屏蔽及接地即可解决。

5.1.2 干扰的分类

电磁干扰分类的方法很多,按干扰传入系统的方式常分为串模干扰和共模干扰。

1. 串模干扰

串模干扰又称为常态干扰或差模干扰。它是串联于信号回路之中,叠加在被测信号上的干扰,如图 5.1 所示。图中 N 为干扰源,R 为受扰设备,V_N 为干扰电压,干扰电流 I_N 和信号电流 I_S 的路径在往返两条线上是一致的。

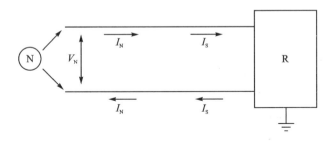

图 5.1 串模干扰

抗干扰技术中,经常提及串模电压的概念。所谓串模电压,是指一组规定的带电导体中任意两根之间的电压。例如,信号传输过程中的信号输入线与信号返回线之间;电源的相线与中线之间的、相线与相线之间等。串模干扰是串模电压形成的干扰,是线与线之间干扰,干扰电流在两条传输线上的方向相反。

串模干扰源于外来的感应磁通或电磁辐射信号在线间环路上所产生的感应电势,并叠加在信号电路中,将直接对系统的工作形成影响。串模干扰还源于同一电源线路中,如同一线路中工作的电机、开关及可控硅等,它们产生的干扰往返于电源进线与出线之间,形成串模干扰。

2. 共模干扰

共模干扰又称纵模干扰或接地干扰。它是线与地之间的干扰,接地干扰电流通过接地阻抗入地,如图5.2所示。图中的干扰侵入线路和地之间,干扰电流在两条线上各流过一部分,以地为公共点,具有相同的方向,而信号电流只在往返两条线路中流过。

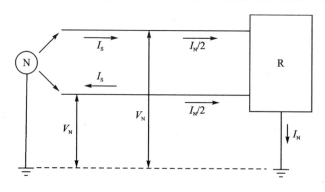

图 5.2　共模干扰

抗干扰技术中,经常提到共模电压的概念。所谓共模电压,是指每个导体与规定参考点(通常是地或机壳)之间的电压。例如,信号传输过程中的信号输入线与地之间、信号返回线与地之间;电源中线与地之间、任何一相线与地之间等。共模干扰就是干扰信号为共模电压形成的干扰。与串模干扰不同,共模干扰电流由被干扰导体经接地阻抗直接入地,不形成导体与地之间的环流;串模干扰则是在输入线与返回线之间形成环流。若地线用作返回线,则在输入线与地线间形成环流。

共模干扰是由辐射或串扰形成耦合到电路里面的。由于来自空间的感应对每条导线的作用是相同的,例如雷电、电弧、电台、大功率辐射装置等,它们在导线上形成共模干扰。通常,输入输出线与大地或机壳之间发生的干扰都是共模干扰,信号线受到静电感应时产生的干扰也多为共模干扰。抑制共模干扰的方法很多,如屏蔽、接地、隔离等。

通常,线路上的干扰电压的串模分量和共模分量是同时存在的,而且在一定条件下两种分量会互相转变。下面举例说明共模干扰转换成串模干扰的原理。

例 5.1　系统内部各部分地电平不等位,引起共模干扰转变为串模干扰。

在单片机应用系统中,被控和被测的参量往往分散在现场各处,传输距离较长,可达几十米至几百米。当外部干扰经过电网和空间进入单片机时(为共模干扰),导致被测信号 V_S 的参考接地点和单片机的输入信号的参考接地点之间存在着一定的电位差 V_N,如图5.3所示。

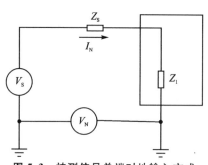

图 5.3　被测信号单端对地输入方式

图5.3中,V_N 所产生的干扰电流 I_N 为

$$I_N = V_N/(Z_S + Z_1)$$

引入的干扰电压 V_C 为

$$V_C = I_N Z_S = V_N Z_S/(Z_S + Z_1)$$

式中 Z_S 为信号源内阻加导线阻抗,Z_1 为电路的输入阻抗。由此可见,I_N 所产生的干扰实际上已转化为串模干扰加到放大器的输入端。Z_S 越大,Z_1 越小,干扰后果

越严重。对于存在共模干扰的场合,被测信号不能采用单端对地输入方式,因为此时能将共模干扰全部转变为串模干扰。

例 5.2 系统中线路阻抗不平衡,引起共模干扰转换成串模干扰。

如图 5.4 所示,N 为干扰源,L 为负载,Z_1 和 Z_2 是导线 1 和导线 2 的对地阻抗。如果 $Z_1 = Z_2$,则干扰电压 V_{N1} 和 V_{N2} 相等,从而干扰电流 I_{N1} 和 I_{N2} 也相等,即干扰电流不流过负载。然而当 $Z_1 \neq Z_2$ 时,则 $V_{N1} \neq V_{N2}$,$I_{N1} \neq I_{N2}$,于是 $V_{N1} - V_{N2} = V_N$,$V_N / Z_L = I_N$(Z_L 为负载阻抗),这就是由于线路不平衡状态由共模干扰转换来的串模干扰。

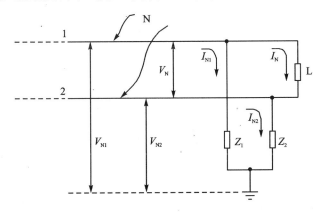

图 5.4 由线路不平衡状态引起共模干扰转换成串模干扰

如果被测信号的两个输入端对地浮空,与地之间的输入阻抗 Z_1 和 Z_2 为无限大,共模干扰电流 I_{N1} 和 I_{N2} 近似为零,有效抑制了共模干扰。在单片机控制系统中,为了降低共模干扰的影响,常采用被测信号的双端不对地输入方式,即两个输入端对地浮空,如图 5.5 所示。

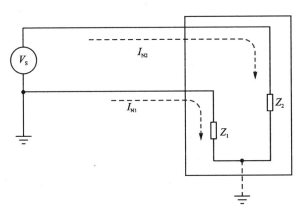

图 5.5 双端不对地输入方式

5.2 常用硬件抗干扰技术

通过合理的硬件配置,可以消除大部分电磁干扰,采用硬件抗干扰措施是一种有效方法。下面主要讲述工程上广泛应用的一些硬件抗干扰电路和装置的工作原理及应用,主要包括接地技术、屏蔽技术、滤波技术和隔离技术等。

5.2.1 接地技术

实践证明,良好的接地可以在很大程度上抑制系统内部噪声耦合,防止外部干扰的侵入,提高系统的抗干扰能力。反之,若接地处理得不好,会导致噪声耦合,形成严重干扰。接地技术往往是抑制噪声的重要手段。

1. 接地的含义及分类

电气设备中的"地",通常有两种含义:一种是"大地",另一种是"工作基准地"。

"大地"即指地球大地,这时的所谓接地是指电气设备的金属外壳、线路等通过接地线、接地极与地球大地相连接。这种接地可以保证设备和人身安全,提供静电屏蔽通路,降低电磁感应噪声。

"工作基准地"是指信号回路的基准导体(如控制电源的零电位),又称"系统地"。这时的所谓接地是指将各单元、装置内部各部分电路信号返回线与基准导体之间的连接。这种接地的目的是为各部分提供稳定的基准电位,对这种接地的要求是尽量减小接地回路中的公共阻抗压降,以减小系统中干扰信号公共阻抗耦合。

根据电气设备中回路性质和接地目的,可将接地方式分为 3 类:
- 安全接地。设备金属外壳等的接地。
- 工作接地。信号回路返回线接于基准导体或基准电位点。
- 屏蔽接地。屏蔽箱、电缆、变压器等屏蔽层的接地。

2. 工作接地

工作接地(又称信号接地)通常分为 3 类:单点接地、多点接地和混合接地。

(1) 单点接地

单点接地又有串联单点接地和并联单点接地两种形式。

图 5.6 所示为串联单点接地(又称公共接地),图中所有单个电路的地串联连接在一起。图中的电阻表示接地导体的阻抗,I_1、I_2 和 I_3 分别是电路 1、2、3 的地电流。根据图 5.6,A 点电位并不等于 0,而是:

$$V_A = (I_1 + I_2 + I_3)R_1$$

而 C 点的电位是:

$$V_C = (I_1 + I_2 + I_3)R_1 + (I_2 + I_3)R_2 + I_3R_3$$

这种形式的接地由于简单方便,对于要求不高的场合,应用较广。但是这一接地形式不宜用在电源功率有很大差异的电路之间,这是由于高功率电路产生大的地电流会对低功率电路产生很大的影响。

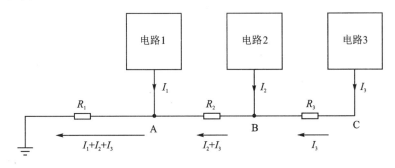

图 5.6　串联连接的单点接地

图 5.7 所示是并联单点接地（又称分离接地）形式，是低频电路最适宜的接地方式，因为来自不同的电路电流之间没有交叉耦合。例如，A 点和 C 点的电位可以表示为：

$$V_A = I_1 R_1 ; V_C = I_3 R_3$$

这种接地形式中任何一个电路的地电位只受这个电路的地电流和它自身地线阻抗的影响。这种接地需要接地线较多，布线显得繁杂。

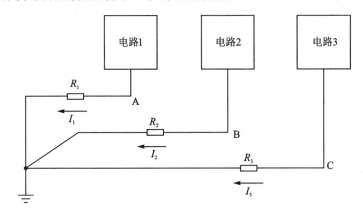

图 5.7　并联连接的单点接地

单点接地系统的地阻抗在高频时变得很大。同时，这种地线还类似于天线而辐射噪声。应用时应保持接地导线尽可能短，以维持低阻抗和防止辐射。一般在高频时不使用单点接地。

（2）多点接地

多点接地系统通常用在高频和数字电路中，如图 5.8 所示。在这个系统中，所有电路被连接到最近的低阻抗地平面上，较低的地阻抗主要由地平面的低电感决定。

多点接地的接地线，在单、双层印制板系统中可以是地线层，在多层印制板系统中也可以是地线层。接地线也可以是接地汇流排（机架），它具有很小的感抗。

（3）混合接地

混合接地是根据不同的频率，采用不同的接地形式。图 5.9 是一个典型的通用混合接地系统。在低频时,它相当于单点接地;在高频时,是多点接地。

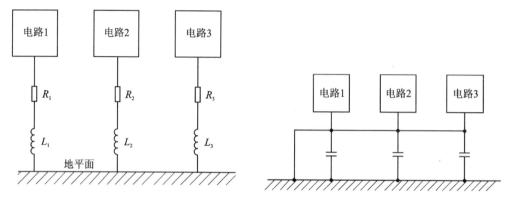

图 5.8　多点接地(频率高于 10 MHz)　　　　图 5.9　混合接地

单点接地多用于低频。单点接地是多个电子电路共用一个接地点;接地线间容抗在低频时很大,使线间噪声不易发生电容性耦合;地线的感抗在低频时很小,也不会在线上感应噪声电压;接地线的电阻在低频时也比高频小,故单点接地适用于低频。在高频时,若仍用单点接地,则线间电容耦合增大,接地线本身的电阻及电感会增大,从而导致接地线上的噪声电压增强。

多点接地多用于高频。高频时需要将各电子电路接地改为短线就近接地,从而形成多点接地模式。多点接地是采用了非常低的地阻抗,从而降低了公共阻抗耦合。接地系统通过大量的并联路径(网格结构)或完整的金属板(地平面结构)互相连接。接地网格或接地平面提供了一个低电感的地回流路径,同时也减小了环路面积,降低了电磁辐射干扰。

通常情况下,当频率低于 1 MHz 时,单点接地是最佳选择;当频率高于 10 MHz 时,则应选择多点接地;频率在 1~10 MHz 之间时,通常多采用单点接地,也可根据系统实际,在较高频段采用多点接地。

进行接地设计时,应考虑地电流的大小、频率及接地公共阻抗耦合问题。所谓公共阻抗耦合,就是通过公共接地阻抗而导致各个接地电路单元之间的相互影响,即接地噪声干扰问题。公共阻抗耦合由下面的因素决定:

- 接地阻抗过大(通常是电感很大);
- 地线中过大的地电流;
- 地线中过高频率的地电流。

3. 接地系统的布局

当不同类型的电路(如模拟电路、数字电路、有噪声电路等)共存于一块印制电路板上时,每个电路都必须以最适合该电路类型的方式接地。然后再将不同的地电路连在一起,通常是单点接地。图 5.10 是在同一块印制电路板上 3 种不同接地系统的布局设计。

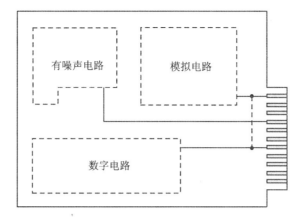

图 5.10　不同接地系统在同一印刷电路板上的布局

4. 浮地方式

浮地方式是指装置的整个地线系统和大地之间无导体连接，它是以悬浮的"地"作为系统的参考电平。

浮地方式的主要优点是：若浮地系统对地电阻很大，对地分布电容很小，则由外部共模干扰引起的干扰电流就很小。

但是，浮地方式也有缺点。浮地方式的有效性取决于实际的悬浮程度。实践证明，较大的电子设备系统因为有较大的对地分布电容，很难实现真正的悬浮。当系统的基准电位受到干扰而不稳定时，通过对地分布电容出现位移电流，使设备不能正常工作。浮地方式的另一个缺点是，当系统附近有高压时，通过电场耦合，外壳静电感应出电压，对人身不安全。

对于一般单片机应用系统，多采用浮地方式，系统的外壳（屏蔽箱）良好接大地，供电通过隔离变压器（原副边间的屏蔽层接地）。这样可达到安全可靠，提高抗共模干扰的能力。

5.2.2　屏蔽技术

屏蔽技术能有效地抑制通过自由空间传播的电磁干扰。屏蔽按其原理可分为电场屏蔽、磁场屏蔽和电磁场屏蔽。

1. 电场屏蔽

(1) 电场屏蔽机理

电场屏蔽的目的是消除或抑制直流或低频交流电场与被干扰回路的电场耦合，又称电容耦合。

为了便于分析，将电场感应看成分布电容间的耦合。如图 5.11 所示，干扰源 A 和被干扰物 B 的电压分别为 V_A 和 V_B，则有：

$$V_B = \frac{\frac{1}{j\omega C_2}}{\frac{1}{j\omega C_1} + \frac{1}{j\omega C_2}} V_A = \frac{C_1}{C_1 + C_2} V_A$$

式中：C_1——A、B 之间的分布电容；

C_2——被干扰物 B 的对地电容。

为了抑制 B 上的电场感应，可采用的方法有：
- 增大 A、B 之间的距离，可减小 A、B 间的分布电容；
- 尽量使被干扰物 B 贴近地面，以增加其对地电容；
- 可以在 A、B 之间插入一块金属薄板 S，称之为屏蔽板。

由图 5.12 可知，插入屏蔽板 S 之后，就形成了两个分布电容 C_3 和 C_4，其中 C_3 被短路到地，不会对 B 点的电场感应产生影响。B 点的感应电压 V_{B0} 是 V_A 被 C_{10}（A、B 之间的剩余电容）与并联电容 C_2 和 C_4 分压，即

$$V_{B0} = \frac{\frac{1}{j\omega(C_4+C_2)}}{\frac{1}{j\omega C_{10}} + \frac{1}{j\omega(C_2+C_4)}} V_A = \frac{C_{10}}{C_{10}+C_2+C_4} V_A$$

由于 C_{10} 远小于未屏蔽时的 C_1 值，故 V_{B0} 值远小于未屏蔽时的 V_B 值。

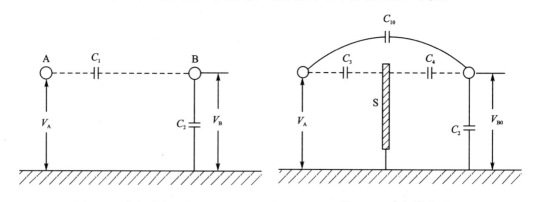

图 5.11　电场感应示意图　　　　　图 5.12　电场屏蔽原理

（2）电场屏蔽设计要点

① 屏蔽板尽量靠近受保护的物体，而且屏蔽板的接地必须良好，增大电容 C_4 的值。

② 屏蔽板的形状对屏蔽效能有显著影响。例如，全封闭的金属罩有最好的屏蔽效果，而开孔或带缝隙的屏蔽罩的屏蔽效能会下降，这主要是剩余电容 C_{10} 的值受影响。

③ 屏蔽板的材料以良导体为好，对厚度无要求，只要满足强度要求即可。

2. 磁场屏蔽

(1) 磁场屏蔽机理

磁场屏蔽的目的是消除或抑制直流或低频交流磁场与被干扰回路的磁场耦合,又称磁耦合。

如图5.13(a)所示,一根载流导体四周同时产生电场与磁场。若用一个良好接地的非导磁金属屏蔽体封闭该导线,则电场的电力线终止于该金属屏蔽体,电场得到了有效屏蔽,但对原磁力线没有什么影响,如图5.13(b)所示。

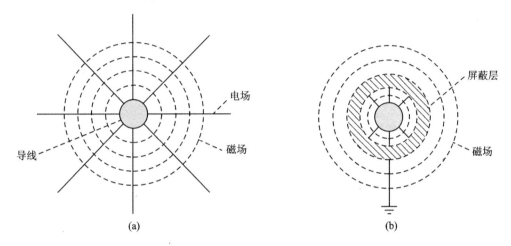

图 5.13　载流导体的电场与磁场

对磁场进行屏蔽主要采取以下方法:

① 采用高磁导率材料的屏蔽体实现磁屏蔽。

如图5.14所示,用一个高磁导材料屏蔽体封闭起来,由于材料的磁阻很低,磁力线将被封闭在磁屏蔽体内,从而起到了磁屏蔽作用。这种屏蔽磁场的方法只适合于直流和低频磁场,因为只有在低频时,这些材料才具有高磁导率。

② 采用反向电流实现磁屏蔽。

如图5.15所示,中心载流导线用一个非导磁材料金属屏蔽体包围,并使屏蔽体中流过与中心载流导线电流大小相等而方向相反的电流。这样,在屏蔽体的外部磁场强度为0,达到了屏蔽的目的。这种屏蔽磁场的方法适用于利用屏蔽电缆实现磁屏蔽的场合(如用电缆芯线作信号输入线,电缆屏蔽层用作信号返回线),这种金属屏蔽体应为良导体。

③ 利用涡流实现磁屏蔽。

对于高频磁场,由于磁场在屏蔽体表层会产生感应涡流,根据楞次定律,该涡流产生一个反磁场来抵消穿过该屏蔽体的原磁场。

对于高频磁场的屏蔽,应选用良好的导体材料,如铜、铝等。随着频率的提高,涡流也就越大,磁屏蔽效果就越好。由于趋肤效应,涡流只在材料的表面流动,只要用很薄的一层金属材料就足以屏蔽高频磁场。

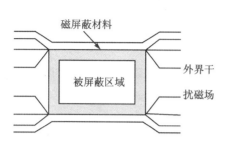

图 5.14 用高导磁材料实现磁屏蔽

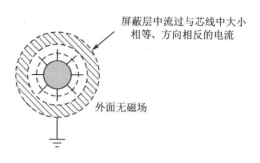

图 5.15 用屏蔽体中通电电流产生反向磁场实现磁屏蔽

(2) 磁场屏蔽设计要点(直流或低频磁场)

提高磁场屏蔽效果,屏蔽体的材料和形状是关键。

① 选用高导磁材料,如坡合金。要注意,这种导磁率很高的材料在强磁场中会由于磁饱和而失去屏蔽效能。

② 尽量缩短磁路的长度,增加屏蔽体的截面积(壁厚),也能增加磁屏蔽的效能。

③ 被屏蔽的物体不要紧贴屏蔽体,以尽量减少通过被屏蔽物体内的磁通。

④ 注意屏蔽体的结构设计,凡接缝、通风孔都可以增加磁阻,降低屏蔽效果。应使缝隙或长条通风孔顺着磁场方向分布,这有利于减小磁阻。

⑤ 对于强磁场的屏蔽,可采用双层屏蔽结构。

⑥ 从屏蔽体能兼有防止电场感应的目的出发,一般要求屏蔽体接地。

3. 电磁场屏蔽

对于电磁波来说,电场分量和磁场分量总是同时存在的。所以在屏蔽电磁波时,必须同时对电场和磁场加以屏蔽,故统称为电磁场屏蔽。

(1) 电磁场屏蔽机理

屏蔽体之所以能阻止电磁波的传播,是因为电磁波在穿越屏蔽体时发生了能量的反射衰减和吸收衰减。图 5.16 表示屏蔽体的电磁屏蔽机理。

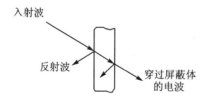

图 5.16 电磁场屏蔽机理

1) 反射衰减

当电磁波到达屏蔽体表面时,由于空气的波阻抗与屏蔽体(通常是金属材料)的特性阻抗不相等,所以对入射波产生反射,使穿越界面的电磁能量减弱。这种由于反射而造成的入射波减弱的现象为反射衰减。反射损耗与屏蔽体的厚度没有太大关系。空气波阻抗与屏蔽体特性阻抗相差越大,引起的损耗也愈大。波的反射还与频率有关:频率越低,反射越严重。

2）吸收衰减

上述反射不可能做到全反射，仍有部分电磁波进入屏蔽体，并在体内继续向前传播。电磁波在穿越屏蔽体时，在屏蔽体内会引起涡流。如前所述，感生涡流可产生一个反磁场用以抵消原干扰磁场，同时涡流在屏蔽体内流动时产生热损耗。电磁波频率越高，涡流损耗也就越大。

电磁波除了有频率之分外，根据波阻抗又分为电场波、磁场波和平面波 3 种。对于电场波的屏蔽，以反射衰减为主。对于磁场波的屏蔽，以吸收衰减为主。对于平面波，其磁场分量的屏蔽主要靠在屏蔽层材料内的吸收损耗；其电场分量的屏蔽，主要靠界面的反射。不管什么样的电磁波，频率越高，屏蔽效能越好。

（2）电磁场屏蔽设计要点

屏蔽效能是由构成屏蔽体的材料和屏蔽体的结构决定的，这些因素包括：

- 屏蔽材料的导电性，越高越好；
- 屏蔽材料的导磁性，越高越好；
- 屏蔽材料的厚度，越厚越好；
- 屏蔽体上的导电不连续点，越少越好。

对于屏蔽设计，还要注意以下几点：

① 所有进入屏蔽箱的电缆、导线、电源线都应当进行滤波。

② 屏蔽电缆进出屏蔽箱时，电缆屏蔽层必须接到壳体上。

③ 屏蔽低频磁场的难度要大于屏蔽电场。低频磁场的反射损耗很小。屏蔽低频磁场应使用磁性材料。

④ 屏蔽电场、平面波和高频磁场应使用良导体材料。

⑤ 在 10 MHz 以上，吸收损耗是最主要的屏蔽机理。

⑥ 屏蔽体的开孔、接缝连接处的电磁泄漏对屏蔽效能影响很关键。

⑦ 开孔或不连续的最大尺寸决定了屏蔽体的最大泄漏，而不是它的面积。

⑧ 屏蔽体上大量小尺寸开孔对屏蔽的影响要小于同样面积的大尺寸的开孔或接缝的影响。

4. 屏蔽与接地

对于一个完整的屏蔽体，能够将电路及其元件完全封闭在内部，无论屏蔽体的电位如何，都可以提供有效的屏蔽。也就是说，完整的屏蔽体能够有效防止外界电磁干扰影响屏蔽体内部电路。反过来也是如此，内部电路也不会向外辐射电磁波。因此，完整的屏蔽体本身不需要接地，唯一的要求就是屏蔽体必须完整地封闭被保护对象。

但是，在大多数应用场合，屏蔽体都不可能是完整的，在屏蔽体内部的电路系统和外界有这样或那样的连接，如电缆/电源线的连接。此外，屏蔽体上的开孔或缝隙形成的分布电容，构成了内部电路与外部的间接联系。所以，为了防止屏蔽体上的噪声电压耦合到内部系统上，必须将屏蔽体接地。若屏蔽体不接地，那么它的电位将随着外界条件和位置的变化而变化，耦合到内部物体上的噪声电压也会不断变化。

此外,屏蔽体外壳接地还有如下好处:防止设备的壳体上形成交流电压;给故障电流提供回流路径,保护人体免受电击;防止静电积累等。

鉴于上述原因,在大多数情况下的屏蔽体都应接地。

5.2.3 滤波技术

抑制电磁干扰的3大方法分别是接地、屏蔽和滤波。滤波是抑制外界干扰和提高产品可靠性的一种有效技术手段。

1. 滤波器的概述

(1) 滤波器的分类

1) 按结构分类

滤波器按结构分为无源滤波器和有源滤波器。由无源元件电阻、电容和电感组成的滤波器为无源滤波器;由电阻、电容、电感和有源元件(例如晶体管、线性运算放大器)组成的滤波器为有源滤波器。此外,还有用软件实现的数字滤波器。

2) 按频谱分类

滤波器最重要的是频率特性,可用对数幅频特性20lgA来表示。在抗干扰技术中又称为衰减系数,即

$$衰减系数 = 20\lg\left|\frac{V_0(j\omega)}{V_i(j\omega)}\right| \text{(dB)}$$

式中:V_0——滤波器的输出信号;

V_i——滤波器的输入信号;

ω——信号的角频率。

根据阻带和通带的频谱,又可将滤波器分为下列4种:

- 低通滤波器。允许低频信号通过,但阻止高频信号通过。
- 高通滤波器。允许高频信号通过,但阻止低频信号通过。
- 带通滤波器。允许规定的某频段信号通过,但阻止高于和低于该频段的信号通过。
- 带阻滤波器。只阻止规定的某频段信号通过,但允许高于或低于该频段的信号通过。

在抗干扰技术中,使用最多的是低通滤波器,主要是电容和电感元件组成的无源滤波器。

3) 按用途分类

滤波器按用途可分为电源滤波器和信号滤波器。

电源滤波器(又称电源线滤波器)主要用于滤除电源线通过传导耦合的电磁噪声。滤波器的工作原理是利用电容在高频时的低阻抗特性,将火线、中线上的高频干扰导入地线(共模干扰的抑制),或将火线上的高频干扰电流导入中线(差模干扰的抑制),同时利用电感线圈在高频时的高阻抗特性,抑制高频干扰导入设备。

信号滤波器(又称信号线滤波器)主要是为了抑制信号线上的电磁干扰。除了采用

传统的电容、电感、电阻构成 L 型、Π 型和 T 型滤波线路,还可采用穿芯电容和铁氧体抗干扰磁芯。

本节主要讨论无源信号滤波器,电源滤波器在本章第 5.3 节中介绍。

(2) 滤波器的阻抗匹配问题

根据电工学原理,电源的内阻抗和负载阻抗相等(即阻抗匹配)条件下,电网供给负载的功率最大。滤波器是具有功率选择传输特性的四端网络。对于正常的工作信号,具有最大功率传输性能(即阻抗匹配);对于噪声信号,具有最大功率衰减性能(即阻抗严重失配)。使用滤波器时,需要考虑两端阻抗匹配问题。

滤波器的阻抗匹配,一般单一电容滤波器适用两端为高阻抗电路,单一电感滤波器适用于两端为低阻抗电路。其他 L、T、Π 型滤波器则视电感、电容元件组合而定,如图 5.17 所示。

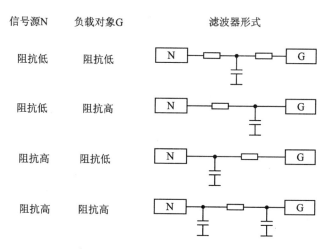

图 5.17 滤波器的阻抗匹配

(3) 滤波器的插入损耗

滤波器的主要特性参数是插入损耗。插入损耗是在给定信号频率下,滤波器插入前后,在负载上测得的传输功率比。显然,滤波器的插入损耗应当越大越好。根据相关标准规定,测试系统的信号源内阻和测试设备的输入阻抗都是 50 Ω。

滤波器的性能用插入损耗表示时,P_a 和 P_b 分别代表插入滤波器前后在负载端测到的信号功率。因此滤波器的插入损耗为:

$$A = 10\lg(P_a/P_b)$$

由于测试设备的输入阻抗不变,插入损耗可用在测试设备上测得的电压值表示:

$$A = 10\lg[(V_a^2/Z)/(V_b^2/Z)] = 20\lg(V_a/V_b)$$

式中 V_a、V_b 分别为插入滤波器前后在负载端测得的信号电压。测试要在整个感兴趣的频段上(例如电磁干扰的传导及辐射频率范围为 0.009~30 MHz)进行。

2. 无源滤波器

(1) 电容滤波器

电容 C 的电抗与频率有关。设输入量为电流 $I_C(S)$，输出为电压 $V_0(S)$，如图 5.18 所示，则传递函数为

$$A(S) = \frac{V_0(S)}{I_C(S)} = \frac{1}{CS}$$

频率特性为

$$A(j\omega) = \frac{V_0(j\omega)}{I_C(j\omega)} = \frac{1}{j\omega C}$$

对数幅频特性为

$$20\lg A(\omega) = 20\lg \frac{1}{\omega C} = -20\lg \omega C$$

显然，随着频率 $\omega = 2\pi f \to \infty$，滤波器的输出电压衰减逐渐增加，起到了低通滤波的效果。其输入输出特性如图 5.18(d)所示。

图 5.18(a)中结构最简单，接在干扰源线间能衰减串模噪声；接在干扰源和地线间能衰减共模噪声；接在印刷电路板中的直流电源线和地线间能抑制电源噪声。图 5.18(b)中的电容器中点接地，能够把噪声电流旁路入地，能消除共模噪声。图 5.18(c)中的 C_3 接在电源线间，这种结构能有效地抑制共模(由 C_1、C_2 完成)和串模噪声(由 C_3 完成)。

滤波器的电容应有耐压高、绝缘好、温度系数小和自谐振频率高等特性。

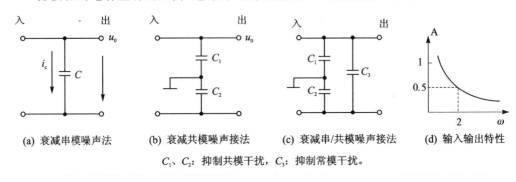

(a) 衰减串模噪声法　　(b) 衰减共模噪声接法　　(c) 衰减串/共模噪声接法　　(d) 输入输出特性

C_1、C_2：抑制共模干扰，C_3：抑制常模干扰。

图 5.18　电容滤波器的结构与特性

(2) 电感滤波器

电感 L 的电抗与频率有关。设输入量为电流 $I_L(S)$，输出为电压 $V_L(S)$，且与电流变化率方向相反，如图 5.19(a)所示，传递函数为

$$A(S) = \frac{V_L(S)}{I_L(S)} = LS$$

频率特性为

$$A(j\omega) = \frac{V_L(j\omega)}{I_L(j\omega)} = j\omega L$$

对数幅频特性为

$$20\lg A(\omega) = 20\lg \omega L$$

显然,随着频率 $\omega = 2\pi f \to \infty$,电感线圈两端电压 V_L 将增加。由于电感串联在线路中,因此滤波器的输出 $V_0 = V_i - V_L$ 将衰减,起到了滤波的效果。电感滤波器的输入输出特性如图 5.19(d)所示。

滤波器中的电感器件应在负载电流情况下具有不饱和、温度系数小和直流电阻低等性质。为了避免负载电流使电感发生饱和,可选用共模扼流圈或不易饱和的磁芯线圈。

电感线圈有两种,即常模扼流圈和共模扼流圈。图 5.19(a)是常用结构,串接在线路中对高频噪声有很大的阻抗,可以抑制高频噪声电流。

电源线路中使用的常模扼

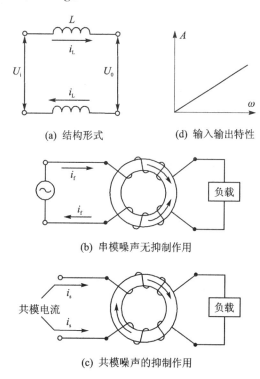

流圈是把导线绕在磁芯上制成;微弱信号线路中的电感线圈,可以自制,其方法是将漆包线缠绕在电阻上,漆包线两头焊在电阻引脚上。

图 5.19(b)表明共模扼流圈的绕制方向相反,线圈中的负载电流因方向相反,所形成的磁场互相抵消,不会出现磁饱和。同样,当出现串模噪声时,也会因极性相反而使磁通互相抵消,因此基本上不起电感的作用。图 5.19(c)表明当出现共模噪声时,两个线圈所产生的磁通方向相同,使电感作用加倍,因而对线路与地线间的共模噪声起到很强的抑制作用。

(3) RC 低通滤波器

RC 低通滤波器按结构可分为 L 型、Π 型和 T 型,如图 5.20 所示。它具有滤去高频,而让低频信号容易通过的性能。

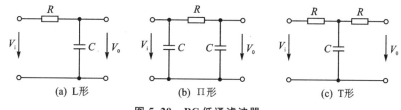

图 5.20　RC 低通滤波器

1) L型RC低通滤波器

L型RC低通滤波器如图5.20(a)所示。其传递函数为

$$A(S) = \frac{\frac{1}{SC}}{R + \frac{1}{SC}} = \frac{1}{1 + SRC}$$

频率特性为

$$A(j\omega) = \frac{1}{1 + j\omega RC}; A(\omega) = \frac{1}{\sqrt{(\omega RC)^2 + 1}}$$

2) Π型RC低通滤波器

Π型RC低通滤波器如图5.20(b)所示。其传递函数为

$$A(S) = \frac{V_0(S)}{V_i(S)} = \frac{\frac{1}{SC} \cdot I(S)}{\left(R + \frac{1}{SC}\right)I(S)} = \frac{1}{SRC + 1}$$

由此可看出,Π型与L型有相同的衰减系数。实际上,由于信号源不可避免地会含有内阻,当Π型滤波器和信号源连接后,相当于两级L型滤波器串联,对滤波特性大大改善。

3) T型RC低通滤波器

T型RC低通滤波器结构如图5.20(c)所示。其传递函数为

$$A(S) = \frac{V_0(S)}{V_i(S)} = \frac{1}{SRC + 1}$$

由此可以看出,T型滤波器与L型滤波器有相同的滤波特性。实际上往往将T型滤波器用于负载阻抗小的情况,这比应用L型和Π型滤波器时的负载电流要小得多,减轻了信号源的负担。

上述三种形式的RC滤波器结构简单,价格便宜,体积小,对外界的磁场变化敏感低,广泛用于信号传输线路中的噪声抑制。

(4) LC低通滤波器

由电感和电容组成的滤波器主要用于低通滤波,按电路的结构也可分为L型、Π型和T型,如图5.21所示。

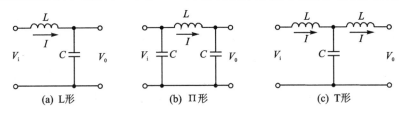

图 5.21 LC低通滤波器

1) L型LC低通滤波器

对于图5.21(a)所示的结构,若设电感L的直流电阻为R,则传递函数为

$$A(S) = \frac{V_0(S)}{V_i(S)} = \frac{\frac{1}{SC} \cdot I(S)}{\left(SL + R + \frac{1}{SC}\right)I(S)} = \frac{1}{S^2LC + SRC + 1}$$

其频率特性为

$$A(j\omega) = \frac{1}{j\omega RC + 1 - \omega^2 LC}$$

幅频特性为

$$A(\omega) = \frac{1}{\sqrt{(\omega RC)^2 + (1 - \omega^2 LC)^2}}$$

$$20\lg A(\omega) = -20\lg \sqrt{(\omega RC)^2 + (1 - \omega^2 LC)^2}$$

由此可见，LC 低通滤波器比 RC 滤波器有更好的滤波性能。但是制造电感线圈比较麻烦，不利于大规模生产也不便于集成化和小型化，使其应用范围受到局限。

2) Ⅱ 型 LC 低通滤波器

Ⅱ 型 LC 低通滤波器结构如图 5.21(b)所示。其传递函数为

$$A(S) = \frac{V_0(S)}{V_i(S)} = \frac{\frac{1}{SC} \cdot I(S)}{\left(SL + R + \frac{1}{SC}\right)I(S)} = \frac{1}{S^2LC + SRC + 1}$$

由此可看出，Ⅱ 型与 L 型有相同的衰减系数。实际上，由于信号源不可避免地含有内阻，当 Ⅱ 型滤波器和信号源连接后，相当于 L 型 RC 滤波器和 LC 滤波器串联，有效地改善了滤波特性。

3) T 型 LC 低通滤波器

T 型 LC 低通滤波器结构如图 5.21(c)所示。其传递函数为

$$A(S) = \frac{V_0(S)}{V_i(S)} = \frac{1}{S^2LC + SRC + 1}$$

由此可见，T 型滤波器与 L 型滤波器有相同的滤波特性。实际上往往将 T 型滤波器用于负载阻抗小的情形，这比应用 L 型、Ⅱ 型滤波器时的负载电流小，有效减轻了信号源的负担。

(5) 低通滤波器的结构选择

从上述分析可知，L 型、Ⅱ 型和 T 型滤波器具有相同的衰减系数，这是在没有考虑输入、输出阻抗下讨论的。实际应用中，要根据信号源的内阻和负载阻抗来选择低通滤波器的电路结构形式，即应使信号源提供电流最小，负载消耗电流最小，如图 5.17 所示。

(6) 低通滤波器的平衡结构

低通滤波器一般采用对称结构，以保证线路平衡，这有利于抑制共模干扰信号，如图 5.22 所示。

(7) 低通滤波器的串联形式

低通滤波器为了改善选频特性，可以实行级间串联。但前面讨论滤波器的传递函

数和频率特性时,都没有考虑滤波器的负载影响,即在没有负载电流的情况下讨论的。但级联后由于后级成为前级的负载,导致总的频率特性与单级不同。图 5.23 为两级 RC 低通滤波器的串联,后级成为前级的负载。

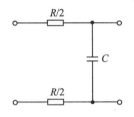

图 5.22 对称结构滤波器 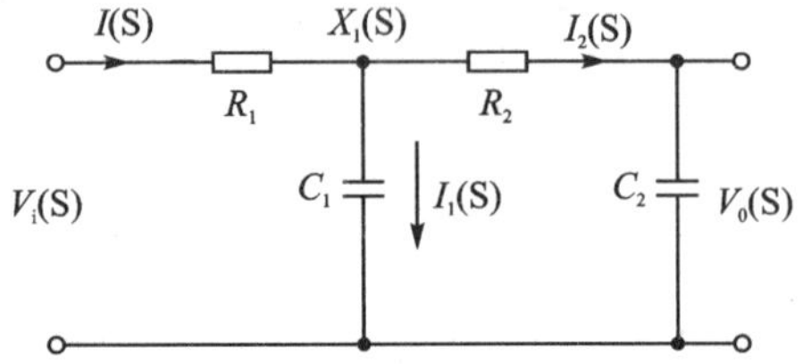 　　　　图 5.23 两级 L 形 RC 网络串联

图 5.23 的传递函数为

$$A(S) = \frac{1}{R_1 R_2 C_1 C_2 S^2 + (R_1 C_1 + R_2 C_2 + R_1 C_2)S + 1}$$

若设 $R_1 = R_2$, $C_1 = C_2$, $R_1 C_1 = R_2 C_2 = R_1 C_2 = T$, 则有

$$A(S) = \frac{1}{T^2 S^2 + 3TS + 1}$$

由此可看出,原来两个独立的一阶 RC 滤波器,串联后成了二阶网络,在某一频率下可能发生振荡。频率特性变化的根本原因是后级成了前级的负载。

若使后级的阻抗增大,对前级造成的负载效应忽略不计,则形成了两个独立的网络串联,如图 5.24(a)所示,后级的阻抗为

$$Z_m = \sqrt{m^2 R^2 + \frac{m^2}{\omega^2 C^2}} = m\sqrt{R^2 + \frac{1}{\omega^2 C^2}}$$

后级的阻抗是前级阻抗的 m 倍。

如图 5.24(b)所示,由于忽略了负载效应,即 $I_1 \gg I_2 \gg I_3$,因此

$$\frac{V_2(S)}{V_i(S)} = \frac{\frac{1}{SC} \cdot I_1(S)}{\left(R + \frac{1}{SC}\right)I_1(S)} = \frac{1}{SRC + 1}$$

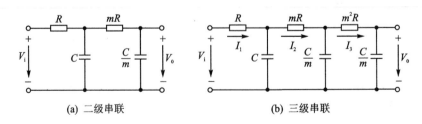

(a) 二级串联 　　　　　　　　(b) 三级串联

图 5.24 二级和三级 RC 低通滤波器

同理可得

$$\frac{V_3(S)}{V_2(S)} = \frac{1}{SMR\frac{C}{M}+1} = \frac{1}{SRC+1}$$

$$\frac{V_0(S)}{V_3(S)} = \frac{1}{SM^2R\frac{C}{M^2}+1} = \frac{1}{SRC+1}$$

令 $T=RC$,则

$$20\lg\left|\frac{V_0(j\omega)}{V_i(j\omega)}\right| = -60\lg\sqrt{\omega^2T^2+1}$$

由此可得出结论:当 RC 低通滤波器串联时,若后级的电阻是前级的 m 倍,其电容是前级电容的 $1/m$,那么当频率超过截止频率时,一级滤波器衰减 20 dB/十倍频程,二级滤波器衰减 40 dB/十倍频程,三级滤波器衰减为 60 dB/十倍频程。级数越多,衰减系数也就越大。

图 5.24 是通过加大后级滤波器的输入阻抗来进行串联的,实现了高频带的衰减系数增加的目的。但同时也使直流增益大大降低。

图 5.25 是采用跟随器实现级间隔离。由于跟随器的输入阻抗很大,级间的负载效应完全可

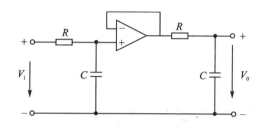

图 5.25 采用跟随器的滤波器串联

以忽略,同时直流增益也没有降低。实际上这是简易的有源滤波器。

3. 铁氧体抗干扰磁珠

铁氧体抗干扰磁珠又叫屏蔽珠(shield bead)、抗干扰珠(anti-interference bead)、电磁/射频干扰抑制器(EMI/RFI suppressor)。实际上它是一种用铁氧体材料(包括铁、钴、镍、锌、镁等金属氧化物及其他一些稀土元素的混合物质)。

铁氧体磁珠的最大优点是它具有很好的抗高频电磁干扰的作用,特别适用于抑制广播、电视和无线电通讯等产生的高频干扰。在设计印制电路板时,无法用传统的加金属外壳来屏蔽连线和电缆中的传导性干扰,采用铁氧体抗干扰磁珠效果很好。

(1) 抗干扰原理

铁氧体磁珠的阻抗与频率有关,低频段较小,但高频段很大。使用时让含高频干扰的信号线或电源线穿过磁芯,磁芯的阻抗通过磁耦合形式进入到电路,使高频干扰信号得到了抑制,有用的信号则能顺利通过。在电路中应用铁氧体是获得高频损耗的一种非常经济的方法。在电路中,铁氧体不会产生直流或低频功率损耗。同时,铁氧体磁珠的体积很小,在器件的引脚或导线上安装非常方便。在用于衰减 1 MHz 频率以上的干扰信号时,铁氧体磁珠的应用效果十分明显。

图 5.26(a)所示为一个安装在导线上的小型圆柱状铁氧体磁珠;图 5.26(b)所示是

铁氧体磁珠的高频等效电路原理图,由一个电感和一个电阻串联而成。电感和电阻的大小与信号频率有关。图 5.26(c)所示是铁氧体磁珠的原理图符号。

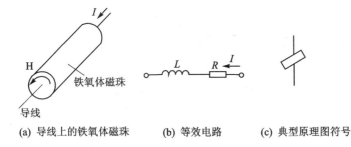

(a) 导线上的铁氧体磁珠　　(b) 等效电路　　(c) 典型原理图符号

图 5.26　铁氧体磁珠

(2) 铁氧体磁珠的正确选用

干扰信号通过导线、印制电路板铜箔和电缆传导或通过辐射耦合。采用屏蔽箱可以有效减少辐射干扰,但对于传导型的高频电磁干扰,例如从传感器的引线或电源线进入的干扰,采用铁氧体磁珠最佳。

根据高频噪声的范围和铁氧体磁珠产品的阻抗-频率特性,选择合适的产品。

根据应用场合选择磁珠的形状和大小。铁氧体磁珠做成多种形状,如环状、半环状、电阻形、筒形、多孔平板形等,使用时信号线一般要在磁芯上环绕几圈。但用在印刷电路中的铁氧体磁珠做成电阻或电容形状(也称 PC 珠),甚至做成两端有引线的表面安装元件。

如果单个铁氧体磁珠不能提供足够的衰减量(单个铁氧体磁珠可提供的阻抗一般在 100 Ω 左右),可以串联多个磁珠或在磁珠上使用多匝线圈。一定频率下,圈数越多,它在电路中呈现的阻抗就越大。但过多的匝数增大了磁珠上的寄生电容,反而会降低高频抗干扰性能。

(3) 典型应用

图 5.27 是应用铁氧体磁珠组成的 L-C 滤波器,可以防止高频无用信号进入负载。

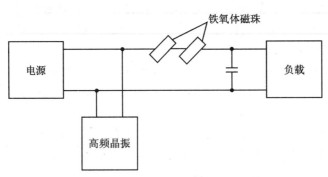

图 5.27　L-C 滤波器中铁氧体磁体的应用

图 5.28 是应用铁氧体磁珠阻尼两个快速逻辑门电路之间长距离传输过程所产生的振铃干扰。

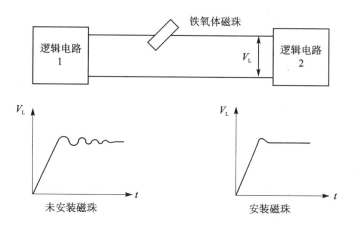

图 5.28 铁氧体磁珠用于阻尼振铃干扰

4. 贯通滤波器

贯通滤波器是指仅允许单根信号线通过进线口及出线口的独立滤波器,最常见的就是穿芯电容(又称三端电容器,如图 5.29(a)所示)。穿芯电容的结构是地电极环绕在介质周围,信号线穿过介质。与一般电容相比,穿芯电容能提供理想的插入损耗。

如果将穿芯电容和铁氧体磁珠按照不同的电路结构组合,可构成 L-C 型(一个穿芯电容加一个电感)、T 型(两个电感加一个电容)及 Π 型(两个穿芯电容加一个电感)等滤波器,如图 5.29 所示。

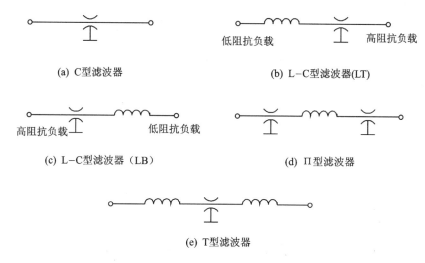

图 5.29 常用贯通滤波器的电路结构

为了防止工作电路的高频信号向外辐射或外部高频信号对工作电路的辐射干扰,经常使用金属箱体做屏蔽。为了取得较好的屏蔽效果,所有进出屏蔽箱的导线都应滤波,以防止导线传导电磁干扰。在音频范围内,使用一般的去耦电容即可。但在高频范围内,可在导线穿透屏蔽体的地方使用穿芯电容,并在导线和电路端口地之间连接一个短引脚的云母电容(或陶瓷电容),如图 5.30 所示。图中的电感 L 装入另一个屏蔽罩中,进一步减少了滤波器本身所拾取的噪声。在所有这些滤波器中,电容引脚和屏蔽地线的长度必须尽可能最短。

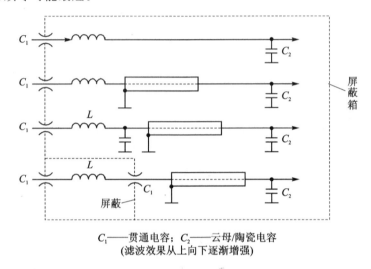

C_1——贯通电容;C_2——云母/陶瓷电容
(滤波效果从上向下逐渐增强)

图 5.30 穿芯电容在高频滤波中的应用

5. PCB 板滤波器件

印刷电路板(PCB)滤波器是模块化结构,占用面积小,特别适用于集成化程度高、器件安装要求紧凑的数字电路的印制板。下面介绍几种国产滤波器件,供读者选用。

(1) T 型滤波电路组件

国产 JLBT 系列 T 型滤波组件是 PCB 板设计中常用的信号滤波组件,其电容量可达 $0.22\mu F$,适用于源阻抗和负载阻抗较低的场合。图 5.31 为引线框图,表 5.1 列出了其主要性能。

(2) Ⅱ 型滤波电路组件

Ⅱ 型滤波器电路模块具有很好的高频干扰抑制效果,使用时注意滤波器必须与设备外壳之间低阻抗搭接,否则滤波效果会很差。图 5.32 是 JLBP 系列的引线框图,表 5.2 列出了滤波器的主要性能。

(3) EMI 片状滤波器

EMI(电磁干扰)片状滤波器是由特制的三端电容和铁氧体磁珠构成的 T 型低通滤波器,广泛用于线路板上信号干扰的抑制。使用方法是两边的线串接在要抑制干扰的信号线中,中间引线接地,接地线越短越好。表 5.3 列出 PLB 系列 EMI 片状滤波器的主要性能。

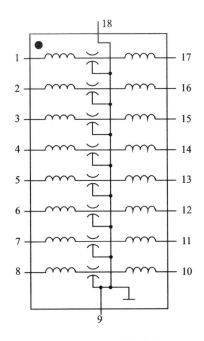

图 5.31 JLBT 引线框图

表 5.1 JLBT 的主要性能

JLBT-XXXM	电容值 (1±20%)/pF	插入损耗	电流	额定电压	温度特性
220	22	1			
470	47	2			
101	100	3			
221	220	4			
471	470	5	5ADC	100VDC	−25～+125 ℃
102	1 000	6			
222	2 200	7			
103	10 000	8			
223	22 000	9			

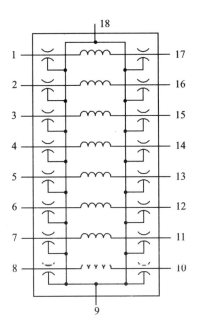

图 5.32 JLBP 引线框图

表 5.2 JLBP 的主要性能

JLBP-XXXM	电容值 (1±20%)/pF	插入损耗	电流	额定电压	温度特性
220	22×2	1			
470	47×2	2			
101	100×2	3			
221	220×2	4	5ADC	100VDC	−25～+125 ℃
471	470×2	5			
102	1 000×2	6			
222	2 200×2	7			

表 5.3 PLB 主要性能

PLB 型号	电容值 $(1\pm20\%)$/pF	通过最大电流	额定工作电压	插入损耗曲线	温度特性
220M	22			1	
470M	47			2	
101M	100			3	
221M	220			4	
471M	470	5ADC	100VDC	5	$-25\sim+125$ ℃
102M	1 000			6	
222M	2 200			7	
103M	10 000			8	
223M	22 000			9	

5.2.4 隔离技术

隔离措施一般包括信号隔离及弱电和强电之间的隔离。

信号隔离是指测控装置与现场仅保持信号联系,但不直接发生电的联系。也就是从电路上把干扰源和易干扰的部分隔离开来。隔离的实质是把引进干扰的通道切断,从而达到隔离现场干扰的目的。

一般工业应用的微机测控系统既包括弱电控制部分,又包括强电控制部分。为了使两者之间既保持控制信号联系,又要隔离电气方面的联系,即实行弱电和强电隔离,是保证系统工作稳定,设备与操作人员安全的重要措施。

测控装置与现场信号之间、弱电和强电之间常用的隔离方式有光电隔离、变压器隔离、继电器隔离等。另外,在布线上也应该注意隔离。

1. 光电隔离

(1) 工作原理

光电隔离是由光电耦合器件来完成的。光电耦合器的输入端配置发光源,输出端配置受光器,不是将输入侧和输出侧的电信号进行直接耦合,而是以光为媒介进行间接耦合,所以具有较高的电气隔离和抗干扰能力。

光电耦合器可根据要求不同,由不同种类的发光元件和受光元件组合成许多系列的光电耦合器。目前应用很广的是发光二极管与光敏三极管组合的光电耦合器,其内部结构如图 5.33(a)所示。

光电耦合器的工作情况可用输入特性和输出特性来表示。

① 输入特性。光电耦合器的输入端是发光二极管,它的输入特性可用发光二极管的伏安特性来表示,如图 5.33(b)所示。由图可见,它与普通晶体二极管的伏安特性基本上一样,仅有两点不同:一是正向死区较大,即正向管压降大,可达 0.9~1.1 V,只

有当外加电压大于这个数值时,二极管才发光;二是反向击穿电压很小,只有 6 V 左右,比普通二极管的反向击穿电压要小得多。因此,在使用时要特别注意输入端的反向电压不能大于反向击穿电压。

② 输出特性。光电耦合器的输出端是光敏三极管,光敏三极管的伏安特性就是它的输出特性,如图 5.33(c)所示。由图可见,它与普通晶体三极管的伏安特性是相似的,也分饱和、线性和截止三个区域。不同之处就是它以发光二极管的注入电流 I_f 为参变量。

③ 传输特性。当光电耦合器工作在线性区域时,输入电流 I_f 与输出电流 I_c 成线性对应关系,这种线性关系常用电流传输比 β 来表示,即

$$\beta = \frac{I_c}{I_f} \times 100\%$$

β 值反映了光电耦合器电信号的传输能力。从表面上看,光电耦合器的电流传输比与晶体三极管的电流放大倍数是一样的,都是表示输出与输入电流之比。但是三极管的 $\beta = I_c/I_b$ 总是大于 1 的,所以把晶体三极管的 β 称为电流放大倍数;而光电耦合器的 $\beta = I_c/I_f$ 总是小于 1 的,通常用百分数表示。

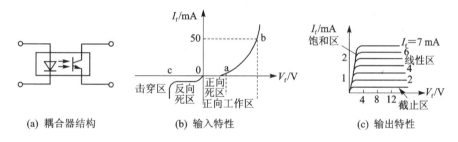

(a) 耦合器结构　　(b) 输入特性　　(c) 输出特性

图 5.33　光电耦合器的结构与特性

在使用光耦器件时,应首先明确光耦器件本身只能隔离传导干扰,它不能隔离辐射及感应干扰。辐射来自空间,感应来自相邻的导体。在 PCB 设计中,若将光电耦合器件的输入和输出电路布在一起,则干扰不能从光耦器件通过,但很容易经输入电路感应到输出电路。另外,光耦器件隔离传导干扰的能力也只有 1 kV 左右,1 kV 以上的干扰一般是不能隔离的。

(2) TLP521 光电耦合器

TLP521 光电耦合器根据片内含有光电隔离元件的个数分为 TLP521-1、TLP521-2 和 TLP521-4 等封装。TLP521 的引脚排列如图 5.34 所示,主要电气参数如表 5.4 所列。

(3) 光电耦合器应用举例

光电耦合的输入部分为红外发光二极管,可采用 TTL 或 CMOS 数字电路驱动,如图 5.35 所示。在图 5.35(a)中,输出电压 V_0 受 TTL 电路反相器控制。当反相器的输入信号为低电平时,输出信号为高电平,发光二极管截止,光敏三极管不导通,V_0 输出为高电平。反之 V_0 输出为低电平。R_F 电阻的主要作用是限制发光二极管的正向电流

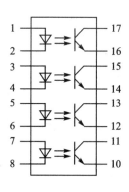

图 5.34　TLP521-4 引脚图

表 5.4　TLP521 主要电气性能

名称及符号	测试条件	参数值
正向压降 V_F	$I_F=10$ mA	$\geqslant 1.3$ V
最大正向电流 I_{FM}		50 mA
反向击穿电压 V_{BRO}	$I_C=0.1$ mA	$\geqslant 30$ V
饱和压降 V_{CES}	$I_F=10$ mA,$I_C=2$ mA	$\leqslant 0.4$ V
输出脉冲上升沿 t_r	$R_L=100$ Ω,$f=10$ kHz	$\leqslant 5$ μs
输出脉冲下降沿 t_f	$R_L=100$ Ω,$f=100$ kHz	$\leqslant 5$ μs
绝缘电阻 R_{iso}	$V=500$ V	$\geqslant 10^{10}$ Ω

I_f。TTL 门电流作为红外发光二极管的控制驱动时,其低电平最大灌入电流 I_{OL} 为 16 mA,在一般情况下,取 I_f 为 10 mA。在 TTL 门电路输出低电平忽略不计时(一般为 0.2 V 左右),R_F 的计算公式为

$$R_F = \frac{V_i - V_f}{I_f} = \frac{5\text{ V} - 1.0\text{ V}}{10\text{ mA}} = 400\text{ Ω}$$

R_L 为负载电阻,若使光电耦合器工作在饱和状态,当取光敏三极管电流为 0.5 mA 时,$R_L=30$ kΩ,则电流传输比 $I_c/I_f=1/20$。

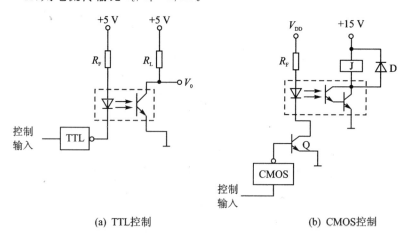

(a) TTL控制　　　　　　　(b) CMOS控制

图 5.35　应用举例

图 5.35(b)为 CMOS 门电路驱动控制。当 CMOS 反相器输出为高电平时,Q 晶体管导通,红外发光二极管导通,光电耦合器中的输出达林顿管导通,继电器 J 吸合,其触点可完成规定的控制动作;反之,当 CMOS 门输出为低电平时,Q 管截止,红外发光二极管不导通,达林顿管截止,继电器 J 处于释放状态。

由于 CMOS 门电路驱动电流很小,应加一级晶体管开关电路驱动,以满足红外发光二极管正向电流 I_f 的要求。

2. 继电器隔离

继电器的线圈和触点之间没有电气上的联系,可以用继电器的线圈接受电气信号,利用触点发送和输出信号,这就避免了强电和弱电信号之间的直接接触,实现了抗干扰隔离,如图 5.36 所示。

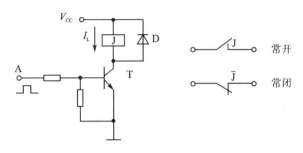

图 5.36 继电器隔离

当输入高电平时,晶体三极管 T 饱和导通,继电器 J 吸合;当 A 点为低电平时,T 截止,继电器 J 则释放,完成了信号的传递过程。D 是保护二极管。当 T 由导通变截止时,继电器线圈两端产生很高的反电势,以继续维持电流 I_L。由于该反电势一般很高,容易造成 T 的击穿。加入二极管 D 后,为反电势提供了放电回路,从而保护了三极管 T。

3. 变压器隔离

脉冲变压器可实现数字信号的隔离。脉冲变压器的匝数较少,而且一次和二次绕组分别缠绕在铁氧体磁芯的两侧,分布电容仅几 pF,所以可作为脉冲信号的隔离器件。图 5.37 所示电路外部的输入信号经 RC 滤波电路和双向稳压管抑制常模干扰,然后输入脉冲变压器的一次侧。为了防止过高的二次信号击穿电路元件,脉冲变压器的二次侧输出电压被稳压管限幅后进入测控系统内部。

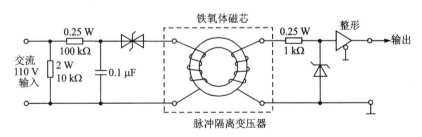

图 5.37 脉冲变压器隔离法

对于一般交流信号,可以用普通变压器实现隔离。图 5.38 表明了一个由 CMOS 集成电路完成的电平检测电路。

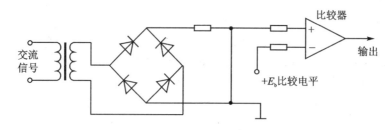

图 5.38 交流信号的幅度检测

4. 布线隔离

数字控制设备的配线设计,除了力求美观、经济、便于维修等要求外,还应满足抗干扰技术的要求,合理布线。

将微弱信号线路与易产生噪声污染的电路分开布线,最基本的要求是信号线路必须和强电控制线路、电源线路分开走线,而且相互间要保持一定距离。配线时应区别分开交流线、直流稳压电源线、数字信号线、模拟信号线、感应负载驱动线等。配线间隔越大,离地面越近,配线越短,则噪声影响越小。但是,实际设备的内外空间是有限的,配线间隔不可能太大,只要能够维持最低限度的间隔距离即可。表 5.5 列出了信号线和动力线之间应保持的最小间距。

表 5.5 动力线和信号线之间的最小间距

动力线容量	与信号线的最小间距/cm
125 V/10 A	30
250 V/50 A	45
440 V/200 A	60
5 kV/800 A	≥120

5.2.5 双绞线的抗干扰原理及应用

从现场信号开关输出的开关信号,或从传感器输出的微弱模拟信号,最简单的办法是采用塑料绝缘的双平行软线来传送这些信号。但是由于平行线间分布电容较大,抗干扰能力差,不仅静电感应容易通过分布电容耦合,而且磁场干扰也会在信号线上感应出干扰电流。因此,在干扰严重的场所,一般不简单使用这种双平行导线来传送信号,而是将信号加以屏蔽,以提高抗干扰能力。

屏蔽信号线的办法,一种是采用双绞线,其中一根用作屏蔽线,另一根用作信号传输线;另一种是采用金属网状编织的屏蔽线,金属编织网作屏蔽外层,芯线用来传输信号。一般的原则是:抑制静电感应干扰采用金属网的屏蔽线,抑制电磁感应干扰应该用双绞线。

1. 双绞线的抗干扰原理

图 5.39 表示双绞线对外来磁场干扰引起的感应电流情况。双绞线回路空间的箭头表示感应磁场的方向。

设干扰信号线 Ⅰ 的干扰电流为 i_c。双绞线中的两根(导线 Ⅱ、Ⅲ)导线的电阻分别

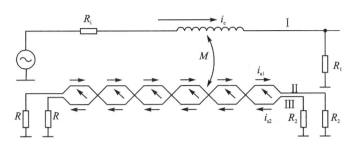

图 5.39 双绞线间电路磁场感应干扰情况

为 r_{s1}、r_{s2},电感分别为 L_{s1}、L_{s2};干扰线 Ⅰ 与双绞线的互感为 M。这时导线 Ⅱ 上的干扰电压 V_{s1} 为

$$V_{S1} = \frac{d}{dt}(Mi_c) = M\frac{di_c}{dt} = j\omega M i_c$$

上式中的 i_c 被当作单纯 ω 频率的正弦电流。V_{s1} 在单股导线 Ⅱ 上产生的电流 i_{s1} 为

$$i_{S1} = \frac{V_{S1}}{r_{S1}+j\omega L_{S1}} = \frac{j\omega i_c M}{r_{S1}+j\omega L_{S1}}$$

同理,另一股导线 Ⅲ 上的感应电流 i_{s2} 为

$$i_{S2} = \frac{j\omega M i_c}{r_{S2}+j\omega L_{S2}}$$

当 $r_{s1}=r_{s2}$,$L_{s1}=L_{s2}$ 时,$i_{s1}=i_{s2}$。根据图 5.39 不难看出,i_{s1} 与 i_{s2} 方向相反。由于感应电流流动方向相反,从整体上看,感应磁通引起的噪声电流互相抵消。显然,当两股导线长度相等,特性阻抗以及输入、输出阻抗完全相同时,抑制噪声效果最好。

把信号输出线和返回线两根导线拧合,其扭绞节距的长短与导线的线径有关。线径越细,节距越短,抑制感应噪声的效果越明显。实际上,节距越短,所用的导线的长度便越长,从而增加了导线的成本。一般节距以 5 cm 左右为宜。

双绞线有抵消电磁感应干扰的作用,但两股导线间的分布电容却比较大,因而对静电干扰几乎没有什么抵抗能力。

对于两组相邻平行放置的双绞线,为了抑制彼此间的电磁感应干扰,可以采用彼此节距不同的绞线,或者增大两组平行绞线的间距,也可以将它们分别穿于两组钢管内,以克服磁场的耦合干扰。

2. 双绞线的应用

在微机实时系统的长线传输中,双绞线是比较常用的一种传输线。另外,在接指示灯、继电器等时,也要使用双绞线。但由于这些线路中的电流比信号电流大很多,因此这些电路应远离信号电路。

在数字电路信号的长线传输中,除对双绞线的接地与节距有一定要求外,根据传送的距离不同,双绞线的使用方法也不同。

图 5.40(a)用于传送距离在 5 m 以下,发送、接收器装有负载电阻。若发射侧为集电极开路型,接收侧的集成电路用施密特型,则抗干扰能力更好。

当传送距离在 10 m 以上时,或经过噪声严重污染区域时,可使用平衡输出的驱动器和平衡输入的接收器,如图 5.40(b)和图 5.40(c)所示。

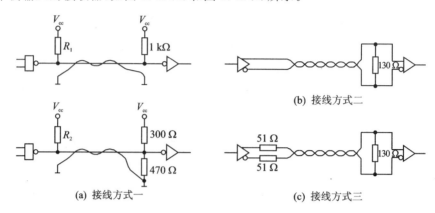

图 5.40 双绞线数字信号的传送

5.2.6 信号线间的串扰及抑制

线间串扰是当两条或几条较长的导线相平行而又靠得很近时,其中任一导线上的信号对其他导线产生干扰。线间干扰大多发生在多芯电缆、束捆导线或印刷板上平行的导线之间。

线间串扰是一种近距离的耦合干扰,受扰线上的影响来源于传输线间的分布电容和分布电感引起的电磁耦合。假定有两条平行导线,由于每条线上存在着寄生电容和寄生电感,相互之间也存在着寄生电容和互感,于是两线之间就存在着互相耦合的可能。一条线中的信号耦合到另一条线中去,就成为了串扰。

1. 扁平电缆的串扰与抑制

在微机系统中,广泛使用扁平电缆作连接导线。扁平电缆使用方便,但很容易产生串扰。扁平电缆的各导线间均有分布电容,如图 5.41(a)所示。分布电容很容易引起线间串扰。

用扁平电缆传输的微机数字信号频率为数百千赫至兆赫的方波信号,含有 100 倍左右的高次谐波,信号频谱为数十兆赫至数百兆赫。这些高频分量极易通过扁平电缆各导线间的分布电容耦合到邻近导线。当微机的输入、输出端口为数字逻辑电路时,由于信号线离得很近,会出现图 5.41(b)所示的环路,形成电容耦合干扰。

扁平电缆导线间的分布电容与其长度成正比,长线传输过程尤其注意串扰问题。此外,串扰还与输入端的输入阻抗、阈值电压等参数有关。抑制扁平电缆的串扰可采取以下措施:

① 用一条扁平电缆传输多种电平信号时,必须按电平级分组,不同组的导线间要保持一定的距离。

② 由于高频成分都发生在脉冲的前、后沿,分组传送时应把前沿时间相近的同级

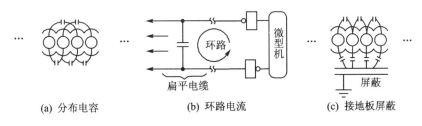

图 5.41 扁平电缆的串扰

电平信号划分为一组。

③ 可以把两个相邻信号组的导线用一空闲导线分开,并把该空闲导线接地。这就把两组相邻导线间的耦合电容转化为对地电容。

④ 在配线时,应力求扁平电缆贴近接地底板。必要时,可专门给扁平电缆设置接地屏蔽底板,使导线之间的部分耦合电容转化为对地电容,如图 5.41(c)所示。

⑤ 如果干扰严重,可采用双绞线结构的扁平电缆,并把其中一线接地。这种电缆对抑制静电干扰和空间电磁干扰也有效果。

2. 普通传输线的串扰抑制

信号线除了扁平电缆外,还可以采用单股导线、双绞线和屏蔽电缆。由于线间串扰与信号传输线间的耦合阻抗以及导线本身的特性阻抗有关,为减少串扰,应选用特性阻抗低的导线。同轴电缆的特性阻抗较低,约 50 Ω,传输延迟时间为 5 ns/m,所以串扰最小,但其成本高,只能应用于噪声严重的场合。双绞线的特性阻抗为 100 Ω 左右,传输延迟时间为 5.3 ns/m,不仅成本低,使用也方便。

① 将双绞线中的一根两点接地,另一根作传输线,既可以显然降低串扰噪声,又能起到静电屏蔽作用,现场敷设比较方便。

② 控制柜中的信号线,应尽量靠近接地底板,以增大对地电容而减少串扰。

③ 设计印制板上的信号线时,应力求靠近地线,或用地线包围之。

④ 尽量加大信号线与其他线间的距离,可采取分线走线的方式,尤其是强电和弱电的传输线一定要分开布设。

5.2.7 抑制数字信号噪声常用硬件措施

数字信号可作为系统被控设备的驱动信号(如驱动接触器的吸合等),也可作为设备的响应回答和指令信号(如行程开关到位,启动按钮等)。数字信号所处环境往往存在很强的干扰,数字信号接口部位是外界干扰串入微机系统的主要渠道之一。因此,在工程设计中,对数字信号的输入/输出过程必须采取可靠的抗干扰措施。这些常规措施主要包括:传输线的屏蔽技术,如采用屏蔽电缆、双绞线等;采用信号隔离措施,如光电隔离、继电器隔离、变压器隔离等;接地合理,由于数字信号在电平转换过程中会形成公共阻抗干扰,选择合适的接地点可以有效抑制地线噪声。除了硬件抗干扰技术之外,采用软件抗干扰方法也会提高系统的运行效果,可参阅本章第 5.5 节的有关说明。

本节针对数字信号的特点，重点研究其他一些抗干扰方法。

1. 数字信号的负传输方式

图 5.42(a)所示是采用高电平进行长线传输的形式。在没有按下开关 N 时，输入到接口芯片 8255 长线上的电平为低电平，很容易引起噪声侵入。当按下开关 N 时，发出的控制信号为高电平。将这种开关断开时信号为低电平，开关接通时信号为高电平的传输方式称为正逻辑方式。

图 5.42(b)所示电路则相反，当按下开关 N 时，发出的指令信号为低电平。而平时不按下开关 N 时，输出到 8255 长线上的电平为高电平，称之为负逻辑方式。负逻辑方式具有较强的耐噪声能力。

从工程实践积累的经验看，开关输入的控制指令有效状态采用低电平比采用高电平的效果要好得多，一般微型计算机接口电路经常采用这种方式。例如，键盘/显示用接口芯片 8279，当键按下时为低电平状态，不按下时为高电平状态。

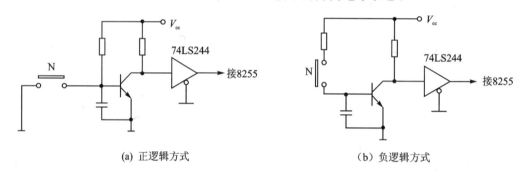

(a) 正逻辑方式　　　　　　　　　(b) 负逻辑方式

图 5.42　数字信号长线传输的电平方式

2. 提高数字信号的电压等级

一般输入信号的动作电平为 TTL 电平，由于电压较低，容易受到外界干扰，触点的接触也往往不良，导致输入失灵。图 5.43 将输入信号提高到 +24 V，经过长线传输进入微机入口，在入口处再将高电压信号转换成 TTL 信号。这种高电压传送方式不仅提高了耐噪声能力，而且使触点接触良好，保证运行可靠。其中的二极管 D_1 为保护二极管，反向电压 $\geqslant 50$ V 才能保证运行安全。

3. 数字输入信号的 RC 阻容滤波

微机测控系统由于所处工业环境往往十分恶劣，最严重的干扰是侵入系统的脉冲噪声，其幅值之大，脉宽之窄，可引起电路性能恶化和使部分元件击穿。抑制脉冲噪声是微机设备抗干扰技术的重要内容。

(1) RC 滤波原理

抑制脉冲噪声，习惯上多在数字电路的接口部分加入 RC 构成滤波环节，利用 RC 的延迟作用用来控制对脉冲噪声的响应，一般称此为延迟电路。

如果在电路的输入端（或输出端）对地并接一个电容，就可以稳定该点电位，使其不

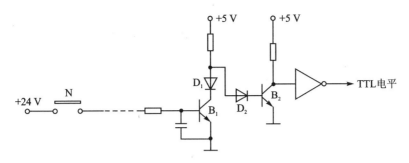

图 5.43　提高输入信号的电压等级

随干扰电压变化;或者当干扰电压变化还未达到元件的动作电平时,干扰脉冲即已消失,从而抑制了干扰。实际上,一般干扰脉冲的宽度都相对较窄,如图 5.44 中的虚线所示,因而采用阻容抗干扰技术都有较好的抑制噪声作用。

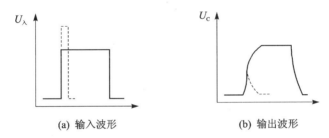

图 5.44　矩形脉冲作用于电容电路的输出波形

(2) RC 滤波器的选用

在工业过程控制中,参数变化的时间常数一般较大,在模拟量输入信号中所含频率较低;由开关触点取得开关量或由锁存器输出的驱动信号的频率可能更低,幅值趋稳,因此具有较强的抗干扰能力。但是,在输入信号中往往会混进各种高频干扰,必须进行滤波。

选择滤波器的型式主要从效果、投资、体积等方面考虑。工业测控装置中一般采用 RC 滤波器,有单节、双节滤波器,Ⅱ 型滤波器以及只用电容的滤波器,如图 5.45 所示。

图 5.45 中参数的选择原则是根据输入信号频率和干扰频率,选择时间常数小于有用信号周期而大于干扰信号周期。一般来说,对于同样的 RC 值,增大 C 比增大 R 效果更好,因为过大的 R 值会使有用信号衰减。具体参数的选择,如图 5.45(c)中,R_1、R_2 一般选几十欧至几百欧,C_1、C_2 一般选 $0.01 \sim 100 \mu F$。具体值可以根据现场的干扰情况通过试验而定。

4. 提高输入端的门限电压

抑制输入信号的高频噪声除了采用阻容滤波之外,也可以采用增加输入电路的阈值电压的方法,如图 5.46(a)所示。图中的二极管 D_1 的导通压降约 0.7 V,接入 D_1 后使输入端的门限电平提高了,这对振幅不大的噪声有很好的抑制作用。也可以在输入端加入施密特电路,如图 5.46(b)所示,利用电路的回差特性抑制干扰脉冲。

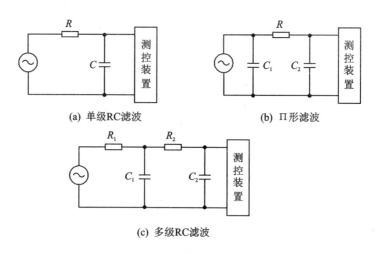

图 5.45　输入信号抗干扰 RC 滤波电路

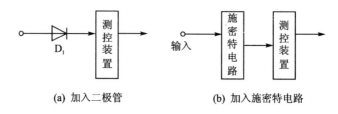

图 5.46　提高门限电压的抗干扰电路

5.3　供电电源的抗干扰技术

　　除强电被控设备外,微机测控系统中的各个单元都需要直流电源供电。一般是由市电电网的交流电经过变压、整流、滤波、稳压后向系统提供直流电源。由于变压器的初级绕组接在市电电网上,电网上的各种干扰便会通过感应耦合引入系统。因此,交流电源既是计算机使用的电源,又是一个严重污染的干扰源。这种污染通过设备的电源线传入系统的内部,对计算机产生影响。除此之外,由于电源共用,各电了设备之间通过电源线也会产生相互干扰。有资料表明,测控系统中约 90% 的干扰是通过电源耦合进来的。随着工业的发展,电源污染问题日益严重,由于计算机对电源干扰极为敏感,研究电源抗干扰措施显得尤为重要。

　　电源干扰引起电源电压的异常情况包括:
- 过压、欠压、瞬时停电(秒级);
- 浪涌和跌落(毫秒级);
- 瞬变脉冲(0.5 毫秒级);
- 尖峰脉冲(微秒级)。

5.3.1 电源干扰问题概述

1. 电源干扰的类型

(1) 电源线中的高频干扰

供电电力线相当于一个接收天线,能把雷电、开闭日光灯、启停大功率的用电设备、电弧、广播电台等辐射的高频干扰信号通过电源变压器初级耦合到次级,形成对计算机的干扰。

(2) 感性负载产生的瞬变噪声

切断大容量感性负载时,能产生很大的电流和电压变化率,从而形成瞬变噪声干扰,成为电磁干扰的主要原因。

(3) 晶闸管由截止到导通产生的瞬变噪声

晶闸管由截止到导通,仅在几微秒的时间内使电流由零很快上升到几十甚至几百安培,因此电流的变化率 di/dt 很大。这样大的电流变化率,使得晶闸管在导通瞬间流过一个具有高次谐波的大电流,在电源阻抗上产生很大的压降,从而使电网电压出现缺口。这种畸变的电压波形含有高次谐波,可以向空间辐射,或者通过传导耦合,干扰其他电子设备。

(4) 电网电压的短时下降干扰

当启动如大电机等大功率负载时,由于启动电流很大,可导致电网电压短时大幅度下降。这种下降值超过稳压电源的调整范围时,也将干扰电路的正常工作。

(5) 拉闸过程形成的高频干扰

当微机与电感负载共用一个电源时,拉闸时产生的高频干扰电压通过电源变压器的初、次级间的分布电容耦合到测控装置,再经该装置与大地间的分布电容形成耦合回路。

工程实践表明,在许多电源干扰因素当中,持续极短的尖峰干扰和电压跌落是造成故障的重要原因。尖峰干扰可以通过串扰或直接进入电源的方式耦合到系统中去,从而引起内部逻辑电路工作状态的混乱,导致微机进入死循环或程序失控。电压的跌落可以引起存储器中易失数据的丢失,导致计算机的误动作。因此,微机测控系统中供电电源的抗干扰设计,主要是围绕抑制尖峰脉冲干扰和防止电压跌落进行的。

2. 电源干扰的耦合途径

(1) 传导性耦合

噪声干扰沿电源线直接进入用电设备,这是最常见的干扰进入方式。尖峰脉冲干扰主要是由电源线进入微机系统的。

(2) 电磁感应耦合

进入电源变压器初级绕组的各种干扰,可以通过电磁耦合到次级,再通过稳压电源进入到测控装置。

(3) 电容性耦合

电源变压器初级绕组对 50 Hz 基波的交流电阻抗很小,电能可通过磁场耦合到次级;对于高频信号则呈现很大的感抗,不能通过磁场耦合到次级。但是,变压器的初、次级线圈间存在着约数百 pF 数量级的分布电容,如图 5.47 中的 C_F。C_F 的高频容抗很小,相当于短路。因此,高频干扰便以电场形式耦合到次级,造成严重干扰。尽管在整流电路之后配置有大容量的电解电容滤波器,但也不能将这些瞬变噪声完全滤掉,这是由于电解电容器在高频下工作时其阻抗呈现为感性特性,对高频信号产生很高的阻抗。这样就使得部分干扰脉冲窜到直流电源中去,威胁着微机系统的正常工作。

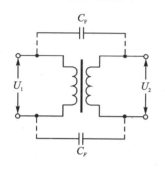

图 5.47 变压器初次级间的分布电容

(4) 公共阻抗耦合

在实际工程中,出于安全上的考虑,强电设备的零线一般均接地(称保护接零),测控装置的箱体外壳等也需要接地(称保护接地)。由于接地点多,设备绝缘降低而引起的漏电流或者负载的不平衡等原因,使得接地回路中总存在着一个不平衡电流,产生较大的电阻压降。当强电设备启停引起负载电流变化时,这一电阻压降也随之波动。当微机测控装置的直流电源的地线也与大地相接时,交流电网的地与直流电源地之间就存在着一定的公共地电阻 R_g,在强电接地电流 I_g 流经 R_g 时,便产生干扰电压 U_g。这一干扰电压达到一定的幅度时,可能导致弱电回路的误动作,如图 5.48 所示。

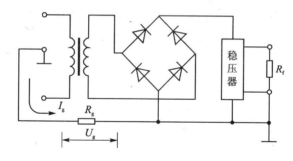

图 5.48 共地干扰

(5) 辐射耦合

广播电视信号、各种工业高频设备向空间辐射的无线电波被电力传输导线接收,通过变压器耦合到微机电源。

3. 电源的共模和串模干扰

在微机系统的电磁干扰源中,电源干扰是最为复杂的,因为它包括了许多可变的因素。为了便于对电源干扰实施控制,首先研究电源干扰的两种形式:共模和串模方式。

共模干扰是指电源火线对大地,或中线对大地之间的干扰。对于三相电路来说,共模干扰存在于任何一相与大地之间。共模干扰有时也称纵模干扰、不对称干扰或接地干扰。这是载流导体与大地之间的干扰,如图 5.49(a)所示。

串模干扰就是线与线之间的干扰,如电源相线与中线之间的干扰。对三相电路而言,相线与相线之间的干扰也是串模干扰。串模干扰有时也称为差模干扰、常模干扰、横模干扰或对称干扰。这是载流体之间的干扰,如图 5.49(b)所示。

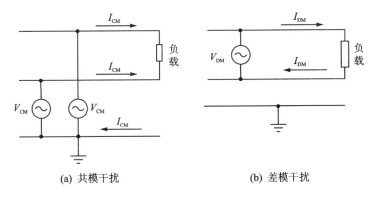

(a) 共模干扰　　　　　　　　　(b) 差模干扰

图 5.49　共模与串模干扰

通常,线路上干扰电压的串模分量和共模分量是同时存在的,而且由于线路阻抗的不平衡,两种分量在传输中会互相转变。

两种干扰模式中,共模干扰是考虑的重点。干扰在线路上经过长距离传输后,串模分量的衰减要比共模分量衰减大,这是由于线间阻抗和线地间阻抗不同的缘故。另一方面,共模干扰频率一般在 1 MHz 以上,因此共模干扰在线路上传输的同时,还会向邻近空间辐射(这是因为线地阻抗较大,加上共模干扰频率高,形成空间辐射)。电源线的辐射,特别是进入设备内部后的电源线辐射,可进一步耦合到信号电路形成干扰,所以很难抑制。串模干扰的频率相对较低,不易形成辐射。在一般线路中,抑制串模干扰已采取了不少措施(例如,在稳压电路中用了滤波电容;在印刷线路板上配置去耦电容等)。因此,由串模干扰引起设备的误动作的机率相对少一些。

干扰的模式给出了干扰源和耦合通路之间的关系。共模干扰是由辐射或串扰形式耦合到电路当中。例如雷电、设备近处的电弧、电台及大功率辐射装置在电源线上的干扰,也包括机箱内部线路或其他电缆对电源线的干扰。由于是来自空间的感应,故对每一根导线的作用是相同的。串模干扰表示了干扰是源于同一电源线之中。例如,同一线路中工作的电感性负载、开关电源及可控硅等,它们在电源线上所产生的干扰就是串模干扰。

区分电源线上的干扰方式很有必要,根据共模和串模干扰方式,可选用不同的抗干扰滤波器。

5.3.2　电源抗干扰的基本方法

由电源引入的干扰对微机系统造成的后果是最严重的,往往导致系统进入死机状态或发生误动作;同时这种干扰又是很复杂的,表现为干扰信号的随机性和原因的多方面性。工业实践表明,要想有效抑制电源干扰,必须经过反复测试,结合具体环境,采取合适的措施。常用的电源抗干扰基本途经有以下几点:

1. 消除系统中的电磁干扰源

微机测控系统中具有大电感负载时,在负载开关过程中会引入电磁干扰,导致单片机不能正常运行。克服这种干扰的最有效方法是设法消除干扰源。常用的方法有:

① 在电感线圈两端并联吸收网络,例如采用 R、RC、RCD 等吸收网络。

② 采用无触点开关代替有触点开关。例如可采用晶闸管无触点开关,MOC 系列光耦合过零触发双向晶闸管驱动器,固态继电器等。

2. 提高供电电源质量

单片机要求稳定的高质量供电电源,常采用的方法有:

① 分类供电方式。把空调、照明、动力设备分为一类供电方式,把微机及其外设分为一类供电方式,以避免强电设备工作对微机系统的干扰。在有条件的地方,可以从配电室到微机系统单独设置一条供电线路。严禁使强电设备与微机电源共用电源线和接地线路。共用电源线和接地线往往是导致微机故障的主要原因。

② 采用分立式供电。整个系统不是统一变压、整流、滤波、稳压后供给各单元电路使用,而是分别变压后直接送给各单元电路的整流、滤波和稳压。这样可以有效地消除各单元间的电源线、地线间的耦合干扰,又提高了供电质量,增大了散热面积。

③ 在要求供电质量很高的特殊情况下,可以采用发电机组或逆变器供电,如采用在线 UPS 不间断电源供电。

3. 抗电源跌落措施

供电电源的较长时间电压跌落是导致系统故障的重要因素之一。当系统中的大功率设备启动时,过大的启动电流会引起电压跌落;系统中某些设备的瞬间短路(如变压器绝缘油的耐压击穿试验、电焊机启弧前的短路工作状态等)也会引起电压跌落。克服电压跌落可采用如下措施:

① 采用有隔离作用的宽工作电压范围(交流 85~265 V)开关电源,以提高电源抗电网电压跌落的能力。

② 增大直流稳压电源的滤波电容,使其在 2~5 s 断电时间内仍提供合格的直流电压。

③ 采用 UPS 不间断供电电源。

④ 采用交流稳压器。当电网电压波动范围较大时,应使用交流稳压器。若采用磁饱和式交流稳压器,则对来自电源的噪声干扰也有很好的抑制作用。

4. 干扰抑制方法

干扰抑制方法主要有滤波法、隔离法、吸收法等。

① 滤波法。滤波法即在电源的输入端加入抗干扰滤波器。抗干扰滤波器同时抑

制进入设备与出自设备的电磁干扰,具有双向抑制性,它主要是消除或降低传导干扰。电源抗干扰滤波器可分为共模抗干扰滤波器和串模抗干扰滤波器。

② 隔离法。隔离法主要采用带屏蔽的隔离变压器。由于共模干扰是一种相对于大地的干扰,所以它主要通过变压器组间的耦合电容来传递。如果在初、次级间插入屏蔽层,并使之良好接地,便能使干扰电压通过屏蔽层旁路掉,从而减小输出端的干扰电压。

③ 吸收法。吸收法主要采用吸波器件将尖峰干扰电压吸收掉。吸收器件都有共同的特点,即在阈值电压以下呈现高阻抗,而一旦超过阈值电压,则阻抗急剧下降,因此对尖峰电压有一定抑制作用。这类吸波器件主要有压敏电阻、气体放电管、TVS管、固体放电管等。不同的吸波组件对尖峰电压的抑制也有各自的局限性:压敏电阻的吸收能力不够大;气体放电管的响应速度慢;TVS管是一种新型高效的吸收电源进线上尖峰脉冲的器件,还可以用作防雷以及各种大功率器件的保护和吸收电路。

5.3.3　EMI 电源滤波器

减小电源线上的干扰信号一个有效的方法是进行滤波。在交流电源的进线端,即电源变压器的初级串联一个电源滤波器,可以有效地抑制电磁干扰的侵入。电磁干扰(EMI)电源滤波器实际上是一个具有低通性能的四端无源网络,对50周交流有很小阻抗,可让其通过;而对高频干扰信号则让其旁路入地,防止它进入变压器次级。

实际工程当中,电源低通滤波器一般由 C 网络或 LC 网络组成,而不用 RC 网络,因为 R 上压降很大;又由于仅仅为了滤除高频干扰,L 的体积可以做得很小,从而满足对电源滤波的要求,又可获得较高的效率。

1. 实用低通电容滤波器

最简单的电源滤波器是在电源变压器初级并联电容,如图 5.50 所示。图 5.50(a)为串模滤波器,图 5.50(b)为共模滤波器,图 5.50(c)为串模/共模滤波器。

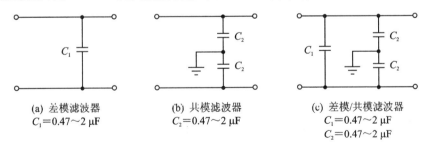

图 5.50　实用电容低通滤波器

2. EMI 滤波器模块

为了适应微机产品抗干扰技术的需要,各电子设备厂商推出了不同规格的电源滤波器产品,使得电源滤波器模块化,并制定了一些标准。

电源滤波器模块由 LC 网络组成,其工作原理是使得滤波器的阻抗与干扰源的阻抗不匹配,使干扰信号沿干扰源进来的方向反射回去,从而降低了干扰源的影响。

(1) 电源滤波器模块的组成

图 5.51 是一个电源滤波器的原理图,L_1 和 L_2 对共模干扰信号呈现高阻抗,而对串模信号和电源电流呈现低阻抗,这样就能保证电源电流衰减很小,而同时又抑制了电流噪声。通常 L_1、L_2 的值很小且相等,对称地绕在同一螺旋管上(称双绕组扼流圈),这样在正常工作电流范围内,磁性材料产生的磁通相互抵消,以降低电感。但对于共模信号来说,这两个线圈产生的磁场是相互加强的,对外呈现出总的电感量明显加大。这样,共模分量就被 L_1、L_2 和电容 C_y 大大抑制了。C_y 为旁路电容,又称 y 电容。电容量要求 2 200 pF 左右。电感量为几毫亨至几十毫亨。

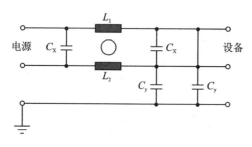

图 5.51 电源滤波器原理图

电容 C_x 用于滤除串模干扰信号。C_x 为电源跨接电容,又称 x 电容。电容量取 0.22~0.47 μF。

由于干扰的形式、频率多种多样,因此对滤波器电感的磁性要求也完全不同。

电源滤波器在使用时必须安装在电源的输入端,也就是把电源滤波器串入电网和设备电源线之间。

随着数字化设备在工业中的广泛应用,国内外厂商推出了各种规格形式的电源滤波器产品,品种齐全,用户可根据自己的具体要求进行选择。下面介绍某国产型号的 EMI 模块,供读者参考。

(2) A 系列交流单相通用滤波器

该产品为通用型滤波器,对串模和共模干扰有良好的抑制特性。具有较小的泄漏电流(<0.5 mA)。体积小,价格低廉,有多种安装形式可供选择,适用于小型电气设备和电子测量仪器。电路原理如图 5.52 所示。

由图 5.52 可知,A0 产品由于没有 y 电容,仅适用于抑制串模干扰;A1、A2 产品有 x、y 电容,适用于串模和共模干扰的抑制。

主要技术指标如下:

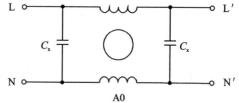

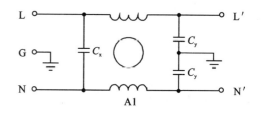

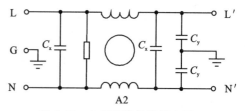

图 5.52 A 系列滤波器原理图

- 额定电压：250 VAC；
- 工作频率：50/60 Hz；
- 漏电流：<0.5 mA@250 VAC/50 Hz；
- 线-线测试电压：1 500 VDC/min；
- 线-地测试电压：1 500 VAC/min；
- 绝缘电阻：>50 MΩ@500 VAC；
- 温升：<30 ℃；
- 温度范围：−25～85 ℃。

3. D系列直流滤波器

该产品专为抑制直流电源干线而设计的，采用新型软磁材料，体积小，重量轻，性能可靠。电路原理如图5.53所示。

主要技术指标如下：

- 额定电压：200 VDC；
- 绝缘电阻：50 MΩ@500 VDC；
- 温升：<30 ℃；
- 温度范围：−25～85 ℃；
- 线-线测试电压：40 VDC/min；
- 线-地测试电压：500 VDC/min。

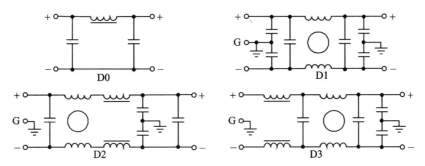

图5.53 D系列直充电源滤波器电路原理图

5.3.4 瞬变干扰与TVS

瞬变干扰是一种突变性质的干扰，主要包括振铃干扰和脉冲干扰。振铃干扰是指干扰呈衰减振荡状，干扰的第1周波有很高的峰值，在随后的3～6周波内，干扰幅度很快减到第1周期的1/2以下。脉冲干扰是指单方向的一个幅度很大，持续时间很短的干扰波。瞬变干扰对计算机的危害性可以达到全部故障的90%以上，之所以有这样的危害性，是因为它有着非常陡峭的边沿，幅度又特别大，而数字电路又恰恰对干扰波的边沿和幅度有着非常敏感的响应能力。当前电子产品的数字化是发展的主流，设备的小型化、高速运算、高密度安装和低功耗(IC电源电压大大降低的情况)又加剧了设备对电磁干扰的敏感性,特别是对脉冲干扰的敏感性。

为了避免瞬变干扰对电子设备工作的影响,有必要在设备中采取一定措施,滤波和瞬变吸收是可采用的方案。滤波器中的电容和电感元件的频率特性决定了滤波效果仅在某些特定频率段会取得最佳效果。瞬变干扰信号含有丰富的谐波分量,频带很宽,使得滤波器对瞬变干扰的抑制能力变得非常有限。因此,抑制瞬变干扰的最有效的办法就是采用瞬变干扰吸收器件。

常用的瞬变干扰器件有气体放电管、金属氧化物压敏电阻、硅瞬变电压抑制二极管和固体放电管。

瞬变电压抑制器(Transient Voltage Suppression Diode)又称作瞬变电压抑制二极管,是普遍使用的一种高效能电路保护器件。一般简称 TVS。它的外形与普通二极管无异,但却能"吸收"高达数千瓦的浪涌功率。当 TVS 两端经受瞬间高能量冲击时,它能以极高的速度把两端间的阻抗值由高阻抗变为低阻抗,吸收一个大电流,从而把它两端的电压钳位在一个预定的数值上,保护后面的电路元件不因瞬态高电压的冲击而损坏。

TVS 对静电、过压、电网干扰、雷击、开关打火、电源反向及电机/电源噪声干扰保护尤为有效。TVS 具有体积小,功率大,响应快,无噪声,价格低等优点。目前广泛应用于家用电器、电子仪表、通信设备、电源、计算机系统等领域。

根据钳位电压的不同,TVS 可用在 5~300 V 左右的电路中。

1. TVS 的特性及主要参数

TVS 的电路符号和普通稳压管相同。其正向特性与普通二极管相同,反向特性为典型的 PN 结雪崩特性,图 5.54 为其电压-电流特性曲线。

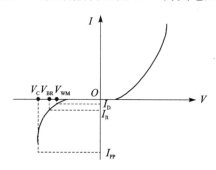

图 5.54 TVS 的 V/I 特性曲线

在瞬态峰值脉冲电流作用下,流过 TVS 的电流由原来的反向漏电流 I_D 上升到 I_R 时,其两极呈现的电压由额定反向关断电压 V_{WM} 上升到击穿电压 V_{BR},TVS 被击穿。随着峰值脉冲电流的增大,流过 TVS 的电流达到峰值脉冲电流 I_{PP},但两极的电压被钳位到预定的最大钳位电压以下,其后,随着脉冲电流按指数规律衰减,TVS 两端的电压不断下降,最后恢复到起始状态。这就是 TVS 抑制浪涌脉冲,保护电子元件的过程。

TVS 的主要参数有:

(1) 最大反向漏电流 I_D 和额定反向关断电压 V_{WM}

V_{WM} 是 TVS 最大连续工作的直流或脉冲电压,当这个反向电压加于 TVS 的两极间时,它处于反向关断状态,流过它的电流小于或等于最大反向漏电流 I_D。

(2) 最小击穿电压 V_{BR} 和击穿电流 I_R

V_{BR} 是 TVS 最小雪崩电压。25 ℃时,在这个电压之前,TVS 是不导通的;当 TVS 流过规定的 1 mA 电流(I_R)时,加于 TVS 的两极间的电压为其最小击穿电压 V_{BR}。

(3) 最大钳位电压 V_C 和最大峰值脉冲电流 I_{PP}

当持续时间为 20 μs 时的脉冲峰值电流 I_{PP} 流过 TVS 时,在其两极间出现最大峰值电压为 V_C。V_C、I_{PP} 反映了 TVS 的浪涌抑制能力。

(4) 最大峰值脉冲功耗 P_m

P_m 是 TVS 能承受的最大峰值脉冲功耗。其规定的试验脉冲波形和各种 TVS 的 P_m 值,可查阅有关产品手册。在给定的最大钳位电压下,功耗 P_m 越大,承受浪涌电流的能力越大;在给定的功耗 P_m 下,钳位电压 V_C 越低,承受浪涌电流的能力越大。

(5) 钳位时间 t_c

t_c 是从 0 到最小击穿电压 V_{BR} 的时间。单极性 TVS 的 t_c 小于 1×10^{-12} s;双极性 TVS 的 t_c 小于 10×10^{-9} s。

2. TVS 的选用指南

选用 TVS 时,首先要确定被保护电路的额定标准电压、最高工作电压和损坏极限电压。

(1) 反向关断电压 V_{WM} 的选择

V_{WM} 应大于或等于被保护电路的最高工作电压。若选用的 V_{WM} 太低,器件可能进入雪崩或因反向漏电流太大而影响电路的正常工作。

(2) 最大钳位电压 V_C 的选择

TVS 的最大钳位电压应小于被保护电路的极限电压。

(3) 峰值脉冲功耗 P_m 的选择

在规定的脉冲持续时间内,TVS 的最大峰值脉冲功耗 P_m 必须大于被保护电路内可能出现的峰值脉冲功率。在确定了最大钳位电压后,其峰值脉冲电流应大于电路中可能出现的瞬态浪涌电流。

(4) 极性及封装的选择

根据用途选用 TVS 的极性及封装结构,交流电路选用双极性,直流电路选用单极性,多线保护选用 TVS 阵列更为有利。

3. TVS 的应用

TVS 有着广泛的应用范围,在各种电路、传输线路及电器设备中,都可提供浪涌电压保护。

(1) 在电源电路中的应用

如图 5.55 所示,TVS_1 对变压器 T 及整个电路提供保护;TVS_2 对除变压器 T 以外的整个电路提供保护;TVS_3 对负载提供保护。在实际应用中,也可以根据保护对象和具体要求,只选用一个保护器件。

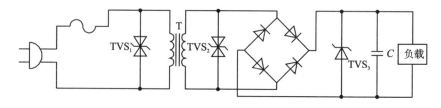

图 5.55　电源保护

(2) 计算机电路中的保护

将 TVS 接在信号及电源上,可防止静电放电效应、交流电源的浪涌和开关电源噪声,也可以避免数据及控制总线受到干扰,如图 5.56 所示。

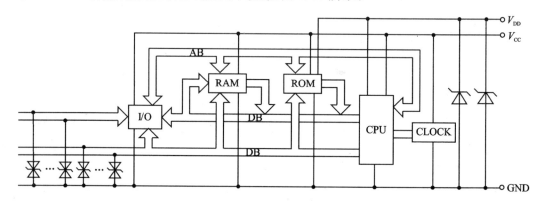

图 5.56　计算机电路保护方法

(3) 集成电路保护

集成电路保护如图 5.57 所示。

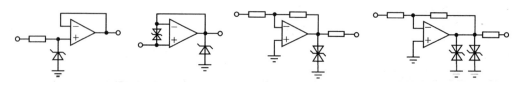

图 5.57　集成电路保护方法

(4) 电机和继电器保护

电机和继电器保护如图 5.58 所示。

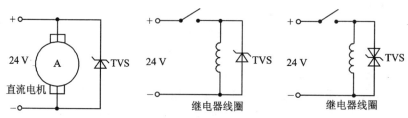

图 5.58　电机和继电器保护方法

PROTEK公司600W TVS(P6KE系列)电气特性如表5.6所列。

表5.6　600 W瞬变电压吸收二极管电气特性

击穿电压		器件型号	反向偏离电压V_{wm}/V	在V_{wm}时的最大反向漏电流/μA	最大峰值脉冲电流I_{ppm}/A	在I_{ppm}时的最大钳位电压/V
V_{wm}/V	测试电流/mA					
6.8	10.0	P6KE6.8	5.5	1000.0	56	10.8
7.5	10.0	P6KE7.5	6.1	500.0	51	11.7
8.2	10.0	P6KE8.2	6.6	200.0	48	12.5
9.1	10.0	P6KE9.1	7.4	50.0	44	13.8
10	1.0	P6KE10	8.1	10.0	40	15.0
11	1.0	P6KE11	8.9	5.0	37	16.2
12	1.0	P6KE12	9.7	5.0	35	17.3
13	1.0	P6KE13	10.5	5.0	32	19.0
15	1.0	P6KE15	12.1	5.0	27	22.0
16	1.0	P6KE16	12.9	5.0	26	23.5
18	1.0	P6KE18	14.5	5.0	23	26.5
20	1.0	P6KE20	16.2	5.0	21	29.1
22	1.0	P6KE22	17.8	5.0	19	31.9
24	1.0	P6KE24	19.4	5.0	17	34.7
27	1.0	P6KE27	21.8	5.0	15	39.1
30	1.0	P6KE30	24.3	5.0	14	43.5
33	1.0	P6KE33	26.8	5.0	12.6	47.7
36	1.0	P6KE36	29.1	5.0	11.6	52.0
39	1.0	P6KE39	31.6	5.0	10.6	56.4
43	1.0	P6KE43	34.8	5.0	9.6	61.9
47	1.0	P6KE47	38.1	5.0	8.9	67.8
51	1.0	P6KE51	41.3	5.0	8.2	73.5
56	1.0	P6KE56	45.4	5.0	7.4	80.5
62	1.0	P6KE62	50.2	5.0	6.8	89.0
68	1.0	P6KE68	55.1	5.0	6.1	98.0
75	1.0	P6KE75	60.7	5.0	5.5	108.0
82	1.0	P6KE82	66.4	5.0	5.1	118.0
91	1.0	P6KE91	73.7	5.0	4.5	131.0
100	1.0	P6KE100	81.0	5.0	4.2	144.0
110	1.0	P6KE110	89.2	5.0	3.8	158.0

续表 5.6

击穿电压		器件型号	反向偏离电压 V_{wm}/V	在 V_{wm} 时的最大反向漏电流/μA	最大峰值脉冲电流 I_{ppm}/A	在 I_{ppm} 时的最大钳位电压/V
V_{wm}/V	测试电流/mA					
120	1.0	P6KE120	97.2	5.0	3.5	173.0
130	1.0	P6KE130	105.0	5.0	3.2	187.0
150	1.0	P6KE150	121.0	5.0	2.8	215.0
160	1.0	P6KE160	130.0	5.0	2.6	230.0
170	1.0	P6KE170	138.0	5.0	2.5	244.0
180	1.0	P6KE180	146.0	5.0	2.3	258.0
200	1.0	P6KE200	162.0	5.0	2.1	287.0
220	1.0	P6KE220	175.0	5.0	1.75	344.0
250	1.0	P6KE250	202.0	5.0	1.67	360.0
300	1.0	P6KE300	243.0	5.0	1.40	430.0
350	1.0	P6KE350	284.0	5.0	1.20	504.0
400	1.0	P6KE400	324.0	5.0	1.05	574.0
440	1.0	P6KE440	356.0	5.0	0.95	631.0

注：① 一般器件的击穿电压容差为±10%，后缀 A 的容差为±5%；后缀 CA 则表示是双向工作的器件。例如，P6KE6.8CA 代表击穿电压为 6.8 V，容差为±5%，双向工作。

② 对双向工作的器件，当 U_R 低于 10 V 时，I_p 的值要加倍。

③ 峰值电流的波形是 10/1 000 μs(前沿 10 μs，半峰持续时间 1 000 μs)，测试温度是 25 ℃。

5.3.5 电源变压器的屏蔽与隔离

图 5.59(b)所示为变压器的初级和次级间屏蔽效果图，相当于在初级和屏蔽层间接入一个旁路电容。这样，从电网进入电源变压器初级的高频干扰信号，相当一部分将不经过变压器初级与次级间的分布电容 C_F（如图 5.59(a)所示）的耦合而传到次级去，而是通过屏蔽层直接旁路到地，从而减少了由交流电网引进的高频干扰。

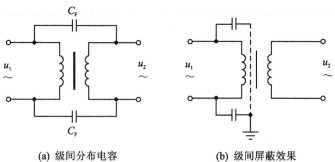

(a) 级间分布电容 　　　　　　　　(b) 级间屏蔽效果

图 5.59　变压器及单层屏蔽

为了将测控系统和供电电网电源隔离开，消除因公共电阻引起的耦合，减少负载波动的影响，同时也为了安全，常常在电源变压器和低通滤波器之间增加一个 1∶1 的隔离变压器。隔离变压器的初级和次级之间加屏蔽层。为了提高抗干扰性能，可采用双重屏蔽，如图 5.60 所示。应注意，除了在变压器的初、次级之间加屏蔽之外，还可以在变压器的最外层加以屏蔽，以避免变压器的磁通泄漏。这种屏蔽也必须接地。

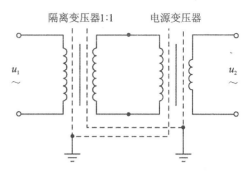

图 5.60　双重屏蔽

电源变压器绕组的布置和接法，可采用初级和次级分开，如图 5.61 所示。这种将一、二次侧分开布置方式的缺点是增大了漏磁通，但从抗干扰角度看，这将大大降低了一、二次侧之间的静电耦合电容，提高了抵抗高频干扰的能力。

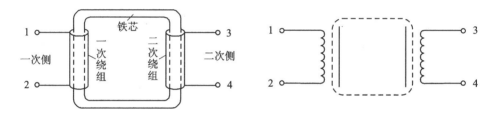

图 5.61　变压器一、二次侧分开布置

5.3.6　供电直流侧抑制干扰措施

由交流电引进的高频干扰，由于频带很宽，仅在交流侧采取抗干扰措施，也难以绝对保证干扰不会进入系统，因此要在直流侧采取必要的抗干扰措施。

1. 整流电路的高频滤波

整流电路采用高频滤波器如图 5.62 所示，其中电容器 $C_1 \sim C_4$（0.01 μF）对交流 50 Hz 阻抗很大，而对高频干扰阻抗很小，基本上可以通过它顺利入地。此外，$C_1 \sim C_4$ 对整流二极管也有保护作用。当电路刚接通的瞬间，大电容 C_5 的充电电流很大，由于 $C_1 \sim C_4$ 两端电压不能突变，$C_1 \sim C_4$ 处于短路状态，并联二级管上不会流过很大电流，所以保护了二极管。

整流电路高频滤波也可采用如图 5.63 所示的形式，优点是电容个数少，但对二极管没有保护作用。

2. 串联型直流稳压电源配置与抗干扰

微机测控系统由直流稳压电源提供直流电，可以抑制负载变化造成直流工作电压的波动。

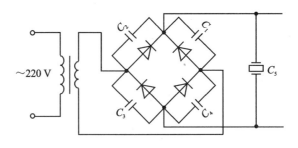

图 5.62　整流电路高频滤波之一

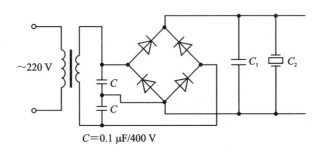

$C = 0.1\ \mu F/400\ V$

图 5.63　整流电路高频滤波之二

由三端集成稳压器组成的串联型直流稳压电源由于输出电路元件少,接线简单,获得广泛应用。以 W7800 系列三端集成稳压器的典型接线为例(如图 5.64 所示),说明抗干扰设计的有关问题。

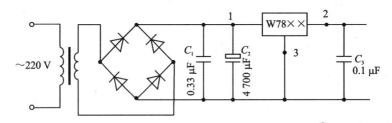

图 5.64　W7800 系列典型接线

需要说明的是,在整流之后,虽然采取了大容量的电解电容 C_2,但对于来自电源侧的高频干扰不能抑制,这是因为电解电容是卷绕结构,芯子本身就相当于一个多圈的线圈,加上极板和引箔面积较大,所以存在着一定的电感量,对高频信号存在一定的感抗。频率越高,感抗越大。

正是由于电解电容在高频下工作存在着不可忽视的电感特性,因此高频干扰不能滤除掉。这就是整流后的高频电容 C_1 不可缺少的原因。C_1 也改善了纹波。C_3 电容可以改善负载端的瞬态响应,抑制瞬变噪声干扰。

此外,稳压器的容量和调整范围也应留有充足的余量。当电网中出现大电感负载启动时,由于电流过大,可能造成较大的压降,稳压器的输入、输出电压差应大些,一般取 $\geqslant 3\ V$。

测控装置的稳压电源多采用集中配置,简单方便。但当稳压电源距集成电路板较远时,由于传输线电阻过大,导致电压降过大,使集成电路板上的直流电压不够稳定,形成新的干扰源。例如,若稳压器输出端输出的电压为 5 V,传输线中的电流为 5~10 A,线路电阻为 0.1 Ω 时,电路上的压降为 0.5~1 V,这将导致数字集成芯片不能正常工作。如果提高稳压器的输出电压,会使离电源近的负载发生过电压;如果加粗导线,其效果也是有限的。

解决电源电压下降过多的办法是采用电源分散布置方案,总电源可采用允许电压变化范围较大的大容量稳压电源,各个线路单元印刷板采用稳压性能好的小容量电源。这种分散配置具有二次稳压效果,兼有线路滤波作用,有利于抗干扰。

当测控装置中有较大功率的振荡电路或放大开关器件,特别是直接带动诸如电磁阀、继电器等功率较大的直流感性负载时,应避免与系统的数字集成电路、模拟测量电路共用一组直流稳压电源,需另设立单独的附加工作电源,并且使电源线尽可能短。附加直流电源应有自己的零线,以避免使控制信号的零线漂移过大。采用这种电源分组配置的方法,可避免后级的大电流变化所引起的干扰对前级逻辑电路的影响。

5.4 印制电路板的抗干扰设计

前面曾指出,单片机应用系统的外部干扰(电压跌落、瞬态干扰等)主要来自电源线。随着大规模和超大规模集成电路的应用,元器件在印制板上安装密度越来越高,信号的传输速度也越来越快。作为单片机应用系统硬件设备的印制电路板,不仅要满足电路的物理性能要求,而且抑制电磁干扰问题也越来越突出。对于高速数字电路,印制电路板是内部干扰的主要发源地。印制电路板不仅是电信号的传输通道,而且要保证传输信号损失小,波形不失真。

单片机应用系统抗干扰设计的重点是:对外部干扰源主要是提高电源进线的抗干扰能力;对内部干扰源主要是通过合理印制板布线,提高系统的抗干扰水平。

5.4.1 地线和电源线的布线设计

1. 降低接地阻抗的设计

在数字电路中,地噪声的影响大于电源噪声的影响。通常,地噪声是由瞬态地电流和信号回路电流产生的。

为了减少地噪声的影响,接地阻抗必须要小。在数字电路中,接地阻抗与信号频率、脉冲上升沿/下降沿时间有关。分析表明,在数字电路中关注的频率段(10~150 MHz),电感阻抗要比电阻大约 3 个数量级;上升沿时间为 3 ns 的数字信号,电感阻抗也比电阻大约 3 个数量级。因此,数字地线的 PCB 布线最关心的就是如何降低线路的电感,而不是电阻。

降低地线的电感途径有:控制地线尺寸、地线并联、减少地环路面积。

(1) 控制地线尺寸以降低电感

减少地线长度,增大地线宽度,可以降低电感。但是在大型系统中,地线比较长,导线的宽度也受到 PCB 板几何尺寸的限制。实践中可以对某些关键地线,如时钟和总线驱动器的地线进行减短、加宽。如果有可能,地线宽度应在 2~3 mm 以上。

(2) 地线并联以降低电感

如果两个相等的电感并联,等效电感等于其中一个的一半,如采用 4 个这样的路径并联,则电感量为原来的 1/4。因为电感的大小与并联路径的数量成反比,所以这是一种有效减小电路等效电感的方法。

① 地线并联加大间距。

如图 5.65 所示。单个集成电路为并联地线,可以大大减少地线阻抗。

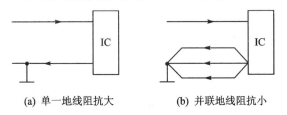

(a) 单一地线阻抗大　　　　(b) 并联地线阻抗小

图 5.65　地线并联提供低电感

② 采用地平面。

如果要提供无限多数量的并联路线,从极限的角度考虑这个概念,采用一个完整的地平面可以达到这个目的,如图 5.66 所示。尽管地平面能够提供优越的性能,但考虑到这需要增大电路板面积以增加成本,所以地平面的使用受到限制。

③ 采用栅状接地。

栅状接地是一种串并联方式组合在一起的接地方式,适合于 PCB 板上工作信号特性一致的情况,如图 5.67 所示。

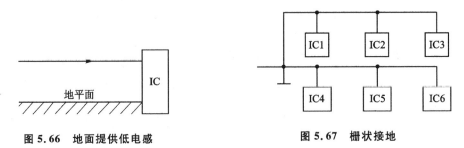

图 5.66　地面提供低电感　　　　图 5.67　栅状接地

④ 网格接地。

这是一种几乎可以达到与完整的平面相同效果的接地方法,如图 5.68 所示。网格接地由 PCB 上相互垂直和相互平行的交叉接地线路组成,这里应遵守一个规则:采用的网格大小应当使网格间隔落在电路板上的集成电路芯片之间。对于双面板,垂直的接地印制线布放在电路板的一个面上,水平的接地印制线布放在电路板的另一个面上,在这些印制线相互交叉的位置使用金属化过孔将它们连接起来。这种方法为集成电路之间提供了所需要的多点地回路。与板内单点接地相比,网格接地能够有效地将噪声电压降低一个数量甚至更多。在高速数字电路印制板中,都必须设计成接地平面或接地网格。

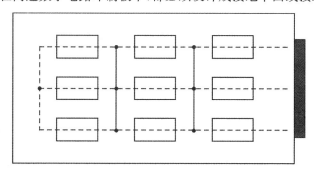

图 5.68　电路板的网格接地

(3) 减少地环面积以降低电感

两根导线中的电流方向相反时(如信号线和它的地回流线),如果要求两根导线尽可能地相互靠近,减少它们形成的环路面积,可以使整个电流线路上的总电感量最小。所以这是一种重要的减小电感的方法,使电流路径包围起来的环路面积最小。

2. 减小电源线阻抗的方法

印制板上的电源和地是来自外部电源的两端:电源一个接点,地一个接点。

对于双面印制板的供电线路,除了导线尽可能宽外,还应利用正反面使电源线和地线相互平行靠近,若有可能,应相互放置在对应面,使供电环路面积减小到最低程度。

不同的供电环路不要相互重叠,以便减小电磁干扰。

5.4.2　信号线的布线原则

在数字电路系统中,通过合理地布线,可以大大提高系统抗电磁干扰的能力,保证安全,可靠地传送信号。

信号传输线的电磁干扰的主要形式是:

- 线间串扰。这是相邻导线的感应耦合引起的干扰。
- 辐射干扰。高频数字信号电路向空间辐射电磁波,同时也吸收来自空间的其他系统发射的电磁波。
- 反射干扰。高速数字电路的特性阻抗与负载的阻抗不匹配时,将导致传输信号波形畸变,并出现振铃现象。

1. 信号传输线的尺寸控制

减小传输线的长度,增大导线宽度,这是降低线路阻抗的有效方法。但是对于大的系统而言,减小导线长度是困难的;过大地增大导线宽度也受到印制板面积的限制。

印制电路板导线的最小宽度与导线和绝缘基板间的粘附强度,流过导线的电流有关。铜箔厚度为 0.05 mm。宽度为 1~1.5 mm 时,通过 2 A 的电流,温升不会高于 3 ℃,因此一般选导线宽度在 1.5 mm 左右就可以满足要求。对于集成电路,尤其是数字电路,通常选 0.2~0.3 mm 就足够了。当然,只要密度允许,尽可能用宽线。

导线间的最小间距与线间绝缘电阻和击穿电压有关。导线越短,间距越大,线间距绝缘电阻就越大。当导线间距为 1.5 mm 时,其绝缘电阻可达 20 MΩ 以上,允许电压为 300 V;间距为 1 mm 时,允许电压为 200 V;一般选用 1~1.5 mm,完全可以满足要求。对于集成电路,尤其是数字电路,只要工艺允许,间距可以做得很小(不考虑串扰时)。

2. 线间串扰控制

线间串扰是由于相邻导线间因感应耦合而引起的相互干扰现象。通过合理布线和线间屏蔽,可大大降低线间串扰。

① 导线间的距离要尽量加大。对于信号回路,印制铜箔条的相互距离要有足够的尺寸,而且这个距离要随信号频率的升高而加大,尤其是频率极高或脉冲前沿十分陡峭的情况更要注意。因为只有这样才能降低导线间的分布电容和互感的影响。

一般来说,线条间的距离(从中心线到中心线)必须 3 倍于线宽度,称之为 3-W 原则,也就是说,两条信号线间的距离应当大于单条导线的 2 倍宽度。

② 避免相互平行布线。输入、输出间的导线尽量避免相邻或平行。高电平信号和低电平信号不要相互平行。印制板两面的信号线应尽可能相互垂直,或者斜交以及弯曲走线,以减少磁场耦合,有利于抑制干扰。

③ 线屏蔽。在许多不得不平行走线的电路布置时可先考虑如图 5.69 所示的方法,即两条信号线中间加一条接地的隔离走线。

高电压或大电流线路容易对其他线路形成干扰,而低电平或小电流信号线最容易受到感应干扰。因此布线时使两者尽量相互远离,避免平行铺设,也可以在线间加隔离地线实现线屏蔽。

信号线路,特别是高阻抗低电平信号电路,应尽量靠近地线铺设,且应沿直流地铺设,尽量避免沿交流地铺设。

④ 短接线。在线路无法排列或只有绕大圈才能走通的情况下,干脆用绝缘"飞线"连接,而不用印刷线或采用双面印刷"飞线"以及阻容元件直接跨接,如图 5.70 所示。

⑤ 分开布线。交流与直流信号线分开;输入阻抗高的输入引线与邻近线分开;高电压、大电流输出线与邻近线分开;输入、输出线分开。

3. 辐射干扰的抑制

高速数字电路向空间发射电磁波,影响相邻元器件及设备;同时线路也可以吸收外部辐射干扰。抑制辐射干扰的有效措施是采用屏蔽技术。此外,合理布线也可抑制辐射干扰。

① 减小信号环路面积及环路电流,这可抑制高速信号辐射。

② 在高速 IC 芯片的电源和地端就近配置去耦电容,可以有效减小高频电流的环路面积和环路电流。

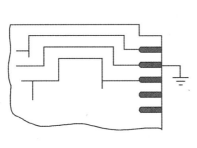
图 5.69　采用隔离走线

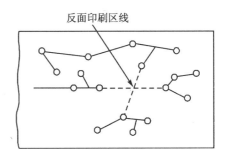
图 5.70　短接线

③ 在印制电路板上尽量避免开口或开槽,特别是靠近地线电流走线处。开口或开槽可能会增加信号(或电源)路径的有效包围面积。

④ 在敏感元件接线端头采用抗干扰保护环。保护环不能作信号回路,只能单点接地。保护环可使包围的部分的辐射减小,如图 5.71 所示。

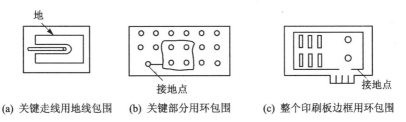

(a) 关键走线用地线包围　　(b) 关键部分用环包围　　(c) 整个印刷板边框用环包围

图 5.71　运用抗干扰保护环

4. 反射干扰的抑制

对于高速数字电路,反射干扰与传输线的长度,以及传输线特性阻抗与负载阻抗匹配特性有关。反射干扰将使信号发生畸变,引起振铃现象。抑制反射干扰可通过限制传输线长度、端点匹配的方法来实现。此外,合理地布线,也有助于减小反射干扰。

① 印制导线的走线形状不要有缠结、分支或硬拐角,因为这样走线会破坏导线特性阻抗的一致性,从而导致反射干扰。一般在导线的拐弯处取圆弧或用 45°折线,不要使用 90°折线布线,如图 5.72 所示。

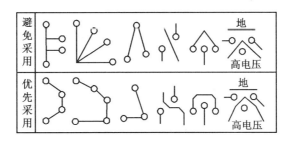

图 5.72　印刷导线的形状

② 尽量减少高速信号线的过孔,这样可以保证传输特性阻抗的一致性。过多的过孔使传输线分布电容增大,在较低频率下的信号可以忽略不计,对于高频信号,必须给予特别的注意。

5.4.3 配置去耦电容的方法

印制板上装有多个集成电路,而当有些元件耗电很多时,地线上会出现很大的电位差。抑制电位差的方法是在各集成器件的电源线和地线间分别接入去耦电容,以缩短开关电流的流通途径,降低阻抗压降。这应视为印制板设计的一项常规做法。

1. 电源去耦

就是在每个印制板入口处的电源线与地线间并接退耦电容。并接的电容应为一个大容量(10～100 μF)的电解电容和一个 0.01～0.1 μF 的非电解电容。可以把干扰分解成高频干扰和低频干扰两部分,并接大电容去掉低频干扰成分,并接小电容为了去掉高频干扰部分,如图 5.73 所示。低频去耦电容用铝或钽电解电容,高频去耦电容采用自身电感小的云母或陶瓷电容。

去耦电容应当尽量放在离 PCB 板的电源端较近的地方。

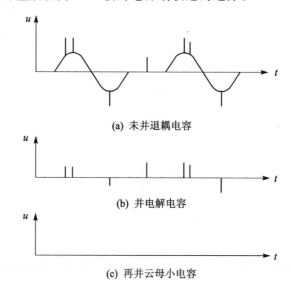

图 5.73 电源去耦波形

2. 集成芯片去耦

原则上,每个集成芯片都应安置 0.1 μF 的陶瓷电容器,如遇到印刷电路板空隙小装不下时,可每 4～10 个芯片安置一个 1～10 μF 的限噪声用的钽电容器。这种电容器的高频阻抗特别小,在 0.05～200 MHz 范围内,阻抗小于 1 Ω,而且漏电流很小(0.5 μA 以下)。

对于抗噪声能力弱,关断电流大的器件和 ROM、RAM 存储器,应在芯片的电源线

(V_{cc})和地线(GND)间直接接入去耦电容。

图 5.74 画出了去耦电容在印制板上的安装位置。

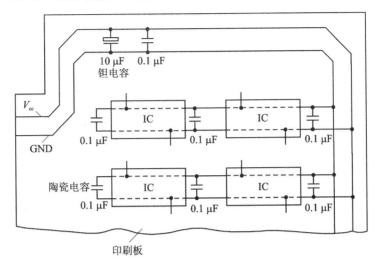

图 5.74　去耦电容安装位置

安装电容器时,务必尽量缩短电容器的引线。电容器引线的长短与印制板上的孔距有密切关系。如图 5.75(a)所示是印制板上孔距大于电容器引线的间距,从而加大了引线的长度;图 5.75(b)所示是印制板上的孔距与电容器的引线间距吻合,这时电容器的引线为最短。因此,在设计印制板时应使电容器的孔距长短适宜。

安装每个芯片的去耦电容时,应将去耦电容器必须安装在本集成芯片的 V_{cc} 和 GND 线之间,若错误地安装到别的 GND 位置,便失去了抗干扰作用,如图 5.76 所示。

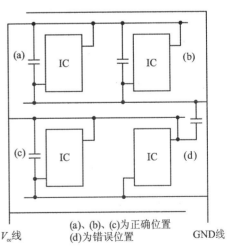

图 5.75　陶瓷电容器的安装孔距

图 5.76　安装去耦电容的正误位置

5.4.4 芯片的选用与器件布局

在系统的抗干扰设计中,除了合理进行布线外,器件的选用和安装位置与抗干扰性能密切相关。

1. 芯片选用指南

对于系统用的集成芯片,除满足逻辑功能外,还要注意其抗干扰性能。

① 尽量降低器件的工作频率。

高频器件容易引起线间串扰、辐射干扰和反射干扰。在满足性能要求的前提下,尽可能降低系统频率,这有助于提高整个系统的抗干扰性能。

② 尽量选用集成度高的芯片。

使用集成度高的芯片有助于减少外部布线的工作量。过多的外部布线致使引线过长,回路面积过大,会增加串扰、辐射和反射干扰的机会。

③ 尽量不用 IC 插座,将集成电路芯片直接焊在印刷电路板上。

有资料表明,集成电路插座可引入分布电感。这些小分布参数对低频系统影响不大,但对于高频电路必须特别注意。

④ 选用电源引脚(V_{cc})和地线引脚(GND)距离相近的芯片,以减少电流环路的面积。

⑤ 选用输入、输出电平幅度高的芯片。

对于电磁环境较恶劣的工业现场,应采用较高电源电压的单片机和高电平幅度的传输信号,这有助于提高系统的抗干扰性能。

2. 器件的布局

印制电路板在布线之前,必须注意元件在 PCB 上的合理布局,低端的模拟电路、高速数字电路以及其他产生噪声的电路(如继电器、大电流开关等)必须分开,使系统之间的耦合降到最小。图 5.77 为器件分区布局的示意图。

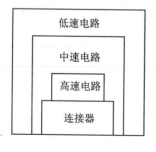
(a) 数字电路布局

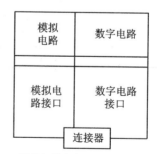
(b) 模拟与数字电路混合使用时的布局

图 5.77 分区布局示意图

根据电路的功能,对电路的全部元器件按下列要求进行布置:

① 各芯片之间应保持一定的间距(以 DIP 电路的两脚之间的距离为一个长度单

位),如图 5.78 所示。

② 通常按信号的流向逐个安排电路单元的位置。元器件的排列应均匀、紧凑,尽量减少和缩短各单元之间的引线和连线。

③ 应把相互有关的器件尽量放得靠近些,这能获得较好的抗噪声效果。

④ 原则上应在出线端子附近放置高速器件,稍远处放置低速电路和存储器等,这样的布置可降低公共阻抗耦合、辐射和串扰等。

⑤ 为了降低外部线路引进的干扰,光电耦合器、隔离用变压器以及滤波器等,通常应放在更靠近出线端子的地方。

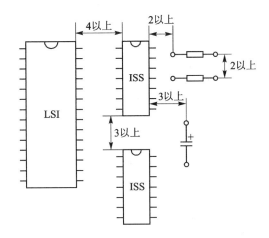

图 5.78 芯片排列尺寸

⑥ 器件的布置也应考虑到散热,最好把 ROM、RAM、时钟发生器等发热较多的器件布置在印刷电路板的偏上方位(当印制板竖直安装时)或易通风散热的地方。

⑦ 易发生噪声的器件,大电流电路等尽量远离计算机逻辑电路,如条件许可,也可另做一块印制板。

⑧ 位于边沿附近的元器件,离印制板边沿至少 2 mm。

⑨ 印制板的尺寸大小要适中,过大会使印制线条过长,阻抗增加,提高成本,降低抗噪声能力;过小时会使元器件过于密集,各元器件及线条间会相互干扰,散热效果也不好。

印制板的最佳形状是矩形(长度与宽度的比例为 3∶2 或 4∶3),板面尺寸大于 200 mm×150 mm 时,要考虑印制板所承受的机械强度。

3. 时钟电路的布置

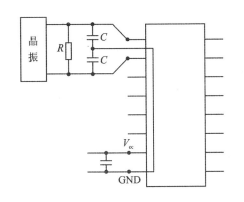

图 5.79 晶振的布局

单片机系统中最敏感的信号是时钟。时钟信号不要同大电流的开关信号平行,以免受到电磁干扰。时钟电路连同微控器要放在靠近地线处,而且要远离干扰器件。

图 5.79 为晶振在 DIP 封装电路周围的布局,最好使其靠近微控器。若连线比较长,要将其平放在印制板上并使外壳接地。晶振电路的地线应使用尽量短的走线连在元件的地线引脚上。电源与地线的引脚应直接连在电源接线点上。

5.4.5 印制电路板的安装和板间配线

印制电路板的安装方法和板间配线的原则是：降低温升和抑制连线上引进的干扰。

安装和使用多块印制电路板时，垂直安装方式比水平安装方式的散热性能好，印制电路板的安装位置应躲开机箱上的通风孔。

对于多块印制电路板之间的搭接线，应注意以下几点：

① 板和板之间的信号线越短越好。

② 所用导线的绝缘应良好，防止随时间延迟而老化。

③ 由于CMOS集成芯片的输入阻抗很高，输出负载能力较小，不易直接与外部配线，应通过TTL缓冲器(74LS244、74LS245)后再与长线配接。这样可提高CMOS芯片抵抗电磁干扰、静电干扰的能力，提高系统运行的可靠性。

④ 对于高频信号和数字信号的连接，通常采用屏蔽电缆，屏蔽电缆的两端都应接地。

⑤ 对于低频信号，可以使用扁平电缆连接，要注意不要从相邻导线中引入串扰。

5.5 软件抗干扰原理与方法

对于现场运行的微机测控系统，除了要求硬件的高性能和高抗干扰能力外，还需要软件系统的密切配合。

5.5.1 软件抗干扰一般方法

串入微机系统的干扰，其频谱往往很宽，且具有随机性，采用硬件抗干扰措施，只能抑制某个频段的干扰，仍有一些干扰会侵入系统。因此，除了采取硬件抗干扰方法外，还要采取软件抗干扰措施。

软件抗干扰技术是当系统受到干扰后，使系统恢复正常运行或输入信号受干扰后去伪求真的一种辅助方法。软件抗干扰是被动措施，而硬件抗干扰是主动措施。但由于软件设计灵活，节省硬件资源，所以软件抗干扰技术越来越引起人们的重视。在微机测控系统中，只要认真分析系统所处环境的干扰来源以及传播途径，采用硬件、软件相结合的抗干扰措施，就能保证系统长期稳定可靠地运行。

软件抗干扰技术所研究的主要内容，其一是采取软件的方法抑制叠加在模拟输入信号上噪声的影响，如数字滤波技术；其二是由于干扰而使输入或输出的数字信号的状态发生变化，可采取重复检测，重新设置状态字等方法；其三是由于干扰而使运行程序发生混乱，导致程序乱飞或陷入死循环时，采取使程序纳入正轨的措施，如软件冗余、软件陷阱及看门狗技术。这些方法可以用软件实现，也可以采用软件、硬件相结合的方法实现。常用的软件抗干扰措施有：

① 数字滤波方法；

② 输入口信号重复检测方法；
③ 输出口数据刷新方法；
④ 软件拦截技术（指令冗余、软件陷阱）；
⑤ 看门狗技术等。

5.5.2　指令冗余技术

CPU取指令的过程是先取操作码后取操作数。如何区别某个数据是操作码还是操作数，这完全由取指令顺序决定。CPU复位后，首先取指令的操作码，然后按顺序取出操作数。当一条完整的指令执行完毕，接着取下一条指令的操作码、操作数。这些操作时序完全由程序计数器PC控制。因此，一旦PC因干扰而出现错误，程序便脱离正常运行轨道，出现乱飞，出现操作数改变以及将操作数当作操作码的错误。

当程序乱飞到某个单字节指令上时（单字节指令仅有操作码，隐含操作数），便自己自动纳入正轨；当程序乱飞到某双字节指令上时，若恰恰在取指令时刻落到其操作数上，从而将操作数当作操作码，程序仍然出错；当程序乱飞到某个三字节指令上时，因为它们有两个操作数，误将其操作数当作操作码的出错概率更大。

为了使乱飞程序在程序区迅速纳入正轨，应该多使用单字节指令，并在关键地方人为地插入一些单字节指令NOP，或将有效单字节指令重写，称之为指令冗余。

1. NOP的使用

可在双字节指令和三字节指令之后插入两个单字节指令NOP，这可保证其后的指令不被拆散。因为乱飞的程序即使落到操作数上，由于两个空操作指令NOP的存在，不会将其后的指令当操作数执行，从而使程序纳入正轨。

对程序流向起决定作用的指令（如RET、RETI、ACALL、LCALL、LJMP、JZ、JNZ、JC、JNC、DJNZ等）和某些对系统工作状态起重要作用的指令（如SETB、EA等）之前插入两条NOP指令，可保证乱飞程序迅速纳入正轨，确保这些指令正确执行。

2. 重要指令冗余

对于程序流向起决定作用的指令（如RET、RETI、LJMP、JZ、JNZ、JC、JNC等）和某些对系统工作状态有重要作用的指令（如SETB、EA等）的后面，可重复写上这些指令，以确保这些指令的正确执行。

由以上可看出，采用冗余技术使PC纳入正确轨道的条件是：乱飞的PC必须指向程序运行区，并且必须执行到冗余指令。

5.5.3　软件陷阱技术

当乱飞程序进入非程序区（如EPROM未使用的空间）或表格区时，采用冗余指令使程序纳入轨道的条件便不满足，此时可以设定软件陷阱，拦截乱飞程序，将其迅速引向一个指定位置，在那里有一段专门对程序运行出错进行处理的程序。

1. 软件陷阱

软件陷阱就是用引导指令强行将捕获到的乱飞程序引向复位入口地址 0000H，在此处将程序转向专门对程序出错进行处理的程序，使程序纳入正轨。软件陷阱采用两种形式，如表 5.7 所列。

表 5.7　软件陷阱形式

形　式	软件陷阱形式	对应入口形式
形式 1	NOP NOP LJMP　0000H	0000H：LJMP　MAIN；运行程序 …
形式 2	LJMP　0202H LJMP　0000H	0000H：LJMP　MAIN；运行程序 … 0202H：LJMP　0000H …

根据乱飞程序落入陷阱区的位置不同，可选择执行空操作后转到 0000H 或直转 0202H，使程序纳入正轨，指定运行到预定位置。

2. 软件陷阱的安排

(1) 未使用的中断区

当未使用的中断区因干扰而开放时，在对应的中断服务程序中设置软件陷阱，就能及时捕捉到错误的中断。在中断服务程序中要注意：返回指令用 RETI，也可用 LJMP。中断服务程序为：

```
NOP
NOP
POP     direct1         ;将断点弹出堆栈区
POP     direct2
LJMP    0000H           ;转到 0000H 处
```

也可为下面的形式：

```
NOP
NOP
POP     direct1         ;将原先断点弹出
POP     direct2
PUSH    00H             ;断点改为 0000H 处
PUSH    00H
RETI
```

中断服务程序中的 direct1、direct2 为主程序中非使用单元。

(2) 未使用的 EPROM 芯片空间

单片机使用的 EPROM 芯片空间很少全部用完,这些非程序用区可用 0 000 020 000 或 020 202 020 000 数据填满。注意:最后一条填入的数据应为 020 000,当乱飞程序进入此区后,便会迅速自动入轨。

(3) 非 EPROM 芯片空间

单片机系统地址空间为 64 KB。一般说来,系统中除了 EPROM 芯片占用的地址空间外,还会余下大量空间。当 PC 乱飞而进入这些余下的空间时,读入数据为 FFH,这是"MOV R7,A"指令的机器码,将修改 R7 的内容。因此,当程序乱飞入非 EPROM 芯片区后,不仅无法迅速入轨,而且会破坏 R7 的内容。

图 5.80 中,EPROM 芯片地址空间为 0000H~1FFFH,空间 2000H~FFFFH 为非应用空间。当 PC 落入 2000H~FFFFH 空间时,定有 Y0 为高电平。当取指令操作时,$\overline{PSEN}$ 为低,从而引起中断。在中断服务程序中设置软件陷阱,可将乱飞的 PC 迅速拉入正轨。

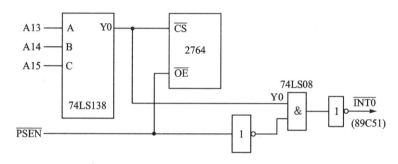

图 5.80 非 EPROM 区程序陷阱之一

图 5.81 中,当 PC 乱飞落入 2000H~FFFFH 空间时,74LS244 选通,读入数据为 020 202H,这是一条转移指令,使 PC 转入 0202H 入口,在主程序 0202H 设有出错处理程序。

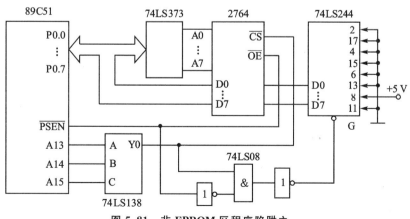

图 5.81 非 EPROM 区程序陷阱之一

(4) 运行程序区

如前所述，乱飞的程序在用户程序区内部跳转时可用指令冗余技术加以解决，也可以设置一些软件陷阱，更好地抑制程序乱飞。

程序设计时常采用模块化设计，按照程序的要求逐个执行模块。可以将陷阱指令分散放置在用户程序各模块之间空余的单元里。在正常程序中不执行这些陷阱指令，保证用户程序正常运行。但当程序乱飞，一旦落入这些陷阱区，乱飞的程序马上会被拉到正确的轨道上。陷阱的多少可依据用户程序大小而定，一般每 1KB 有几个陷阱就够了。

(5) 中断服务程序区

设用户主程序运行区间为 ADD1～ADD2，并设定时器 T0 产生 10 ms 定时中断。当程序乱飞落入 ADD1～ADD2 区间外，且此时发生了定时中断，可在中断服务程序中确定中断断点地址 ADD×。若 ADD×＜ADD1 或 ADD×＞ADD2，说明发生了程序乱飞，则应使程序返回到复位入口地址 0000H，使乱飞程序回到正轨。

(6) RAM 数据保护的条件陷阱

单片机外 RAM 保存大量数据，写入这些数据是使用"MOVX @DPTR,A"指令来完成。当 CPU 受到干扰而非法执行该指令时，就会改写 RAM 中的数据。为了减少 RAM 中数据非法改写的可能性，可在 RAM 写操作之前加入条件陷阱，不满足条件时不允许写作，并进入陷阱，形成死循环。落入死循环后，可以通过看门狗技术使其摆脱困境。

5.5.4 故障自动恢复处理程序

微机测控系统的 CPU 因干扰而失控，导致程序乱飞、死循环，甚至使某些中断关闭。我们采用指令冗余、软件陷阱和看门狗技术，使系统尽快摆脱失控状态。一般说来，程序因故障而转入 0000H 后，控制过程并不要求从头开始，而要求转入相应的控制模块。程序乱飞期间，有可能破坏片内 RAM 和片外 RAM 中一些重要信息，因此必须经检查之后方可使用。所有这些，都是故障自动恢复处理程序所研究的内容。

1. 上电标志设定

程序的执行总是从 0000H 单元开始，即微机启动。启动的方式有两种：其一是上电复位，即首次启动，又称冷启动；其二是故障复位，即再次启动，又称热启动。

冷启动的特征是系统要彻底初始化，测控程序模块从头开始执行，即生产工艺过程从最初状态开始执行。热启动的特征是不需要全部进行初始化，测控程序不必从头开始执行，而应从故障部位开始，即生产工艺过程从故障点开始运行。怎样区别是冷启动还是热启动？这是程序进入 0000H 后首先解决的问题，即上电标志的判定。

此外，在单片机 RESET 端施加高电平可实现复位，称为硬件复位；若在 RESET 为低电平情况下，由软件控制转到 0000H，称为软件复位。硬件复位对寄存器、程序计数器 PC 有影响，如 PC 为 0000H，程序状态字 PSW 为 00H，堆栈指针 SP 为 07H 等。

(1) PSW.5 上电标志设定

PSW 中的第 5 位 PSW.5 是用户设定标志,它可以置位和清零,也可供测试。用 PSW.5 可作为上电标志,程序如下:

```
         ORG    0000H
         AJMP   START
START:   MOV    C,PSW.5        ;判别 PSW.5 标志位
         JC     LH0            ;PSW.5 = 1 转向出错程序处理
         SETB   PSW.5          ;置 PSW.5 = 1
         LJMP   START0         ;转向系统初始化入口
LH0:     LJMP   START1         ;转向出错程序处理
```

应注意,PSW.5 标志判定仅适合软件复位方式。

(2) SP 建立上电标志

80C51 单片机硬件复位后堆栈指针 SP 为 07H,但在应用程序设计中,一般不会把堆栈指针 SP 设置在 07H 这么低的内部 RAM 地址,都要将堆栈指针设置大于 07H。根据这个特点,可用 SP 作为上电标志,程序如下:

```
         ORG    0000H
         AJMP   START
START:   MOV    A,SP
         CJNE   A,#07H,LOOP1   ;SP 不为 07H 则转移
         LJMP   START0         ;转向系统初始化
LOOP1:   LJMP   START1         ;转出错程序处理
```

应注意,SP 标志仅适合于软件复位方式。在 START0 程序中设置 SP 内容大于 07H。

(3) 片内 RAM 中上电标志设定

单片机内 RAM 中单元上电复位时其状态是随机的,可以选取片内 RAM 中某单元的内容为上电标志。如选用 56H、57H 单元为上电标志单元,上电标志字为 55H 和 AAH。程序如下:

```
         ORG    0000H
         AJMP   START
START:   MOV    A,56H
         CJNE   A,#55H,LOOP1   ;56H 中不为 55H 则转移
         MOV    A,57H
         CJNE   A,#0AAH,LOOP1  ;57H 中不为 AAH 则转移
         LJMP   START1         ;转向出错程序处理
LOOP1:   MOV    56H,#55H
         MOV    57H,#0AAH
         LJMP   START0         ;转向系统初始化
```

应注意,RAM 单元上电标志适用于硬件、软件复位方式。

(4) 硬件上电标志

在图 5.82 中,每次上电时,由于电容 C_2 有一个充电过程,使单片机的 P1.7 脚上电后出现短暂的高电平。在启动程序中查询这个脚上的电平,若为高,则为冷启动;若为低,则为热启动。程序如下:

```
        ORG     0000H
        AJMP    START
START:  JB      P1.7,LOOP1      ;P1.7=1 则转移
        LJMP    START1          ;P1.7=0 转出错程序处理
LOOP1:  LJMP    START0          ;转到系统初始化
```

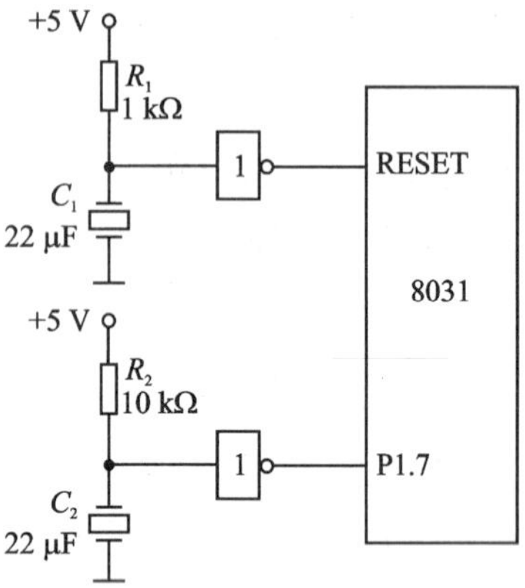

应注意,充电时间常数 R_2C_2 要大于 R_1C_1,以保证有充裕的时间在入口程序中判断 P1.7 口的状态。硬件上电标志适用于硬件复位和软件复位方式。

图 5.82 硬件上电标志

2. RAM 中数据冗余保护与纠错

CPU 受到干扰而有可能破坏 RAM 中的数据。因此,系统复位后首先要检测 RAM 中的内容是否出错,并将被破坏的内容重新恢复。实践表明,可以用数据冗余的思想保护 RAM 中的数据。所谓数据冗余是将系统中的重要参数实行备份保留。系统复位后,立即利用备份 RAM 对重要参数进行自我检验和恢复,从而保护了 RAM 中的数据。

对备份数据的建立应遵循如下原则:

① 各备份数据间应相互远离分散设置,减少备份数据同时被破坏的可能性。

② 各备份数据应尽可能远离堆栈区,避免由堆栈操作错误造成数据被冲毁的可能。

③ 备份不得少于两份,备份越多,可靠性越高。

下面介绍一种三重冗余编码纠错方案。这种方案是将每个重要信息在 3 个互不相关的地址单元重复存放,建立三重的备份数据(数据副本)。当系统由于干扰或停电后而自动恢复程序时,首先按图 5.83 程序框图对 RAM 中的数据进行自救。

3. 软件复位与中断激活标志

所谓软件复位,是指系统失控导致程序乱飞或陷入死循环后,通过软件技术将程序直接引向 0000H。系统受到干扰后,很可能是在执行中断服务过程中,从而导致程序乱飞。80C51 单片机响应中断后会自动把相应的中断激活标志置位,阻止同级中断响应。清除中断激活标志的方法有两个,其一是系统硬件复位,其二是执行 RETI 指令。当系统在执行中断服务程序时,来不及执行 RETI 指令因干扰而跳出中断服务程序,程

第5章 单片机应用系统抗干扰技术

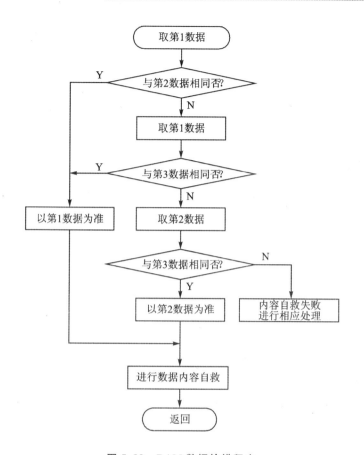

图 5.83 RAM 数据检错程序

序乱飞过程中由软件陷阱将程序引向 0000H。显然,这时便不可能清除该中断的激活标志。这样会使系统热启动时,不管中断允许标志是否置位,都不予响应同级中断的请求。由软件陷阱捕捉来的程序一定要先清除单片机中的两个中断激活标志,才能消除系统热启动后不响应中断的隐患。消除中断激活标志程序如下:

```
ERR:    CLR     EA                  ;关中断
        MOV     DPTR,#ERR1          ;返回 ERR1 地址
        PUSH    DPL
        PUSH    DPH
        RETI                        ;清除高级中断激活标志
ERR1:   MOV     DPTR,#ERR2          ;返回出错处理程序入口地址
        PUSH    DPL
        PUSH    DPH
        RETI                        ;清除低级中断激活标志
```

4. 程序失控后恢复运行的方法

在一些生产过程或自动化生产线的控制系统中,要求生产工艺有严格的逻辑顺序

性,当程序失控后,不希望(甚至不允许)从整个控制程序的入口处从头执行控制程序,而应从失控的那个程序模块恢复执行。

一般来说,主程序总是由若干功能模块组成的,每个功能模块的入口设置一个标志。系统故障复位后,可根据这些标志进入相应的功能模块。例如,某系统有两个功能模块1#和2#,其运行标志分别为55H和AAH,并存于片外RAM的0400H单元。每个功能模块入口处先执行写入标志操作。为了防止程序失控后破坏相应的RAM单元,可以采用数据冗余保护与纠错方法。系统故障复位后,在出错处理程序中首先检查和恢复RAM中的数据,再根据标志确定进入对应的模块入口。

综上所述,微机测控系统由于受严重干扰而发生程序乱飞,陷入死循环以及中断关闭等故障。系统通过冗余指令技术、软件陷阱技术和看门狗技术等,使程序重新进入0000H处,纳入正轨。因故障而进入0000H后,系统要执行上电标志判定、RAM数据检查与恢复、清中断激活标志等一系列操作,然后根据功能模块的运行标志,确定入口地址。图5.84为出错处理程序流程图。

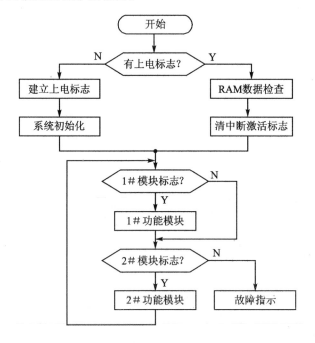

图 5.84　出错处理程序流程图

5.5.5　数字滤波

数字滤波器是将一组数字序列进行一定的运算转换成另一组输出数字序列的装置。单片机上用汇编语言可以实现各种滤波器。本节介绍几例最简单实用的数字滤波子程序。

1. 程序判断滤波法

根据经验判断确定两次采样允许的最大偏差 Δy，若先后两次采样值的差值大于 Δy，则表明输入信号受到了干扰，应该去掉，而且用上次采样值作为本次采样值；若小于 Δy，则本次采样值有效。

设当前采样值存于 30H 单元，上次采样值存于 31H 单元，结果存于 32H 单元。Δy 由经验判定，本例中取 $\Delta y = 01H$。程序清单为：

```
        MOV     A,30H           ;yn→A
        CLR     C               ;清进位
        SUBB    A,31H           ;求 yn - yn-1
        JNC     LP0             ;yn - yn-1 ≥0 则转
        CPL     A
        ADD     A,#01H          ;yn - yn-1 <0 则求补
LP0：   CLR     C
        CJNE    A,#01H,LP2      ;yn - yn-1 ≥ Δy
LP1：   MOV     32H,30H         ;存本次采样值
        JMP     LP3
LP2：   JC      LP1             ;小于 Δy 则转
        MOV     32H,31H         ;大于 Δy 则应用上次采样值
LP3：   RET
```

2. 中位值滤波法

中位值滤波法就是对某一被测参数连续采样 N 次（一般 N 取奇数），然后把 N 次采样值按大小排列，取中间值为本次采样值。中位值滤波能有效地克服因偶然因素引起的波动干扰。对温度、液位等变化缓慢的被测参数采用此法，能收到良好地滤波效果。但对于流量、速度等快速变化的参数一般不宜采用中位值滤波法。

中位值滤波程序实质上是个排队子程序。排序的算法很多，目前较为常用的方法是"冒泡法"。为了说明方便，假定在片内 RAM 区的 30H～34H 单元中有 5 个原始数据 $X_0 \sim X_4$，如下排列：

34H	33H	32H	31H	30H
X_4	X_3	X_2	X_1	X_0

程序的步骤如下：

① 将 30H 单元中的数与 31H 单元中的数进行比较，若 (30H)>(31H)，则将两个单元中的数据进行交换；若 (30H)<(31H)，则不交换。这样处理的结果是：把相邻的两个数之中较大的一个数放在后面。

② 将 31H 单元中的数与 32H 单元中的数进行比较，把较大的数放在后面。

③ 将 32H 单元中的数与 33H 单元中的数进行比较，把较大的数放在后面。

④ 将 33H 单元中的数与 34H 单元中的数进行比较，把较大的数放在后面。

经过上面 4 次比较后,则把 5 个数中最大的一个数排在了最后面的 34H 单元中。

⑤ 余下的前 4 个数可以用同样的方法把其中最大的一个排在 33H 单元中。

⑥ 用同样的方法还可以把余下的前 3 个数中最大的一个排在 32H 单元中。

⑦ 最后把剩下的两个数中较大的数放在 31H 单元,最小的一个放在 30H 单元中。这样处理的结果,就把 30H~34H 单元的数据按照从小到大的顺序排好了。

上述的排序方法利用一个双重循环结构是不难实现的。可以利用 R0 和 R1 建立两个数据指针,分别指向 RAM 数据区中的相邻的两个单元,在内循环体内对这两个单元中的数据进行比较处理。每循环一次,两个数据指针加 1。这样的内循环进行 $N-1$ 次,就可以把 N 个数据中最大的一个排到最后一个单元中。显然,内循环一个周期只能选出一个最大的数排在后面。故若有 N 个数据,对外循环应取 $N-1$ 次。

假设 30H 单元为存放采样值(单字节)的内存单元首址,7FH 为存放滤波值的内存单元地址,N 为采样值的个数。中位值滤波程序清单为:

```
PAX:    MOV    R3,#N-1        ;存外循环次数
PX1:    MOV    A,R3
        MOV    R2,A           ;内循环次数
        MOV    R0,#30H        ;数据的首地址→R0
        MOV    R1,#31H        ;数据的次地址→R1
PX2:    MOV    A,@R1
        CLR    C
        SUBB   A,@R0          ;((R1))-((R0))→A
        JNC    PX3            ;((R1))≥((R0))不交换
        MOV    A,@R0          ;((R1))<((R0))交换
        XCH    A,@R1
        MOV    @R0,A
PX3:    INC    R0             ;数据指针加 1
        INC    R1
        DJNZ   R2,PX2         ;内循环
        DJNZ   R3,PX1         ;外循环
        CLR    C
        MOV    A,#N-1
        RRC    A
        ADD    A,#30H         ;计算中位值地址
        MOV    R0,A
        MOV    7FH,@R0        ;存放滤波值
        RET
```

3. 算术平均滤波法

算术平均滤波法就是连续取 N 个数值进行采样,然后进行算术平均。这种方法适用于对一般具有随机干扰的信号进行滤波。这样信号的特点是有一个平均值,信号在某一数值范围附近上下波动。这种滤波法当 N 值较大时,信号的平滑度高,但灵敏度

低;当 N 值较小时,信号的平滑度低,但灵敏度高。应视具体情况选取 N,以便既节约时间,滤波效果又好。对于一般流量测量,通常取 N=12;若为压力测量,则取 N=4。

设 N 为采样值的个数。30H 单元为存放双字节采样值内存单元的首地址,且假定 N 个采样值之和不超过 16 位。滤波值存于 50H 开始的两个单元中。DIV16 为双字节除以双字节程序,假定被除数存放于 40H 和 41H,除数存于 44H 和 45H,商数存于 40H,41H,余数存于 42H 和 43H,低字节在前。48H 和 49H 为暂存单元。

算术平均滤波程序清单为:

```
ARIFIL:  MOV    R2,#N           ;置累加次数
         MOV    R0,#30H         ;采样值首地址
         CLR    A
         MOV    R6,A            ;清累加单元
         MOV    R7,A
LP1:     MOV    A,R6            ;双字节加法
         ADD    A,@R0
         MOV    R6,A
         INC    R0
         MOV    A,R7
         ADDC   A,@R0
         MOV    R7,A
         INC    R0
         DJNZ   R2,LP1
         MOV    40H,R6          ;被除数
         MOV    41H,R7
         MOV    44H,#N          ;除数
         MOV    45H,#00H
         LCALL  DIV16
         MOV    50H,40H         ;存滤波值
         MOV    51H,41H
         RET
```

DIV16 程序参见本书第 3.10.1 节中的例 3.35。

4. 递推平均滤波法

前述的算术平均滤波法,每计算一次数据需测量 N 次。对于测量速度较慢或要求数据计算速度较快的实时控制系统,上述方法是无法使用的。下面介绍一种只需测量一次,就能得到当前算术平均值的方法——递推平均滤波法。

递推平均滤波法是把 N 个测量数据看成一个队列,队列的长度为 N,每进行一次新的测量,就把测量结果放入队尾,而扔掉原来队首的数据,这样在队列中始终有 N 个最新数据。计算滤波值时,只要把队列中的 N 个数据进行平均,就可以得到新的滤波值。这种滤波算法称为递推平均滤波法。

递推平均滤波法对周期性干扰有良好的抑制作用,平滑度高,灵敏度低;但对偶然

出现的脉冲性干扰的抑制作用差,不易消除由于脉冲干扰引起的采样值的偏差。因此,它不适合用于脉冲干扰比较严重的场合,而适合于高频振荡系统。通过观察不同 N 值下递推平均的输出响应来选取 N 值,以便既少占用时间,又能达到最好的滤波效果。其工程经验值为:

参数	流量	压力	液面	温度
N 值	12	4	4~12	1~4

假定 N 个双字节型采样值,30H 单元为采样队列内存单元首地址,N 个采样值之和不大于 16 位。新的采样值存于 2EH 和 2FH 单元,滤波值存于 50H 和 51H 单元。ARIFIL 为类似前述的算术平均滤波程序。程序清单为:

```
        MOV     R2,#N-1         ;采样个数
        MOV     R0,#32H         ;队列单元首地址
        MOV     R1,#33H
LP:     MOV     A,@R0           ;移动低字节
        DEC     R0
        DEC     R0
        MOV     @R0,A
        MOV     A,R0            ;修改低字节地址
        ADD     A,#04H
        MOV     R0,A
        MOV     A,@R1           ;移动高字节
        DEC     R1
        DEC     R1
        MOV     @R1,A
        MOV     A,R1            ;修改高字节地址
        ADD     A,#04H
        MOV     R1,A
        DJNZ    R2,LP
        MOV     @R0,2EH         ;存新的采样值
        MOV     @R1,2FH
        ACALL   ARIFIL          ;求算术平均值
        RET
```

5.5.6 干扰避开法

单片机应用系统有很多强干扰主要来自系统本身。例如,大型感性负载的通断,尤其是电源过电压、欠压、浪涌、下陷以及尖峰干扰等。这些干扰可通过电源耦合串入微机电路。对于那些可预知的严重干扰,在软件设计时可采取适当措施避开。如当系统要接通或断开大功率负载时,使 CPU 暂停工作,待干扰过去以后再恢复工作,这比单纯在硬件上采取抗干扰措施要方便许多。

第5章　单片机应用系统抗干扰技术

HCMOS型单片机,如80C51、89C51等有两种低功耗方式:待机方式和掉电方式。待机方式又称CPU进入睡眠状态。退出睡眠状态的方法有两种:其一是靠硬件复位,其二是执行RETI指令。

应用睡眠状态抗干扰的原则是:在进行可能引起强烈干扰的I/O操作后,CPU立即进入睡眠状态,延时一段时间后,干扰的高峰已基本消失,系统出现故障的机率大为减少。

在单片机内的电源控制寄存器PCON中有两个标志位GF0和GF1,可用来指示某次中断是发生在正常操作期间,还是发生在待机期间。例如,可以在IDL位置1的同时,GF0和GF1位也置1。当睡眠状态被一次中断终止时,中断服务程序可先检查一下此标志,以确定中断服务的性质。若本次中断仅用于启动强烈干扰I/O口操作后的睡眠延时,也可以不用GF0、GF1标志。设T1定时器溢出时间为131 ms,此时间即为避开干扰高峰时间,也就是CPU的睡眠时间。当T1延时131 ms后产生定时中断,在中断服务程序中执行RETI指令后,CPU被唤醒,重新执行原先使IDL置1指令(标号LOOP1处)下面的那条指令(标号LOOP2处)。

设单片机晶振频率为6 MHz,标号LOOP0处为执行强烈干扰的I/O操作程序,如大电感负载的通断操作,执行完这些操作指令后立即设置T1定时中断和使IDL=1。CPU便可进入睡眠状态。待T1延时131 ms后便产生定时中断,执行RETI指令后便可唤醒CPU,CPU继续执行标号LOOP2处的程序。

睡眠抗干扰程序为:

```
LOOP0:  ……                      ;执行强烈干扰的I/O口操作
        MOV    TCON,#00H
        MOV    TMOD,#10H         ;T1工作方式1设定
        MOV    TH1,#00H          ;设置计数初值
        MOV    TL1,#00H
        SETB   EA                ;开中断
        SETB   ET1               ;T1中断允许
        SETB   TR1               ;启动T1
LOOP1:  OR     PCON,#01H         ;IDL=1,CPU进入睡眠
LOOP2:  ……                      ;睡眠延时131 ms后继续执行
```

T1中断服务程序:

```
        CLR    TR1               ;关闭T1
        NOP
        RETI                     ;唤醒CPU,继续执行程序
```

5.5.7 开关量输入/输出软件抗干扰设计

1. 开关量输入软件抗干扰措施

输入信号的干扰是叠加在有效电平信号上的一系列散尖脉冲,作用时间很短。当控制系统存在输入干扰,又不能用硬件加以有效抑制时,可以采用软件重复检测的方法,达到"去伪存真"的目的。

对接口中的输入数据信息进行多次检测,若检测结果完全一致,则是真的输入信号;若相邻的检测内容不一致,或多次检测结果不一致,则是伪输入信号。两次检测之间应有一定的时间间隔 t,设干扰存在的时间为 T,重复次数为 K,则 $t=T/K$。

2. 开关量输出软件抗干扰措施

开关量输出软件抗干扰设计,主要是采取重复输出的办法,这是一种提高输出接口抗干扰性能的有效措施。对于那些用锁存器输出的控制信号,这些措施很有必要。在允许的情况下,输出重复周期尽可能短些。当输出端口受到某种干扰而输出错误信号后,外部执行设备还来不及作出反应,正确的信息又输出了,这就可以及时地防止错误动作的发生。

在执行重复输出功能时,对于可编程接口芯片,如 8255、8251 等,原则上在上电启动后初始化一次即可,但在运行中工作模式控制字可能因干扰等原因受到破坏,致使系统输入/输出状态发生混乱。因此,在应用过程中,每次用到这种接口时,都要对有关功能重新设定一次,以确保接口的可靠工作。

5.6 看门狗技术

单片机受到干扰而失控,引起程序乱飞,也可能使程序陷入死循环。指令冗余技术、软件陷阱技术不能使失控程序摆脱死循环的困境。通常采用程序监视技术,又称看门狗技术(watchdog),使程序脱离死循环。单片机应用程序往往采用循环运行方式,每一次循环的时间基本固定。看门狗技术就是不断监视程序循环运行的时间,若发现时间超过已知的循环设定时间,则认为系统陷入了死循环,然后强迫程序回到 0000H 入口,在 0000H 处安排一段出错处理程序,使系统运行纳入正轨。

看门狗技术是硬件、软件相结合的一种被动抗干扰措施。有些单片机(如 AT89S51)片内含有看门狗电路。

1. 由单稳态电路实现看门狗电路

图 5.85(b)是采用 74HC123 双可再触发单稳态多谐振荡器设计的看门狗电路。74HC123 的引脚与功能如图 5.85(a)和图 5.85(c)所示。

从图 5.85(c)可以看出,在清除端为高电平、B 端为高电平的情况下,若 A 端输入负跳变,则单稳态触发器脱离原来的稳态(Q 为低电平)进入暂态,即 Q 端变为高电平。

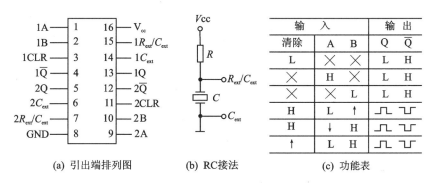

(a) 引出端排列图　　(b) RC接法　　(c) 功能表

图 5.85　74HC123 引脚排列与功能

在经过一段延时后，Q 端重新回到稳定状态。这就使 Q 端输出一个正脉冲，其脉冲宽度由定时元件 R、C 决定。当 $C>1\,000$ pF 时，输出脉冲宽度计算如下：

$$t_w = 0.45RC$$

式中，R 的单位为 Ω，C 的单位为 F，t_w 的单位为 s。

如图 5.86 所示，若 $R_1=100$ kΩ，$C=10$ μF，则单稳态 1# 的暂态时间为

$$t_{w1} = 0.45 \times 100 \times 10^3 \times 10 \times 10^{-6} = 0.45\ s = 450\ ms$$

若 $R_2=2$ kΩ，$C_2=1$ μF，则单稳态 2# 的暂态时间为

$$t_{w2} = 0.45 \times 2 \times 10^3 \times 1 \times 10^{-6} = 0.9 \times 10^{-3}\ s = 0.9\ ms$$

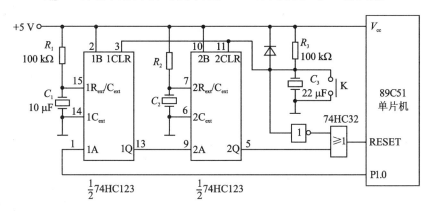

图 5.86　单稳态看门狗电路

第一个单稳态电路的工作状态由单片机的 P1.0 口控制。在系统开始工作时，P1.0 口向 1A 端输入一个负脉冲，使 1Q 端产生正跳变，但并不能触发单稳 2# 动作，2Q 仍为低电平。P1.0 口负触发脉冲的时间间隔取决于系统控制主程序运行周期的大小。考虑系统参数的变化及中断、干扰等因素，必须留有足够的余量。本系统最大运行周期为 0.3 s。单稳 1# 的输出脉冲宽度为 450 ms，若此期间内 1A 端再有负脉冲输入，则 1Q 端高电平就会在此刻重新实现 450 ms 延时。因此，只要在 1A 端连续不断地输入间隔 450 ms 的负脉冲，则 1Q 输出将始终维持在高电平上。这时 2A 端保持高电平，2# 单稳不动作，2Q 端始终维持在低电平。在单片机应用系统中可用任意 I/O 引脚为

1A 端输出负脉冲,本电路用 P1.0 引脚。

在实际应用系统中,软件流程都是设计成循环结构的,在应用软件设计中使看门狗电路负脉冲处理语句含在主程序环中,并使扫描周期远远小于单稳态 1# 的定时时间,如图 5.87 所示。

在实际运行中,一旦程序由于干扰而乱飞又陷入死循环,看门狗负脉冲不能正常触发,经过 450 ms 后单稳态 1# 脱离暂态,1Q 端回到低电平,并触发 2# 单稳翻转到暂态,在 2Q 端产生足够宽的正脉冲(0.9 ms),使单片机可靠复位。一旦系统复位后程序就可重新进入正常的工作循环中,使系统的运行可靠性大大提高。

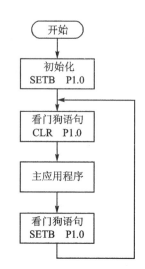

图 5.87 单稳态看门狗程序框图

2. 由微处理器监控器实现看门狗功能

在微机测控系统中,为了保证微机稳定可靠地运行,需要配置电压监视电路;为了实现掉电数据保护,需备用电池及切换电路;为了使微机处理器尽快摆脱因干扰而陷入的死循环,需要配置看门狗电路。将完成这些功能的电路集成在一个芯片当中,称为微处理器监控器。这些芯片集成化程度高,功能齐全,具有广阔的应用前景。下面以 MAX791 为例,介绍微处理器监控器的工作原理和应用。

MAX791 是微处理器监控器系列产品中功能较强的一种,它具有以下功能:

- 上电、掉电及低电压时产生一个复位输出 $\overline{RESET}$;
- 人工复位输入($\overline{MR}$<1.25 V);
- 两级告警电路:第一级告警电路门阈值电压为 1.25 V($\overline{PFO}$ 输出);第二级告警电路门阈电压为 4.65+0.15 V($\overline{LOWLINE}$ 输出);
- Watchdog 电路,输入为 WDI,输出为电平输出 $\overline{WDO}$ 和脉冲输出 $\overline{WDPO}$ 两种;
- 备用电池切换电路接通备用电池后可供给 CMOS RAM 或其他低功耗逻辑电路;
- 具有 CMOS RAM 写保护($\overline{CE\ IN}$ 与 $\overline{CE\ OUT}$ 端)。

MAX791 的封装形式如图 5.88 所示。

MAX791 的主要电气参数如下:

- 工作电压:V_{cc} 为 0~5.5 V,V_{BATT} 为 0~5.5 V;
- 静态电流:150 μA;
- 备用电池静态电流:1 μA;
- 输出电压 V_{OUT}:$I_{OUT}=25$ mA 时,$V_{OUT}=V_{cc}-0.02$ V 或 $I_{OUT}=250$ mA 时,$V_{OUT}=V_{cc}-0.2$ V;
- 复位脉宽:200 ms;

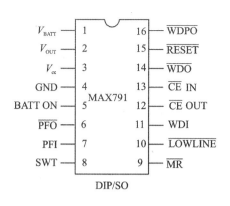

图 5.88　MAX791 封装图

- 复位门限电平：4.65 V；
- Watchdog 定时时间：1.6 s（SWT 与 V_{OUT} 相接）或（$2.1 \times C_{nF}$）ms（SWT 接 C_{nF} 接地，C_{nF} 的量级为 nF）。

(1) 工作原理

MAX791 的工作原理框图如图 5.89 所示。它主要包括复位输出电路、Watchdog 电路、掉电比较电路、备用电池切换电路和写 RAM 保护电路。

1) 复位电路

$\overline{RESET}$ 复位信号确保微处理器处于初始状态，从而防止上电、掉电或低电压供电时错误地执行机器代码。

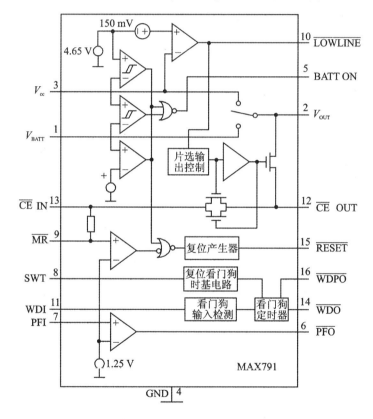

图 5.89　MAX791 原理框图

在下列条件下 $\overline{RESET}$ 输出低电平（有效电平）：

- $V_{cc} < 4.65$ V（复位门限电平）。
- 手动复位 $\overline{MR} < 1.25$ V。
- V_{cc} 上升到 1 V 时，$\overline{RESET}$ 为低电平。V_{cc} 继续上升时仍保持为低电平。当 V_{cc} 大

于复位电平 4.65 V 时(或 $\overline{MR}$ 超过 1.25 V 时),$\overline{RESET}$ 不是马上变为高电平,而是滞后一个复位周期(200 ms)再变为高电平。掉电时,当 V_{cc} 低于 4.65 V,$\overline{RESET}$ 立即变为低电平。

MAX791 复位电路与其他复位电路不同之处是当 V_{cc} 为 1 V(没有备用电池)时,$\overline{RESET}$ 输出仍有效。如果在 $\overline{RESET}$ 端通过 10 kΩ 电阻接地,则当 $V_{cc}=0$ 时,$\overline{RESET}$ 仍然有效。

MAX791 有手动复位入口 $\overline{MR}$,可以连接手动按钮或其他芯片发出的复位信号,如图 5.90 所示。

2) Watchdog 电路

Watchdog 电路由输入端 WDI、输出端 $\overline{WDO}$、$\overline{WDPO}$(脉冲输出)和内部定时电路组成,用于监视微处理器的运行状态。把 WDI 接至微处理器的 I/O 口,如果 WDI 输入电平在 1.6 s 之内不变,则 $\overline{WDPO}$ 输出一个负脉冲(1 ms),而 $\overline{WDO}$ 也变低,直到 WDI 输入端有电平改变,$\overline{WDO}$ 才回到高电平。其时序关系如图 5.91 所示。MAX791 的 Watchdog 电路并不能直接使 $\overline{RESET}$ 信号有效。

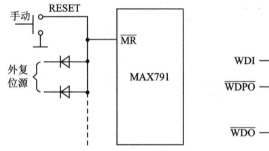

图 5.90　手动复位电路

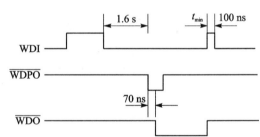

图 5.91　WDI、$\overline{WDPO}$、$\overline{WDO}$ 的时序关系图

MAX791 的 Watchdog 电路的先进之处还在于定时时间可调。当把 SWT 端与 V_{OUT} 连接时,Watchdog 定时时间为 1.6 s。如果在 SWT 端与地之间接一个电容 C_{nF},(量级为 nF),则 Watchdog 定时时间为 $2.1 \times C_{nF}$ (ms),要求 $C_{nF} > 4.7$ nF。

3) 掉电比较电路

MAX791 有两个掉电比较电路,即 1.25 V 掉电比较电路(称第一级告警电路)和 4.8 V 掉电比较电路(称第二级告警电路)。

1.25 V 掉电比较电路在 PFI 输入端低于 1.25 V 时,$\overline{PFO}$ 变化,通常将 $\overline{PFO}$ 接至微处理器的屏蔽中断输入或 I/O 口。

当 V_{cc} 电压下降到低于复位门限电压(4.65+0.15)V 时,$\overline{LOWLINE}$ 输出低电平,通常也可接微处理器的非屏蔽中断输入端或 I/O 口。

4) 备用电池开关电路

当 V_{cc} 低于复位门限值(4.65 V)且同时 V_{cc} 低于备用电池电压时,电路自动切换到备用电池供电状态,给 CMOS RAM 或其他低功耗逻辑电路供电。当电压处于正常供电时，V_{cc}通过PMOS开关将V_{cc}与V_{OUT}端连接。此时，开关电阻为1Ω，负载电流为250 mA，输出端$V_{OUT}=V_{cc}-200$ mV。当电路处于备用电池状态时，备用电池经V_{BATT}输入通过PMOS开关接至V_{OUT}，此时，开关电阻为10Ω，负载电流为25 mA，上述开关的控制由V_{cc}/V_{BATT}切换比较器执行，BATTON指示这种切换状态。当BATTON为高电平时，表示处于后备电池状态，V_{OUT}接至V_{BATT}；当BATTON为低电平时，表示正常供电状态，V_{OUT}接至V_{cc}。BATTON还用于扩大芯片工作电流，当工作电流大于250 mA时，BATTON接至PNP功率管的基极，可扩大电流范围。

5）RAM写保护

MAX791有存储器写保护电路，它可以在V_{cc}处于无效电平时阻止对存储器的写操作。在正常工作条件下，$\overline{CE}$ OUT 输出等于$\overline{CE}$ IN 输入，从而选通芯片 CMOS RAM，开始正常写/读。如果电源掉电，$\overline{CE}$（片选端）传输门断开，$\overline{CE}$ OUT 为高电平，不再选通RAM，对RAM起到写保护作用。

（2）MAX791与89C51接口

MAX791芯片与89C51的接口如图5.92所示。$\overline{MR}$接向其他系统复位源。当这些输入为低电平时，都会引起系统复位（包括手动）。掉电检测有+5 V和+12 V电压检测。+5 V掉电时，会引起$\overline{INT0}$中断；+12 V掉电使$\overline{PFO}$为低电平，$\overline{PFO}$接到P1.7口，在工作中定期检测+12 V电源状态。SWT与V_{OUT}相连接，因此Watchdog的定时时间为1.6 s，在1.6 s之间定期改变WDI输入电平状态（定期执行CPL P1.0指令）。当单片机由于某种故障而出现"死锁"，将不能定期改变WDI输入电平状态；当"死锁"

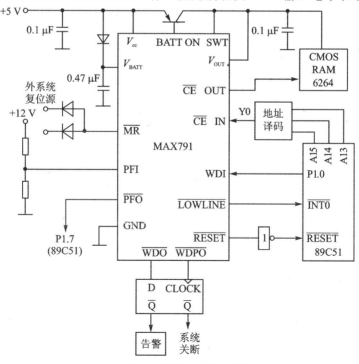

图5.92 MAX791的典型应用

超过 1.6 s 时，Watchdog 电路使 $\overline{\text{WDO}}$ 为低电平，又发出 $\overline{\text{WDPO}}$ 负脉冲，使 D 触发器 Q 变低。地址总线 A15、A14、A13 通过 74LS138 译码输出 Y0 接到 $\overline{\text{CE IN}}$，$\overline{\text{CE OUT}}$ 与 RAM 6264 的片选端 $\overline{\text{CE}}$ 连接。在正常工作条件下，$\overline{\text{CE OUT}}$ 输出等于 $\overline{\text{CE IN}}$ 输入，从而选通 RAM 6264，开始正常读/写。如果电源掉电，$\overline{\text{CE}}$ 传输断开，$\overline{\text{CE OUT}}$ 为高电平，不再选通 RAM，对 RAM 起到了保护作用。

BATTON 端通过功率三极管扩容，使 MAX791 的工作电流大于 250 mA。

电容 0.47 μF 与 V_{BATT} 连接，作为备用电源。

练习题 5

1. 问答题

（1）什么是串模干扰和共模干扰？

（2）常见的接地方式是什么？

（3）什么是公共阻抗耦合？如何降低接地噪声？

（4）浮地方式有何优缺点？

（5）屏蔽体为何采用接地？

（6）电源滤波器和信号滤波器的用途有何区别？

（7）信号滤波器使用时如何考虑两端阻抗匹配问题？

（8）常用的抗干扰隔离方式有哪些？

（9）屏蔽信号线的常用办法有哪些？

（10）什么是串扰？抑制扁平电缆串扰的措施是什么？

（11）电源干扰的主要形式和耦合途径有哪些？

（12）电源抗干扰常用措施有哪些？

（13）怎样实现印制板上的集成芯片的去耦设计？

（14）软件抗干扰技术所研究的主要内容有哪些？

（15）导致程序失控的本质是什么？

（16）怎样区分单片机的冷启动和热启动？

2. 填空题

（1）所谓干扰，是指_____。

（2）干扰的主要来源是_____。

（3）常用硬件抗干扰措施包括_____。

（4）通常情况下，_____时采用单点接地，_____时采用多点接地。

（5）屏蔽按原理可分为_____。

（6）低通滤波器的平衡结构有利于抑制_____干扰。

（7）铁氧体抗干扰磁珠能很好抑制_____干扰。

（8）数字电路的接口部分加入 RC 滤波的目的是为了抑制_____。

(9) 单片机应用系统抗干扰设计的重点,对外部干扰源主要是_____抗干扰能力;对内部干扰源主要是_____提高系统抗干扰水平。

(10) 印制板设计中,降低地线电感的途径是_____。

(11) 常用的软件抗干扰措施为_____。

(12) 单片机程序启动方式分为_____。

(13) 指令冗余技术、软件陷阱技术主要用于失控程序摆脱_____困境;看门狗技术则使失控程序摆脱_____困境。

3. 判断题

(1) 被测信号的两个输入端对地浮空,可以降低共模干扰。(　　)

(2) 电气设备金属外壳接地可保护设备和人身安全。(　　)

(3) 接地干扰属于串模干扰。(　　)

(4) 浮地方式可降低串模干扰。(　　)

(5) 89C51 的 $f_{osc} = 8$ MHz,可采用单点接地方式。(　　)

(6) 一般单个电容滤波器适用于两端为高阻抗电路。(　　)

(7) 单个电感滤波器可适用于两端为高阻抗电路。(　　)

(8) 双绞线有抵消电磁感应干扰的作用,也能抑制静电干扰。(　　)

(9) 数字信号的负逻辑传输方式具有较强的耐噪声能力。(　　)

(10) 滤波器可以有效抑制瞬变干扰。(　　)

(11) TVS 的 V_{WM} 应大于或等于被保护电路的最高工作电压。(　　)

(12) 稳压源在整流后接入大容量电解电容可同时抑制高频和低频信号干扰。(　　)

4. 编程与设计

(1) 设有 12 个单字节采样值,片内 RAM 30H 单元存放采样值内存单元的首地址,且 12 个采样值之和不超过 16 位。滤波值存于片内 RAM 50H 单元。试分别编写采样值的算术平均滤波程序和递推平均滤波程序。

(2) 应用 MAX719 设计看门狗电路,仅要求使用其中的看门狗功能。

第 6 章
单片机并行扩展与接口技术

单片机的特点之一是硬件设计简单,系统结构紧凑。对于简单应用场合,单片机芯片就能满足功能要求;对于一些较复杂的应用场合,需要在片外做相应的功能扩展,才能构成完整的系统。

本章介绍单片机常用的并行扩展技术,以及典型接口器件和编程。

6.1 单片机的扩展总线结构及编址技术

单片机系统扩展的实质就是研究片外各功能部件如何分时占用总线资源,因此应首先了解单片机总线的构造特点,以及实现分时占用总线的硬件方法——编址技术。

6.1.1 单片机总线的构造方法

单片机并行扩展采用总线结构形式,图 6.1 就是典型的单片机扩展系统结构。

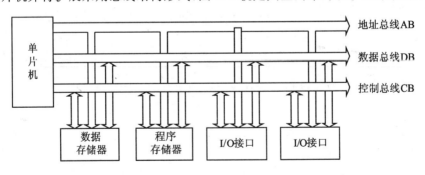

图 6.1 单片机扩展系统结构图

整个扩展系统以单片机为核心,通过总线把各扩展部件连接起来,如同将各扩展部件"挂"在总线上一样。扩展的内容包括 ROM、RAM 和 I/O 接口电路等。相对于片内存储器而言,通常把扩展的 ROM 称为外部 ROM,把扩展的 RAM 称为外部 RAM。

所谓总线,就是连接各扩展部件的一组公共信号线。按其功能分为地址总线 AB,

数据总线 DB 和控制总线 CB。

由于采用总线形式，大大减少了单片机系统中传输线的数目，提高了系统的可靠性和灵活性。

单片机的扩展问题，就是将各扩展部件采用适当的方法"挂"在总线上。但单片机与通用微机不同，芯片本身没有提供专用的地址线和数据线，而是借助其 I/O 线经过改造而成的。下面以 80C51 为例，说明总线的具体构造方法。

1. 以 P0 口作地址/数据总线

这里所说的地址总线是指系统的低 8 位地址线。因为 P0 口具有地址线和数据线的双重功能，因此构造地址总线时采用地址锁存器。先把低 8 位地址送锁存器暂存，然后由地址锁存器给系统提供低 8 位地址线，再把 P0 口作为数据线使用。这种分时操作的方法，对地址和数据进行了分离。P0 口内部结构中的多路转换器 MUX 及地址/数据控制信号线，就是为实现上述地址/数据切换目的而设计的。

根据时序，P0 口输出的有效低 8 位地址，应用 ALE 信号的下降沿将低 8 位地址锁存在地址锁存器中。

2. 以 P2 口作高 8 位地址线

如果使用 P2 口的全部 8 位线作为高 8 位地址，再加上 P0 口提供的低 8 位地址，则形成完整的 16 位地址总线，使单片机的寻址范围达到 64 KB（即可访问 2^{16} 个单元）。

3. 控制信号

除了地址和数据总线外，在扩展系统中还需要一些控制信号，其中包括：

① 使用 ALE 作地址锁存器的选通信号，实现了低 8 位地址的锁存；

② 以 $\overline{PSEN}$ 作为扩展程序存储器的选择信号；

③ 以 $\overline{EA}$ 信号作为内外程序存储器的选择信号；

④ 以 $\overline{RD}$ 和 $\overline{WR}$ 作为扩展数据存储器和 I/O 端口的读/写选通信号。

上述的 3 种总线构造情况如图 6.2 所示。

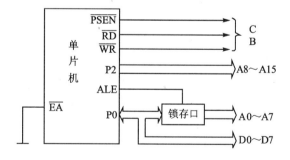

图 6.2　单片机扩展总线结构

6.1.2　编址技术

1. 地址锁存器

单片机的 P0 口是低 8 位地址/数据线的复用口。单片机提供了一个地址锁存信号 ALE，能将 P0 口上的地址信息锁存，然后 P0 口将传送数据。

通常作为单片机的地址锁存器芯片为 74LS373（或 74HC373）和 8282 等。图 6.3

给出了这两种芯片的引脚图。

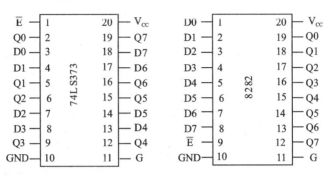

图 6.3　地址锁存器的引脚

74LS373 和 8282 是带三态输出的 8 位锁存器,它们的结构和用法类似。以 74LS373 为例,当 $\overline{E}=0$,G=1 时,输出跟随输入变化;当 $\overline{E}=0$,G 由高变低时,输出端的 8 位信息被锁存,直到 G 再次变为高电平。因此选用 74LS373 或 8282 作地址锁存器时,可以直接将单片机 ALE 信号与 G 端相连,而将 $\overline{E}$ 接地。

2. 存储器的编址及映像

所谓编址,就是使用单片机地址总线,通过适当的连接,最终达到一个地址唯一对应一个选中单元的目的。由于存储器有时采用多片,因此编址分为两个层次,即芯片的选择和片内存储器单元的选择。

存储器的映像是研究具体配置的存储器在整个存储空间中所占据的地址范围,以便为存储器的使用提供依据。存储器的映像必须根据实际地址线的具体连接情况而定,即不同的译码方式有不同的映像。

对于存储器内部存储单元的选择,只要把芯片的地址引脚与相应的系统地址线直接连接即可实现。存储器芯片的选择比较复杂,存储器的编址实际上主要研究片选问题。

片选有两种方法:线选法和译码法。

所谓线选法,就是直接选定单片机的某根地址线作为存储器芯片的片选信号。采用线选时,一般用高位地址线作存储器片选信号,用低位地址线作片内存储器单元寻址。

所谓译码法,就是使用译码器对系统的高位地址进行译码,以其译码输出作为存储器芯片的片选信号。译码法能有效地利用存储空间,适用于大容量、多芯片存储器的扩展。译码电路要用译码器芯片实现。常用的译码器芯片有 74LS138 和 74LS139(或 74HC138 和 74HC139)等。

74LS138 是 3-8 译码器,即对 3 个输入信号进行译码,得到 8 个输出状态。74LS138 的引脚排列如图 6.4 所示。其中:G1、$\overline{G2A}$ 和 $\overline{G2B}$ 为数据允许输入端,$\overline{G2A}$ 和 $\overline{G2B}$ 低电平有效,G1 高电平有效;A、

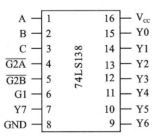

图 6.4　74LS138 引脚图

B、C 为译码器信号输入端;Y0~Y7 为译码输出端,低电平有效。74LS138 的真值表如表 6.1 所列。

表 6.1 74LS138 真值表

输入端						输出端							
允许			选择			Y0	Y1	Y2	Y3	Y4	Y5	Y6	Y7
G1	$\overline{G2A}$	$\overline{G2B}$	C	B	A								
1	0	0	0	0	0	0	1	1	1	1	1	1	1
1	0	0	0	0	1	1	0	1	1	1	1	1	1
1	0	0	0	1	0	1	1	0	1	1	1	1	1
1	0	0	0	1	1	1	1	1	0	1	1	1	1
1	0	0	1	0	0	1	1	1	1	0	1	1	1
1	0	0	1	0	1	1	1	1	1	1	0	1	1
1	0	0	1	1	0	1	1	1	1	1	1	0	1
1	0	0	1	1	1	1	1	1	1	1	1	1	0
0	×	×	×	×	×	1	1	1	1	1	1	1	1
×	1	×	×	×	×	1	1	1	1	1	1	1	1
×	×	1	×	×	×	1	1	1	1	1	1	1	1

74LS139 是双 2-4 译码器,其引脚排列如图 6.5 所示。其中:$\overline{G}$ 为使能端,低电平有效;A 和 B 为选择端,即译码输入;Y0、Y1、Y2 和 Y3 为译码输出信号,低电平有效。74LS139 对两个信号译码后得到 4 个输出状态。其真值表如表 6.2 所列。

表 6.2 74LS139 真值表

输入端			输出端			
使能	选择		Y0	Y1	Y2	Y3
$\overline{G}$	B	A				
1	×	×	1	1	1	1
0	0	0	0	1	1	1
0	0	1	1	0	1	1
0	1	0	1	1	0	1
0	1	1	1	1	1	0

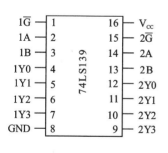

图 6.5 74LS139 引脚图

采用译码法时,仍由低位地址进行片内存储单元寻址,余下高位地址线经过译码器产生各种片选信号。译码法又分为全译码和部分译码两种。

全译码方式是将所余的高位地址线译码,译码器的输出为片选线。全译码方式下,每块芯片的地址是唯一的,不存在地址重叠问题。

部分译码方式是取所余高位地址线中部分线参与译码,译码器的输出作片选线。这种方式下,由于没有参与译码的高位地址线是任意状态,使得各芯片的 16 位地址存在重叠区,但部分译码电路简单。

6.1.3　80C51 单片机存储器的特点

80C51 单片机存储器与一般微型机存储器不同,具体表现就是多种存储器的重叠。这种交叠不仅体现在存储器的种类上,也体现在存储器的空间配置上,从而形成了单片机存储器的显著特点。

1. 多种存储器的交叠

单片机与微型机不同,不能配置磁盘等外存储设备,只能用 ROM 来解决应用程序的长期存储问题。此外,为了存放数据及中间结果,单片机还需要有数据存储器 RAM,因此形成了单片机系统中 ROM 和 RAM 这两类不同的存储器并列存在的局面。

单片机芯片内部虽然有了一定数量的 ROM 和 RAM,但在实际使用中,有时需要外扩展存储器。扩展后的单片机系统,形成了既有内部存储器又有外部存储器。内部存储器又分为 ROM 和 RAM,外部存储器也有 ROM 和 RAM 之分,从而形成了一种特殊存储器的交叠配置现象。这是任何其他计算机都不曾有过的存储器结构。

2. 交叠存储器的使用

对于交叠存储器,必须正确区分与使用,为此采用了硬件和软件两种措施。所谓硬件措施是指内、外存储器使用不同的控制信号,而软件措施则指访问内、外存储器使用不同的指令。

(1) 内部 ROM 与内部 RAM 的区分

内部 ROM 和内部 RAM 分开编址,但它们有 00H～FFH 的地址重叠区。芯片内部 ROM 与 RAM 是通过指令区分的。读内部 ROM 时使用 MOVC 指令(是指读出存于 ROM 内的常数表格,而不是读出指令代码);而读写内部 RAM 时使用 MOV 指令。

片内 ROM 中的指令代码的读取与执行,由片内 CPU 硬件自动执行。

(2) 外部 ROM 与外部 RAM 的区分

外部 ROM 与外部 RAM 是分开编址的。它们的地址空间完全重叠。区分外部 ROM 与 RAM,首先使用指令区分,读外部 ROM 使用指令 MOVC,而读写外部 RAM 则使用 MOVX 类指令。此外硬件上以 $\overline{PSEN}$ 作为外部 ROM 的读取信号,而用 $\overline{RD}$、$\overline{WR}$ 作为外部 RAM 的读/写选通信号。

片外 ROM 中的指令代码的读取与执行,由片内 CPU 硬件自动执行。

(3) 内部 RAM 与外部 RAM 的区分

内部 RAM 和外部 RAM 是分开编址的。外部 RAM 地址为 0000H～FFFFH,共 64 KB;内部 RAM 地址为 00H～FFH,共 256 B。由此看出,它们有 00H～FFH 地址空间重叠区。它们采用指令区分,即访问内部 RAM 使用"MOV"指令,访问外部 RAM

使用"MOVX"类指令,因此不会发生操作混乱。

（4）内部 ROM 与外部 ROM 的区分

出于连续执行程序的需要,内外 ROM 统一编址,并使用相同的读指令 MOVC,因此内外 ROM 不是区分而是衔接问题。但在 80C51 系列单片机中,有的有内 ROM,有的没有内 ROM,因此专门设置了$\overline{EA}$信号。对于片内有 4 KB ROM 的单片机,应使$\overline{EA}$=1,这时地址为 0000H～0FFFH 时,在内部 ROM 寻址；当地址等于或超过 1000H 时,自动转到外部 ROM 寻址。由于地址 0000H～0FFFH 内部 ROM 已占用,外部 ROM 就不能再利用了,相当于外部 ROM 损失了 4 KB 的地址空间。

对于 80C31 单片机,由于没有内部 ROM,应使$\overline{EA}$接地,这样只对外部 ROM 寻址。地址空间为 0000H～FFFFH,是一个完整的 64 KB 外部 ROM 地址空间。

综上所述,由于 RAM、ROM 分开编址,各寻址 64 KB,共计 128 KB,从而扩大了地址空间,这是单片机的又一优点。

6.2 单片机存储器的扩展

在扩展存储器的接口设计时,应该考虑以下几点：

- 存储器容量的确定。根据系统设计要求和单片机的性能来选择外扩存储器的芯片型号及数量。
- 存储器与单片机电平、时钟匹配问题。根据系统中选用的单片机的信号电平、时钟频率来确定选择什么样的存储器才能与单片机匹配。
- 连接方法。将存储器的地址线、数据线和控制线与单片机对应连接起来。

6.2.1 扩展程序存储器的接口设计

1. 单片机与外部程序存储器的一般连接方法

80C51 单片机与外部程序存储器的连接方法如图 6.6 所示。

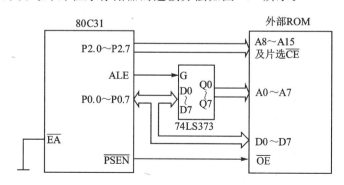

图 6.6　外部程序存储器的连接方法

从图 6.6 中可以看出,单片机与外部程序存储器之间的连线包括：地址总线、数据总线和控制总线。

单片机的 P0 口和 P2 口的 16 根 I/O 线输出地址码。P2 口作为高 8 位地址线,与存储器的高位地址线及片选线 $\overline{CE}$ 连接(可通过译码器);P0 口作为分时复用地址/数据总线,分别与外接地址锁存器 D0~D7 的输入端和外程序存储器的数据线 D0~D7 连接;而外部地址锁存器的输出口 Q0~Q7 与存储器的低 8 位地址线 A0~A7 连接,作为低 8 位地址线。

单片机的端口 $\overline{EA}$ 接地,表示片内无 ROM(如 80C31 型号)或不使用片内 ROM;$\overline{PSEN}$ 与 ROM 的输出允许 $\overline{OE}$ 连接;ALE 与地址锁存器的脉冲输入端 G 连接。

2. 外部程序存储器的访问过程

80C51 单片机与其他微型计算机一样,在访问外部 ROM 时,首先通过地址总线给出地址信号,选中一个存储单元作为访问对象;然后由控制总线发出读选通信号,在读选通信号作用下,外部 ROM 把指定单元的内容(指令或常数)送至数据总线,单片机通过对数据总线的采样(读数据总线)获得该单元的内容,完成一次外部 ROM 的访问过程。

单片机访问外部 ROM 时,P0 口和 P2 口的 16 根 I/O 线输出地址码。其中 P0 口送出程序计数器(PC)中的低 8 位(PCL),在 ALE 信号控制下进入地址锁存器,然后 P0 口变为高阻态,等待从程序存储器读出指令码;而 P2 口输出的程序计数器中的高 8 位(PCH)保持不变。被锁存的低 8 位地址信号与 P2 口输出的高 8 位地址信号构成能寻址 64 KB 空间的 16 位地址信号。

图 6.7 为单片机访问外部 ROM 的时序图。图中给出了 P2 口和 P0 口以及 ALE、$\overline{PSEN}$ 信号状态和相位的定时关系。

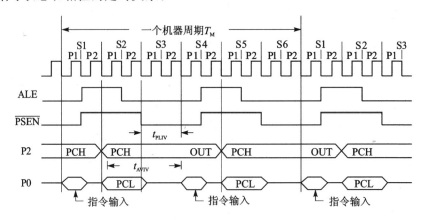

图 6.7 外部程序存储器访问时序

S2P1 一开始,单片机通过 P2 及 P0 口送出 A0~A15(程序计数器 PC 内容)地址信号。P2 口送出的高 8 位 A8~A15(PCH)在 S4P2 结束前保持有效;P0 口送出的低 8 位 A0~A7(PCL)仅在 S2 内保持有效。在地址锁存允许信号 ALE 下跳沿时,由 P0 口送出的低 8 位地址在 P0 线上已稳定,可用 ALE 的下跳沿将 A0~A7 锁入外部地址锁存器内。

S3P1 开始时刻，外部 ROM 读选通信号$\overline{PSEN}$开始有效，使外部 ROM 把给定单元的内容送至 P0 口。$\overline{PSEN}$上跳前，单片机对 P0 口采样，读取外部 ROM 送至 P0 口的内容，完成一次外部程序存储器的访问过程。

由图 6.7 可以看出，在外部 ROM 单元访问过程中，ALE 信号与$\overline{PSEN}$信号均被激活两次（ALE 上出现两个正脉冲，产生 2 次下跳变；$\overline{PSEN}$出现 2 个负脉冲，产生 2 次有效），说明在 1 个机器周期中，单片机可以两次访问外部程序存储器。对于双字节指令，其读取时间只需要 1 个机器周期；对于单字节指令，第二次读出的字节被丢弃，程序计数器 PC 不增量。

图 6.7 只是说明了从外部 ROM 读取指令的基本过程。实际上，指令读入 CPU 后还要执行，致使指令的操作周期延长。

3. 外部程序存储器的读取时间与主机时钟匹配问题

在外部 ROM 扩展时，当主机的时钟一旦选定，主机访问外部 ROM 地址信号的输出时间，以及采样 P0 口输入指令字节的时间也一定。主机总是在$\overline{PSEN}$信号上跳前采样 P0 口，而不管外部 ROM 是否已经把指定单元的指令字节送至 P0 口。所以，被选用的外部 ROM 芯片必须有足够高的工作速度才能与主机接口。也就是说，在选择外部 ROM 时要考虑到读取时间与主机时钟匹配的问题。

紫外线擦除可编程只读存储器 EPROM 常用作外扩 ROM，其读周期波形如图 6.8 所示。

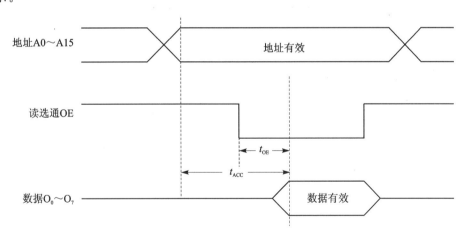

图 6.8　EPROM 读周期波形

由图 6.8 可以看出，自地址有效开始，经过时间 t_{ACC} 后，数据即可由存储单元读至内部数据线上，但能否出现在芯片引脚数据线 $O_0 \sim O_7$ 上，还要取决于$\overline{OE}$信号。要保证地址有效后经过时间 t_{ACC} 数据出现在 $O_0 \sim O_7$ 引脚上，则$\overline{OE}$信号必须在数据有效前 t_{OE} 时间有效。

由图 6.7 可看出，从地址输出有效到输入数据（输入指令或常数，读 P0 口）的有效

时间为 t_{AVIV},从 $\overline{PSEN}$ 有效到输入数据(输入指令或常数,读 P0 口)的有效时间为 t_{PLIV}。

在系统设计过程中,当选用 EPROM 芯片作为单片机外部程序存储器时,除了容量的考虑外,还必须考虑它与单片机的时钟匹配问题。从前面的时序分析中可知,要想使二者相匹配,必须满足两个条件,即:

① $t_{ACC} < t_{AVIV} = 5TCLCL - 115$ ns;(地址有效到数据有效延时)

② $t_{OE} < t_{PLIV} = 3TCLCL - 125$ ns。(读选通有效到数据有效延时)

假设单片机的时钟频率为 12 MHz,即一个时钟周期 TCLCL=83.2 ns,则 $t_{AVIV} = 5 \times 83.2$ ns $- 115$ ns $= 302$ ns,$t_{PLIV} = 3 \times 83.2$ ns $- 125$ ns $= 125$ ns。EPROM2732、EPROM2764 读周期有关参数如表 6.3 和表 6.4 所列。

表 6.3 2732 读周期有关参数

符号	参数	2732A-2		2732A		2732A-3		2732A-4		单位	测试条件
		min	max	min	max	min	max	min	max		
t_{ACC}	地址到输出延迟		200		250		300		450	ns	$\overline{CE}=\overline{OE}=V_{IL}$
t_{OE}	$\overline{OE}$ 到输出延迟		70		100		150		150	ns	$\overline{CE}=V_{IL}$

表 6.4 2764 读周期有关参数

符号	参数	2764-2		2764		2764-3		2764-4		单位	测试条件
		min	max	min	max	min	max	min	max		
t_{ACC}	地址到输出延迟		200		250		300		450	ns	$\overline{CE}=\overline{OE}=V_{IL}$
t_{OE}	$\overline{OE}$ 到输出延迟		70		100		120		150	ns	$\overline{CE}=V_{IL}$

当单片机时钟频率为 12 MHz 时,由表 6.3 可知,只有 2732A-2 和 2732A 才能作为它的外部程序存储器;由表 6.4 可知,2764-2、2764 和 2764-3 也能作为它的外部程序存储器。当必须使用其他型号 EPROM 芯片作为外部程序存储器时,必须降低单片机的时钟频率才能使二者相匹配。

4. EPROM2764 与扩展接口电路

下面以 3 片 EPROM2764 说明扩展 24 KB×8 的外部程序存储器的方法。

2764 是一种 8 KB×8 位的紫外线擦除电可编程的只读存储器,单一+5 V 供电,工作电流为 100 mA,维持电流为 50 mA,读出时间最大为 250 ns。2764 为 28 线双列直插式封装,如图 6.9 所示。

2764 的引脚功能、工作方式如表 6.5 和表 6.6 所列。

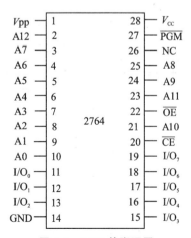

图 6.9 2764 管脚配置

表 6.5 2764 引脚功能

A0~A12	地址线	I/O$_0$~I/O$_7$	数据输出线
$\overline{CE}$	片选线	$\overline{OE}$	数据输出选通线
V_{PP}	编程电源	$\overline{PGM}$	编程脉冲输入线

表 6.6 2764 工作方式选择

引脚 方式	$\overline{CE}$ (20)	$\overline{OE}$ (22)	$\overline{PGM}$ (27)	V_{pp} (1)	V_{cc} (28)	输出 (11~13,15~19)
读	V_{IL}	V_{IL}	V_{IH}	V_{cc}	V_{cc}	D_{OUT}
维持	V_{IH}	任意	任意	V_{cc}	V_{cc}	高阻
编程	V_{IL}	V_{IH}	V_{IL}	V_{pp}	V_{cc}	D_{IN}
编程校验	V_{IL}	V_{IL}	V_{IH}	V_{pp}	V_{cc}	D_{OUT}
编程禁止	V_{IH}	任意	任意	V_{pp}	V_{cc}	高阻

2764 的编程电源 V_{PP} 随公司产品和型号的不同而异,常见的有 25 V、21 V 等。

由表 6.6 中的 $\overline{CE}$、$\overline{OE}$、$\overline{PGM}$ 和 V_{PP} 可组合成 2764 的各种不同的工作方式:读、写(编程)、维持、编程校验和编程禁止等。根据系统的要求确定各管脚的电平设置。在单片机外扩 ROM 设计中是连接成"读"工作方式。

图 6.10 是采用 3 个 2764 的扩展电路,采用 74LS138 译码器的输出实现片选,提供全部 64 KB 地址空间,且扩展的存储器芯片地址是连续的。图 6.10 中 3 片 2764 的地址空间分别是:IC1 为 0000H~1FFFH,IC2 为 2000H~3FFFH,IC3 为 4000H~5FFFH。其余的地址待用。

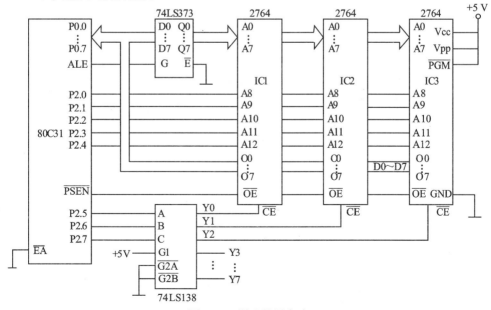

图 6.10 译码扩展电路

一般单片机不会单独扩展程序存储器，而是同扩展数据存储器和扩展 I/O 口联系起来综合考虑。

89C51 内含有 4 KB 的 Flash 程序存储器，可直接固化程序。为使系统运行可靠，建议采用有片内 ROM 的单片机，不必外扩 ROM。图 6.10 中程序存储器的扩展只是用来说明接口技术的基本方法。不必考虑片内 ROM 的访问速度与主机晶振频率的匹配问题。

6.2.2　外部数据存储器的扩展

单片机扩展外部数据存储器由随机存储器组成，一般采用静态 RAM，最大可扩展 64 KB。

1. 扩展 RAM 的一般连接方法

图 6.11 为单片机与外部数据存储器的连接方法。

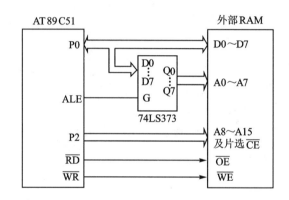

图 6.11　外部数据存储器的连接方法

从图 6.11 中可以看出数据存储器地址空间与程序存储器的扩展一样，由 P2 口提供高 8 位地址，P0 口分时提供低 8 位地址和 8 位双向数据线。数据存储器的读和写由 $\overline{RD}$/P3.7 和 $\overline{WR}$/P3.6 信号控制，而外部程序存储器的读选通由 $\overline{PSEN}$ 信号控制，两者虽然共处同一地址空间，但由于控制信号不同，故不会发生地址冲突。

80C51 系列单片机设置专门指令 MOVX 访问外部数据存储器，有 4 条寄存器间接寻址指令，分为两种类型：

一种类型的 MOVX 指令以寄存器 R0 或 R1 为地址寄存器，对由 R0 或 R1 所指明的外 RAM 存储单元进行读、写操作。

- 读操作：MOVX　A,@Ri
- 写操作：MOVX　@Ri,A　;i=0,1

执行这类指令时，寄存器 R1 或 R0 的内容由 P0 口输出，为外部数据存储器提供一个 8 位地址，P2 口保持原状态不变，仍然可以用作通用 I/O 口。若扩展数据存储器字节少于 256 个字节，可用这种指令，仅能访问低 8 位地址寻址 256 个单元。

另一类型的 MOVX 指令以特殊功能寄存器 DPTR 为地址寄存器,对由 DPTR 指明的外部数据存储器单元进行读、写操作。
- 读操作:MOVX　A,DPTR
- 写操作:MOVX　@DPTR,A

在执行这类指令时,P0 口输出低 8 位地址信号(DPL 的内容),P2 口输出高 8 位地址信号(DPH 的内容),为外 RAM 提供一个 16 位地址信号。这类指令用来访问外部数据存储器 64 KB 空间。

2. 外部数据存储器的访问过程

访问外部 RAM 的操作时序如图 6.12 所示。

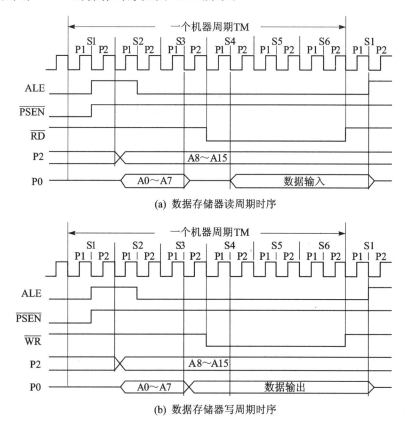

(a) 数据存储器读周期时序

(b) 数据存储器写周期时序

图 6.12　访问外部 RAM 时序图

先看读外部 RAM 的时序。在 S1 状态,允许地址锁存信号 ALE 由低变高,开始读周期。在 S2 状态,CPU 把低 8 位地址(A0～A7)送上 P0 总线,把高 8 位地址(A8～A15)送上 P2 口(采用 MOVX　@DPTR 指令)。ALE 的下跳沿用来把低 8 位地址信号锁存到外部地址锁存器中,而 P2 口线上的高 8 位地址信号保持不变。在 S3 状态,P0 总线为高阻状态。在 S4 状态,读控制信号 $\overline{RD}$ 变为有效;经过适当延时后被寻址的外部 RAM 单元将有效数据送上 P0 总线。当 $\overline{RD}$ 回到高电平后,被寻址的存储器本身的总线驱动器悬浮起来,使 P0 口总线又进入高阻状态。

写外部 RAM 的时序与读外部 RAM 类同。但是写的过程是 CPU 主动把数据送上总线,故在时序上,CPU 向 P0 口总线送完被寻址 RAM 的低 8 位地址后,在 S3 状态,就由送直接地址改为送数据到总线,其间总线上不出现高阻悬浮状态。在 S4 状态,写控制信号 $\overline{WR}$ 有效,选通被寻址的存储器,稍过片刻,P0 口线上的数据就被写到被寻址的存储单元中。

3. 外接 RAM 的读取时间与主机时钟匹配问题

由图 6.12 可知,单片机用了一个机器周期左右的时间去访问外部数据存储器,访问速度要远远低于访问程序存储器。由图 6.12 可以估计,外部 RAM 数据的传输时间不超过半个机器周期。例如,89C51 的晶振频率取 12 MHz,每个机器周期为 1 μs(1 000 ns),外部 RAM6264 的典型存取时间为 200 ns,(小于 1/2×1 000 ns),完全可以用作 89C51 的外部 RAM 的扩展芯片。所以,对选作外部 RAM 的芯片在速度上要求不高,常用的 RAM 芯片均能与单片机时钟匹配。

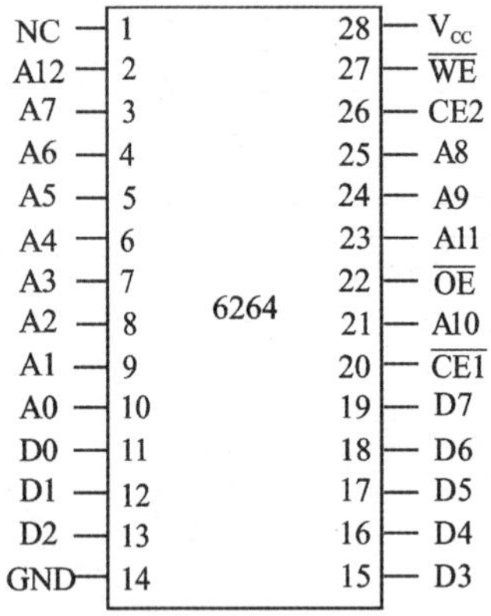

4. RAM6264 与扩展接口电路

6264 为一种具有容量 8 KB 的静态 RAM 芯片。单一的 +5 V 供电,额定功耗 200 mW,典型存取时间 200 ns。为 28 脚双列直插式封装芯片,其引脚配置如图 6.13 所示。各管脚说明如下:

- A0～A12——13 位地址线;
- D0～D7——8 位数据线;
- $\overline{CE1}$,CE2——片选信号;
- $\overline{OE}$——读信号线;
- $\overline{WE}$——写信号线。

图 6.13 RARM6264 管脚配置

表 6.7 为 6264 的操作方式。

表 6.7 6264 的操作方式

引脚 操作方式	$\overline{CE1}$ (20)	CE2 (26)	$\overline{OE}$ (22)	$\overline{WE}$ (27)	D0～D7 (11～13,15～19)
未选中	V_{IH}	任意	任意	任意	高阻
未选中	任意	V_{IL}	任意	任意	高阻
输出禁止	V_{IL}	V_{IH}	V_{IH}	V_{IH}	高阻
读	V_{IL}	V_{IH}	V_{IL}	V_{IH}	D_{OUT}
写	V_{IL}	V_{IH}	V_{IH}	V_{IL}	D_{IN}

图 6.14 是扩展 RAM6264 的方案。译码采用线选法(P2.7 为低电平时选中 6264)。线选法的优点是连线简单,不必专门设计译码电路,但是扩展的存储器芯片地址不连续,空间不能充分利用,仅适用于应用简单的场合。

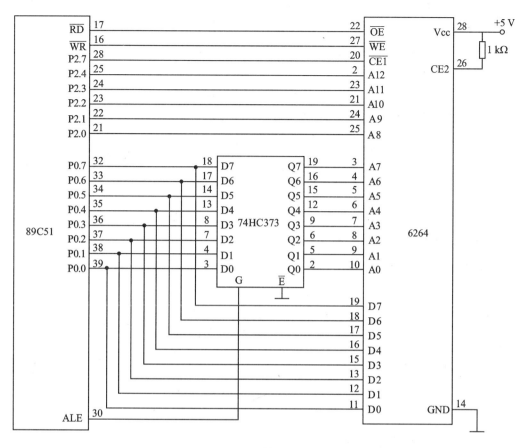

图 6.14　扩展静态 RAM6264

由于 A13 和 A14 与寻址无关，它们可以任意组合，共有 4 种状态。所以 6264 共有 4 个映像区（即地址空间）：0000H～1FFFH，2000H～3FFFH，4000H～5FFFH，6000H～7FFFH。

在这些寻址范围内，均能寻址 6264。

6.2.3　扩展存储器综合设计举例

在单片机扩展系统中，程序存储器是一般采用电信号编程而用紫外线擦除的只读存储器芯片（如 EPROM2764 等）。可用专门的紫外线擦除器对 EPROM 进行擦除；对 EPROM 写入信息的操作常称固化或编程，可由专门的编程器完成。EPROM 断电后信息仍然保留。

扩展中常用数据存储器（如 RAM6264 等）可在加电状态下随时进行读/写。断电后信息将丢失。

下面介绍一种用电信号编程，也用电信号擦除的存储器芯片 E^2PROM。它可以像 RAM 一样将存储单元内容读出和写入，只是写入速度慢一些，而且断电后仍能保存信息。

采用 +5 V 电擦除的 E^2PROM，如 2816A、2817A、2864A 芯片，可以在写的过程中

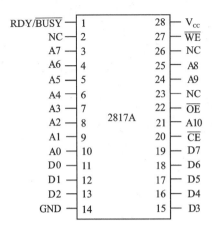

图 6.15　2817A 管脚图

自动完成擦除,不需要设置单独擦除操作,但要保证有足够的写入时间(约 100 ms)。2816A 和 2817A 专设有"擦除完毕"标志信号,可供系统查询。

图 6.15 为 2817A(2 KB×8)的引脚图。对各管脚说明如下:

- A0～A10——地址线;
- D0～D7——数据线;
- $\overline{OE}$——读允许信号;
- $\overline{CE}$——片选通线;
- $\overline{WE}$——写允许信号;
- RDY/$\overline{BUSY}$——忙闲标志。

2817A 的工作方式如表 6.8 所列。

表 6.8　2817A 工作方式选择表

引脚 方式	$\overline{CE}$	$\overline{OE}$	$\overline{WE}$	RDY/$\overline{BUSY}$	输入/输出
读	V_{IL}	V_{IL}	V_{IH}	高阻	输出
维持	V_{IH}	任意	任意	高阻	高阻
写	V_{IL}	V_{IH}	V_{IL}	V_{IL}	输入

2864A(8 KB×8)引脚与静态 RAM6264 完全兼容,管脚分布如图 6.16 所示。对各管脚说明如下:

- A0～A12——地址输入线;
- D0～D7——数据线;
- $\overline{OE}$——读允许信号;
- $\overline{WE}$——写允许信号;
- $\overline{CE}$——片选信号。

2864A 的工作方式如表 6.9 所列。

表 6.9　2864A 工作方式选择表

引脚 方式	$\overline{CE}$	$\overline{OE}$	$\overline{WE}$	输入/输出
读	V_{IL}	V_{IL}	V_{IH}	输出
维持	V_{IH}	任意	任意	高阻
写	V_{IL}	V_{IH}	V_{IL}	输入

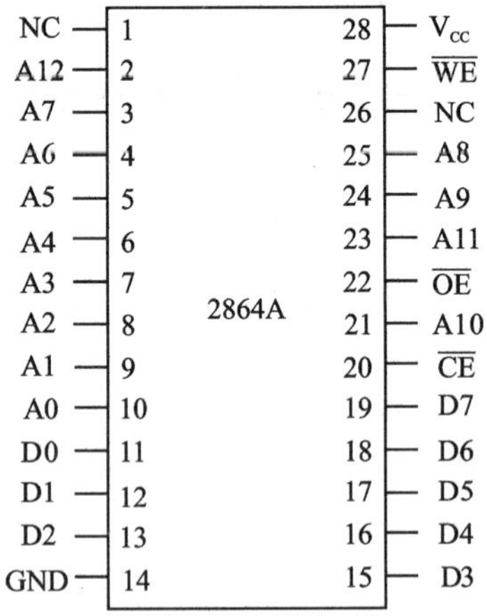

图 6.16　2864A 管脚图

值得指出的是，E^2PROM 可以用作程序存储器，尤其在应用程序调试过程中修改十分方便。它也可以用作数据存储，用于存放那些不经常修改的常数或表格。

图 6.17 是包括 EPROM、RAM 和 E^2PROM 的综合扩展方案。

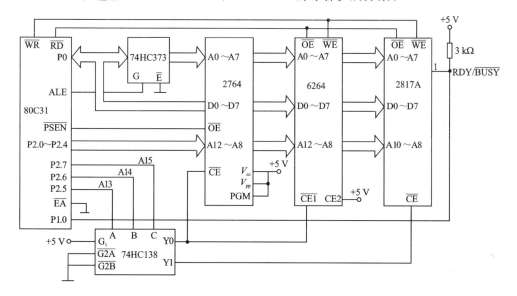

图 6.17 单片机存储器的扩展

程序存储器为 EPROM2764，译码方式为全译码，寻址范围为 0000H～1FFFH，共计 8 KB。

数据存储器为 RAM6264，译码方式为全译码，寻址范围为 0000H～1FFFH，共计 8 KB。

数据存储器还有 E^2PROM2817A，译码方式为部分译码。由于 A11 和 A12 与寻址无关，它们可以任意组合，共有 4 种状态。所以 2817A 共有 4 个映像区（即地址空间）：2000H～27FFH，2800H～2FFFH，3000H～37FFH，3800H～3FFFH。

在这些寻址范围内，均能寻址 2817A。

2817A 引脚 RDY/$\overline{\text{BUSY}}$ 是写状态信号，图 6.17 中连 P1.0 口。在写状态下，该脚为低电平；写入完成，该脚变为高电平。

根据图 6.17 的硬件原理图，将 00H～09H 数码写入 2817A 中的 2000H～2009H 单元，程序为：

```
        ORG     1000H
        MOV     R7,#0AH         ;置循环次数
        CLR     A               ;清 A
        MOV     DPTR,#2000H     ;设置地址指针
LOOP1:  MOVX    @DPTR,A         ;写入 2817A
        NOP
        NOP
LOOP2:  JNB     P1.0,LOOP2      ;写入等待
```

```
        INC     DPTR                    ;修改地址指针
        INC     ACC
        DJNZ    R7,LOOP1
        RET                             ;返回
        END
```

6.3 单片机 I/O 口及定时器扩展

虽然单片机 I/O 口能实现简单的数据输入和输出操作,但资源毕竟有限,所以实际应用中不得不采用扩展的方法,以便增加 I/O 口的功能和数量。可供单片机进行 I/O 口扩展的接口芯片按所能实现的扩展功能又可分为两类:一类是只能实现 I/O 扩展的中小规模集成电路芯片;另一类是能实现可编程 I/O 口扩展的可编程接口芯片。

80C51 系列单片机,I/O 口扩展与外部数据存储器统一编址,即每个 I/O 口单元看作是外部 RAM 的一个存储单元,使用"MOVX"类访问指令。

6.3.1 用 74HC244 扩展并行输入口

输入扩展是为数据输入端需要而采用的。由于数据总线要求挂在它上面的数据源必须具有三态缓冲功能,因此简单的输入扩展实际上就是扩展数据缓冲器。其作用是当输入设备被选通时,使数据源能与数据总线直接沟通;而当输入设备处于非选通状态时,把数据源与数据总线隔离,即缓冲器输出为高阻状态。

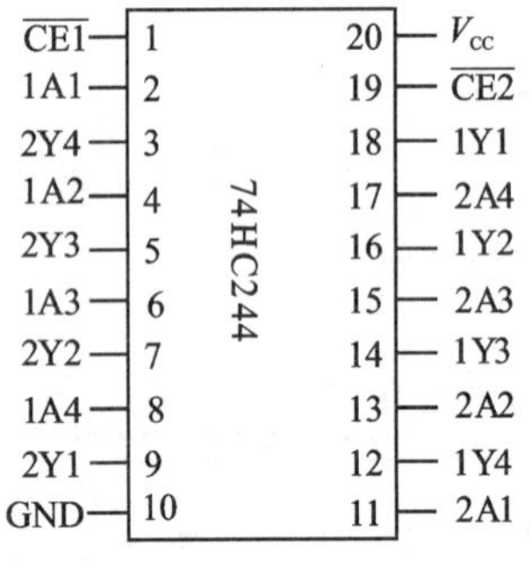

简单的输入接口扩展通常使用的典型芯片为 74HC244。74HC244 是单向三态缓冲器,其引脚排列如图 6.18 所示。当选通信号 $\overline{CE1}$、$\overline{CE2}$ 为低电平时,数据由 A 脚进入 Y 脚;当 $\overline{CE1}$、$\overline{CE2}$ 为高电平时,A 脚与 Y 脚隔离,即 Y 脚为高阻态。

图 6.19 表示使用 74HC244 扩展 8 个输入接口。使用正或门 74HC32 进行输入口地址线选,或门的两个输入端一个是读选通信号,另一个则是译码输出线。当它们均为低电平时,才得到一个有效的选通,使一片 74HC244 的 8 位数据实现输入。由于 74HC244 的选通没有使用地址 A0~A9 线,将导致每个输入单元选通时出现地址重叠现象。例如对于 I1 芯片,8000H~83FFH 范围内任意一个 16 位地址均能选通。各片 74HC244 的地址空间如表 6.10 所列。

图 6.18 74HC244 引脚排列

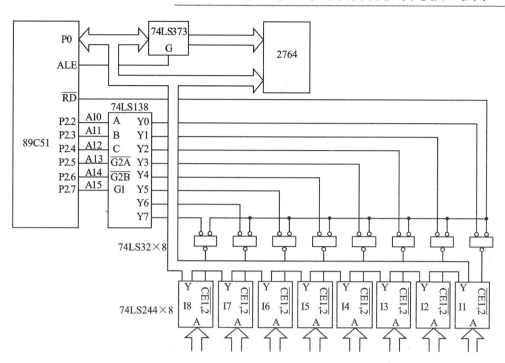

图 6.19 多输入接口扩展电路

表 6.10 8×8 输入选通地址空间表

输入	限定	A15	A14	A13	A12	A11	A10	A9	A8	A7	A6	A5	A4	A3	A2	A1	A0	地址空间
I1	下限	1	0	0	0	0	0	0	0	0	0	0	0	0	0	0	0	8000H~
	上限	1	0	0	0	0	0	1	1	1	1	1	1	1	1	1	1	83FFH
I2	下限	1	0	0	0	0	1	0	0	0	0	0	0	0	0	0	0	8400H~
	上限	1	0	0	0	0	1	1	1	1	1	1	1	1	1	1	1	87FFH
I3	下限	1	0	0	0	1	0	0	0	0	0	0	0	0	0	0	0	8800H~
	上限	1	0	0	0	1	0	1	1	1	1	1	1	1	1	1	1	8BFFH
I4	下限	1	0	0	0	1	1	0	0	0	0	0	0	0	0	0	0	8C00H~
	上限	1	0	0	0	1	1	1	1	1	1	1	1	1	1	1	1	8FFFH
I5	下限	1	0	0	1	0	0	0	0	0	0	0	0	0	0	0	0	9000H~
	上限	1	0	0	1	0	0	1	1	1	1	1	1	1	1	1	1	93FFH
I6	下限	1	0	0	1	0	1	0	0	0	0	0	0	0	0	0	0	9400H~
	上限	1	0	0	1	0	1	1	1	1	1	1	1	1	1	1	1	97FFH
I7	下限	1	0	0	1	1	0	0	0	0	0	0	0	0	0	0	0	9800H~
	上限	1	0	0	1	1	0	1	1	1	1	1	1	1	1	1	1	9BFFH
I8	下限	1	0	0	1	1	1	0	0	0	0	0	0	0	0	0	0	9C00H~
	上限	1	0	0	1	1	1	1	1	1	1	1	1	1	1	1	1	9FFFH

值得说明的是,图 6.19 中单片机 89C51 片内有 4 KB Flash 程序存储器,一般不再使用外扩 2764。图中的 2764 接法,只作为一种外扩展接线技术介绍。

6.3.2 用 74HC377 扩展并行输出接口

用小规模集成电路芯片作输出接口时主要进行数据保持,或者说是数据锁存。简单输出接口扩展通常使用 74HC377 芯片。该芯片是一个具有使能控制端的 8D 锁存器,其引脚排列如图 6.20 所示。其中 8D~1D 为数据输入线;8Q~1Q 为 8 位数据输出线;CK 为时钟信号,上升沿数据锁存;$\overline{G}$ 为使能控制信号;V_{cc} 为 +5 V 电源。

74HC377 的逻辑功能如表 6.11 所列。从真值表可以看出:若 $\overline{G}=1$,则不管锁存时钟信号 CK 是什么状态,锁存器的输出维持不变;若 $\overline{G}=0$,当时钟信号 CK 正跳变时,数据进入锁存器,即输出端反映输入端状态;若 CK=0,则不论 $\overline{G}$ 为何状态,锁存器输出内容(Q_0)不受 D 端状态影响。

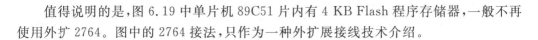

表 6.11　74HC377 真值表

$\overline{G}$	CK	D	Q
1	×	×	Q_0
0	↑	1	1
0	↑	0	0
×	0	×	Q_0

图 6.20　74HC377 引脚图

扩展简单输出接口只需一片 74HC377,其连接电路如图 6.21 所示。

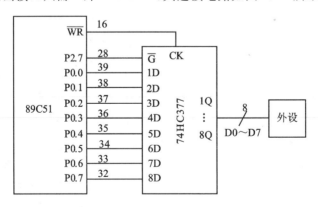

图 6.21　74HC377 作输出接口扩展

输出操作程序如下:

```
MOV     DPTR,#7FFFH         ;A15=0,指向 74HC377
MOV     A,#data             ;输出数据送入 A
```

```
MOVX    @DPTR,A              ;WR = 0 时,A 中数据通过 74HC377 送外设
SETB    P2.7                 ;A15 = 1,数据锁存,不变化
RET
```

6.3.3　8255A 可编程并行 I/O 扩展接口

6.3.2 小节讲述了应用数据缓冲(三态的输入缓冲器)和数据锁存实现简单的 I/O 扩展,缓冲和锁存是扩展 I/O 口的基本方法。本节将介绍能实现复杂 I/O 接口扩展的芯片 8255A,其功能较强,工作方式可以用软件确定和改变,因此称之为可编程接口芯片。

1. 8255A 的逻辑结构和信号引脚

8255A 的引脚排列如图 6.22 所示。图中各引脚说明如下:

- $\overline{CS}$——片选,低电平有效。
- $\overline{WR}$——写允许,低电平有效。
- $\overline{RD}$——读允许,低电平有效。
- A0、A1——端口地址线。
- PA0~PA7 ——端口 A。
- PB0~PB7 ——端口 B。
- PC0~PC7 ——端口 C。

8255A 的逻辑结构如图 6.23 所示,可分为以下几个部分:

(1) 并行 I/O 端口 A 口、B 口、C 口

每个端口均为 8 位,可以编程为输入或输出端口。其中 A 口和 B 口是单纯的数据口,供数据 I/O 使用;C 口既可以作数据口,也可以作控制口使用,用以实现 A 口和 B 口的控制功能。因此常把 C 口分为两部分:

- C 口高位部分(PC4~PC7);
- C 口低位部分(PC0~PC3)。

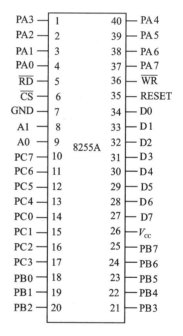

图 6.22　8255A 引脚图

数据传送中 A 口所需的控制信号可由 C 口高位部分提供。因此,把 A 口和 C 口高位部分合在一起称为 A 组;同样,把 B 口和 C 口低位部分合在一起称为 B 组。

PA 口、PB 口、PC 口是 8255A 与外部设备的连接通路。A 口输入、输出都带锁存,B 口和 C 口输出有锁存,输入无锁存(B 口方式 1 输入除外)。

(2) 数据总线缓冲器

8255A 要实现数据输入,必须配备数据缓冲功能。8255A 内部的 8 位数据总线,经双向三态的缓冲器与外部数据总线接口。CPU 给 8255A 的命令字、8255A 与 CPU 间

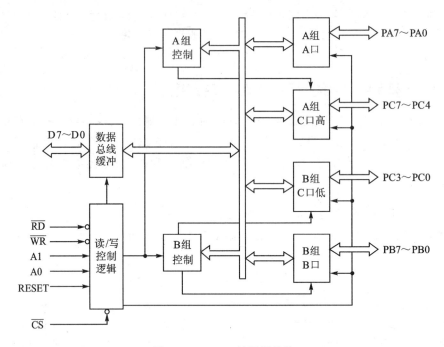

图 6.23 8255A 的逻辑结构

的数据/状态传输都由此进行,是 CPU 与 8255A 间的信息通路。

(3) 读/写控制逻辑

读/写控制逻辑用于实现 8255A 的芯片选择、口的寻址以及各端口和单片机之间的数据传送方向,详见表 6.12 所列。

表 6.12 8255A 读/写控制表

$\overline{CS}$	A_1	A_0	$\overline{RD}$	$\overline{WR}$	所选端口	操　作
0	0	0	0	1	A 口	读端口 A
0	0	1	0	1	A 口	读端口 B
0	1	0	0	1	A 口	读端口 C
0	0	0	1	0	A 口	写端口 A
0	0	1	1	0	A 口	写端口 B
0	1	0	1	0	A 口	写端口 C
0	1	1	1	0	控制寄存器	写控制字
1	×	×	×	×	/	数据总线缓冲器输出高阻抗

8255A 的控制寄存器、A 口、B 口和 C 口的地址由 A0 和 A1 确定。当单片机 I/O 口扩展时,和外扩 RAM 统一编址,即每个口地址相当于外部 RAM 的一个存储单元。

2. 8255A 的工作方式选择

8255A 共有 3 种工作方式:

- 方式 0 ——基本的输入/输出；
- 方式 1 ——选通的输入/输出；
- 方式 2 ——双向数据传送。

本书重点介绍方式 0。

8255A 为可编程接口芯片，是用控制字（又称命令字）对其工作方式和 C 口各位状态进行设置的。控制字分为工作方式控制字和 C 口位的置位/复位控制字。

(1) 工作方式控制字

工作方式控制字用于确定各口的工作方式及数据传送方向。其格式如图 6.24 所示。

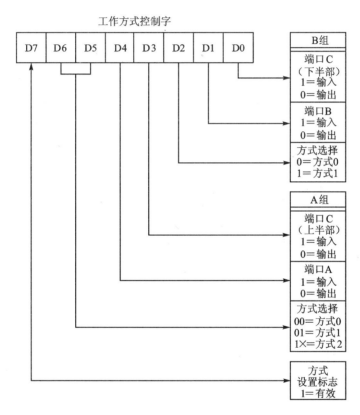

图 6.24　8255A 的控制字

对工作方式控制字说明如下：

① A 口有 3 种工作方式，而 B 口只有两种工作方式。

② 在方式 1 和方式 2 下，对 C 口的定义（输入或输出）不影响作为联络线使用的 C 口各位功能。

③ 最高位 D7 是该控制字的标志位，其状态固定为 1，用于表明本字节是方式控制字。

(2) C口置位/复位控制字

有时C口用来定义控制信号和状态信号,C口的每一位都可以进行置位或复位。C口各位置位/复位控制字格式如图6.25所示。

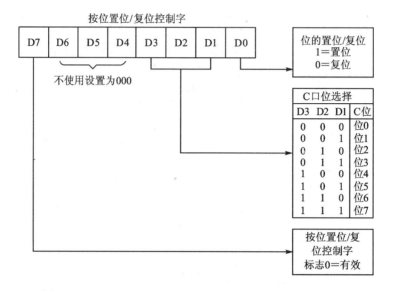

图 6.25　8255A 的各位置位/复位控制字

D7是该控制字的标志位,其状态固定为0。

在使用中,控制字每次只能对C口中的一位进行置位或复位。通道C每一位置位和复位控制字如表6.13所列。

表 6.13　8255A 的 C 口置位/复位控制字

通道C	置位控制字/H	复位控制字/H
PC_0	01	00
PC_1	03	02
PC_2	05	04
PC_3	07	06
PC_4	09	08
PC_5	0B	0A
PC_6	0D	0C
PC_7	0F	0E

单片机对8255A的读操作只能对通道A、B和C地址进行。读入的信息有两种:由通道A和B输入的为数据,由通道C输入的可以是数据,也可以是状态信息。写操作可以分别对3个通道和控制字寄存器进行。写的信息也有两种:送到通道A、B和C的是输出数据;写到控制寄存器的为控制字。控制字又有两种:方式控制字和C口按位置位/复位控制字。

8255A使用时首先要编程确定工作方式(即初始化编程)。初始化要写一个控制字到控制寄存器,还可以写一些C口置位/复位控制字到控制寄存器使通道C的某些位处于初始状态。假设通道A、B、C和控制字寄存器的地址分别为8000H、8001H、8002H和8003H,要使通道A工作于方式0输入,通道B工作于方式0输出,通道C上半部分为输出,下半部分为输入,则方式控制字为10010001,即91H。如果初始化要求PC5=1,则PC5的置位控制字为0BH。80C51单片机实现的初始化程序如下:

```
MOV     DPTR,#8003H         ;控制字寄存器地址,A1A0=11
MOV     A,#91H
MOVX    @DPTR,A             ;设置方式控制字
MOV     A,#0BH
MOVX    @DPTR,A             ;设PC5位的置位控制字
```

完成了初始化以后,就可以对地址8000H(A口,A1A0=00)用输入指令输入数据,对地址8001H(B口,A1A0=01)用输出指令输出数据,而8002H(C口,A1A0=10)可以使用输入或输出指令,读入状态信息或输出控制信息。

CPU对通道C进行读写操作时,将通道C作为一个整体看待,使用8位完整字节对C口的上半部分和下半部分两个4位通道同时存取。当两个通道的工作方式不同时,或虽然相同都要求并不同时输入或输出,要注意使用8位字节对某一子通道读写时,要运用屏蔽技术,不至于使另一子通道的内容被破坏,如表6.14所列。

表6.14 通道C 4位子通道的使用

CPU操作	C口上半部工作方式	C口下半部工作方式	数据处理
IN	输入	输出	屏蔽掉不需要的4位
IN	输出	输入	
IN	输入	输入	
OUT	输入	输出	数据只设置低4位
OUT	输出	输入	数据只设置高4位
OUT	输出	输出	数据设置在高、低4位

3. 方式0的功能和用法

方式0是一种基本的输入或输出方式,通常不用联络信号,不使用中断。在这种方式下,每个通道都可以由程序选定作为输入或输出。其基本功能为:

- 两个8位通道和两个4位通道;
- 任何一个通道可以作为输入或输出;
- 输出是锁存的;
- 输入是不锁存的。

在方式0时,各个通道的输入/输出可以有16种不同的组合。这16种组合以及相应的方式控制字如表6.15所列。

表 6.15　8255A 方式 0 的 16 种 I/O 组合

序号	方式控制字/H	D7	D6	D5	D4	D3	D2	D1	D0	A组 通道A	A组 通道C（上半部）	B组 通道B	B组 通道C（下半部）
0	80	1	0	0	0	0	0	0	0	输出	输出	输出	输出
1	81	1	0	0	0	0	0	0	1	输出	输出	输出	输入
2	82	1	0	0	0	0	0	1	0	输出	输出	输入	输出
3	83	1	0	0	0	0	0	1	1	输出	输出	输入	输入
4	88	1	0	0	0	1	0	0	0	输出	输入	输出	输出
5	89	1	0	0	0	1	0	0	1	输出	输入	输出	输入
6	8A	1	0	0	0	1	0	1	0	输出	输入	输入	输出
7	8B	1	0	0	0	1	0	1	1	输出	输入	输入	输入
8	90	1	0	0	1	0	0	0	0	输入	输出	输出	输出
9	91	1	0	0	1	0	0	0	1	输入	输出	输出	输入
10	92	1	0	0	1	0	0	1	0	输入	输出	输入	输出
11	93	1	0	0	1	0	0	1	1	输入	输出	输入	输入
12	98	1	0	0	1	1	0	0	0	输入	输入	输出	输出
13	99	1	0	0	1	1	0	0	1	输入	输入	输出	输入
14	9A	1	0	0	1	1	0	1	0	输入	输入	输入	输出
15	9B	1	0	0	1	1	0	1	1	输入	输入	输入	输入

4．89C51 单片机与 8255A 接口设计

单片机通过 8255A 与打印机连接电路如图 6.26 所示。

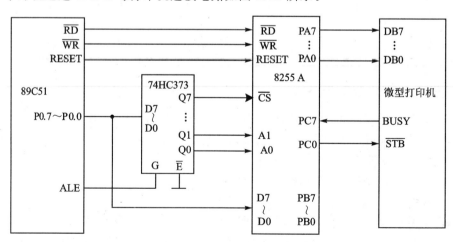

图 6.26　8255A 作打印机接口

打印机采用微型打印机,例如 TPμp 系列打印机,其中:
- DB7～DB0 ——打印机输入数据线。
- $\overline{\text{STB}}$ ——数据选通信号。该信号上升沿时打印数据被打印机读入并锁存。
- BUSY ——"忙"信号,打印机输出。高电平表示该打印机正忙于处理打印数据,此时单片机不得向打印机送入新的数据。

8255A 采用线选编址,即把 74HC373 的 Q7 与 8255A 的片选端 $\overline{\text{CS}}$ 连接,以 Q0、Q1 对应接在 8255A 的口选择端 A0、A1,则 8255A 的 A 口地址为 00H,B 口地址为 01H,C 口地址为 02H,控制寄存器地址为 03H。

采用查询方式进行打印机驱动,8255A 与打印机的连线包括:
- A 口(PA7～PA0)与打印机数据线相连,传送打印数据。
- C 口的 PC0 位提供选通信号,接打印机的 $\overline{\text{STB}}$ 端,进行打印机的选通控制。
- C 口的 PC7 位接打印机的 BUSY 信号,作为状态查询信号。根据上述电路连接和工作设置,确定 8255A 的工作方式控制字:
  - ◆ A 口方式 0 输出(D6D5D4=000);
  - ◆ B 口不用(D2D1=00);
  - ◆ C 口高 4 位为输入(D3=1);
  - ◆ C 口低 4 位为输出(D0=0)。

这时工作方式控制字为 10001000B,即 88H。

单片机内 RAM 中设置缓冲区打印数据,R1 为缓冲区首地址,R2 为缓冲区长度。
打印机驱动子程序如下:

```
        MOV     R0,#03H         ;控制寄存器地址
        MOV     A,#88H          ;工作方式控制字
        MOVX    @R0,A           ;写入工作方式控制字
TP:     MOV     R0,#02H         ;C 口地址
TP1:    MOVX    A,@R0           ;读 C 口
        JB      ACC.7,TP1       ;BUSY=1,继续查询
        MOV     R0,#00H         ;A 口地址
        MOV     A,@R1           ;取缓冲区数据
        MOVX    @R0,A           ;打印数据送到 A 口
        INC     R1              ;指向下一个单元
        MOV     R0,#03H         ;控制寄存器地址
        MOV     A,#00H          ;PC0 复位控制字,输出 STB 脉冲
        MOVX    @R0,A
        MOV     A,#01H          ;PC0 置位控制字
        MOVX    @R0,A
        DJNZ    R2,TP           ;数据长度减 1,不为 0 则继续
        RET
```

6.3.4 8253 可编程定时器/计数器扩展接口

单片机内部虽有定时器/计数器,当需要更多的计数器,或者外计数脉冲频率超过

单片机允许输入频率时,可扩展 8253 芯片。

8253 具有 3 个相同的 16 位减法计数器,可进行二进制或二-十进制计数或定时操作。每个计数器的工作方式及计数常数分别由软件编程设置。最高计数时钟频率为 2.6 MHz。

1. 8253 内部结构与管脚排列

8253 的内部结构与管脚排列如图 6.27 所示。

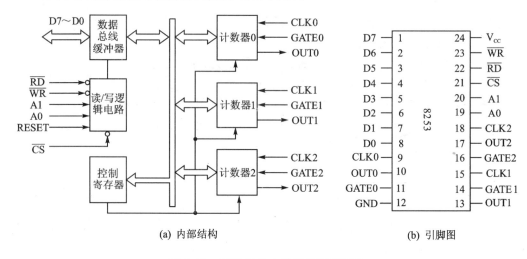

(a) 内部结构　　　　　　　　　　　(b) 引脚图

图 6.27　8253 芯片内部结构及引脚图

8253 内有 3 个独立的计数器,每个计数器有 3 根 I/O 线:CLK 为时钟输入,是计数脉冲输入端;OUT 为计数输出端,当计数器减为 0 时,OUT 输出相应的信号;GATE 为门控信号,用于启动或禁止计数器工作。

8253 内部 D0~D7 为双向、三态数据线,是单片机与 8253 间的数据传输线;$\overline{RD}$、$\overline{WR}$ 为数据读、写控制线;A0、A1 是地址选择线;$\overline{CS}$ 是片选线。在应用中,由 $\overline{CS}$、A0、A1 形成 16 位地址编码。表 6.16 为 8253 计数通道及操作地址分配。

表 6.16　8253 通道及操作地址分配

$\overline{CS}$	$\overline{RD}$	$\overline{WR}$	A1	A0	操　作
0	0	1	0	0	读计数器 0
0	0	1	0	1	读计数器 1
0	0	1	1	0	读计数器 2
0	0	1	1	1	无操作(禁止读)
0	1	0	0	0	计数常数写入计数器 0
0	1	0	0	1	计数常数写入计数器 1
0	1	0	1	0	计数常数写入计数器 2
0	1	0	1	1	写入方式控制字
1	×	×	×	×	禁止(三态)
0	1	1	×	×	不操作

2. 8253 工作方式控制字

工作方式控制字用来设置 8253 的工作方式、操作类型、计数类型及计数器选择。控制字的定义如图 6.28 所示。

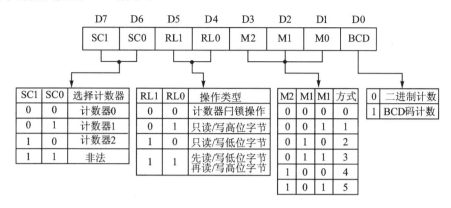

图 6.28 8253 工作方式控制字定义

- 计数器选择（SC1、SC0）：用于选择计数器。
- 操作类型（RL1、RL0）：用来确定计数器的操作类型,如读写次序、高低位读写等。计数器的闩锁操作用于计数过程中读数（飞读）。
- 计数器类型（BCD）：用于确定计数器采用二进制还是二-十进制计数。
- 工作方式（M2、M1、M0）：用于指定计数器的工作方式,8253 共有 6 种工作方式。

写入 8253 各个计数器的控制字时,在顺序上没任何限制。但在写入计数值时,16 位计数值分两次写入,写入操作必须按照控制字 RL1 和 RL0 所规定的顺序进行。另外,8253 计数器为递减计数器,写入 0000H 计数常数值为最大计数值。

单片机读 8253 计数器当前值有两种方式,即简单读出和保持读出方式。在简单读出方式下,只要选中某个计数器按控制字设定的顺序读出。为读出稳定值,必须由门控 GATE 控制或禁止时钟输入的方法停止计数器计数。采用保持读出方式不会影响计数器状态,而能读出当前计数值。具体操作是将 RL1、RL0 置成计数器闩锁操作类型,通过 SC1、SC0 选择好计数器后,8253 将所选计数器当前值锁存到专用的寄存器,然后对计数器发出正常的读命令。

3. 8253 的工作方式及用法

(1) 方式 0(计数结束中断方式)

GATE=1。当把方式 0 的控制字写入后,输出端 OUT 为低电平;计数常数写入后,计数器开始计数,并且计数期间 OUT 维持低电平。当计数器减为 0 时,输出端变为高电平,可以向单片机发出中断申请。

(2) 方式 1(可编程单稳)

该方式输出单拍负脉冲信号,脉冲宽度可编程设定。

当把方式控制字和计数常数写入后,输出端 OUT 为高电平。在触发信号 GATE 发生正跳变时,OUT 变为低电平,并开始计数。当计数器减为 0 时,OUT 又变为高电平。如果输出保持低电平期间,写入一个新的计数值,不会影响低电平的持续时间,只有当下一个触发脉冲到来时,才使用新的计数值。如果计数尚未结束,又出现新的触发脉冲,则从新的触发脉冲上升沿之后,又开始重新计数,因此使输出的负脉冲宽度加大。

单片机在任何时候都可以读出计数的内容,而对单拍脉冲的宽度没有影响。

(3) 方式 2(频率发生器)

该方式能产生连续的负脉冲信号。负脉冲由 OUT 端输出,其宽度等于一个时钟周期,脉冲周期等于写入计数器的计数值 N 和时钟周期的乘积。当把控制字写入后,OUT 输出一直为高电平。只有写入计数值 N 后,才开始计数,维持前$(N-1)$个时钟周期高电平和最后一个时钟周期低电平,当 N 为零时又恢复高电平。

对 8253 写入控制字和计数值后,随后的脉冲周期会受影响。我们可以用 GATE 来启动或停止计数器。若 GATE 为低电平,OUT 输出并维持高电平。当 GATE 出现正跳变时,计数器便从原来的计数值开始工作。因此 GATE 可作为计数器同步启动的控制信号。

(4) 方式 3(方波发生器)

采用这种方式时,计数器输出连续方波信号。

当计数值 N 为偶数时,输出为对称方波,前 $N/2$ 计数期间 OUT 输出高电平,后 $N/2$ 期间 OUT 输出低电平。若计数值 N 为奇数时,将输出不对称方波,在前$(2N+1)/2$ 计数期间,OUT 输出高电平,后$(2N-1)/2$ 计数期间 OUT 输出低电平。其余特性与方式 2 相同。

(5) 方式 4(软件触发选通)

当方式 4 控制字写入 8253 后,计数器输出高电平,再写入计数常数值后开始计数。当计数到 0 时输出一个时钟周期的负脉冲。在计数期间,如果写入新的计数常数值,将影响下一个计数周期。当门控 GATE 输入低电平时,计数停止;恢复高电平,继续计数。

(6) 方式 5(硬件触发选通)

写入方式控制字及计数常数值后,输出 OUT 保持高电平。只有在 GATE 门控信号出现上升沿后才开始计数。计数器到 0 时,输出一个时钟周期的负脉冲。计数过程尚未结束之前重新触发时,将使计数器重新开始计数,但对输出状态没有影响。

门控信号 GATE 在不同的计数方式下的作用如表 6.17 所列。

4. 89C51 与 8253 接口实例

图 6.29 是 89C51 与 8253 的一种连接方法。

表 6.17 GATE 信号控制功能

信号状态 方式	低电平或负跳变	正跳变	高电平
0	禁止计数	—	允许计数
1	—	1. 启动计数 2. 在下一个脉冲后使输出变低	—
2	1. 禁止计数 2. 立即将输出置高	启动计数	允许计数
3	1. 禁止计数 2. 立即将输出置高	启动计数	允许计数
4	禁止计数	—	允许计数
5	—	启动计数	—

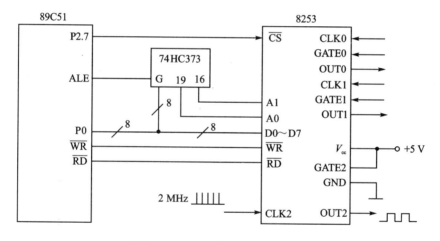

图 6.29 89C51 与 8253 接口方法

要求计数器 2 输出频率为 40 kHz 的方波,计数器 2 的时钟输入信号频率为 2 MHz。其参考程序如下:

```
        MOV     DPTR,#7FFFH     ;指向控制字寄存器
        MOV     A,#0B6H         ;(10110110B)计数器2输出方波控制字
        MOVX    @DPTR,A
        MOV     DPTR,#7FFEH     ;指向计数器2
        MOV     A,#32H          ;50分频计数值为0032H
        MOVX    @DPTR,A         ;先写入低8位
        CLR     A
        MOVX    @DPTR,A         ;再写入高8位
LOOP:   SJMP    LOOP
```

6.4 单片机与 D/A 及 A/D 转换器接口

单片机同普通电子计算机一样,只能处理数字量,而不能直接处理模拟量。对于某些连续变化的物理量,例如温度、压力、流量、速度等,其对应的电信号也是连续变化的模拟量。单片机要处理这些信息,首先要将模拟量转换成数字量,这一转换过程就叫 A/D 转换,也叫模数转换。能实现 A/D 转换的器件叫模数转换器(ADC)。

计算机加工信息的结果是数字量,有时还需要将其转换成模拟量,以便形成控制或驱动相应的执行机构。这一转换过程就叫转换 D/A 转换,即数模转换。能完成 D/A 转换的器件叫数模转换器(DAC)。

本节将介绍一些典型的 D/A、A/D 转换芯片以及接口应用。

6.4.1 D/A 转换器的技术性能

D/A 转换器的技术性能指标很多,例如绝对精度、相对精度、线性度、输出电压范围、温度系数、输入数字代码(二进制或 BCD 码)等。对这些技术性能,不作全面介绍,下面只介绍几个与接口有关的技术性能。

1. 分辨率

分辨率是 D/A 转换器对输入量变化敏感程度的描述,与输入数字量的位数有关。若设数字量为 n 位,则 D/A 转换器的分辨率为 2^{-n}。这说明转换器对满刻度的 2^{-n} 输入量能作出反应。例如 8 位 D/A 的分辨率为 1/256,10 位 D/A 的分辨率为 1/1 024 等。使用时应根据分辨率的需要来选定转换器的位数。

2. 建立时间

建立时间是描述 D/A 转换速度快慢的一个参数,指从输入数字量变化到输出达到终值误差 $\pm(1/2)$LSB(最低有效位)时所需的时间。通常以建立时间来表明转换速度。例如快速的 D/A 转换器的建立时间可达 1 μs。

3. 线性度

通常用非线性误差的大小表示 D/A 转换器的线性度,并且把偏移理想的输入-输出特性的偏差,与满刻度输出之比的百分数定义为线性度。

例如,某 D/A 转换器的线性度(非线性误差)$\leq \pm 0.02\%$FSR(FSR 为满刻度英文缩写)。

4. 温度系数

在满刻度输出的条件下,温度每升高 1 ℃,输出变化的百分数定义为温度系数。例如,某 D/A 转换器的温度系数为 $\leq 10^{-7}$FSR/℃。

5. 电源抑制比

对于高质量的 D/A 转换器,要求开关电路及运算放大器所用的电源电压发生变化时,对输出的电压影响极小。通常把满量程电压变化的百分数与电源电压变化的百分数之比称为电源抑制比。

6.4.2 8位D/A转换器DAC0832

DAC0832是CMOS工艺制造成的双列直插式8位D/A转换器。它可以与80C51单片机相连。属于该系列的芯片还有DAC0830和DAC0831,在管脚和性能上完全兼容。

1. 性　能

- 8位D/A转换器,每次并行输入;
- 逻辑输入电平为TTL电平(即$V_{IH}=2.0$ V,$V_{IL}=0.8$ V,$V_{OH}=2.7$ V,$V_{OL}=0.5$ V);
- 转换时间≤1 μs;
- 线性误差≤±0.2FSR;
- 工作温度范围:0~70 ℃;
- 功耗:20 mW。

2. 管脚排列

DAC0832管脚排列如图6.30所示。

其管脚说明如下:

- $\overline{CS}$——片选端,低电平有效;
- $\overline{WR1}$——写信号1输入端,低电平有效;
- $\overline{WR2}$——写信号2输入端,低电平有效;
- $\overline{XFER}$——数据传送控制信号输入端,低电平有效。
- ILE ——允许输入锁存,高电平有效;
- DI0~DI7——数字信号输入端,DI0为最低位,DI7为最高位;
- R_{fb}——反馈电阻引线端;
- V_{REF}——参考电压输入端,V_{REF}可在+10~-10 V范围内选择;
- V_{CC}——电源电压,可以在+5~+15 V范围内选择,最佳工作状态为+15 V;
- AGND ——模拟地;
- DGND ——数字地;
- I_{OUT1}——输出电流1;
- I_{OUT2}——输出电流2。

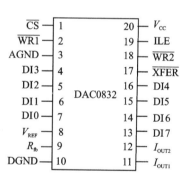

图6.30　DAC0832引脚图

3. DAC0832转换器的工作原理

DAC0832转换器的内部结构如图6.31所示。

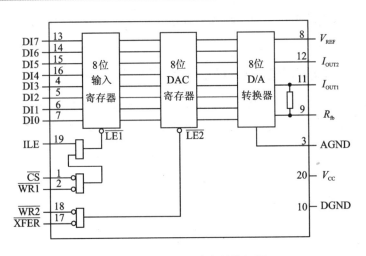

图 6.31　DAC0832 内部结构框图

DAC0832 转换器内部具有两个寄存器,即 8 位输入寄存器和 8 位 DAC 寄存器。$\overline{LE}$($\overline{LE1}$ 和 $\overline{LE2}$)是寄存器的锁存控制,寄存器的工作状态取决于 $\overline{LE}$ 的逻辑电平。当 $\overline{LE}=1$ 时,寄存器的输出随输入变化;当 $\overline{LE}=0$ 时,输入数据被锁存在寄存器中,寄存器的输出不再随数据总线的变化而变化。

当 ILE=1,$\overline{CS}=0$,$\overline{WR1}=0$ 时,$\overline{LE1}=1$,此时 8 位输入寄存器的输出随输入信号变化;$\overline{WR1}$ 变为高电平时,$\overline{LE1}=0$,输入数据锁存于输入寄存器中。只有当 $\overline{CS}$ 和 ILE 同时有效时,才能写入数据。

当 $\overline{XFER}$ 和 $\overline{WR2}$ 同时为低电平时,$\overline{LE2}=1$,将 8 位输入寄存器中的数字信号传送到 8 位 DAC 寄存器中,此时启动 D/A 转换;$\overline{WR2}$ 的上升沿将输入寄存器的数据锁存于 DAC 寄存器中。因此,只有 $\overline{XFER}$ 有效时,$\overline{WR2}$ 才能起作用。

数据输入可以采用两级锁存,即双缓冲形式;单级锁存,即单缓冲形式;或直接输出(两级直通),即直通方式。

4. 单缓冲方式的接口及应用

所谓单缓冲方式,就是 0832 的两个寄存器一个处于直通方式,而另一个受控于锁存方式。单缓冲方式连接如图 6.32 所示。

为使输入寄存器处于受控锁存方式,应把 $\overline{WR1}$ 接 89C51 的 $\overline{WR}$,ILE 接 +5 V。此外,还应把 $\overline{CS}$ 接译码器输出,以便为输入寄存器确定地址。执行下面几条指令就能完成一次 D/A 转换:

```
MOV     DPTR,#7FFFH         ;P2.7 = 0,指向 0832
MOV     A,#data             ;数字量先进入 A
MOVX    @DPTR,A             ;D/A 输入与转换
SETB    P2.7                ;使 CS = 1
```

5. 双缓冲方式的接口及应用

所谓双缓冲方式,就是把 DAC0832 的两个寄存器都接成受控锁存方式。数字量

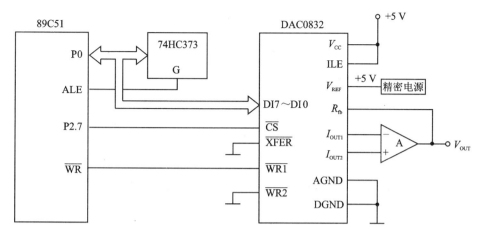

图 6.32　DAC0832 单缓冲方式接口

先锁存在输入寄存器中,然后再将输入寄存器中的数据打入 DAC 寄存器,实现转换输出。

图 6.33 是一个双路同步输出的 D/A 转换接口电路。P2.5 和 P2.6 分别选择两路 D/A 转换器。P2.7 连到两路 D/A 转换器的 $\overline{\text{XFER}}$ 端,控制 DAC 寄存器锁存,实现同步转换输出。$\overline{\text{WR}}$ 与 $\overline{\text{WR1}}$、$\overline{\text{WR2}}$ 端相连,在执行 MOVX 输出指令时,89C51 自动输出 $\overline{\text{WR}}$ 信号。$\overline{\text{WR}}$ 信号由低变高时,完成锁存功能。

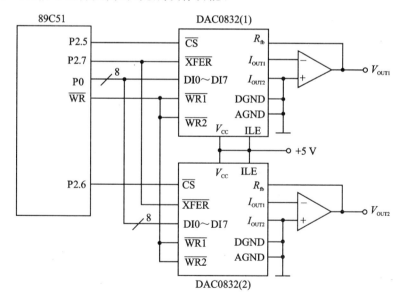

图 6.33　DAC0832 双缓冲器方式接口

执行下面指令就能完成两路 D/A 的同步转换输出。

```
MOV     DPTR,#0DFFFH        ;指向0832①
MOV     A,#data1            ;#data1 送入0832①中锁存
```

```
MOVX    @DPTR,A
MOV     DPTR,#0BFFFH        ;指向0832②
MOV     A,#data2            ;#data2送入0832②中锁存
MOVX    @DPTR,A
MOV     DPTR,#7FFFH         ;0832①、0832②同时完成D/A转换
MOVX    @DPTR,A             ;转换输出
SETB    P2.7
```

6.4.3　12位D/A转换器DAC1208

为了提高转换精度,可以使用10位、12位等高精度D/A转换器。下面以DAC1208为例,说明12位D/A转换器的工作原理及应用。

1. DAC1208的结构及工作原理

DAC1208系列包括DAC1208、DAC1209、DAC1210等各种型号的产品,它们的结构方框图如图6.34所示。

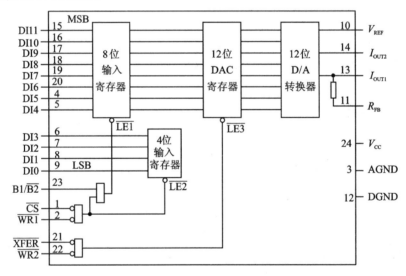

图6.34　DAC1208功能结构图

从图6.34中可看出,DAC1208是一种带有双输入缓冲器的D/A转换器。第一级缓冲器由高8位输入寄存器和低4位输入寄存器构成;第二级缓冲器即12位DAC寄存器。此外,还有一个12位D/A转换器。

$\overline{CS}=0,\overline{WR1}=0$条件下,$B1/\overline{B2}=1$时,$\overline{LE1}=1$,高8位数据输入;$B1/\overline{B2}=0$时,$\overline{LE1}=0$,高8位数据锁存。

$\overline{CS}=0,\overline{WR1}=0$条件下,$\overline{LE2}=1$,低4位数据输入;当$\overline{CS}$或$\overline{WR1}$任何一个为1时,$\overline{LE2}=0$,低4位数据锁存。

$\overline{XFER}=0,\overline{WR2}=0$条件下,$\overline{LE3}=1$,12位数据输入DAC寄存器,并开始D/A转换;当$\overline{XFER}$或$\overline{WR2}$任何一个为1时,$\overline{LE3}=0$,12位数据锁存。

2. DAC1208 的技术指标及管脚功能

(1) DAC1208 的技术指标

- 分辨率：12 位；
- 电流建立时间：1 μs；
- 输入缓冲：二级缓冲或直接数据输入；
- 满足 TTL 电平范围的逻辑输入；
- 单电源：+5～+15 V；
- 可与所有通用微处理器直接接口。

(2) 管脚功能

DAC1208 采用双列直插式结构，共有 24 个管脚，其排列顺序如图 6.35 所示。DAC1208 的管脚分为 3 组，现分述如下：

1) 输入、输出线

- 数据总线 DI0～DI11，用来传送被转换的数字，高 8 位 DI4～DI11 对应高 8 位输入寄存器，低 4 位 DI0～DI3 对应低 4 位输入寄存器。
- 电流输出线 I_{OUT1} 和 I_{OUT2}，为转换后的电流模拟量，需外接运算放大器将电流量转换为电压量。DAC 寄存器中所有数字位均为"1"时，I_{OUT1} 为最大；为全"0"时，I_{OUT1} 为零。

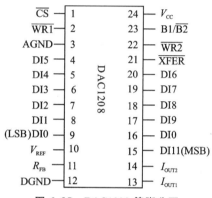

图 6.35　DAC1208 管脚分配

2) 电源及地线

- V_{cc} 为电源电压输入，范围+5～+15 V，以+15 V 为最佳。
- AGND 为模拟地。
- DGND 为数字地。
- V_{REF} 为基准电压输入，选择范围为 −10～+10 V。

3) 控制线

- R_{FB}：反馈电阻，为外部运算放大器提供一个反馈电压。
- $\overline{CS}$：片选信号。
- $B1/\overline{B2}$：字节顺序控制信号。此控制端为高电平时，高 8 位输入寄存器可被允许；此控制信号为低电平时，仅低 4 位输入寄存器可被允许。
- $\overline{WR1}$：写信号 1，第一级缓冲器(8 位和 4 位输入寄存器)的写信号。
- $\overline{WR2}$：写信号 2，第二级缓冲器(12 位 DAC 寄存器)的写信号。
- $\overline{XFER}$：传送控制信号。

3. DAC1208 与单片机的接口技术

图 6.36 给出了 DAC1208 转换器与单片机 89C51 的接口电路。

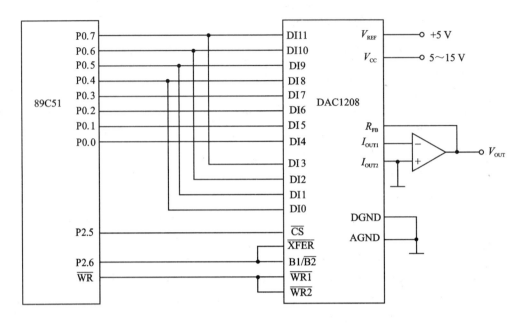

图 6.36 DAC1208 接口电路

从图 6.36 中可看出，DAC1208 转换器的输入部分，采用二级缓冲型式。单片机的 P0.0～P0.7 与 DI4～DI11（高 8 位）连接，P0.4～P0.7 与 DI0～DI3（低 4 位）连接。P2.5 与 $\overline{CS}$ 连接。P2.6 与 $\overline{XFER}$ 和 $B1/\overline{B2}$ 连接。单片机的 $\overline{WR}$ 与 $\overline{WR1}$ 和 $\overline{WR2}$ 相连。

当 P2.5=0，P2.6=1，$\overline{WR}$=0 时，选中高 8 位输入寄存器，当 P2.6=0 时（P2.5=0，$\overline{WR}$=0），选中低 4 位输入寄存器和 12 位 DAC 寄存器，12 位数据由 D/A 转换器转换成模拟信号。

例如，有一组 12 位的待转换数据存放在片内 RAM 的 DATA 及 DATA+1 单元中，其存放格式为：(DATA)=高 8 位数据，(DATA+1)=低 4 位数据（存放该单元的高半字节上）。把这个数据送 D/A 转换器的程序为：

```
MOV     DPTR,#0DFFFH    ;P2.6=1,P2.5=0,选中高 8 位输入寄存器
MOV     A,DATA
MOVX    @DPTR,A
MOV     DPTR,#9FFFH     ;P2.6=0,P2.5=0,选中低 4 位输入寄存器及 12 位 DAC 寄存器
MOV     A,DATA+1
MOVX    @DPTR,A         ;由 D/A 转换成输出电压
```

在执行"MOVX"指令时，自动产生 $\overline{WR}$ 信号。当 $\overline{WR}$ 由低变高时，完成锁存。

6.4.4 D/A 转换器接口技术应用举例

1. 题目要求

假设在 RAM 区 D050H～D09FH 单元中存放着 50H 个 8 位字长的二进制数，要

求实现如下功能。

按顺序从 D050H 为首地址的存储区域中取出一个字节的二进制数送往 D/A 转换器转换模拟电压输出,经过 16 ms 延时后,再取下一个字节数据,转换成输出电压。直到 50H 个字节都转换完毕,再重新开始反复执行上述过程。

2. 硬件设计

保证完成上述题目要求的硬件系统如图 6.37 所示。

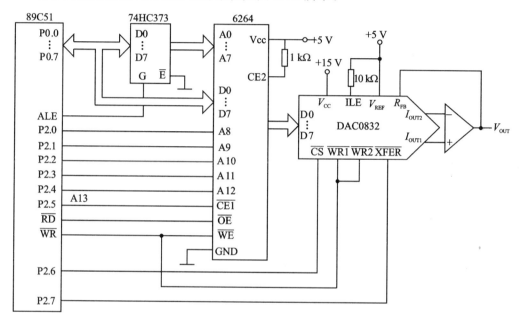

图 6.37　D/A 转换硬件接口电路

图 6.37 中采用 8 KB×8 的 RAM6264,片选信号为 P2.5,当 P2.5=0 时选中 6264,占有地址空间为 C000H~DFFFH。

D/A 转换器输入端接口采用二级缓冲方式,输出接口采用单极性输出电压方式。ILE 接+5 V,$\overline{CS}$ 接 P2.6,$\overline{XFER}$ 接 P2.7,即输入寄存器编址为 BFFFH,DAC 寄存器的编址为 7FFFH。当 P2.6=0 时,选中输入寄存器;P2.7=0 时,选中 DAC 寄存器,并进行 D/A 转换。

3. 程序设计

```
            ORG     0000H
            AJMP    AD0
            ORG     0200H
AD0：       MOV     R6,#50H         ;数据块长度
            MOV     R4,#50H         ;16 位地址低字节
AD1：       MOV     DPH,#0D0H       ;16 位地址高字节
            MOV     DPL,R4
```

```
            MOVX    A,@DPTR              ;取数据
            MOV     DPTR,#0BFFFH         ;选中 D/A 输入寄存器
            MOVX    @DPTR,A
            MOV     DPTR,#7FFFH          ;选中 DAC 寄存器
            INC     R4                   ;指向下一个字节数据
            LCALL   DL0                  ;调延时子程序
            DJNZ    R6,AD1
            AJMP    AD0
DL0:        MOV     R7,#10H              ;延时 16 ms 子程序,晶振 6 MHz
DL:         MOV     R5,#0FFH
DL5:        DJNZ    R5,DL5
            DJNZ    R7,DL
            RET
```

6.4.5 A/D 转换器的技术指标

A/D 转换器用于实现模拟量到数字量的转换,按转换原理常用的主要有两种:双积分式 A/D 转换器和逐次逼近式 A/D 转换器。

双积分式 A/D 转换器的主要优点是转换精度高,抗干扰性能好,价格便宜,但转换速度慢。因此这种转换器主要用于速度要求不高的场合。

逐次逼近式 A/D 转换器是一种速度较快、精度较高的转换器。其转换时间大约在几微秒到几百微秒之间。

A/D 转换器的主要技术指标为:

1. 分辨率

分辨率是指 A/D 转换器输出二进制末位变化时,所需要的最小模拟电压对满刻度电压的比值:

$$r = \frac{\frac{V_{REF}}{2^n}}{V_{REF}} = \frac{1}{2^n}$$

式中,V_{REF}——满刻度电压;

n——A/D 转换器的位数。

习惯上用输出二进制数的位数表示 A/D 的分辨率。

2. 量化误差

量化误差和分辨率是统一的。量化误差是由于有限数字对模拟量进行离散取值(量化过程)而引起的误差。因此,当量化时规定最小数量单位叫做量化单位。数字信号的最低有效位"1"所代表的模拟量的大小,等于量化单位。当对某一模拟量进行量化时,其结果分为两部分:

- 整数部分,是量化单位的整数倍;
- 余数部分,是不足一个量化单位的部分,这部分就称为量化误差。若量化单位

为 q,则

$$q = \frac{V_{\text{REF}}}{2^n}$$

当我们按照"四舍五入"的原则,把不足半个量化单位的余下部分舍去,把大于或等于半个量化单位计入整数部分,则最大量化误差为半个量化单位,即 $\pm\frac{1}{2}\text{LSB}$。

3. 转换精度

绝对转换精度是指产生输出量 N 的实际输入电压 A 与产生同一数字量 N 所需的理论输入电压 E_{nom} 之差,即 $\Delta = A - E_{\text{nom}}$。

相对转换精度是指绝对误差与满刻度输出的比值,即 $\varepsilon = |\Delta|/V_{\text{REF}}$。

4. 转换时间

转换时间是指 A/D 完成一次转换所需要的时间。

6.4.6 8位 A/D 转换器 ADC0809

ADC0809 是采用 CMOS 工艺制造的 8 位 8 通道逐次逼近式 A/D 转换器。

1. ADC0809 的内部逻辑结构

0809 内部逻辑结构如图 6.38 所示。图 6.38 中 8 路开关可选通 8 个模拟通道,允许 8 路模拟量分时输入,共用一个转换器进行转换。地址锁存与译码电路完成对 A、B、C 这 3 个地址位码的锁存与译码,其译码输出用于通道选择。8 位 A/D 转换器采用逐次逼近原理,由控制与时序电路、逐次逼近寄存器、树状开关以及 256R 电阻阶梯网组成。输出锁存器用于存放和输出转换的数字量。

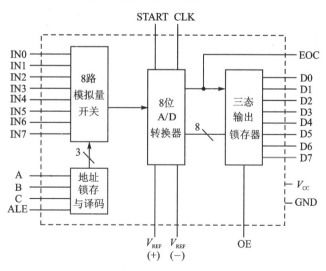

图 6.38 ADC0809 内部逻辑结构

2. 信号引脚

ADC0809 芯片为 28 脚双列直插式封装,引装排列如图 6.39 所示。
引脚的功能说明如下:

- IN7～IN0——可接 8 通道的模拟量输入信号,信号为单极性,电压范围 0～5 V。

- A、B、C——地址线。

A 为低位地址,C 为高位地址,用于对模拟通道进行选择,引脚图中为 ADDA、ADDB、ADDC。其地址状态与通道对应关系如表 6.18 所列。

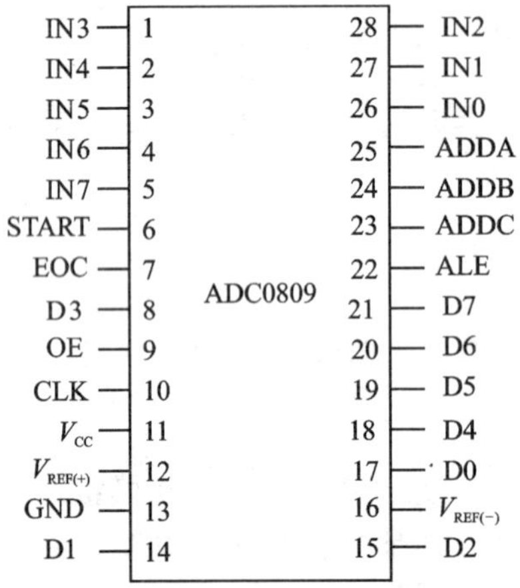

表 6.18 通道选择表

C	B	A	选择的通道
0	0	0	IN0
0	0	1	IN1
0	1	0	IN2
0	1	1	IN3
1	0	0	IN4
1	0	1	IN5
1	1	0	IN6
1	1	1	IN7

图 6.39 ADC0809 引脚图

- ALE——地址锁存允许信号。

对应 ALE 上跳沿,A、B、C 地址状态锁存入地址锁存器中。

- START——转换启动信号。

START 上跳沿时,所有内部寄存器清 0;START 下跳沿时,开始进行 A/D 转换;在 A/D 转换期间,START 保持低电平。

- D7～D0——数据输出线。

为三态缓冲输出形式,可以和单片机的数据线直接相连。

- OE——输出允许信号。

用于控制三态输出锁存器向单片机输出转换得到的数据。OE＝0,输出数据线呈高阻态;OE＝1,输出转换得到的数据。

- CLK——时钟信号。

ADC0809 的内部没有时钟电路,所需的时钟信号由外部通过该引脚提供,通常使用频率为 500 kHz 的时钟信号。

- EOC——转换结束状态信号。

EOC＝0,正在进行转换;EOC＝1,转换结束。使用时该状态信号既可以作为查询状态标志,又可以作为中断请求信号使用。

- V_{cc}——+5 V 电源。
- V_{REF}——参考电源。

参考电压用来与输入的模拟信号进行比较时的基准。其典型值为+5 V ($V_{REF(+)}$ =+5 V, $V_{REF(-)}$ =0)。

3. 主要性能指标

- 分辨率为 8 位；
- 变换时间为 100 μs；
- 输出与 TTL 兼容；
- 单一+5 V 电源供电，此时模拟电压输入范围为 0~5 V；
- 低功耗功率为 15 mW；
- 使用温度：民品为 -40~+85 ℃；军品为 -55~+125 ℃。

4. ADC0809 与 89C51 的接口应用

ADC0809 与单片机 89C51 的接口电路如图 6.40 所示。

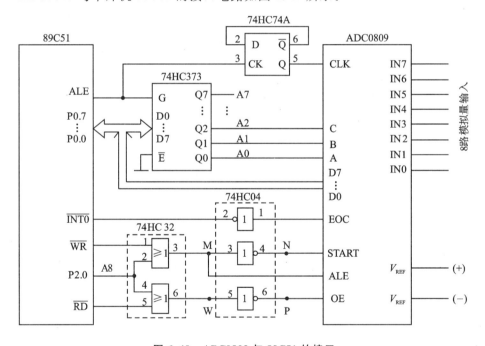

图 6.40 ADC0809 与 89C51 的接口

ADC0809 芯片内部无时钟，可利用单片机 ALE 信号经过 D 触发器(74HC74A) 2 分频得到。若单片机晶振频率为 6 MHz，ALE 以晶振 1/6 固定频率输出，经过 D 触发器 2 分频，则向 0809 提供 500 kHz 的时钟。74HC74A 管脚排列与功能如图 6.41 所示。

ADC0809 的数据线三态缓冲输出形式，数据引出脚 D0~D7 可直接与单片机的数据线 P0 口连接。

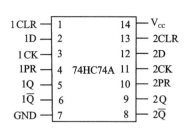

输入				输出	
预置PR	清除CLR	时钟CK	D	Q	$\overline{Q}$
L	H	×	×	H	L
H	L	×	×	L	H
L	L	×	×	H*	H*
H	H	↑	H	H	L
H	H	↑	L	L	H
H	H	L	×	Q0	$\overline{Q0}$

*此状态是不稳定的。

(a) 引脚排列 (b) 功能表

图 6.41　74HC74A 双 D 型正边沿触发器(带预置和清除端)的管脚排列和功能

地址译码引脚 A、B、C 端可分别接到地址总线的低 3 位 A0、A1、A2，以便选通 IN0~IN7 中的某一通道。

0809 的片选信号可由 P2.0(地址 A8 位)提供。

当 P2.0、$\overline{WR}$ 均为低电平(执行 MOVX 指令时)，正或门 74HC32 的输出 M(连 ALE)为低,反相器 74HC04 的输出 N(连 START)为高,0809 内寄存器清 0。当 $\overline{WR}$ 变高,M 点为高,ALE 的正跳沿将 A、B、C 地址状态锁入地址锁存器,选中某一模拟量输入通道;经过 74HC04 的短暂传输延时,START 变低,开始进行 A/D 转换。在 A/D 转换期间,START 处于低电平状态,EOC=0。

当 A/D 转换结束时,EOC 变为高电平,经过反相器 74HC04,向单片机 $\overline{INT0}$ 申请中断,单片机响应中断后在中断服务程序中读取 A/D 转换结果,并存入片内 RAM20H~27H 单元中。

单片机通过执行 MOVX 指令读取 A/D 转换结果。当 P2.0、$\overline{RD}$ 均为低电平时,通过 74HC32 和 74HC04,OE 端为高电平,0809 输出转换结果到单片机数据总线。当 $\overline{RD}$ 变为高电平,OE 为低,读取结束。

74HC32 和 74HC04 的管脚如图 6.42 和图 6.43 所示。

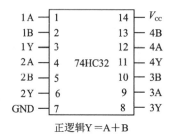

图 6.42　四 2 输入正或门 74HC32 管脚排列　　图 6.43　6 反相器 74HC04 管脚排列

初始化程序：

```
        MOV     R0,#20H          ;取数据暂存区首地址
        MOV     R2,#08H          ;置8路计数初值
```

```
        SETB    IT0              ;设边沿触发方式
        SETB    EA               ;开中断
        SETB    EX0              ;INT0 中断允许
        MOV     DPTR,#0FEF8H     ;指向通道 0
        MOVX    @DPTR,A          ;启动 A/D 转换
        MOV     A,R2             ;8 路巡回检测通道初值
HERE:   JNZ     HERE             ;8 路未完,继续等待中断
        ⋯      ⋯
```

中断服务程序:

```
        MOVX    A,@DPTR          ;取 A/D 转换结果
        MOV     @R0,A            ;指定单元存放
        INC     DPTR             ;更改通道
        INC     R0               ;更改暂存单元
        MOVX    @DPTR,A          ;启动新通道
        DEC     R2               ;修改待检通道数
        MOV     A,R2
        RETI                     ;返回
```

6.4.7　8 通道 12 位 A/D 转换器 MAX197

MAX197 是 MAXIM 公司产品,为 8 通道 12 位逐次逼近式 A/D 转换器。其主要特性如下:

- 分辨率为 12 位;
- 线性误差为 $\frac{1}{2}$LSB;
- 输入信号电压范围 ±10 V,±5 V,0～10 V 或 0～5 V;
- 模拟输入通道 8 个;
- 转换时间为 6 μs;
- 采样速率为 100×10^3 次/s;
- 内部或外部时钟可选;
- 内部 4.096 V 基准电压或外接基准电源;
- 内部或外部采样控制可选;
- 两种节电方式可选;
- 单电源 +5 V 供电;
- 输入通道耐压为 ±16.5 V。

1. MAX197 的引脚排列及内部逻辑结

MAX197 的引脚排列如图 6.44 所示,内部逻辑结构如图 6.45 所示。

引脚说明如下:

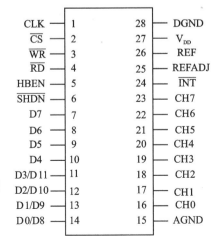

图 6.44　MAX197 引脚排列

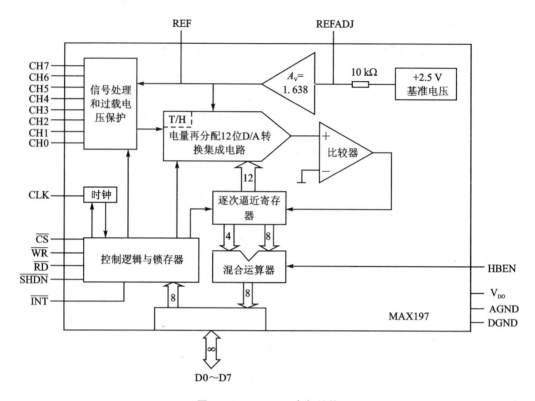

图 6.45 MAX197 内部结构

- CLK(1 脚)——时钟输入,有内外两种时钟模式。
- $\overline{CS}$(2 脚)——片选信号,低电平有效。
- $\overline{WR}$(3 脚)——写信号,用于控制采样和启动 A/D 转换。
- $\overline{RD}$(4 脚)——读信号,低电平有效,允许读取 A/D 转换结果。
- HBEN(5 脚)——控制传输 12 位转换结果。当 HBEN=1 时,传送高 4 位;当 HBEN=0 时,传送低 8 位。
- $\overline{SHDN}$(6 脚)——节电控制端,当 $\overline{SHDN}$=0 时,进入完全节电模式,中止转换。
- D7~D4(7~10 脚)——数字输出端,三态 I/O 口。当 HBEN=0 时,D7~D4 输出。
- D3/D11(11 脚)——数字输出端,三态 I/O 口。当 HBEN=0 时,D3 输出;当 HBEN=1 时,D11 输出。
- D2/D10(12 脚)——数字输出端,三态 I/O 口。当 HBEN=0 时,D2 输出;当 HBEN=1 时,D10 输出。
- D1/D9(13 脚)——数字输出端,三态 I/O 口。当 HBEN=0 时,D1 输出;当 HBEN=1 时,D9 输出。
- D0/D8(14 脚)——数字输出端,三态 I/O 口。当 HBEN=0 时,D0 输出;当 HBEN=1 时,D8 输出。

- AGND(15 脚)——模拟地。
- CH0～CH7(16～23 脚)——模拟输入通道。
- $\overline{INT}$(24 脚)——转换结束标志。当转换结束和准备好输出数据时,$\overline{INT}=0$。
- REFADJ(25 脚)——参考电压调整端。

当使用外部参考电压时,把该引脚与 V_{DD} 相连,此时屏蔽了内部基准电压。

当使用内部基准电压时,可以通过 REFADJ 引脚调整。

当不使用 REFADJ 时,则旁路 $0.01\ \mu F$ 电容。

- REF(26 脚)——参考电压端。当使用内部基准电压时,该引脚输出 4.096 V 内部参考电压。
- V_{DD}(27 脚)——+5 V 电源,通过 $0.01\ \mu F$ 电容接地。
- DGND(28 脚)——数字地。

2. MAX197 的工作方式选择

MAX197 的工作方式可以选择,所以必须写一个控制字到 MAX197 的内部锁存器中。其控制字格式功能如表 6.19 所列。

表 6.19 控制字格式

位	D7	D6	D5	D4	D3	D2	D1	D0
描述	PD1	PD0	ACQMOD	RNG	BIP	A2	A1	A0

其中:

- PD1、PD0——用于选择时钟及节电工作模式;
- ACQMOD——采样模式,该位为 0 时表示内部采样,为 1 时表示外部采样;
- RNG、BIP——输入信号电压范围选择;
- A2、A1、A0——模/数转换通道选择。

MAX197 是通过软件,即写入命令"MOVX @DPTR,A"($\overline{CS}=0$,$\overline{WR}=0$)来控制操作的,其 A 中内容为控制字。

(1) 采样模式选择

ACQMOD=0,表示内部控制采样模式;ACQMOD=1,表示外部控制采样模式。

(2) 时钟及节电工作模式选择

PD1 和 PD0 用于选择时钟模式和节电模式,如表 6.20 所列。

00 模式表示外部时钟,即由用户在 CLK 引脚端输入 100 kHz～2.0 MHz,占空比为 45%～55% 的方波信号;01 模式表示内部时钟模式。

为了节省电耗,可以在不使用该器件期间使它工作在低电流的节电模式。节省模式可由硬件或软件进行控制。硬

表 6.20 时钟及节电工作模式选择

PD1	PD0	工作模式
0	0	正常操作/外部时钟模式
0	1	正常操作/内部时钟模式
1	0	等待节电模式/时钟不影响
1	1	完全节电模式/时钟不影响

件控制时,可使$\overline{\text{SHDN}}$端为低电平,芯片便立即进入完全节电模式;软件控制时,写入控制字使 PD1 和 PD0 位为 11 模式,表示完全节电模式。完全节电模式下,器件中止转换。写入控制字使 PD1 和 PD0 位为 10 模式,表示进入等待节电模式。在等待方式下,每次 A/D 完毕后自动进入节电方式,直到下一次启动 A/D 转换(不带任何延时地响应转换命令)。

当器件高于 1 Ks/s(抽样/秒),应在下次转换前执行一次等待节电方式,以便使参考电压充电至精度要求的值;当低于 1 Ks/s 时,就不必执行以上操作,直接写控制字。

PD1 和 PD0 位软件设置后,要等待本次 A/D 转换结束后才进入相应的节电方式。

完成时钟模式选择编程后,改变 PD1 和 PD0 的值使其进入相应的节电模式,但不影响前面的时钟模式。

在所有的节电模式中,接口电路仍正常工作,转换结果也可以读出来。

(3) 输入信号电压范围的选择

RNG 和 BIP 决定了 A/D 输入的量程,如表 6.21 所列。

(4) 输入通道选择

控制字中的 A2、A1 和 A0 位决定 A/D 通道选择,详细如表 6.22 所列。

表 6.21 输入信号电压范围选择

RNG	BIP	输入范围/V
0	0	0～5
0	1	0～10
1	0	±5
1	1	±10

表 6.22 通道选择

A2	A1	A0	通道选择
0	0	0	CH0
0	0	1	CH1
0	1	0	CH2
0	1	1	CH3
1	0	0	CH4
1	0	1	CH5
1	1	0	CH6
1	1	1	CH7

(5) 转换数据输出范围

单极性转换时,输入电压范围为 $0 \sim 1.2207 V_{REF}$ 或 $2.4414 V_{REF}$,转换成二进制数为 0000H～0FFFH。

双极性转换时,输入电压范围为 $\pm 1.2207 V_{REF}$ 或 $\pm 2.4414 V_{REF}$。转换成二进制数为 $0 \sim 1.2207 V_{REF}$ 或 $2.4414 V_{REF}$ 对应 0000H～07FFH;$-1.2207 V_{REF}$ 或 $-2.4414 V_{REF}$ ～0 对应 0FFFH～0800H。

3. MAX197 转换启动与读出结果操作

MAX197 通过执行"MOVX @DPTR,A"命令写入控制字(A 中内容为控制字),由 $\overline{\text{CS}}$、$\overline{\text{WR}}$ 信号实施 A/D 转换。采用内部采样和外部采样模式时,转换过程稍有不同。

在内部控制采样模式时(ACQMOD=0),采样保持器在 $\overline{\text{WR}}$ 上升沿开始采样外部信号,6 个时间周期后,采样结束并进入保持期,开始进行 A/D 转换。

在外部控制采样模式时,采样保持器在写信号 $\overline{WR}$ 第一个上升沿(即写入 ACQ-MOD=1 时的控制字)开始采样外部信号,这样采样过程一直维持到第二个写信号 $\overline{WR}$ 的上升沿(即又写入 ACQMOD=0 的控制字)来临时才进入保持,并开始 A/D 转换。

MAX197 通过执行"MOVX A,@DPTR"(A 中为转换结果)命令,由 $\overline{CS}$,$\overline{RD}$ 信号实施读出过程。

当 A/D 转换结束,12 位数据已经准备好,则 $\overline{INT}$ 变为低电平,可向单片机申请中断。单片机响应中断,从 MAX197 的三态 I/O(7~14 脚)读取 A/D 转换结果。读取数据时,$\overline{CS}$ 和 $\overline{RD}$ 同时为低电平。当 HBEN 为低电平时,读取低 8 位数据;当 HBEN 为高电平时,读取高 4 位数据。

4. MAX197 典型接口电路

MAX197 的 12 位三态并行接口与 AT89C51 单片机很容易连接,如图 6.46 所示。

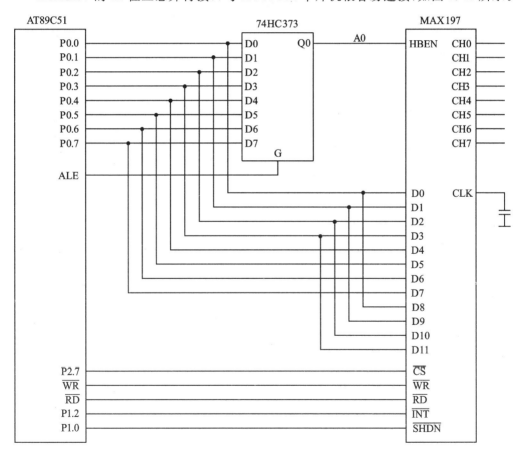

图 6.46 MAX197 典型接口电路

AT89C51 的 P1.0 连接 $\overline{\text{SHDN}}$ 端，作为硬件控制节电方式的控制端。P1.2 脚接 MAX197 的 $\overline{\text{INT}}$ 脚，在 A/D 转换结束后，可以用查询方式判断 $\overline{\text{INT}}$ 脚是否为低电平来判断一次转换是否结束。地址 A0 位用于控制是读低 8 位或是读高 8 位。用查询方法编制的 A/D 转换程序如下：

```
MOV    A,#40H          ;内部时钟,内部采样,0～5 V,通道 CH0
MOV    DPTR,#7FFFH
MOVX   @DPTR,A         ;写入控制字,启动转换
JB     P1.2,$          ;等待转换
MOVX   A,@DPTR         ;读取高 4 位
ANL    A,#0FH          ;屏蔽 A 中高半字节
MOV    @R0,A           ;存高 4 位于片内 RAM
DEC    DPL
INC    R0
MOVX   A,@DPTR         ;读取低 8 位
MOV    @R0,A           ;存低 8 位于片内 RAM
RET
```

6.4.8 双积分 12 位 A/D 转换器 ICL7109

ICL7109 是一种高精度、低噪声、低漂移和低价格的双积分 12 位 A/D 转换器。该芯片的最大特点是数据输出 12 位的二进制数，并配有较强的接口功能，抗干扰能力强，能方便地与各种微控制器相连。因此，它广泛应用于速度要求不高，而精度要求较高的场合（如称重、压力测量）。ICL7109 的主要特性为：

- 双积分变换技术；
- 双电源供电；
- 片内含有时钟发生器和基准电压源；
- 差分输入型；
- 分辨率为 12 位；
- 转换数据输出方式为直接输出方式和信号握手交换方式；
- 输入阻抗为 10^{12} Ω；
- 功耗为 20 mW；
- 转换速度为 30 次/s。

1. 引脚排列和功能

ICL7109 为 40 脚双列直插式封装，如图 6.47 所示。各引脚功能如表 6.23 所列。

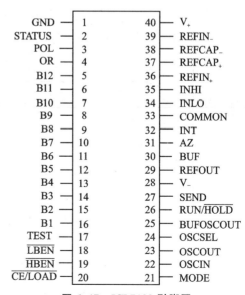

图 6.47　ICL7109 引脚图

表 6.23　ICL7109 引脚功能表

序号	符号	功能	序号	符号	功能
1	GND	数字地，0V	27	SEND	传输信号
2	STATUS	状态输出	28	V−	负电源，−5 V
3	POL	输入信号极性	29	REFOUT	基准电压输出
4	OR	输入信号溢出	30	BUF	缓冲放大器输出
5~16	B12~B1	数据12位输出	31	AZ	自动调零电容连接端
17	TEST	芯片测试	32	INT	积分电容连接端
18	$\overline{\text{LBEN}}$	低8位输出选通	33	COMMON	模拟公共端
19	$\overline{\text{HBEN}}$	高4位、极性及溢出位选通	34	INLO	差分输入低端
20	$\overline{\text{CE/LOAD}}$	片选/装入	35	INHI	差分输入高端
21	MODE	工作方式选择	36	REFIN+	基准电压输入正端
22	OSCIN	时钟振荡器输入	37	REFCAP+	基准电容正极
23	OSCOUT	时钟振荡器输出	38	REFCAP−	基准电容负极
24	OSCSEL	时钟振荡器方式选择	39	REFIN−	基准电压输入负端
25	BUFOSCOUT	时钟缓冲器输出	40	V+	正电源，+5 V
26	RUN/$\overline{\text{HOLD}}$	运行/保持输入			

2. 应用说明

(1) 电源供给

ICL7109 为双电源±5 V，用 V+ 和 V−（40 脚、28 脚）引入，GND（1 脚）为其公共接地端。

(2) 基准电压供给

ICL7109 的基准电压既可以采用片内基准电压源，也可以采用片外基准电压源。

ICL7109 的片内基准电压源由 REFOUT（29 脚）输出，一般为 2.8 V，可以使用电阻分压以获得一个合适的基准电压。

在使用外部基准电压源时，一般为+2.8 V，经电阻分压输入。

一般来说，对模拟输入如果要求满量程输出 4 096 个数（2^{12}），则输入模拟电压 $V_{\text{IN}}=2V_{\text{REF}}$，即 2.048 V 基准电压对应 4.09 V 满量程输入模拟电压。

基准电压的输入为差分输入，分别从 REFIN+（36 脚）和 REFIN−（39 脚）引入。

(3) 模拟信号输入

ICL7109 的模拟输入可接成单端输入，也可接成差分输入方式。

模拟信号为差分输入时，分别接入差分输入高端 INHI（35 脚）和差分输入低端 INLO（34 脚）。模拟信号公共端为 COMMON（33 脚）。

模拟输入端由 RC 组成一个滤波电路，一般 R 取 1 MΩ，C 取 0.01 μF，时间常数达 100 ms。虽然取得了滤波效果，但也降低了测量速度。

(4) 时钟电路

ICL7109 片内有振荡器及时钟电路。片内提供的时钟振荡器既可以外接 RC 电路，也可以外接晶振。OSCSEL(24 脚)为振荡器选择。当 OSCSEL 为高电平或开路时片内为 RC 振荡器，此时 OSCOUT(23 脚)和 OSCIN(22 脚)外接电阻，电容接到 BUFOSCOUT(25 脚)，如图 6.48(a) 所示。接成 RC 振荡器时，振荡频率 $f_{osc}=0.45/RC$（电容不能小于 50 pF），直接作为内部时钟。

当 OSCSEL(24 脚)为低电平时，外接晶体振荡器，如图 6.48(b) 所示。此时将振荡器频率经过片内部 58 分频后方可作为内部时钟。

为了使电路具有抗 50 Hz 干扰的能力，A/D 转换时应选择积分时间(等于 2 048 个时钟周期)为 50 Hz 周期(20 ms)的整数倍。例如，取积分时间为 50 Hz 周期的 1 倍，即 20 ms，对于应用晶体振荡器：

$$（2\ 048\ 个时钟周期）\times \frac{58}{f_{osc}}=20\ \text{ms}$$

$$f_{osc}=（2\ 048\ 个时钟周期）\times \frac{58}{20\ \text{ms}}=5.939\ \text{MHz}$$

对于应用 RC 振荡器：

$$（2\ 048\ 个时钟周期）\times \frac{1}{f_{osc}}=20\ \text{ms}$$

$$f_{osc}=\frac{2\ 048\ 个时钟周期}{20\ \text{ms}}=102.4\ \text{kHz}$$

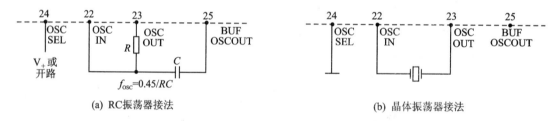

图 6.48　ICL7109 片内振荡器选择及外部电路

(5) 工作状态控制

工作状态控制主要有转换状态控制和输出状态控制。

转换状态控制由 RUN/$\overline{\text{HOLD}}$(26 脚)控制。RUN/$\overline{\text{HOLD}}$称为运行/保持输入端。该脚高电平时，每经过 8 192 个时钟脉冲完成一次转换，为连续转换状态；当 RUN/$\overline{\text{HOLD}}$为低电平时，将立即结束消除积分阶段，并跳至自动调零阶段，从而提高了转换速度，此时芯片为可控制转换状态。

输出状态控制包括转换器状态输出标志 STATUS(2 脚)、输出方式选择 MODE (21 脚)、片选/装入端$\overline{\text{CE/LOAD}}$(20 脚)以及低字节使能端$\overline{\text{LBEN}}$(18 脚)和高字节使能端$\overline{\text{HBEN}}$(19 脚)。

转换状态输出标志 STATUS 在数据被锁存之前的积分和消除积分阶段(反向积分)为高电平。当反向积分阶段结束时，标志 STATUS 变为低电平(其下降沿产生一

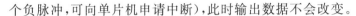

个负脉冲,可向单片机申请中断),此时输出数据不会改变。

输出方式选择 MODE(21 脚)用于确定转换数据的输出方式:直接输出方式或信号交换方式。当 MODE 为低电平时,转换器为直接输出方式,可在片选和字节使能的控制下直接读取数据;当 MODE 为高电平时,转换器为信号交换方式,在每一个转换周期的结尾输出数据。

片选/装入信号 $\overline{CE/LOAD}$ 用于输出选通。当 MODE 为低电平时,它作为转换器输出的主选通信号:$\overline{CE/LOAD}$ 为低电平时,数据正常输出;高电平时,则所有数据输出皆为高阻态。当 MODE 为高电平时,$\overline{CE/LOAD}$ 作为装入信号通知微机:数据准备就绪,必须接收。如果此刻微机正在进行更加重要的工作,无法产生中断以接收 A/D 转换结果数据,就可能会丢失一次 A/D 转换信息。由此可见,$\overline{CE/LOAD}$ 在信号交换方式下是 ICL7109 向微机发出的握手信号。

$\overline{LBEN}$ 和 $\overline{HBEN}$ 为数据输出的辅助选通信号。在 MODE 为低电平(直接输出方式),$\overline{CE/LOAD}$ 也为低电平时,低字节使能端 $\overline{LBEN}$ 作为低字节(B8~B1)输出的辅助选通信号,$\overline{HBEN}$ 作为高字节(B12~B9)以及 POL、OR 输出的辅助选通信号。当 MODE 为高电平时(信号交换方式),$\overline{LBEN}$ 和 $\overline{HBEN}$ 分别低、高字节的输出标志。

只要 $\overline{LBEN}$ 和 $\overline{HBEN}$ 为高电平,A/D 数据输出线就呈高阻状态。

此外,SEND 用于转换数据输出的信号交换方式,是与外设进行数据交换时的传输信号,用以表示外设是否可以接收数据,是外设向 ICL7109 发出的握手信号。SEND 不使用时可以悬空。

(6) 输出结果标记

输出结果的极性由输出 POL 标记,高电平表示模拟输入信号为正。输出结果的过量程由 OR 标记,高电平表示过量程。

图 6.49 为 ICL7109 的 A/D 转换时序。A/D 转换的全过程分 3 个阶段:自动调零阶段(2 048 个时钟周期);信号积分阶段(2048 个时钟周期);退积分阶段(4 096 个时钟周期)。每一次反向积分结束后发出一个高电平脉冲将转换结果进行锁存(ICL7109 内部有 14 位数据锁存器),此时 ICL7109 的 STATUS 引脚输出由高电平转变成低电平,可利用这个下降沿产生的负脉冲向单片机系统申请中断,计算机响应中断后即可读入数据。

(7) 外部连接及器件选择

ICL7109 的外部连接如图 6.50 所示。下面介绍 ICL7109 的外部电路各部分作用。

① 积分电阻 R_{INT}:积分电阻要选得足够大,以保证输入电压范围内的线性。一般的计算公式为

$$R_{INT} = 满量程输入电压/(20\ \mu A)$$

若输入 409.6 mV 满量程电压,则 R_{INT} 取 20 kΩ。R_{INT} 接在片内缓冲放大器输出端 BUF(30 脚)。缓冲放大器能提供 20 μA 的推动电流。

② 积分电容 C_{INT}:积分电容根据给出的最大输出摆幅电压选择。该电压应使积分器不饱和(大约低于电源电压 0.3 V)。对于 ICL7109,若取 ±5 V 电源,模拟公共点

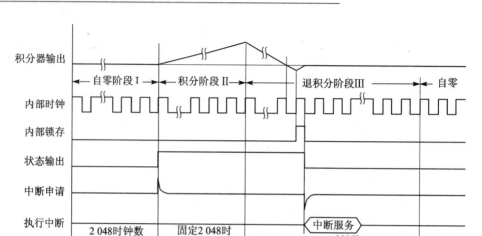

图 6.49　ICL7109 转换时序

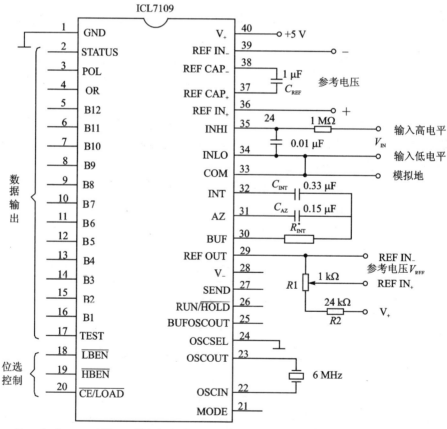

注：R_{INT}^* 为 20 kΩ 时用 0.2 V 基准电压，为 200 kΩ 时用 2 V 基准电压。

图 6.50　ICL7109 外部电路连接图

接地,则积分器的输出摆幅一般为±3.5～±4 V。对于不同的时钟频率,电容值也要改变,以保持积分器输出电压的摆幅。一般的计算公式为

$$C_{INT}=(2\,048个时钟周期)\times(20\,\mu A)/积分器输出摆幅$$

积分器输出电压的摆幅值可以通过示波器在 32 脚观察积分器的输出波形来得到,一般取 4 V。

积分电容 C_{INT} 接入积分电容连接端 INT(32 脚)。

当 $V_{IN}=4.096\,V$,$R_{INT}=200\,k\Omega$;$V_{IN}=409.6\,mV$,$R_{INT}=20\,k\Omega$。此时,C_{INT} 在 0.1～0.5 μF 之间选择,一般选 0.33 μF 较好。

③ 自动调零 C_{AZ}:对于小的满量程输入电压来说(如 409.6 mV),噪声是主要的,这时积分电阻小,C_{AZ} 应为 C_{INT} 的 2 倍;对于大满量程输入电压(如 4.096 V),复零误差比噪声更重要,这时 C_{AZ} 应为 C_{INT} 的一半。

当 $V_{IN}=4.096\,V$,$C_{AZ}=\frac{1}{2}C_{INT}$,若 $C_{INT}=0.33\,\mu F$,则 $C_{AZ}=0.15\,\mu F$;当 $V_{IN}=409.6\,mV$,$C_{AZ}=2C_{INT}$,若 $C_{INT}=0.15\,\mu F$,则 $C_{AZ}=0.3\,\mu F$。

按图 6.50 方式连线,+5 V 电源电压供电,满量程输入电压设定为 1.00 V,则

$$R_{INT}=\frac{1.00\,V}{20\,\mu A}=50\,k\Omega$$

若外接晶振频率 $f_{OSC}=4\,MHz$,积分器输出电压振幅为 4 V,则

$$C_{INT}=\frac{2\,048\times 58\times 20\times 10^{-6}}{4\times 4}=0.15\,\mu F$$

参考电压 $V_{REF}=0.5V$(为满量程输入电压的一半)。

3. ICL7109 与单片机的接口与编程

ICL7109 与 AT89C51 的接口如图 6.51 所示。

由图 6.51 可知,MODE 接地,该芯片为直接输出工作方式。另外,RUN/$\overline{HOLD}$引脚接+5 V,ICL7109 为连续转换状态。STATUS 引脚与单片机$\overline{INT0}$引脚相连,这样完成一次转换便向单片机发出一次中断。在中断服务程序中,只要控制高/低字节使能端$\overline{HBEN}$和$\overline{LBEN}$,就能在 P0 口读出相应的转换结果(B12～B1)和数据的极性、溢出标志。

-5 V 电源的获得由集成芯片 ICL7660 供给。该芯片能将+5 V 变成-5 V,以提供对称电源。

基准电压由 ICL7109 本身提供,将它与+5 V 通过电位器相连,以提供差分基准电压。REFOUT(29 脚)与 REFIN₋(39 脚,基准电压输入负端)相连。REFIN₊(36 脚,基准电压输入正端)与电位器分压抽头相接。基准电容 C_{REF} 取 1 μF。

ICL7109 每完成一次变换所需要的转换时间为 8192 个时钟周期。当采用 6 MHz 晶振时,转换时间为

$$T=8\,192\times 58/6\,MHz=79.19\,ms$$

即转换速率为 12.63 次/s。

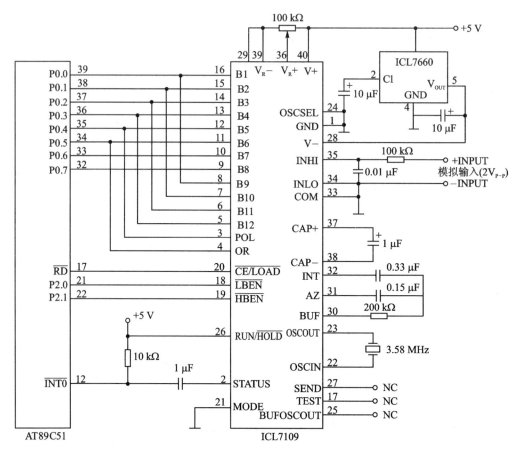

图 6.51 ICL7109 与 AT89C51 的接口电路

ICL7109 每次转换结果由中断服务程序读入到以 R0 间址的片内 RAM 缓存区。中断服务程序编制如下：

```
        ORG     0003H
        LJMP    INT0
        ORG     1000H
INT0:   PUSH    ACC
        PUSH    DPH
        PUSH    DPL
        PUSH    B
        MOV     B,R0
        MOV     R0,#20H         ;缓存首地址
        MOV     DPTR,#0200H     ;P2.0=0,P2.1=1,读低字节
        MOVX    A,@DPTR
        MOV     @R0,A
        INC     R0
        MOV     DPTR,#0100H     ;P2.0=1,P2.1=0,读高字节
```

```
MOVX    A,@DPTR
MOVX    @R0,A
MOV     R0,B
POP     B
POP     DPL
POP     DPH
POP     ACC
RETI
```

6.4.9 V/F 转换器 AD652 在 A/D 转换中的应用

采用 V/F 转换器作为 A/D 转换器,具有良好的精度和线性积分特性,以及其他类型转换器无法达到的性能。在一些非快速过程的检测通道中,越来越趋向于使用 V/F 转换器代替通常的 A/D 转换器。

V/F 转换器的输出频率与输入模拟电压大小成正比,可以构成电压-频率型 A/D 转换器,如图 6.52 所示。

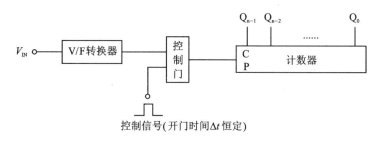

图 6.52 V/F 型 A/D 转换器示意图

设模拟电压为 V_{IN},对应转换频率为 f,当控制门开启时间恒定时,计数器所计频率为

$$N = \Delta t \cdot f = \Delta t \cdot K_f \cdot V_{IN} = K V_{IN}$$

其中:K_f 为 V/F 转换系数,计数器的输出与模拟电压成正比,完成了 A/D 转换。

1. 单同步 V/F 转换器 AD652 的工作原理

AD652 是单片电荷平衡式电压/频率转换器(UFC)。它不是采用高质量、低漂移的电容构成单稳态多谐振荡器作为基本定时电路,而是采用外部时钟定时。AD652 具有如下特点:

- 采用外部时钟设定满量程频率,使 AD652 在线性度和稳定性方面远远优于其他的单片 UFC。采用同一时钟来驱动 AD652,并且通过适当的分频器设定计数周期,使转换精度不受时钟频率变化的影响。
- AD652 仅需要一个要求不高的积分电容便可工作。
- AD652 的时钟脉冲输入可与 TTL 和 CMOS 电平兼容。集电极开路输出级为 TTL、CMOS,可为光电耦合器件和输出变压器提供足够的驱动电流。

(1) 引脚定义及主要参数

AD652 分为 AQ、BQ 和 SQ 这 3 个等级,有陶瓷封装和双列直插式 16 脚封装。AQ 和 BQ 工作温度范围为 $-25 \sim +85\ ℃$,SQ 的工作温度范围为 $-55 \sim +125\ ℃$。其引脚及内部结构如图 6.53 所示。

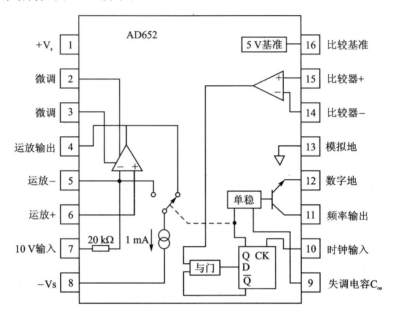

图 6.53 AD652 电路结构及引脚

其主要参数如下:
- 满量程转换频率为 2 MHz(最大);
- 时钟输入频率为 4 MHz(最大);
- 线性误差为 $5×10^{-5}$(最大),1 MHz(满量程);$2×10^{-4}$(最大),2 MHz(满量程);
- 增益温度系数为 $25×10^{-6}/℃$(最大);
- 电源抑制比为 $1×10^{-5}$ V(典型);
- 电源电压为 $±6 \sim ±15$ V,$-V_S=0$ 时为 +12 V。

(2) 同步工作原理

AD652 为电荷平衡式电压/频率转换器。由于积分器的输入电流与输出电压的反极性,可知:积分电容 C_{INT} 输入负向电流时,积分器输出电压上升(正向充电);积分电容 C_{INT} 输入正向电流时,积分器输出电压下降(放电)。在恒定时间内,充电电荷与放电电荷要相等,即电荷平衡。AD652 的工作原理如图 6.54 所示。

锁存器输出 Q 为高时,恒流源开关 S 接通积分器输入端 H,使积分器正向充电时间 t_0,积分电容 C_{INT} 充入一定量电荷 $q_c = I_R \cdot t_0$。由于电路设计成 $I_R > V_{IN}/R_{IN}$,因此在 t_0 阶段积分器以正向充电为主。

当锁存器输出 Q 为低时,恒流源开关 S 接通积分器输入端 L,积分器反向充电(I_{IN}

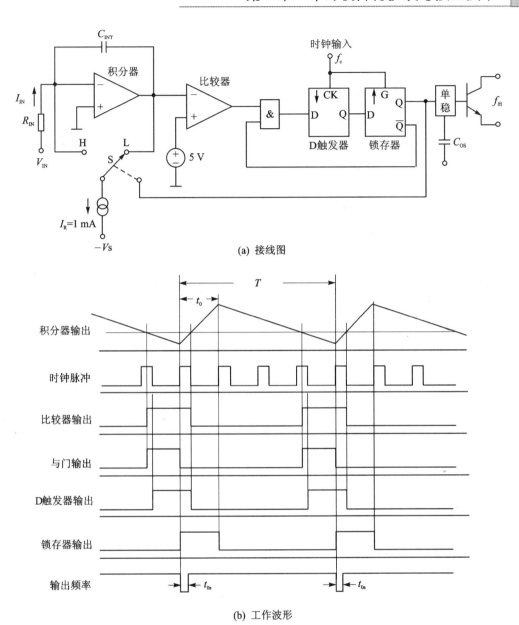

(a) 接线图

(b) 工作波形

图 6.54 AD652 同步 V/F 转换工作原理

$=V_{IN}/R$),电压下降(放电)。当锁存器 Q 再变高时,积分器电压停止下降,转到正向充电。

根据正反充电电荷量相等的电荷平衡原理,可以得出:

$$\left(I_R - \frac{V_{IN}}{R_{IN}}\right)gt_0 = \frac{V_{IN}}{R_{IN}}g(T - t_0)$$

$$I_R gt_0 - \frac{V_{IN}}{R_{IN}}gt_0 = \frac{V_{IN}}{R_{IN}}gT - \frac{V_{IN}}{R_{IN}}gt_0$$

$$I_R \cdot t_0 = \frac{V_{IN}}{R_{IN}} \cdot T$$

因此，可得输出端频率为：

$$f = \frac{1}{T} = \frac{1}{I_R R_{IN} t_0} \cdot V_{IN}$$

式中，I_R，R_{IN} 和 t_0 均为常数，所以 f 与模拟输入电压 V_{IN} 成正比。

由工作波形图可看出，t_0 宽度为一个时钟周期，T 为时钟周期的整数倍。当 $I_{IN}=250~\mu A$ 时，t_0 占用一个时钟周期，放电占 3 个时钟周期，输出为时钟频率的 1/4。当 $V_{IN}=10~V$ 时，输出频率为时钟频率的 1/2。输出频率用固定闸门时间计数，并以平均值作为输出结果。

分辨率由时钟频率和闸门时间确定。例如，时钟频率为 4 MHz，闸门时间为 4.096 ms，那么由 2 MHz 产生的满刻度频率给出最大计数值为 8 192，相当于分辨率为 13 位的二进制 A/D 转换器。

2. AD652 应用要点

(1) 双电源正输入电压的接法

接线如图 6.55 所示。其中，±Vs 为 ±6 V～±15 V，当 +Vs 低于 9 V 时，须将 13 脚与 8 脚短接，以保证 5 V 基准电源的正常工作。模拟输入电压 V_{IN} 为 0～10 V，正极接 7 脚，地端(负极)接 6 脚。

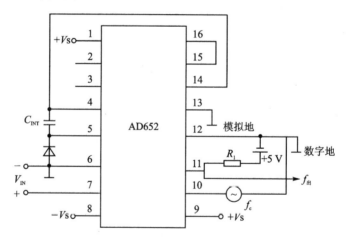

图 6.55 双电源正输入信号接法

(2) 增益和失调的校准

AD652 的增益准确度在制造时已微调到 ±0.5% 以内。如果需要更高的精度时，用串联 500 Ω 电位器实现微调，如图 6.56 所示。当输入信号为 9 V 时，输出频率准确调整到时钟频率的 45% 即可。

用 20 kΩ 电位器跨接在引脚 2 和引脚 3 之间，调整该电位器可使放大器的失调电压补偿到 0。

（3）元件的选择

AD652 的积分电容 C_{INT} 一般为 $0.02~\mu F$。如果常态干扰大于 0.1 V 和时钟频率低于 500 kHz 时，可选择 $0.1~\mu F$ 积分电容。

集电极电阻 R_1 可根据上升时间选择。低频(100 kHz)用大电阻(几 kΩ)，高频(1 MHz)用小点的电阻。同时还要考虑到驱动电路的负载。例如，带动 2 个标准 TTL 负载，则需要 3.2 mA；如果低电平维持在 0.4 V，则 R_1 电阻可给出4.8 mA，因此选择

$$(5-0.4) \times 10^3 / 4.8 = 960~\Omega$$

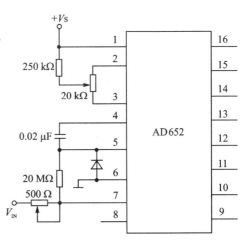

图 6.56　增益和失调调节

3. AD652 应用实例

图 6.57 是用 AD652 实现的 A/D 转换接口电路。欲转换的模拟电压为 0～10 V，时钟频率为 $f_{CLK}=1~MHz$，满量程输出频率为 500 kHz，闸门时间为 20 ms，则满量程频率给出的计数值为

$$N = \frac{500 \times 10^3 \times 20}{1~000} = 10~000$$

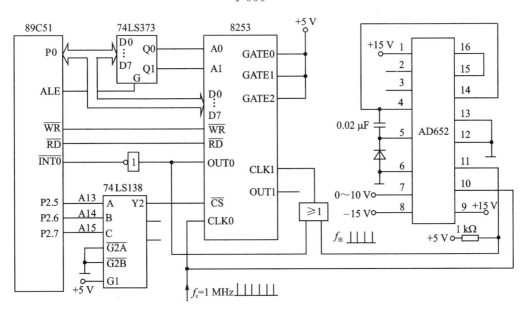

图 6.57　AD652 实现 A/D 转换接口电路

8253 定时器/计数器芯片中计数器 0 和计数器 1 都设定为工作方式 0。

计数器 0 用于产生 20 ms 的定时中断。CLK0 端输入脉冲频率为 1 MHz，则定时 20 ms 时的计数常数为

$$N_0 = \frac{20 \times 10^3}{10^{-6}} = 20\,000 (即 4E20H)$$

计数器 1 用于 AD652 转换输出脉冲计数。当计数器 0 在计数延时期间(闸门时间),OUT0 为低电平,打开正或门,$f_{出}$ 进入 CLK1,计数器 1 进行计数。当计数器 0 计时到 20 ms 时,OUT0=1,向单片机发出中断,同时封锁正或门,CLK1 没有输入脉冲。计数器 1 的计数常数设定为 0000H。在中断服务中,单片机计数器 1 的数值,通过取补,便可得到模拟转换后的数字量。

8253 的片选采用全译码方式。片选地址为 4000H,将转换结果存于 50H 和 51H 单元,低字节在前。

转换程序如下:

```
            ORG     1500H
STARTA:     MOV     SP,#40H         ;设栈指针
            SETB    EA              ;开总中断
            SETB    EX0             ;开INTO中断
            SETB    IT0             ;INTO负跳变触发
            LCALL   S8253           ;8253初始化
LOP0:       NOP                     ;等待中断
            NOP
            SJMP    LOP0
            ORG     0003H           ;中断服务程序入口
            LJMP    STARTB
            ORG     2000H           ;中断服务程序
STARTB:     MOV     DPTR,#4001H     ;读计数器1的低8位
            MOVX    A,@DPTR
            CPL     A               ;取补
            ADD     A,#01H
            MOV     50H,A           ;存结果低8位
            MOVX    A,@DPTR         ;读计数器1的高8位
            CPL     A               ;取补
            ADDC    A,#00H
            MOV     51H,A           ;存结果的高8位
            LCALL   S8253           ;8253重新初始化
            RETI                    ;返回
            ORG     1550H           ;8253初始化子程序
S8253:      MOV     DPTR,#4003H     ;计数器0方式0控制字
            MOV     A,#30H
            MOVX    @DPTR,A
            MOV     DPTR,#4000H     ;计数器0写入计数常数
            MOV     A,#20H           ;写入低8位
            MOVX    @DPTR,A
            MOV     A,#4EH           ;写入高8位
```

```
        MOVX    @DPTR,A
        MOV     DPTR,#4003H         ;计数器1方式0控制字
        MOV     A,#70H
        MOVX    @DPTR,A
        MOV     DPTR,#4001H         ;计数器1写入计数常数
        CLR     A
        MOVX    @DPTR,A             ;写低8位
        MOVX    @DPTR,A             ;写高8位
        RET                         ;返回
```

6.4.10 A/D、D/A 扩展综合应用实例

设计一个扩展系统,使 A/D 转换器 IN0 通道采集的结果连续存放在外部 RAM6264 中的 1F50H 单元开始的 0FH 个单元中,然后由 D/A 转换器输出对应的电压(在示波器上观察)。

1. 硬件接口电路

硬件接口电路如图 6.58 所示。

RAM 为 6264,A/D 为 ADC0809,D/A 为 DAC0832。采用全译码方式,6264 的地址空间为 0000H~1FFFH;0809 片选信号为 2000H;0832 采用双缓冲方式,片选信号为 4000H,转换传输控制信号为 6000H。

ADC0809 芯片的输入电压从 IN0 通道进入。当转换结束时,EOC 端发出高电平,经反相器接到单片机的 $\overline{INT0}$ 端,申请中断。在中断服务程序中读取转换结果,并存于片外 RAM6264 单元。

2. 编写程序

```
            ORG     0000H
            AJMP    S1
            ORG     0100H
S1:         MOV     R1,#1FH             ;数据区首地址
            MOV     R2,#50H
            MOV     R3,#0FH             ;数据长度
            SETB    EA                  ;开总中断
            SETB    EX0                 ;开 INT0 中断
            SETB    IT0                 ;INT0 负跳变触发
S2:         MOV     A,R3                ;转换 0FH 次完成了吗
            JZ      S3
            MOV     DPTR,#2008H         ;A/D 转换,选中 IN0 通道
            MOVX    @DPTR,A             ;启动 0809
            LCALL   DELAY               ;延时 1s,等待中断
            SJMP    S2
```

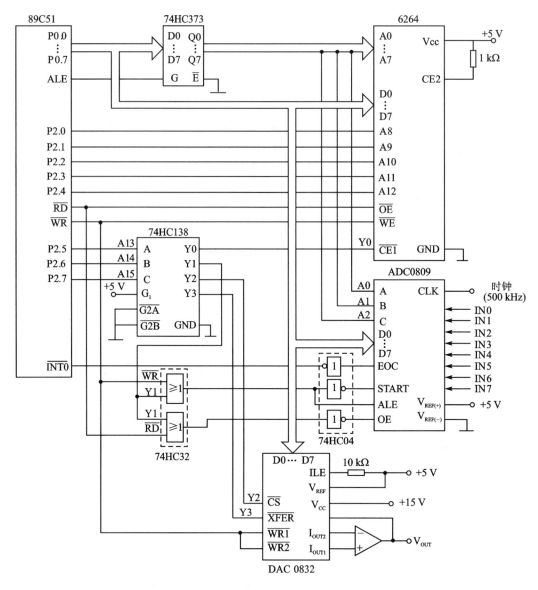

图 6.58 RAM、D/A、A/D 接口电路

```
S3:     MOV     R3,#0FH             ;D/A 转换开始
        MOV     R2,#50H
S4:     MOV     DPL,R2
        MOV     DPH,R1
        MOVX    A,@DPTR             ;读取片外 RAM
        MOV     DPTR,#4000H
        MOVX    @DPTR,A             ;选中 D/A 转换输入寄存器
        MOV     DPTR,#6000H
        MOVX    @DPTR,A             ;选中 D/A 的 DAC 寄存器
```

```
            LCALL   DELAY           ;延时 1 s
            INC     R2              ;片外 RAM 地址加 1
            DJNZ    R3,S4           ;D/A 转换是否完成
            LJMP    S1              ;重新开始
            ORG     0003H           ;中断服务程序入口
            LJMP    S5
            ORG     1000H
S5:         MOVX    A,@DPTR         ;A/D 转换结果存入 A
            MOV     DPH,R1
            MOV     DPL,R2
            MOVX    @DPTR,A         ;结果存入片外 RAM
            INC     R2              ;片外 RAM 地址加 1
            DEC     R3              ;转换次数减 1
            RETI
DELAY:      MOV     R7,#0FAH        ;延时 1 s 子程序,晶振为 6 MHz
LOOPA:      MOV     R6,#0FAH
LOOPB:      NOP
            NOP
            NOP
            NOP
            NOP
            NOP
            DJNZ    R6,LOOPB
            DJNZ    R7,LOOPA
            RET
```

6.5 LED 显示器与键盘接口技术

键盘和 LED 显示器是单片机应用系统中实现人机对话的一种基本方式。本节主要介绍 LED 显示器的编码显示原理及常用显示器、键盘接口芯片与单片机的接口方法。

6.5.1 LED 显示器结构原理

LED(Light Emitting Diode)当外加电压超过一定值时便被击穿而发出可见光。LED 的工作电流通常为 2~20 mA,工作压降 2 V 左右,使用时需加限流电阻。

单片机应用系统通常使用 8 个发光二极管显示器。其中 7 个发光二极管构成 7 笔字形,一个构成小数点,通称 7 段 LED,如图 6.59 所示。

LED 分为共阴极接法(8 个发光二极管的阴极连在一起,使用时共阴极端接地)和共阳极接法(8 个发光二极管的阳极连在一起,使用时共阳极端接电源正极)。LED 各段对应的数据位格式如表 6.24 所列。

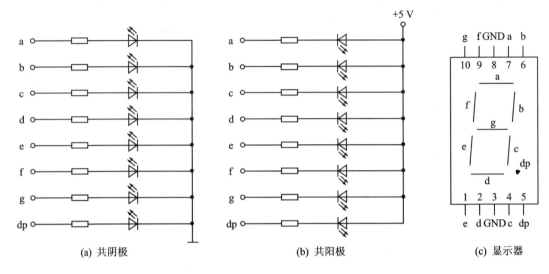

图 6.59　7 段 LED 显示器

表 6.24　LED 各段对应的数据位格式

D7	D6	D5	D4	D3	D2	D1	D0
dp	g	f	e	d	c	b	a

应用中要将 8 位并行数据送至对应引脚，可显示数字或字符。将控制 LED 显示的 8 位数据称为段选码。共阳极与共阴极的段选码互为反码，如表 6.25 所列。

表 6.25　7 段 LED 的段选码

显示字符	共阴极段选码	共阳极段选码	显示字符	共阴极段选码	共阳极段选码
0	3FH	C0H	C	39H	C6H
1	06H	F9H	D	5EH	A1H
2	5BH	A4H	E	79H	86H
3	4FH	B0H	F	71H	8EH
4	66H	99H	P	73H	8CH
5	6DH	92H	U	3EH	C1H
6	7DH	82H	Γ	31H	CEH
7	07H	F8H	Y	6EH	91H
8	7FH	80H	8.	FFH	00H
9	6FH	90H	"灭"	00H	FFH
A	77H	88H			
B	7CH	83H			

LED 的驱动方式分为静态显示方式和动态（扫描）显示方式。

6.5.2 8位LED驱动器ICM7218B

ICM7218B是通用8位LED数码管驱动电路。该芯片可驱动共阴极数码管,不需要外加限流电阻,编程容易,与微机处理器接口简单,广泛应用于各种测控仪表中。

1. ICM7218B外部引脚及说明

图6.60为ICM外部引脚图,表6.26给出了ICM7218B的引脚定义。

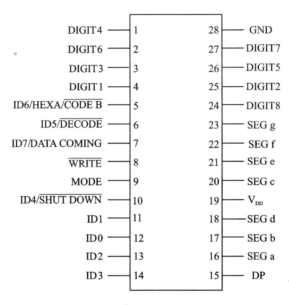

图6.60 ICM7218B引脚图

表6.26 ICM7218B引脚说明

引 脚	符 号	功 能
1	DIGIT4	第4位LED驱动输出
2	DIGIT6	第6位LED驱动输出
3	DIGIT3	第3位LED驱动输出
4	DIGIT1	第1位LED驱动输出
24	DIGIT8	第8位LED驱动输出
25	DIGIT2	第2位LED驱动输出
26	DIGIT5	第5位LED驱动输出
27	DIGIT7	第7位LED驱动输出
15	DP	小数点驱动位输出
16	SEG a	LED a段驱动输出
17	SEG b	LED b段驱动输出
18	SEG d	LED d段驱动输出

续表 6.26

引　脚	符　号	功　能
20	SEG c	LED c 段驱动输出
21	SEG e	LED e 段驱动输出
22	SEG f	LED f 段驱动输出
23	SEG g	LED g 段驱动输出
8	$\overline{\text{WRITE}}$	写操作输入信号,低电平有效
9	MODE	方式控制输入信号。当其为高电平时,写入控制字;当其为低电平时,写入数据
10	ID4/$\overline{\text{SHUT DOWN}}$	输入数据第 4 位/停止工作复用脚。当 MODE 为低电平时,该脚为输入数据的第 4 位。当 MODE 为高电平时,若该脚为高电平,则器件为正常工作状态;若该脚为低电平,则器件为停止工作状态,关断振荡器、译码器和显示器
6	ID5/$\overline{\text{DECODE}}$	输入数据第 5 位/译码控制复用脚。当 MODE 为低电平时,该脚为输入数据的第 5 位。当 MODE 为高电平时,若该脚为高电平,非译码工作方式;若该脚为低电平,为译码工作方式
5	ID6/HEXA/$\overline{\text{CODE B}}$	输入数据第 6 位/数制选择复用脚。当 MODE 为低电平时,该脚为输入数据的第 6 位。当 MODE 为高电平时,若该脚为低电平,则显示十进制数(BCD 码)译码;若该脚为高电平,则显示十六进制数译码
7	ID7/DATA COMING	输入数据第 7 位/显示数据输入控制复用脚。当 MODE 为低电平时,该脚为输入数据的第 7 位。当 MODE 为高电平时,若该脚为低电平,则控制字后不紧跟显示数据;若该脚为高电平,则控制字后紧跟显示数据。ID7 为小数点输入信号位
11~14	ID0~ID3	显示数据 D0~D3 位输入信号

2. ICM7218B 操作说明

ICM7218B 有两根控制信号线:$\overline{\text{WRITE}}$和 MODE。输入数据线有 8 根(ID7~ID0),其中高 4 位是复用位,用于输入命令字和显示数据。此外,ICM7218B 有 8 根 LED 位选通线(DIGIT1~DIGIT8),8 根 LED 显示段选通线(SEG a~SEG g,Dp)。

当 MODE 为高电平,$\overline{\text{WRITE}}$为低电平时,由数据线(ID7~ID0)写入命令字。其中 ID7~ID4 有意义,低 4 位可取任意值。控制字定义如表 6.27 所列。

当 MODE 为低电平,$\overline{\text{WRITE}}$为低电平时,由数据线(ID7~ID0)写入的是显示数据。显示数据又分为非译码和译码两种状态。

当命令字中的 ID5=1 时,ICM7218B 工作在非译码状态,所写入的显示数据与 LED 显示段对应关系如表 6.28 所列。

表 6.27　ICM7218B 命令字(MODE=1)

命令类型	数据位	电平	命令说明
显示数据跟随/不跟随命令	ID7	1	命令字后跟显示数据
		0	命令字后不跟显示数据
译码类型	ID6	1	十六进制显示译码
		0	BCD 显示译码
非译码/译码	ID5	1	非译码
		0	译码
非关断/关断	ID4	1	正常工作
		0	停止工作

表 6.28　非译码方式输出表

输入显示数据	ID7	ID6	ID5	ID4	ID3	ID2	ID1	ID0
输出显示笔段	dp	a	b	c	e	g	f	d

这里除小数点外,所有的输入显示数据为 1 时表示对应的笔段亮,小数点则是以 0 表示亮。

在命令字中的 ID5=0 时,ICM7218B 工作在译码状态。译码状态又分为十六进制译码(ID6=1)和 BCD 译码(ID6=0)。在译码状态下,输入的 ID3~ID0 用于设定 4 位二进制代码,ID7 用于显示小数点,ID4~ID6 可取任意值。写入的二进制码与十六进制码显示及 BCD 码显示的对应关系如表 6.29 所列。

表 6.29　十六进制/BCD 码输出表

二进制显示数据输入	0000	0001	0010	0011	0100	0101	0110	0111	1000	1001	1010	1011	1100	1101	1110	1111
十六进制码显示输出	0	1	2	3	4	5	6	7	8	9	A	B	C	D	E	F
BCD 码显示输出	0	1	2	3	4	5	6	7	8	9	—	E	H	L	P	"灭"

在命令字中,当 ID7=1 时,对 7218B 写入命令后,紧接着连续写入 8 个 LED 数码管的显示数据,写入的顺序为 DIGHT1,DIGHT2,DIGH3,…,DIGH8。当 8 个 LED 数码管的显示数据写完之后,ICM7218B 才驱动 LED 数码显示。在没有写够 8 组显示数码时,LED 全灭。当写入的显示数据超过 8 组,ICM7218B 对第 9 组显示数据以后的任何显示数据将不予理会,即 $\overline{\text{WRITE}}$ 脉冲此时不起作用,直到另一个新的命令字写入为止。要想单独改变某一个 LED 显示数据,也必须对其他 LED 显示数据刷新。

3. ICM7218B 与单片机的接口

图 6.61 是 8 位 LED 显示驱动电路与 AT89C51 的接口电路。图中的 8 位输入数据线 ID0～ID7 与 P0 口直接相连,P2.7、$\overline{\text{WR}}$ 经过正或门后与 $\overline{\text{WRITE}}$ 相连,MODE 接 P1.7 线。8 位 LED 数码管直接与 ICM7218B 相连而不用加任何限流电阻。

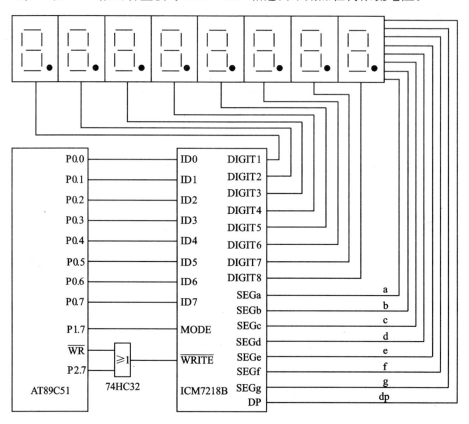

图 6.61　ICM7218B 与 AT89C51 接口电路

在数码管上显示"1,2,…,8"8 个数字的程序编制如下:

```
DISPLAY:  SETB   P1.7            ;MODE＝1,写入命令字
          MOV    A,#90H          ;命令字为"后跟显示数据"、BCD 译码
                                 ;译码方式、正常工作
          MOV    DPTR,#7FFFH
          MOVX   @DPTR,A         ;写入命令字
          MOV    A,#01H          ;第 1 位显示
          CLR    P1.7            ;MODE＝0
LOOP:     MOVX   @DPTR,A         ;写入显示数据
          INC    A
          CJNE   A,#09,LOOP
          RET
```

将单片机内 30H~37H 单元的 8 位数据(低 4 位为 BCD 码)送到 ICM7218B 显示程序如下：

```
SHOW:   SETB    P1.7
        MOV     A,#90H
        MOV     DPTR,#7FFFH
        MOVX    @DPTR,A
        CLR     P1.7
        MOV     R0,#30H
LOOP:   MOV     A,@R0
        MOVX    @DPTR,A
        INC     R0
        CJNE    R0,#38H,LOOP
        RET
```

6.5.3　8279 键盘和显示器接口芯片

8279 是可编程的键盘和显示接口器件。单个芯片可以实现键盘输入和 LED 显示控制两种功能，8279 包括键盘输入和显示输出两部分。键盘部分提供扫描方式，可以与具有 64 个按键或传感器的阵列相连，能自动消除按键开关抖动以及几个键同时按下的保护。显示部分按动态扫描方式工作，可以驱动 8 位或 16 位的 LED 显示器。其内部结构如图 6.62 所示。

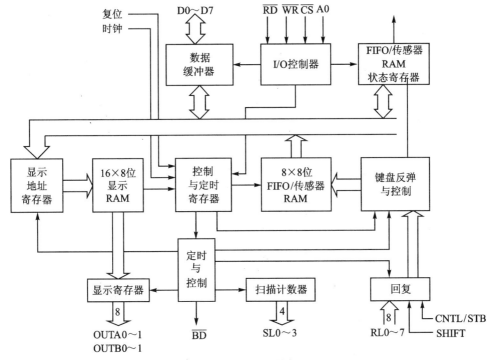

图 6.62　8279 结构框图

1. 电路工作原理

(1) I/O 控制及数据缓冲器

数据缓冲器(双向)连接内外总线,用于传送 CPU 与 8279 之间的命令或数据信息。I/O 控制线是 CPU 对 8279 进行控制的引线。片选信号 $\overline{CS}=0$ 时,8279 才被访问。$\overline{WR}$ 和 $\overline{RD}$ 为写/读控制信号。A0 用于区别信息特性,A0=1 时,表示数据缓冲器输入的是指令,输出的是状态字;A0=0 时,输入、输出皆为数据(键盘输入数据或输出显示器数据)。

(2) 控制与定时寄存器及定时控制

控制与定时寄存器用来寄存键盘和显示器的工作方式,以及 CPU 编程的其他操作方式,从而产生相应的控制功能。

定时控制包括一个可编程的 N 级计数器。N 值可以在 2~31 内由编程选定,以便将外界输入的时钟(由 CLK 引脚输入)进行分频,从而得到片内所需要的 100 kHz 时钟,为键盘提供必要的扫描频率和显示器的扫描显示时间。

(3) 扫描计数器

扫描计数器有两种工作方式。

- 编码工作方式:引脚 SL0~SL3 输出的是 4 位二进制数。根据需要,可将输出的 4 位二进制数经片外设置的(16 选 1)译码器,译码器的输出状态线可作为扫描线;也可将输出的低 3 位二进制数(SL0~SL2)经片外设置的(8 选 1)译码器,译码器的输出状态作为扫描线。

- 译码工作方式:扫描计数器的最低 2 位被译码后(4 选 1),经 SL0~SL3 引脚输出的是 4 选 1 的译码信号,直接可作为扫描线。

(4) 返回缓冲器和键盘去抖及控制

8 位返回线 RL0~RL7 输入到返回缓冲器并被锁存。

在键盘工作方式中,返回线被逐个检测,以找到闭合的键。如果有一键闭合,则延时等待 10 ms,然后重新检测该键是否闭合。如果仍然闭合,那么该键形成的键盘数据被送入内部 FIFO(先进先出)存储器。

(5) FIFO RAM/传感器 RAM 及状态寄存器

8279 片内含有 8×8 位 RAM,它具有 FIFO 和传感器 RAM 的双重功能。

在键盘工作方式中,它是 FIFO RAM(先进先出 RAM),内存有键盘数据。FIFO 状态寄存器用来存放 FIFO 的工作状态,例如 RAM 是满还是空,存多少数据,是否操作出错等。当 FIFO RAM 不空,状态逻辑将产生 IRQ=1 的信号,向 CPU 申请中断。

在传感器矩阵方式时,这个 8×8 位 RAM 此时为传感器 RAM,存放的数据对应于每个传感器的状态。在此方式中,若检测出传感器状态的变化,IRQ 信号变为高电平,可向 CPU 申请中断。

在选通方式中,这个 8×8 位 RAM 是 FIFO RAM,存放的数据对应于开关选通状态。FIFO 状态寄存器与键盘工作方式相同。在该方式中,返回线内容在 CNTL/STB

线脉冲上升沿被送入 FIFO RAM 中。

键盘工作方式、传感器矩阵方式和选通方式在片内 8×8 位 RAM 存放数据的格式将在后面详述。

在键盘工作方式,读出操作严格按照先入先出顺序,不设定 FIFO RAM 的地址。在传感器矩阵方式中,读出操作前要先设定传感器 RAM 中的 8 个地址。

(6) 显示 RAM 和显示地址寄存器

显示 RAM 用来存储显示的数据,容量为 16×8 位。在显示过程中,存储的显示数据通过显示寄存器轮流输出。显示寄存器分为 A、B 组,即 OUTA0~3 和 OUTB0~3。它们可以单独送数,也可以组成一个 8 位字。显示寄存器的输出与显示扫描配合,不断从显示 RAM 中读出显示数据,同时轮流驱动被选中的显示器件(动态显示方式),以达到多路复用的目的,使显示器件呈现稳定的显示状态。

显示地址寄存器用来寄存由 CPU 进行读/写显示 RAM 的地址。它可以由命令设定,也可以设置成每次读出或写入之后自动递增。

2. 8279 引脚与功能

8279 采用 40 引脚封装,其引脚分布如图 6.63 所示。

(1) 与 CPU 总线接口部分

- D0~D7——双向、三态数据总线,用于 CPU 与 8279 之间传送命令和数据信息。
- CLK——来自片外的系统时钟,经片内分频后,用于产生片内部时钟。
- RESET——复位引脚,高电平有效。其复位状态为 16 字符显示,编码扫描键盘,双键锁定,时钟分频数 N 为 31。
- $\overline{CS}$——片选信号,低电平有效。
- A0——信息选择输入线。当 A0=0 时,表示 D0~D7 总线传送的是数据信息;当 A0=1 时,表示传送的是命令字或状态字信息。
- $\overline{RD}$——读控制信号,当 $\overline{RD}=0$ 时,CPU 从 8279 读出信息。
- $\overline{WR}$——写控制信号,当 $\overline{WR}=0$ 时,CPU 向 8279 写入信息。
- IRQ——中断请示信号,高电平有效。在键盘工作方式中,当 FIFO RAM 中存有数据时,IRQ 为高电平。CPU 每次从 RAM 中读出数据时,IRQ 变为低电平。若 RAM

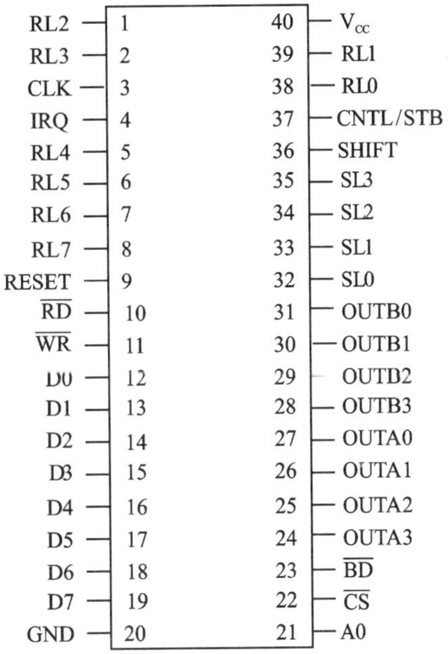

图 6.63 8279 管脚排列图

中仍有数据,则 IRQ 再次恢复为高电平。在传感器工作方式中,每当检测到传感器 RAM 中的传感器状态变化时,IRQ 就出现高电平。
- V_{cc}——电源,+5 V。
- GND——地线。

(2) 数据显示器接口部分
- OUTA0～OUTA3——A 组显示信号输出线。
- OUTB0～OUTB3——B 组显示信号输出线。
- $\overline{BD}$——消隐指示,输出。用于在数字转换时指示消隐,或用于由显示消隐命令控制下的消隐指示。

(3) 键盘接口部分
- SL0～SL3——扫描输出线,用于扫描键盘和显示器。
- RL0～RL7——返回输入线,是键盘矩阵或传感器矩阵的行(或列)的输入线。
- SHIFT——移位输入线。在键盘工作方式时,当按键按下闭合时,该输入信号是 8279 键盘数据的次高位(D6),通常用来扩充键的功能,可以用做键盘上、下档功能键。在传感器方式或选通方式时,SHIFT 无效。
- CNTL/STB——控制/选通输入线。在键盘工作方式时,该信号是键盘数据的最高位(D7),通常用来扩充键开关的控制功能,作为控制功能键使用。在选通输入工作方式时,该信号的上升沿可将来自 RL0～RL7 的数据存入 FIFO RAM 中。在传感器工作方式下,该信号无效。

8279 作为可编程的 I/O 芯片,根据命令字,开关输入信号可分为键盘、传感器和选通输入方式;输出可分为驱动 16 位、8 位和 4 位 LED。

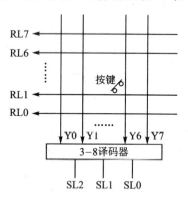

图 6.64 键盘开关 8×8 矩阵形式

当键盘工作方式开关结线是 8×8 矩阵形式,即扫描输出线 SL0～SL3 是二进制编码(编码方式),仅使用 SL0～SL2 三位通过 8 选 1 译码器,译码器的输出线 Y0～Y7 为列线,返回线 RL0～RL7 为行线,形成 8×8 的行列矩阵结线,如图 6.64 所示。按键按下时,行列线接通,若列线处于低电平状态,键则被选中。8×8 键盘最多配置 64 个按键。

传感器工作方式开关结线分为 8×8 矩阵和 8×4 矩阵两种形式,如图 6.65 所示。传感器 8×8 矩阵形式和键盘 8×8 矩阵形式相同(编码形式),只是传感器开关代替了按键开关,且不具有去抖功能。传感器 8×4 矩阵形式,返回线 RL0～RL7 为行线,列线是 SL0～SL3 扫描线。此时的 SL0～SL3 是片内译码后输出的 4 选 1 译码信号(译码形式)。8×8 矩阵形式最多配置 64 个传感器,8×4 矩阵最多配置 32 个传感器。

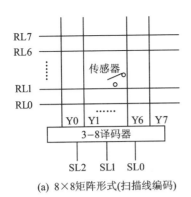
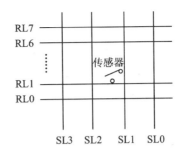

(a) 8×8矩阵形式(扫描线编码)　　　　(b) 8×4矩阵形式(扫描线译码)

图 6.65　传感器开关的矩阵形式

选通输入方式开关一端连返回线,另一端接地,与扫描输出线无关,如图 6.66 所示。

扫描计数器工作在编码方式时,SL0~SL3 输出 4 位二进制码,经过 16 选 1 译码器后,译码器的输出可选通驱动 16 位 LED;若用 SL0~SL2 输出 3 位二进制码经过 8 选 1 译码器后,译码器的输出可选通驱动 8 位 LED。扫描计数器工作在译码工作方式时,SL0~SL3 是 4 选 1 译码,每线对应 1 位 LED,共选通驱动 4 位 LED。

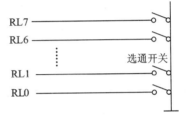

图 6.66　选通输入方式

3. 8279 编程命令

8279 的操作方式是通过 CPU 对 8279 写入命令来实现的。当 $\overline{CS}=0, A0=1$ 时,CPU 对 8279 写入的信息是命令字,读出的为状态字。8279 共有 8 条命令,下面分述命令字的定义和功能。

(1) 键盘/显示器方式设置命令字

命令字格式如表 6.30 所列。

表 6.30　命令字格式

位	D7	D6	D5	D4	D3	D2	D1	D0
描述	0	0	0	D	D	K	K	K

其中:

- 000(D7,D6,D5)——方式设置命令字特征位。
  该命令字用于设置输入方式(键盘、传感器、选通)和输出显示方式(扫描方式,LED 位数,显示顺序)。
- DD (D4,D3)——用于设定显示方式,其含义为:
  00:8 个字符显示,左入口;

01：16 个字符显示，左入口；

10：8 个字符显示，右入口；

11：16 个字符显示，右入口。

所谓左入口，即显示位置从最左一位（最高位）开始；所谓右入口，则是显示位置从最右一位（最低位）开始。

- KKK（D2，D1，D0）——用来设定 7 种开关输入、显示方式，其含义为：

000：编码扫描键盘，双键锁定，编码显示扫描；

001：译码扫描键盘，双键锁定，译码显示扫描；

010：编码扫描键盘，N 键轮回，编码显示扫描；

011：译码扫描键盘，N 键轮回，译码显示扫描。

100：编码扫描传感器矩阵，编码显示扫描；

101：译码扫描传感器矩阵，译码显示扫描；

110：选通输入，编码显示扫描；

111：选通输入，译码显示扫描。

双键锁定与 N 键轮回是多键按下时两种不同的保持方式。双键锁定为两键同时按下提供的保护方法。在消除抖动周期里，如果两键同时按下，则只有其中一个键弹起，而另一个键保持按下位置时，才被认可。N 键轮回为 N 键同时按下的保护方法。当有若干个键按下时，键盘扫描能够根据发现它们的顺序，依次将它们的状态送入 FIFO RAM 中。

(2) 程序时钟命令字

命令字格式如表 6.31 所列。

表 6.31 程序时钟命令字格式

位	D7	D6	D5	D4	D3	D2	D1	D0
描述	0	0	1	P	P	P	P	P

其中：

- 001（D7，D6，D5）——时钟命令字特征位，该命令字用于设置时钟分频数。
- PPPPP（D4，D3，D2，D1，D0）——用来设定对外部输入 CLK 引脚的时钟进行分频的分频数 N，N 取值 2～31。例如，外部时钟频率为 2 MHz，PPPPP 被设置成 10100（$N=20$），则对外部输入的时钟进行 20 分频，以获得 8279 内部要求的 100 kHz 的基本频率。

(3) 读 FIFO RAM/传感器 RAM 命令字

命令字格式如表 6.32 所列。

表 6.32　读 FIFO RAM 传感器 RAM 命令字格式

位	D7	D6	D5	D4	D3	D2	D1	D0
描述	0	1	0	AI	×	A	A	A

其中：

- 010（D7,D6,D5）——读 FIFO RAM/传感器 RAM 命令字特征位。对于传感器阵列方式，该命令字设置要读出的传感器 RAM 单元地址；对于键盘或选通方式，操作之前必须先写入该命令字。
- AI（D4）——自动增量特征位。当 AI=1 时，每次读出传感器 RAM 后地址自动加 1，使地址指针指向下一个存储单元。
- ×（D3）——任意值。
- AAA（D2,D1,D0）——传感器 RAM 单元地址。由于传感器 RAM 共有 8 个单元（每单元 8 位），故需要 3 位寻址。

8279 片内含有 8 个 RAM 单元用于存储输入信息。该 RAM 具有双重功能，即在键盘或选通输入方式时为 FIFO RAM，在传感器工作方式时为传感器 RAM。在读取 RAM 中的数值前，必须先要向 8279 写入读命令字。

在传感器阵列方式中，假定返回线为行，扫描线为列，AAA 选择传感器 RAM 的 8 列中的一列。若 AI=1，则每次读取后便读自传感器阵列中的下一列。

在键盘工作方式中，由于读出操作严格按照先入先出顺序，都是读自 FIFO，直到写入新的命令为止。因此，读键盘阵列值的命令字为 0100 0000B，即 40H。

总之，在读取传感器时，必须指明 RAM 单元的地址；读取键时，则 RAM 地址设定为 000，AI=0。

(4) 读显示 RAM 命令字

命令字格式如表 6.33 所列。

表 6.33　读显示 RAM 命令字格式

D7	D6	D5	D4	D3	D2	D1	D0
0	1	1	AI	A	A	A	A

其中：

- 011（D7,D6,D5）——读显示 RAM 命令字特征位。该命令用来设置将要读出的显示 RAM 地址。
- AI（D4）——自动增量特征位。AI=1，每次读出后地址自动加 1，指向下一个地址。
- AAAA（D3,D2,D1,D0）——用来寻址显示 RAM 中的存储单元。由于显示 RAM 中有 16 个单元，故需要 4 位寻址。

(5) 写显示 RAM 命令字

命令字格式如表 6.34 所列。

表6.34 写显示 RAM 命令字格式

D7	D6	D5	D4	D3	D2	D1	D0
1	0	0	AI	A	A	A	A

其中：

- 100（D7,D6,D5）——写入显示 RAM 命令字特征位。在写显示 RAM 之前,用这个命令来设定将要写入的显示 RAM 的地址。
- AI（D4）——自动增量特征位。AI=1 时,每次写入后地址自动加 1,指向下一次写入地址。
- AAAA（D3,D2,D1,D0）——将要写入的显示 RAM 中存储单元的地址。

(6) 显示禁止写入/消隐命令字

命令字格式为如表 6.35 所列。

表6.35 显示禁止写入/消隐命令字格式

D7	D6	D5	D4	D3	D2	D1	D0
1	0	1	×	IW/A	IW/B	BL/A	BL/B

其中：

- 101（D7,D6,D5）——显示禁止写入/消隐命令字特征位。
- IW/A,IW/B（D3,D2）——A,B 组显示 RAM 写入屏蔽位。当 D3=1 时,不能写入 A 组的显示 RAM；D2=1 时,不能写入 B 组的显示 RAM。
- BL/A,BL/B（D1,D0）——消隐设置位。若 BL=1,对应的 A 组和 B 组显示输出被消隐；当 BL=0,则恢复显示。

(7) 清除命令字

命令字格式如表 6.36 所列。

表6.36 消除命令字格式

位	D7	D6	D5	D4	D3	D2	D1	D0
描述	1	1	0	C_D	C_D	C_D	C_F	C_A

其中：

- 110（D7,D6,D5）——清除命令字特征位。
- $C_D C_D C_D$（D4,D3,D2）——用来设定清除显示 RAM 格式,如表 6.37 所列。

表 6.37 显示 RAM 的清除格式

D4	D3	D2	清除方式
1	0	×	将显示 RAM 全部清 0
1	1	0	将显示 RAM 清成 20H(A 组=0010;B 组=0000)
1	1	1	将显示 RAM 全部置 1
0			若 $C_A=0$,则不清除;若 $C_A=1$,则 D3 和 D2 仍有效

- C_F(D1)——用来置空 FIFO RAM。当 $C_F=1$ 时,执行清除命令后,FIFO RAM 被置空,使中断输出线复位,同时传感器 RAM 的读出地址也被清 0。
- C_A(D0)——总清特征位。它相当于 C_D 和 C_F 的合成。当 $C_A=1$ 时,利用 C_D 指示清除格式(仅由 D3 和 D2 决定,D4 状态可任意),清除显示 RAM,并清除 FIFO 状态。

在显示器 RAM 被清除期间(约 160 μs),CPU 不能向显示 RAM 写入数据。在此期间,FIFO 状态字的最高位 $D_U=1$,表示显示无效。

(8) 结束中断/错误方式设置命令字

命令字格式如表 6.38 所列。

表 6.38 结束中断/错误方式设置命令字

D7	D6	D5	D4	D3	D2	D1	D0
1	1	1	E	×	×	×	×

其中:

- 111(D7,D6,D5)——该命令的特征位。

此命令有两种不同的作用。

① 作为结束中断的命令。在传感器工作方式中,每当传感器的状态出现变化时,扫描检测电路就将其状态写入传感器 RAM,启动中断逻辑,使 IRQ 变高,向 CPU 发出中断,并且禁止写入传感器 RAM。此时,若传感器 RAM 读出地址的自动递补增特征位 AI=0,则中断请求 IRQ 在 CPU 第一次从传感器 RAM 读出数据时就被清除。若自动递补增特征位 AI=1,则 CPU 对传感器 RAM 的读出并不能清除 IRQ,而必须通过给 8279 写入结束中断/错误方式设置命令才能使 IRQ 变低。因此,在传感器方式中,此命令用来结束传感器 RAM 的中断请求。

② 作为特定错误方式设置命令。在 8279 已被设定为键盘扫描 N 键轮回方式以后,如果 CPU 给 8279 又写入结束中断/错误方式设置命令(E=1),则 8279 将以一种特定的错误方式工作。这种方式的特点是:在 8279 消抖周期内,如果发现多个按键同时按下,则 FIFO 状态中的错误特征位 S/E 将置 1,并产生中断请求信号并阻止写入 FIFO RAM。

上述 8 条命令用于确定 8279 操作方式的命令字皆由 D7,D6,D5 特征位确定,输入 8279 后能自动寻址相应的命令寄存器。写入命令字时要使信息选择信号 A0＝1,片选 $\overline{CS}$ ＝0, $\overline{WR}$ ＝0。

4. 状态格式与状态字

8279 的 FIFO 状态字,主要用于键盘和选通工作方式,以指示 FIFO RAM 中字符数和有无错误发生。

若使 8279 信息选择信号 A0 为高电平, $\overline{CS}$ 和 $\overline{RD}$ 为低电平,则读出此状态。其格式如表 6.39 所列。

表 6.39　8279 的 FIFO 状态字

位	D7	D6	D5	D4	D3	D2	D1	D0
描述	D_U	S/E	O	U	F	N	N	N

其中:

- D_U(D7)——表示显示无效特征位。当 D_U＝1 时,表示显示无效。当显示 RAM 由于清除或全清除命令尚未完成时, D_U＝1。
- S/E (D6)——该特征位在读出 FIFO 状态字时被读出,而在执行 C_F＝1 的清除命令时被复位。S/E 有两种含义:在传感器扫描方式时,S/E＝1 表示在传感器 RAM 中至少包含了一个传感器闭合指示;当 8279 工作在特定错误方式时,S/E＝1 则表示发生了多路同时闭合错误。
- O(D5)——表示超出错误。当 FIFO RAM 已经充满时,其他键盘数据还企图写入 FIFO RAM,则出现超出错误,D5 置 1。
- U(D4)——表示不足错误。当 FIFO RAM 已经空时,CPU 还企图读出,则出现不足错误,并使特征位 D4 置 1。
- F(D3)——表示 FIFO RAM 是否已满。F＝1 表示 FIFO RAM 已满。
- NNN (D2,D1,D0)——表示 FIFO RAM 中的字符数。

5. 8279 的数据输入/输出格式

8279 输入/输出数据(显示输出数据、键输入数据、传感器输入数据和选通输入)时,要使 $\overline{CS}$ ＝0,A0＝0 确定。

在键盘扫描方式中,8279 中的键输入数据格式如表 6.40 所列。

表 6.40　8279 中键输入数据格式

位	D7	D6	D5	D4	D3	D2	D1	D0
描述	CNTL（控制）	SHIFT（移位）	SCAN（扫描）			RETURN（返回）		

其中(8×8 键盘矩阵时):

- CNTL（D7）——控制键 CNTL 的状态位。
- SHIFT（D6）——移位键 SHIFT 的状态位。
- SCAN（D5，D4，D3）——键所在的列号，由 SL0～SL2 译码器(8 选 1)输入状态（000～111B 确定。
- RETURN（D2，D1，D0）——键所在行号，由返回线 RL0～RL7 的状态编号（000～111B）确定。

CNTL 和 SHIFT 为单独开关键。CNTL 与其他键联用作为特殊命令键，SHIFT 可作为上、下档键。

8279 键盘为 8×8 矩阵形式，如图 6.67 所示。图中设定在 D7＝0，D6＝0 条件下，由 D5、D4、D3(译码器 SL0～SL2 的输入状态)，D2、D1、D0 表示 RL0～RL7 的 8 个状态(000～111)，组成的键值均依次排列，也可以作为键号使用。例如，对于 3FH 键按下时，RL7 和 Y7 线接通，且当 Y7＝0 时，该键值进入 FIFO RAM 中。

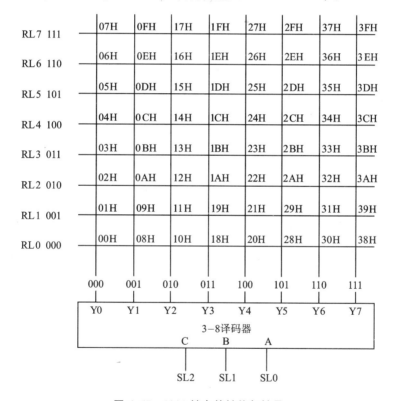

图 6.67 8×8 键盘的键值与键号

在传感器方式和选通方式中，8 位输入数据为 RL0～RL7 的状态，格式如表 6.41 所列。

表 6.41 8279 中键输入数据的格式

位	D7	D6	D5	D4	D3	D2	D1	D0
描述	RL7	RL6	RL5	RL4	RL3	RL2	RL1	RL0

8279 可接 4 位、8 位或 16 位 LED 显示器,每位 LED 由 8 个显示发光二极管组成。CPU 将显示段选码写入显示缓冲区(即显示 RAM,地址为 0~15)时有左端送入和右端送入两种方式。左端送入应用于显示器的 0~15 位,CPU 依次从 0 地址或某一地址开始将段选码写入显示缓冲区。地址大于 15 时,再从 0 地址写入。右端送入方式为移位方式。输入数据总是写入右边的显示缓冲器。数据写入显示缓冲器后,原来缓冲器内容左移一个字节。在右端送入方式中,显示器位置和缓冲器 RAM 地址不相对应。

写显示 RAM 时,应先写入显示 RAM 命令,然后再将数据写入显示 RAM。

读键值时,应先写入读 FIFO RAM 命令,再读键值。

6. AT89C51 和 8279 键盘、显示器接口

图 6.68 为 89C51 与 8279 键盘、显示接口电路。图中采用 8 位 LED 显示,16 个键盘,键盘采用查询方式读出。LED 的段选码放在 AT89C51 片内 RAM 30H~37H;16 个键盘值读出后存放在 40H~4FH 单元中。AT89C51 的晶振为 6 MHz。

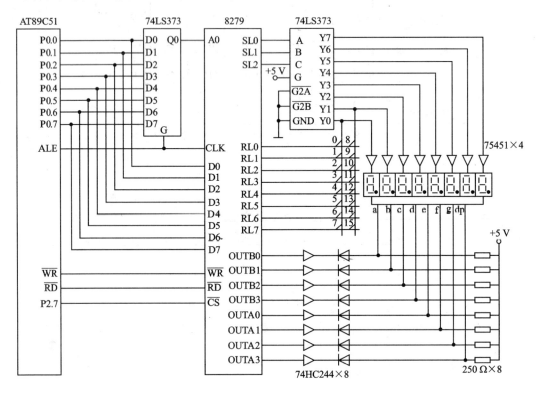

图 6.68 8279 键盘和显示接口电路

程序如下：

```
START:   MOV    DPTR,#7FFFH        ;指向命令/状态口地址,CS=0,A0=1
         MOV    A,#0D1H            ;清除显示 RAM 命令
         MOVX   @DPTR,A
WAIT:    MOVX   A,@DPTR            ;读入状态字
         JB     ACC.7,WAIT         ;清除等待
         MOV    A,#2AH             ;时钟分频命令
         MOVX   @DPTR,A
         MOV    A,#00H             ;键盘,显示命令
         MOVX   @DPTR,A
         MOV    R0,#30H            ;段选码存放单元首地址
         MOV    R7,#08H            ;显示 8 位
         MOV    A,#90H             ;写显示 RAM 命令
         MOVX   @DPTR,A
         MOV    DPTR,#7FFEH        ;指向数据口地址,CS=0,A0=0
LOOP1:   MOV    A,@R0              ;向显示 RAM 中写入显示段选码
         MOVX   @DPTR,A
         INC    R0
         DJNZ   R7,LOOP1
         MOV    R0,#40H            ;键值存放单元首地址
         MOV    R7,#10H
LOOP2:   MOV    DPTR,#7FFFH        ;指向命令/状态字口地址,A0=1
LOOP3:   MOVX   A,@DPTR            ;读状态字
         ANL    A,#0FH             ;取状态字低 4 位
         JZ     LOOP3              ;FIFO RAM 中无键值则等待
         MOV    A,#40H             ;读 FIFO RAM 命令
         MOVX   @DPTR,A
         MOV    DPTR,#7FFEH        ;指向数据口地址
         MOVX   A,@DPTR
         ANL    A,#3FH             ;屏蔽 CNTL,SHIFT 位
         MOV    @R0,A              ;键值存于 40H～4FH
         INC    R0
         DJNZ   R7,LOOP2
HERE:    SJMP   HERE
```

6.5.4 键盘、LED 显示接口应用综合实例

图 6.69 是 RAM6264、键盘、LED 显示器与 89C51 的接口电路。

系统采用全译码方式：Y0＝0000H～1FFFH,Y1＝2000H～3FFFH,Y2＝4000H～5FFFH,Y3＝6000H～7FFFH。Y0 用作 6264 片选,Y1(取 2000H)选中 1#锁存器,Y2(取 4000H)选中 2#锁存器,Y3(取 6000H)选中 3#锁存器。

系统采用矩阵式键盘,由 P1.0、P1.1、P1.2、P1.3 作行线；P3.0、P3.1 作列线。当

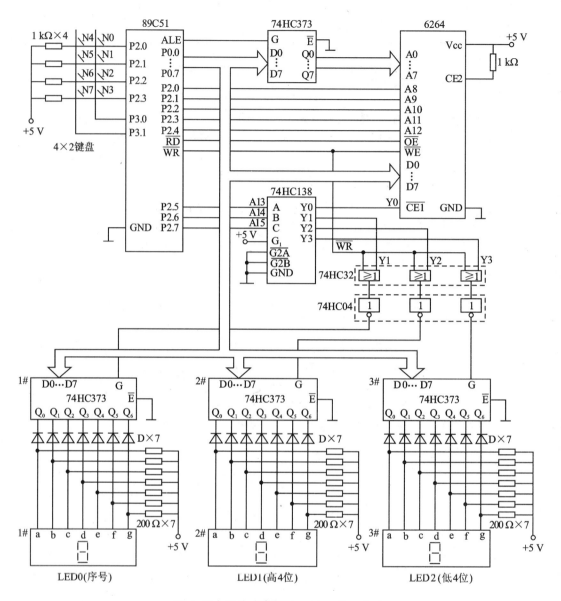

图 6.69 键盘、显示器与 89C51 接口电路

P3.0＝0 时选中右列键；当 P3.1＝0 时选中左列键。

根据按下的键，选中片外 RAM6264 对应的 8 个单元，LED 显示其中十六进制内容。键 N0 选中 0040H 单元，N1 选中 0041H 单元，……，N7 选中 0047H 单元。LED0 显示 RAM 单元序号，LED0 显示为 0 对应 0040 单元，LED0 显示为 1 对应 0041 单元，……，LED0 显示为 7 对应 0047 单元。LED1 显示片外 RAM 单元的高 4 位，LED2 显示片外 RAM 单元的低 4 位。

显示器用的数据（段选码）锁存器为 74HC373 芯片（1♯～3♯）。当地址片选信号（Y1～Y3）和 $\overline{WR}$ 信号全为低电平时，通过或门与反相器，74HC373 的 G＝1，输出跟随输入;当片选信号和 $\overline{\text{WR}}$ 至少一个恢复为高电平,G＝0,段选码锁存,LED 显示。74HC373 特性表明,输出高电平时,输出电流最大为 2.6 mA;输出低电平时,输出电流(灌入)最大为 25 mA。对于图 6.69,当输出 1 态,对应二极管 D 截止,＋5 V 电源通过 200 Ω 限流电阻向 LED 对应段供电,电流约为 20 mA;当输出 0 态,＋5 V 电源通过 200 Ω 电阻向锁存器对应输出端供电,电流约为 20 mA。这样,在静态显示过程中,74HC373 不会过热。

键盘采用软件延时去抖。

编制程序如下:

```
              ORG     0000H
              AJMP    S1
              ORG     0100H
S1:           CLR     P3.0            ;右列键选通
              SETB    P3.1
              MOV     A,P1            ;读入 P1 口
              ANL     A,#0FH          ;清除高 4 位
              MOV     R0,A            ;存键值于 R0
              XRL     A,#0FH
              JZ      S2              ;无键按下则转 S2
              MOV     R1,#05H         ;键去抖动
LOOP0:        LCALL   DELAY0          ;10 ms 延时
              MOV     A,P1
              ANL     A,#0FH
              XRL     A,R0            ;键值比较
              JNZ     S2              ;键值不同则转 S2
              DJNZ    R1,LOOP0
              SJMP    S3              ;读键成功转 S3
S2:           CLR     P3.1            ;左列键选通
              SETB    P3.0
              MOV     A,P1
              ANL     A,#0FH
              MOV     R0,A            ;存键值于 R0
              XRL     A,#0FH
              JZ      S1
              MOV     R1,#05H         ;键去抖动
LOOP1:        LCALL   DELAY0          ;10 ms 延时
              MOV     A,P1
              ANL     A,#0FH
              XRL     A,R0            ;键值比较
              JNZ     S1              ;键值不同则转 S1
              DJNZ    R1,LOOP1
              SJMP    S4              ;读键成功转 S4
```

S3:	MOV	A, R0		;LED0 显示
	XRL	A, #0000 1110B		
	JZ	RAM40		
	MOV	A, R0		
	XRL	A, #0000 1101B		
	JZ	RAM41		
	MOV	A, R0		
	XRL	A, #0000 1011B		
	JZ	RAM42		
	MOV	A, R0		
	XRL	A, #0000 0111B		
	JZ	RAM43		
	SJMP	S1		
S4:	MOV	A, R0		
	XRL	A, #0000 1110B		
	JZ	RAM44		
	MOV	A, R0		
	XRL	A, #0000 1101B		
	JZ	RAM45		
	MOV	A, R0		
	XRL	A, #0000 1011B		
	JZ	RAM46		
	MOV	A, R0		
	XRL	A, #0000 0111B		
	JZ	RAM47		
	SJMP	S1		
RAM40:	MOV	A, #3FH		;"0"段码
	MOV	R0, #40H		;DPL
	SJMP	LED0		
RAM41:	MOV	A, #06H		;"1"段码
	MOV	R0, #41H		;DPL
	SJMP	LED0		
RAM42:	MOV	A, #5BH		;"2"段码
	MOV	R0, #42H		;DPL
	SJMP	LED0		
RAM43:	MOV	A, #4FH		;"3"段码
	MOV	R0, #43H		;DPL
	SJMP	LED0		
RAM44:	MOV	A, #66H		;"4"段码
	MOV	R0, #44H		;DPL
	SJMP	LED0		
RAM45:	MOV	A, #6DH		;"5"段码
	MOV	R0, #45H		;DPL

	SJMP	LED0	
RAM46:	MOV	A,#7DH	;"6"段码
	MOV	R0,#46H	;DPL
	SJMP	LED0	
RAM47:	MOV	A,#07H	;"7"段码
	MOV	R0,#47H	;DPL
LED0:	MOV	DPTR,#2000H	;LED0 显示
	MOVX	@DPTR,A	
	MOV	DPL,R0	;读片外 RAM
	MOV	DPH,#00H	
	MOVX	A,@DPTR	
	MOV	R0,A	;片外 RAM 内容存于 R0
	SWAP	A	;高低 4 位交换
	ANL	A,#0FH	
	MOV	R1,A	;高 4 位存于 R1
LED12:	LCALL	LEDHL	
	MOV	DPTR,#4000H	;显示高 4 位
	MOVX	@DPTR,A	
	MOV	A,R0	;取出片外 RAM 的值
	ANL	A,#0FH	
	MOV	R1,A	;低 4 位存于 R1
	LCALL	LEDHL	
	MOV	DPTR,#6000H	;显示低 4 位
	MOVX	@DPTR,A	
	LJMP	S1	;重选键值,显示
LEDHL:	NOP		;十六进制转换成段码子程序
	XRL	A,#00H	
	JNZ	LOOP06	
LOOP3F:	MOV	A,#3FH	;"0"段码
	RET		
LOOP06:	MOV	A,R1	
	XRL	A,#01H	
	JNZ	LOOP5B	
	MOV	A,#06H	;"1"段码
	RET		
LOOP5B:	MOV	A,R1	
	XRL	A,#02H	
	JNZ	LOOP4F	
	MOV	A,#5BH	;"2"段码
	RET		
LOOP4F:	MOV	A,R1	
	XRL	A,#03H	
	JNZ	LOOP66	

	MOV	A,#4FH	;"3"段码
	RET		
LOOP66:	MOV	A,R1	
	XRL	A,#04H	
	JNZ	LOOP6D	
	MOV	A,#66H	;"4"段码
	RET		
LOOP6D:	MOV	A,R1	
	XRL	A,#05H	
	JNZ	LOOP7D	
	MOV	A,#6DH	;"5"段码
	RET		
LOOP7D:	MOV	A,R1	
	XRL	A,#06H	
	JNZ	LOOP07	
	MOV	A,#7DH	;"6"段码
	RET		
LOOP07:	MOV	A,R1	
	XRL	A,#07H	
	JNZ	LOOP7F	
	MOV	A,#07H	;"7"段码
	RET		
LOOP7F:	MOV	A,R1	
	XRL	A,#08H	
	JNZ	LOOP6F	
	MOV	A,#7FH	;"8"段码
	RET		
LOOP6F:	MOV	A,R1	
	XRL	A,#09H	
	JNZ	LOOP77	
	MOV	A,#6FH	;"9"段码
	RET		
LOOP77:	MOV	A,R1	
	XRL	A,#0AH	
	JNZ	LOOP7C	
	MOV	A,#77H	;"A"段码
	RET		
LOOP7C:	MOV	A,R1	
	XRL	A,#0BH	
	JNZ	LOOP39	
	MOV	A,#7CH	;"B"段码
	RET		
LOOP39:	MOV	A,R1	

```
            XRL    A,#0CH
            JNZ    LOOP5E
            MOV    A,#39H              ;"C"段码
            RET
LOOP5E:     MOV    A,R1
            XRL    A,#0DH
            JNZ    LOOP79
            MOV    A,#5EH              ;"D"段码
            RET
LOOP79:     MOV    A,R1
            XRL    A,#0EH
            JNZ    LOOP71
            MOV    A,#79H              ;"E"段码
            RET
LOOP71:     MOV    A,R1
            XRL    A,#0FH
            JNZ    LOOPR
            MOV    A,#71H              ;"F"段码
LOOPR:      RET
DELAY10:    MOV    R7,#05H             ;10 ms 延时子程序,晶振为 6 MHz
LOOPY0:     MOV    R6,#00H
LOOPY1:     NOP
            NOP
            DJNZ   R6,LOOPY1
            DJNZ   R7,LOOPY0
            RET
```

6.6 LCD 显示器与接口芯片

液晶是介于固体和液体之间的一种有机化合物,它和液体一样可以流动,又具有类似于晶体的某些光学特性,即在不同方向上它的电光效应不同。利用这种特性可制成液晶显示器 LCD(Liquid Crystal Display)。

6.6.1 液晶显示器及其特点

1. 液晶显示器的驱动方式

LCD 是由背极(black plane,即公共极)和一定数量的字符段(segment)或点组成。在任何段(点)与背极间施加一电压,通常为 4 V 或 5 V,即可使该段、点呈现出黑色,形成各种显示形象。

LCD 驱动的一个重要特点是必须采用交流驱动方式(一般用矩形波电压驱动)。交流驱动电压中含有的直流成份不应超过 100 mV,否则会使液晶材料在长时间直流电压作

用下发生电解,大大缩短 LCD 的工作寿命。交流驱动电压频率应不低于 30 Hz,以免造成显示字符的闪烁;驱动电压频率应不高于 200 Hz,否则会引起显示字符反差不均匀,并增大 LCD 的损耗。

2. 液晶显示器的特点

液晶显示器是一种被动显示器,就是其本身不发光,用电压来控制对环境照明的光在显示部位的反射(或透射)方法实现显示。它的主要特点是:

① 功耗小,同样的显示面积,其功耗比 LED 显示器小几百倍。所以它特别适宜与低功耗的 CMOS 电路匹配,用于各种便携式袖珍型仪器仪表、微型计算机的终端显示。

② 液晶显示器可在明亮环境下正常使用,显示的清晰度不因外部环境光线增强而变弱,即使在太阳光照射下也能清楚显示。

③ 液晶显示器尺寸小,外形薄,其厚度约为 LED 的 1/3,使用方便。

④ 液晶显示器响应时间和余辉时间较长,响应速度慢,为 ms 级。

⑤ 液晶显示器本身不发光,在黑暗环境中不能显示,需要采用辅助光源。

⑥ 液晶显示器的使用寿命较长(5×10^4 小时以上)。

⑦ 液晶显示器的工作温度范围较窄,约 $-5\sim+70$ ℃。

3. LCD 显示器的分类

当前市场上液晶显示器种类繁多,按排列形状可分为字段型、点阵字符型和点阵图形型。

① 字段型。字段型是以长条状组成的字符显示。该类显示器主要用于数字显示,广泛用于电子表、数字仪表和计算器中。

② 点阵字符型。它是由若干个 5×7 或 5×10 点阵组成,每一个点阵显示一个字符。

③ 点阵图形型。它是由多行或多列的矩阵式晶点组成,点的大小可根据显示的清晰度来设计。这类显示器广泛应用于图形显示,如笔记本电脑和彩色电视等设备中。

6.6.2 ICM 7211M LCD 驱动器

ICM7211M 是美国 Intersil 公司生产的 CMOS 型液晶显示驱动器。该芯片可驱动 4 位 LCD(分别称为最高位、次高位、次低位、最低位),内含有字符发生器(字符译码),将输入的 4 位数据变换成显示字形的段码,供 LCD 显示。片内含有振荡器,用以产生周期性改变极性的驱动电压。ICM7211M 的引脚排列与功能如下。

ICM7211M 为 40 脚双列直插式,如图 6.70 所示。

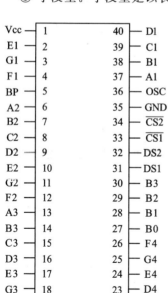

图 6.70 ICM7211M 管脚排列图

图 6.71 为其内部逻辑结构。

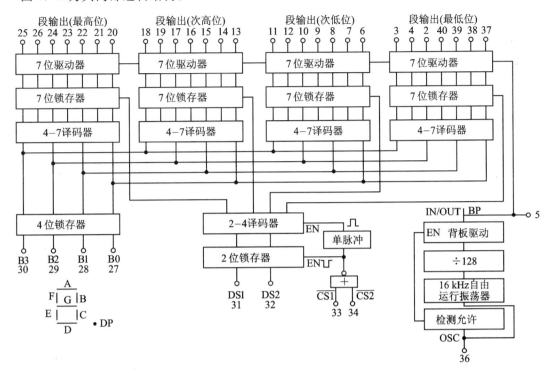

图 6.71 ICM7211M 内部逻辑结构

各引脚功能及应用说明如下：
- B0、B1、B2、B3——数据输入。4 位数据与 LCD 对应关系如表 6.42 所列。

表 6.42 ICM7211M 输入二进制与 LCD 显示对应关系

二进制				LCD 显示码
B3	B2	B1	B0	
0	0	0	0	0
0	0	0	1	1
0	0	1	0	2
0	0	1	1	3
0	1	0	0	4
0	1	0	1	5
0	1	1	0	6
0	1	1	1	7
1	0	0	0	8
1	0	0	1	9
1	0	1	0	—

续表 6.42

二进制				LCD 显示码
B3	B2	B1	B0	
1	0	1	1	E
1	1	0	0	H
1	1	0	1	L
1	1	1	0	P
1	1	1	1	(黑)

- DS1、DS2——液晶显示器位选信号。位选信号与选中的 LCD 显示位对应如表 6.43 所列。

表 6.43 位选信号与选中的 LCD 显示位对应关系表

DS2	DS1	LCD 显示位
0	0	最高位(L4)
0	1	次高位(L3)
1	0	次低位(L2)
1	1	最低位(L1)

- $\overline{CS1}$、$\overline{CS2}$——片选信号。$\overline{CS1}$、$\overline{CS2}$作为片内或非门输入信号，当$\overline{CS1}$、$\overline{CS2}$均为低电平时，或非门输出为高，当$\overline{CS1}$、$\overline{CS2}$中之一或全部为高电平时，或非门输出为低。产生的负跳变将输入的 4 位数据（B0～B3）和位选信号（DS1、DS2）锁存，并进行译码。

- OSC——振荡器输入脚。当 OSC 悬空时，片内 16 kHz 振荡器经 128 分频，为 BP 提供 125 Hz 驱动电压。若 OSC 与电源间接 22 pF 电容，BP 脚输出信号频率为 90 Hz；当电容值为 220 pF，BP 脚输出信号频率为 20 Hz。当 OSC 接地，BP 无信号输出。

- BP——背极信号输出端。若将 OSC 引脚接地，BP 端则无振荡信号输出。这种情况下的 BP 可作为输入，驱动器的 4×7 段输出将直接与此输入信号同步。图 6.72 中的 2 # ICM7211M 芯片就是这样处理的，用这种方法可进行 ICM7211M 芯片的串联。

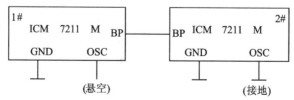

图 6.72 两片 ICM7211M 的串联接线

- A1、B1、C1、D1、E1、G1、F1——段形码输出,连 LCD(最低位)。
- A2、B2、C2、D2、E2、G2、F2——段形码输出,连 LCD(次低位)。
- A3、B3、C3、D3、E3、G3、F3——段形码输出,连 LCD(次高位)。
- A4、B4、C4、D4、E4、G4、F4——段形码输出,连 LCD(最高位)。
- V_{cc}——电源,+5 V。
- GND——地线。

6.6.3 89C51 与 LCD 驱动器接口电路

图 6.73 为 89C51 与 RAM6264、ICM7211M、LCD 的接口电路。

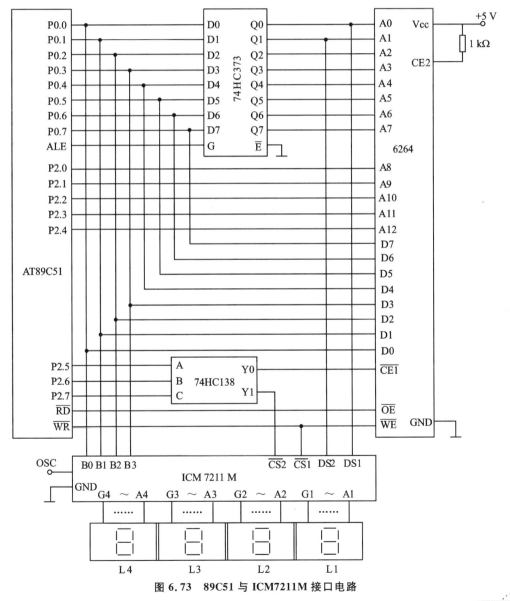

图 6.73　89C51 与 ICM7211M 接口电路

RAM6264 的 0040H、0041H 单元存有 4 位 BCD 码,编制显示程序如下:

```
            ORG    0000H
            AJMP   LCDA
            ORG    0100H
    LCDA:   MOV    DPTR,#0040H      ;读 RAM
            MOVX   A,@DPTR
            MOV    R0,A             ;暂存
            SWAP   A                ;半字节交换
            ANL    A,#0FH           ;屏蔽 A 中高 4 位
            MOV    DPTR,#2000H
            MOVX   @DPTR,A          ;L4 显示
            MOV    A,R0
            ANL    A,#0FH
            MOV    DPTR,#2001H
            MOVX   @DPTR,A          ;L3 显示
            MOV    DPTR,#0041H      ;读 RAM
            MOVX   A,@DPTR
            MOV    R0,A
            SWAP   A
            ANL    A,#0FH
            MOV    DPTR,#2002H
            MOVX   @DPTR,A          ;L2 显示
            MOV    A,R0
            ANL    A,#0FH
            MOV    DPTR,#2003H
            MOVX   @DPTR,A          ;L1 显示
            RET
```

6.7 微型打印机接口电路

在单片机应用系统中,微型打印机是经常使用的输出设备。下面以目前国内流行的 TPμp-40A/16A 为例,介绍其特点和接口电路。

TPμp-40A 与 TPμp-16A 的接口与时序要求完全相同,操作方式相近,硬件电路及插脚完全兼容,只是指令代码不完全相同。TPμp-40A 每行打印 40 个字符,TPμp-16A 每行打印 16 个字符。

6.7.1 TPμp-40A 主要性能及接口信号

1. TPμp-40A 的主要技术性能

① 采用单片机控制,具有 2KB 控打程序及标准的圣特罗尼克(centronics)并行接

口,便于与各种计算机联机使用。

② 具有较丰富的打印命令,命令为单字节,格式简单。

③ 可产生全部标准的 ASCII 字符以及 128 个非标准字符和图符。有 16 个代码(6×7 点阵)可由用户通过程序自行定义。

④ 可打印出 8×240 点阵的图样,代码字符和点阵图样可在一行中混合打印。

⑤ 字符、图符和点阵可在宽和高的方向上放大为×2、×3、×4 倍。

⑥ 每行字符的点行数(包括字符的行间距)可用命令更换。

⑦ 带有水平和垂直制表命令,便于打印表格。

⑧ 具有重复打印同一字符命令,以减少输送代码的数量。

⑨ 带有命令格式的检错功能,当输入错误命令时,打印机立即打印出错误代码信息。

2. 接口信号

TPμp-40A/16A 微型打印机与计算机应用系统通过机匣后部的 20 芯扁平电缆及接插件相连。打印机机匣后部接插件引脚信号如图 6.74 所示。

2	4	6	8	10	12	14	16	18	20
GND	GND	GND	GND	GND	GND	GND	GND	$\overline{ACK}$	$\overline{ERR}$
$\overline{STB}$	DB0	DB1	DB2	DB3	DB4	DB5	DB6	DB7	BUSY
1	3	5	7	9	11	13	15	17	19

图 6.74 TPμp-40A/16A 插脚排列

- DB0～DB7——数据线,单向,由计算机输入给打印机。
- $\overline{STB}$(STROBE)——数据选通信号。在该信号的上升沿时,数据线上的 8 位并行数据被打印机读入机内锁存。
- BUSY——打印机"忙"状态信号。当该信号有效(高电平)时,表示打印机正忙于处理数据。此时,计算机不能使用 $\overline{STB}$ 信号向打印机送入新的数据。
- $\overline{ACK}$——打印机的回答信号。低电平有效,表明打印机已取走数据线上的数据。
- $\overline{ERR}$——"出错"信号。当送入打印机的命令格式出错时,打印机立即打印一行出错信息,提示出错。在打印出错信息之前,该信号线上出现一个负脉冲,脉冲宽度为 30 ms。

$\overline{ACK}$ 回答信号在很多情况下可以不用。选通信号($\overline{STB}$)宽度需大于 0.5 μs。单片机的 $\overline{WR}$ 信号宽度为半个机器周期(参见图 6.12),当系统晶振为 6 MHz 时,$\overline{WR}$ 宽度为 1 μs。因此,可以用 $\overline{WR}$ 作为选通信号。

3. 字符代码及打印命令

TPμp-40A/16A 全部代码共 256 个,其中 00H 无效。代码 01H～0FH 为打印命令;代码 10H～1FH 为用户自定义代码;代码 20H～7FH 为标准 ASCII 代码;代码 80H～FFH 为非 ASCII 代码,其中包括少量汉字、希腊字母、块图图符和一些特殊字符。

(1) ASCII 代码

TPμp-40A/16A 中全部 ASCII 代码为 20H～7FH。ASCII 字符串的结束为回车换行代码 0DH。但当输入代码满 40/16 个时,打印机自动停车。

例如,打印"＄2356.73",应向打印机输送的代码串为:24H,32H,33H,35H,36H,2EH,37H,33H,0DH。

(2) 打印命令

01H～0FH 为打印命令代码。现仅介绍几个常见的命令。

- 07H——水平(制表)跳区。
- 08H——垂直(制表)跳行。
- 0AH——一个空位回车换行。
- 0DH——回车换行/命令结束。
- 0EH——重复打印同一字符命令。
- 0FH——打印位点阵图命令。

使用最频繁的命令是换行(0AH)和回车(0DH)。0DH 可用于输入字符串的末尾,作为字符串的结束符;0DH 又作为执行打印功能用,在打印开始时要向打印机送 0DH。

6.7.2 单片机与 TPμp-40A/16A 打印机接口电路

图 6.75 为 89C51 与打印机接口电路。系统要求将 RAM6264 的 0050H～005FH 单元的数据(十六进制)打印出来,打印格式为××H;……。

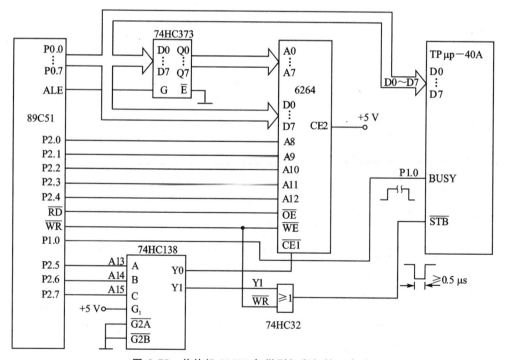

图 6.75 单片机 89C51 与微型打印机接口电路

打印程序编制如下：

```
            ORG     0000H
            AJMP    MAIN
            ORG     0100H
MAIN:       MOV     A,#0AH              ;换行
            LCALL   PR
            MOV     A,#0DH              ;回车
            LCALL   PR                  ;打印子程序
            MOV     R7,#10H             ;循环 16 次
            MOV     DPTR,#0050H         ;6264 初始单元
LOOP0:      MOVX    A,@DPTR
            LCALL   ASCB                ;转换成 ASCII 码
            MOV     A,R3                ;打印高半字节
            LCALL   PR
            MOV     A,R2                ;打印低半字节
            LCALL   PR
            MOV     A,#48H              ;"H"
            LCALL   PR
            MOV     A,#3BH              ;";"
            INC     DPTR                ;修改地址
            DJNZ    R7,LOOP0            ;循环未完,继续
            MOV     A,#0AH              ;换行
            LCALL   PR
            MOV     A,#0DH              ;回车
            LCALL   PR
            RET
```

单字节数据转换成 ASCII 码子程序：

```
ASCB:       MOV     R0,A                ;暂存 A 于 R0
            ANL     A,#0FH              ;屏蔽高 4 位
            LCALL   ASCB0               ;转换 ASCII
            MOV     R2,A                ;低 4 位 ASCII
            MOV     A,R0
            SWAP    A                   ;半字节交换
            ANL     A,#0FH              ;屏蔽原来低 4 位
            LCALL   ASCB0               ;转换 ASCII
            MOV     R3,A                ;高 4 位 ASCII
            RET
```

字节中低 4 位转换成 ASCⅡ码子程序：

```
ASCB0:      MOV     R1,A                ;暂存 A 于 R1
            CLR     C
```

```
        SUBB    A,#0AH
        MOV     A,R1
        JC      LOOP1           ;小于 10 则转
        ADD     A,#07H          ;否则加 07H
LOOP1:  ADD     A,#30H          ;加 30H
        RET
```

打印 A 中字符子程序：

```
PR:     PUSH    DPH
        PUSH    DPL
LOOP2:  JB      P1.0,LOOP2      ;"忙"则等待
        MOV     DPTR,#2000H
        MOVX    @DPTR,A         ;打印 A 中字符
        POP     DPL
        POP     DPH
        RET
```

6.8 单片机扩展系统主机单元的抗干扰技术

单片机主机单元是以单片机为中心，配置必要的外部器件（地址锁存器、地址译码器、程序存储器、数据存储器）构成的最小应用系统。这种配置是单片机应用系统的核心，其应用性能直接影响到整个扩展系统的工作质量。主机单元受到的外部干扰主要有：

- 来自空间的电磁辐射干扰，将主机单元放置于金属箱内有很好的屏蔽作用，因此电磁波的辐射影响可忽略不计。
- 来自外围设备的干扰，可以通过 I/O 口的抗干扰设计（如采用光电隔离等措施）来削弱外界干扰。
- 交直流供电电源是主机的主要干扰通道，通过对电源采取有效抗干扰措施可以抑制或削弱干扰的影响，这部分内容可参阅本书第 5 章。

6.8.1 总线的可靠性设计

1. 扩展芯片的逻辑电平

单片机可配置 TTL 芯片，也可以配置 CMOS 芯片组成系统。
CMOS 与 TTL 芯片相比，主要有以下不同：

- CMOS 的逻辑"1"电平比 TTL 逻辑"1"的电平高；逻辑"0"电平相近。CMOS 芯片有较强抗干扰能力。
- CMOS 的逻辑电平与电源 V_{cc} 有关；TTL 逻辑电平在 V_{cc} 给定时，它的逻辑电平符合标准规范。

- CMOS芯片功耗要低于TTL芯片功耗。

表 6.44 给出了 $V_{cc}=+5\ V$ 时，74HC、74LSTTL、74HCT 的逻辑电平。

表 6.44　不同类型芯片的逻辑电平

逻辑状态	$V_{cc}=+5\ V$			说　明
	74HC	74HCT	74LSTTL	
V_{IH}/V	3.5	2.0	2.0	输入高电平
V_{IL}/V	1.0	0.8	0.8	输入低电平
V_{OH}/V	4.9	4.9	2.7	输出高电平
V_{OL}/V	0.1	0.1	0.5	输出低电平

一般说来，单片机 I/O 口具有 TTL 逻辑电平，可以很方便地与 TTL 芯片相接。

为了降低功耗和提高抗干扰能力，采用 74HC 芯片是最佳选择。但由于单片机的输出高电平（TTL 逻辑电平）要低于 74HC 的输入高电平，将无法直接驱动 74HC 芯片。配置总线驱动器可以解决单片机与 74HC 逻辑电平的匹配问题。

2. 总线驱动器

89C51 单片机在负载很小时，I/O 口输出电压较高（近 5 V），因此可以将单片机就近直接与 74HC245、74HC244 相连，构成总线驱动器。总线驱动器使用 CMOS 型三态缓冲门电路 74HC244、74HC245。其中 74HC245 用于数据线的双向驱动，74HC244 用于地址线、控制线的单向驱动，如图 6.76 所示。

地址锁存器 74HC373 具有地址锁存、驱动双重功能。74HC373 输出脚低电平吸收电流可达 25 mA。

74HC244 的管脚排列如图 6.77 所示。在总线驱动器中，74HC244 可作为高 8 位地址线和控制线的单向驱动器。

74HC245 的管脚排列及功能如图 6.78 所示。在总线驱动器中，作为数据总线的双向驱动器，由 DIR 信号控制方向。当 $\overline{RD}$ 或 $\overline{PSEN}$ 任一为 0 时，数据由 B 到 A 读入；当 $\overline{RD}$ 和 $\overline{PSEN}$ 均为 1 时，数据由 A 到 B 写入外围芯片。74HC245 的方向控制由 74HC08 正与门（如图 6.79 所示）实现。

总线驱动器具有下列优点：

① 提高总线的逻辑电平

芯片 74HC244 和 74HC245 要尽量靠近 89C51。89C51 三总线的负载很小（74HC 为电压型输入，负载电流很小），能驱动 74HC244 和 74HC245。驱动器的输出变为 CMOS 电平，可在总线上挂接 74HC 型各种扩展芯片。

② 三态缓冲器有很低的输出阻抗，输出信号具有较好抑制低电平噪声的能力。

③ 提高总线的负载能力。

单片机 P0 口可驱动 8 个 TTL 门；P2 口可驱动 4 个 TTL 门；P3 口可驱动 4 个 TTL 门。芯片 74HC244、74HC245 驱动能力很强，低电平时最大输入电流可达

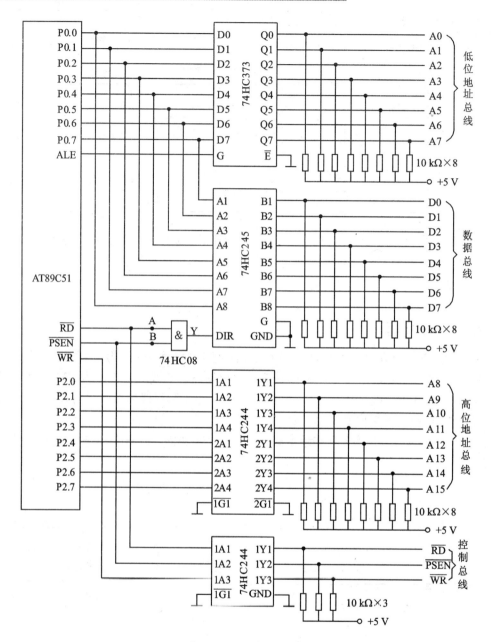

图 6.76 总线驱动器

24 mA。

④ 改善信号波形。

当总线传输较长时,由于分布电容的加大,总线的负担增加了,同时使信号波形前沿变差。因此,有时尽管总线驱动的芯片不多,但由于总线较长,也需要用驱动器将总线分割成短线进行传送。特别是当晶振频率较高时更应如此,有助于削弱反射干扰。

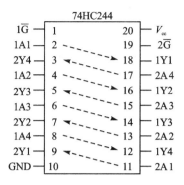

1G=0 1A=1Y ；1G=1 1A与1Y隔开（高阻抗）
2G=0 2A=2Y ；2G=1 2A与2Y隔开（高阻抗）

图 6.77 三态输出缓冲或驱动器 74HC244

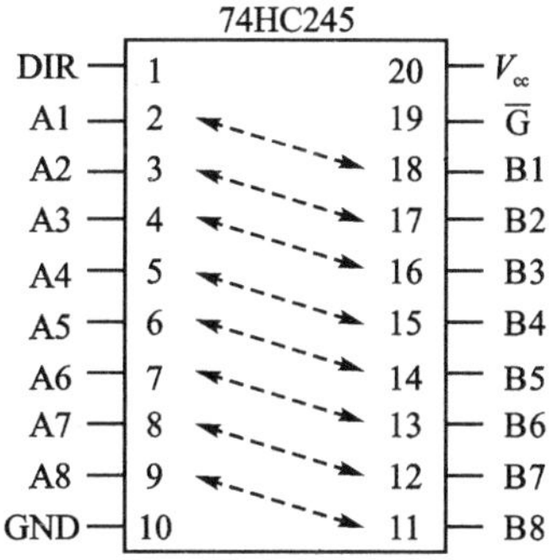

图 6.78 三态双向缓冲或驱动器 74HC245

功能表		
允许	方向控制	
$\overline{G}$	DIR	
L	L	B数据到A总线
L	H	A数据到B总线
H	×	隔离

H=高电平，L=低电平，×=无关

3. 总线上拉电阻的配置

除了配置总线驱动器，在总线上适当安装上拉电阻也可以提高总线信号传输的可靠性。

(1) 提高信号电平

提高集成电路输入信号的噪声容限，是提高抗干扰能力的一个重要措施。提高信号的高电平可以提高噪声容限，其方法之一是提高芯片的电源电压，方法之二是在总线输出口配置上拉电阻。以 80C51 单

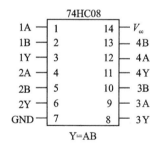

图 6.79 四二正与门 74HC08

片机的 P0 口为例，如图 6.80 所示，当不加上拉电阻时，P0.0 口输出电流为 I，端口的高电压为 $u=V_{cc}-IR$。当加上拉电阻后，P0.0 口输出电流变为 I_1，由于负载恒定，则 $I_1<I$，因此端口电压 $u=Vcc-I_1R$，u 将有所提高。

(2) 提高总线的抗电磁干扰能力

当总线处于高阻状态时是处于悬空状态，比较容易接受外界的电磁干扰。外界的电磁干扰信号很容易通过数据总线进入 CPU，引入虚假的程序指令，对程序运行造成破坏。若数据总线上配有上拉电阻，总线具有稳定的高电平，这时的指令仅为"FF"，相

当于"MOV R7,A"指令,这比总线上出现的随机指令所造成的后果要好得多。

(3) 抑制静电干扰

当总线的负载是 CMOS 芯片时,由于 CMOS 芯片的输入阻抗很高,容易积累静电电荷而形成静电放电干扰,严重时会损坏芯片。若在总线上配置上拉电阻,则降低了芯片的输入阻抗,为静电感应电荷提供泄荷通路,提高了芯片使用的可靠性。

(4) 有助于削弱反射波干扰

由于总线负载的输入阻抗很高,对于变化速率很快的传输信息,当传输线较长时容易引起反射波干扰。若在总线的终端配置上拉电阻,则降低了负载的输入阻抗,可有效抑制反射波干扰。

数据总线上拉电阻如图 6.81 所示。上拉电阻一般取 2~10 kΩ,典型值为 10 kΩ。实际应用时可选用市售电阻排,其引脚间距与集成芯片标准一致,应用起来十分方便。

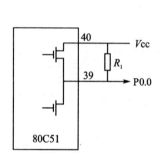
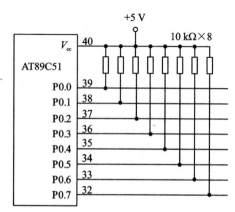

图 6.80　P0.0 口的上位电阻　　　　图 6.81　数据总线配置上拉电阻

6.8.2　芯片配置与抗干扰

单片机应用系统中主机单元是信息线最多,最集中且电平变化频率最快的区域。因此,合理配置芯片,达到占有空间小,运行可靠,布线美观,是设计中应注意的重要问题。

1. 去耦电容配置

数字电路除了地线阻抗问题外,还存在电源线的阻抗问题。当数字电路受高速跳变的电流作用时,也将产生阻抗噪声。解决问题的有效措施是设置合适的去耦电容。去耦电容的使用应注意电容容量、工作频率、类型及布置等。

(1) 电容容量的选择

设某集成电路状态变换时在 T_r 的时间内有 Δi 的电流跳变,则去耦电容应提供的电荷量为 $\Delta Q = \Delta i \cdot T_r$。由于此电荷的泄放,电容器的端电压下降量为 ΔV,则电容 C 应为

$$C \geqslant \Delta Q / \Delta V = \Delta i \cdot T_r / \Delta V$$

以典型值为例,设噪声电压 $\Delta V = 100$ mV,电平上升时间为 $T_r = 5$ ns,Δi 的跳变量为 50 mA,则 C 为 2 500 pF。

(2) 电容的工作频率选择

实际上电容的等效电路为电阻、电容、电感的串联,其谐振频率 $f_r=1/2\pi LC$。若工作频率高于 f_r,则呈感性,阻抗随频率增加而增大,去耦滤波作用变坏。0.1 μF 常用独石电容,其谐振频率为 7~8 MHz 左右。又由于引线及信号线电感等原因,0.1 μF 电容实际谐振频率低于 3 MHz;0.01 μF 和 0.001 μF 电容的谐振频率为 10 MHz 和 30 MHz。因此,在满足跳变电流和允许电压的前提下,去耦电容容量越小越好。

80C51 系列单片机最高晶振频率为 12 MHz,一个机器周期为 1 μs。指令执行最小时间为 1 个机器周期,即电平跳变频率不超过 1 MHz。为了可靠起见,当晶振为 12 MHz 时,去耦电容可选用 0.01 μF;当晶振低于或等于 6 MHz 时,去耦电容可以选用 0.1 μF。

2. 数字输入端噪声抑制

作用于数字电路输入端最危险的是脉冲噪声,抑制脉冲噪声是数字设备电磁抗干扰设计的重要组成部分。

通常是根据有用脉冲信号与无用脉冲噪声之间的差别,采取既保证有用脉冲信号不丢失,又有效地抑制无用脉冲噪声的措施。习惯上,如果脉冲噪声的脉宽比有用脉冲宽度小很多,至少为 1∶3 的程度,则称这种噪声为窄脉冲噪声。抑制窄脉冲噪声,通常多是在数字电路的接口部位加入 RC 滤波环节,利用 RC 的延迟作用来控制对窄脉冲噪声的响应。RC 滤波器的时间常数必须大于现场可能出现的噪声最大脉宽和小于信号的脉宽,只有这样才能达到既能抑制噪声,又不至于使信号丢失的目的。但是,延迟电路往往会降低噪声容限,容易使输出产生振荡。为了防止振荡,在 RC 滤波器的输出端接入施密特型集成电路,如图 6.82 所示。

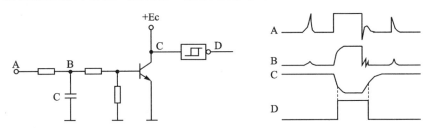

图 6.82 抑制滤波器产生振荡的方法

抑制输入噪声的另一项措施是提高输入信号的噪声容限。提高高电平的噪声容限是提高输入信号的电平。这可通过加上拉电阻、电源分散配置以及提高供电电源等措施。单片机应用系统常用的三态缓冲器(如 74HC244、74HC245)的低电平输出阻抗很低,经过三态缓冲器驱动之后的信号具有较好的抑制低电平噪声的能力。

3. 数字电路不用端的处理

数字电路的输入端数量有多余而被闲置时,从逻辑观点来看,多余的输入端处于悬空状态,与"1"的输入状态的逻辑关系是一样的,但是开路的输入端具有很高的输入阻抗,很容易接收外部的电磁干扰,使悬浮端的电平有时处于"1"和"0"过渡状态,引起逻辑电路的误导通。因此,为了运行安全可靠起见,通常将不使用的输入端固定在高电平上,如 LSTTL 器件接在电源的正端;对于 CMOS 器件,通过 10 kΩ 的电阻再接在电源的正端就可以了。

4. 存储器的布线

配置存储器时应注意抗干扰设计,一般采取的措施有:

① 数据线、地址线、控制线要尽量缩短,以减少对地电容。尤其是地址线,各条线的长短、布线方式应尽量一致,以免造成各线的阻抗差异过大,使地址信号传输过程中到达终点时波形差异过大,形成控制信息的非同步干扰。

② 由于开关噪声严重,要在电源入口处,以及每片存储器芯片的 V_{cc} 与 GND 之间接入去耦电容。

③ 由于负载电流大,电源线和地线要加粗,走线尽量短。印制板两面的三总线互相垂直,以防止总线之间的电磁干扰。

④ 总线的始端和终端要配置合适的上拉电阻,以提高电平噪声容限,增加存储器端口在高阻状态下抗干扰能力和削弱反射波干扰。因此,可将配置上拉电阻视为一种常规做法。

⑤ 若三总线需要引出与其他扩展板相连接,应通过三态缓冲门(74HC244 或 74LS244、74HC245 或 74LS245)后再与其他扩展板连接,这样,可以有效防止外界电磁干扰,改善波形和削弱反射干扰。

以 80C51 单片机为例,存储器配置布线如图 6.83 所示。

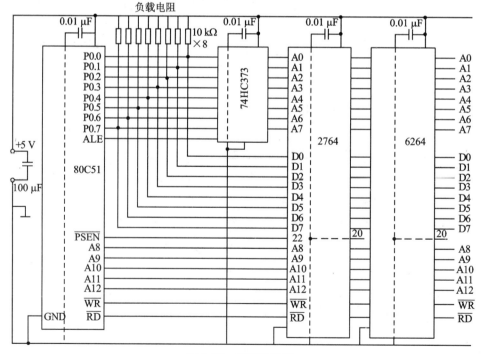

图 6.83 存储器布线

6.8.3 时钟电路配置

时钟电路产生 CPU 的工作时序脉冲,是 CPU 正常工作的关键部件。很多干扰归根到底是破坏了时钟的正常运行,从而导致 CPU 的工作失控。

时钟信号不仅是受噪声干扰最敏感的部位,同时也是 CPU 对外发射干扰和引起内部干扰的噪声源。单片机的时钟信号为很高频率的方波,频率越高,越容易发射出去成为噪声源。此外,时钟频率越高,信号传输线上信息变换频率也就越高,致使线间干扰、反射波干扰以及公共阻抗干扰加剧。时钟信号经过分频后方能作为 CPU 内的驱动信号。若在时钟信号中叠加了噪声干扰,对分频的信号影响也与时钟频率有关。频率越低,叠加噪声对分频的影响越小;频率越高,叠加噪声对分频的影响越大。因此,在满足系统功能要求的前提下,尽量降低时钟频率有助于提高整个系统的抗干扰性能。

为了避免时钟信号被干扰,可以采取以下措施:

- 时钟脉冲电路应注意靠近 CPU,引线要短而粗。
- 外部时钟源用的芯片的 V_{cc} 与 GND 之间可接 1 μF 左右的去耦电容。
- 在可能的情况下,用地线包围振荡电路,晶体外壳接地。
- 若时钟电路还作为其他芯片的脉冲源,要注意采取隔离和驱动措施。
- 晶振电路的电容器要性能稳定、容量值准确,且远离发热的元器件。
- 印刷板上的大电流信号线、电源变压器要远离晶振信号的连线。

6.8.4 复位电路设计

任何微机都是通过可靠复位之后才有序执行应用程序的。同时,复位电路也是容易受噪声干扰的敏感部位之一。因此,复位电路的设计要求:其一要保证整个系统可靠复位;其二是要有一定抗干扰能力。

1. 复位电路 RC 参数的选择

复位电路应具有上电复位和手动复位功能。以 80C51 为例,复位脉冲的高电平宽度必须大于 2 个机器周期。若选用 6 MHz 晶振,则复位脉冲宽度最小应为 4 μs。在实际应用系统中,考虑到电源的稳定时间、参数漂移、晶振稳定时间以及复位的可靠性等因素,必须留有足够的余量。

图 6.84 是利用 RC 充电原理实现上电复位的电路设置。实践证明,上电瞬间 RC 电路充电,RESET 引脚端出现正脉冲,只要 RESET 端保持 10 ms 以上的高电平,就能使单片机有效复位。

图 6.84 的非门最小输入高电平 $V_{IH}=2.0$ V,当充电时间 $t=0.6RC$ 时,则充电电压 $V_c=0.45V_{cc}=0.45×5$ V$≈2$ V,其中 t 为复位时间。图 6.84 中 $R=1$ kΩ,$C=22$ μF,则 $t=0.6×10^3×22×10^{-6}=13$ ms。

2. 复位按钮传输线的影响

复位按钮一般都安装在操作面板上,有较长的传输线,容易引起电磁感应干扰。

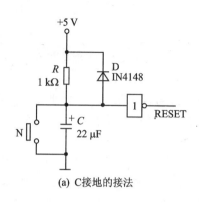
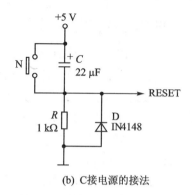

(a) C接地的接法　　　　　(b) C接电源的接法

图 6.84　复位电路

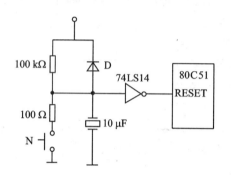

图 6.85　复位电路防干扰措施

按钮传输线应采用双绞线（具有抑制电磁感应干扰的性能），并远离交流用电设备。

在印刷电路板上，单片机复位端口处并联 0.01～0.1 μF 的高频电容，或配置施密特电路，以提高对串入噪声的抑制能力，如图 6.85 所示，其中 74LS14 为施密特非门。

3. I/O 接口芯片的延时复位

在单片机系统中，某些 I/O 接口芯片（如 8255、8279 等）的复位端口与单片机的复位端口往往连在一起，即统一复位。

接口芯片由于生产厂家不同，复位时间也稍有不同。复位线较长而有较大的分布电容，导致这些接口的复位过程滞后于单片机。

工程实践表明，当单片机复位结束，立即对这些 I/O 芯片进行初始化操作时，往往导致失败。因此，单片机进入 0000H 地址后，首先执行 1～10 ms 的软件延时，然后再对这些 I/O 芯片进行初始化（写入控制字和其他初始参数）。

练习题 6

1. 问答题

（1）P2 口作高 8 地址线时，为何不用地址锁存器？

（2）片选的两种方法有何不同？何谓全译码方式和部分译码方式？

（3）片外 ROM 和片外 RAM 可处于同一地址空间，为何不会产生地址冲突？

（4）MOVX 类指令采用 DPTR 或 R0、R1 作间址寄存器时有何区别？

（5）单片机外扩 I/O 口时，怎样进行编址？采用何种指令？（与访问片外 RAM 比较）

(6) 单片机数据总线为什么要求挂在它上面的输入数据必须具有三态缓冲功能？

(7) 单片机数据总线为什么要求挂在它上面的输出数据必须具有锁存功能？

(8) 双积分 A/D 和逐次逼近式 A/D 有何区别？

(9) 比较 ADC0809 与 MAX197 有何不同？

(10) 在什么情况下可以扩展 8253 芯片？

(11) 图 6.57 中所对应的程序为什么采用"CPL A"指令？

2. 填空题

(1) 单片机的扩展总线,包括_____。

(2) P0 口输出的低 8 位地址,应用_____信号的下降沿将其锁存在地址锁存器中。

(3) 当选用 EPROM 芯片作为单片机片外 ROM 时,除了考虑容量外,还必须考虑_____。

(4) 80C51 片内计数器的计数频率为_____;8253 的计数频率为_____。

(5) AD652 的最大时钟输入频率为 2 MHz 时,满量程转换输出频率为_____。

(6) AD652 的最大时钟输入设定为 4 MHz,闸门时间选为 1 ms,满刻度输出频率为_____;闸门时间选为 2 ms 时,满刻度输出频率为_____。

(7) LED 显示器可分为_____和_____显示方式。

(8) 当 $\overline{CS}$ = 0,A0 = 1 时,CPU 对 8279 写入的是_____,读出的是_____。

(9) 8279 中,键盘 FIFO RAM 和传感器 RAM 的容量为_____RAM;显示 RAM 的容量为_____RAM。

(10) 8279 读取键值时,RAM 地址设定为_____;在读取传感器 RAM 时,RAM 单元的地址要求_____。

3. 判断题

(1) 指令 MOV 类也可用于读取程序存储器中的常数和表格。(   )

(2) 读取片内 RAM 时,也可使用 MOVX 类指令。(   )

(3) 当 $\overline{EA}$=0 时,只对片外 ROM 寻址。(   )

(4) 当 $\overline{EA}$=1 时,只对片内 ROM 寻址。(   )

(5) $\overline{PSEN}$ 是片外存储器的读选通信号。(   )

(6) MOVX 类指令也可用直接寻址方式。(   )

(7) $\overline{WR}$,$\overline{RD}$ 信号仅在执行 MOVX 类指令时方可有效。(   )

(8) 8253 写入 FFFFH 时可获得最大计数。(   )

(9) 80C51 片内计数器为加法计数,8253 计数器为减法计数。(   )

(10) 图 6.33 对应的指令"MOV DPTR,#7FFFH;MOVX @DPTR,A"中,A

中的数值可以是任意的。（　　）

(11) 8279 写显示 RAM 时，应首先写入显示 RAM 命令，然后将显示数据写入显示 RAM。（　　）

(12) 8279 读键值时，应首先写入读 FIFO RAM 命令，再读取键值。（　　）

(13) LED 和 LCD 在黑暗环境中也能显示。（　　）

4. 编程与设计

(1) 以两片 2764 给 80C31 单片机扩展 16 KB 外部程序存储器，采用全译码方式，画出逻辑连接图。

(2) 有 6264 RAM 芯片，用 74HC138 进行地址译码，实现 89C51 的最大数据存储器扩展，画出连接示意图，并说明各芯片的地址范围。

(3) 图 6.46 中，若将高 4 位 D8～D11 连于 P0.4～P0.7，转换结果存于片内 RAM 40H，41H 单元，试编制程序。

(4) 图 6.68 中，LED 从左到右顺序显示 1,2,3,4,5,6,7,8，试编制程序。

(5) 以 8255A 作打印机接口，但以中断方式进行驱动，请画出电路连接图，并编写相应的驱动程序。

第 7 章
单片机串行扩展与接口技术

现代单片机应用系统广泛采用串行扩展技术。串行扩展系统结构简化,抗干扰能力强,功耗低,数据不易丢失,极易形成用户的模块化结构。串行扩展技术在 IC 卡、智能化仪器仪表以及分布式控制系统等领域获得了广泛应用。

本章介绍常用的串行扩展方式的工作原理、特点以及典型串行接口器件的硬件接口、编程。

同并行扩展一样,串行扩展除了引脚正确连接之外,还要注意脉冲频率的匹配问题。

7.1 单片机串行扩展方式

目前单片机系统中使用的串行扩展方式主要有 NXP 公司的串行总线——I^2C 总线(Inter Integrate Circuit BUS)、DALLAS 公司的串行总线——单总线(1-Wire)、MOTOROLA 公司的串行传输接口——SPI 串行外设接口、NS 公司的串行传输接口——Microwire/Plus,以及 80C51 的串行传输接口——UART 方式 0 下串行扩展接口。

串行总线与串行接口的主要区别在于扩展器件的选通方式。串行总线上所有扩展器件都有自己的地址编码,单片机通过软件来选通;串行接口上的扩展器件要求单片机有相应的 I/O 口线来选通。

下面分别介绍各种串行扩展方式的工作原理和主要性能特性。

7.1.1 I^2C 总线接口

I^2C 总线接口(Inter Integrate Circuit Bus)全称为芯片间总线,是很有发展前途的芯片间串行扩展总线,可以极方便地构成外围器件扩展系统。

1. I²C 总线的工作原理

I²C 总线采用两线制,由数据线 SDA 和时钟线 SCL 构成。I²C 总线为同步传输总线,数据线上信号完全与时钟同步。数据传送采用主从方式,即主器件(主控器)寻址从器件(被控件),所有器件的 SDA/SCL 同名端相连,如图 7.1 所示。

作为主控器的单片机,可以具有 I²C 总线接口,也可以不带 I²C 总线接口,但被控器必须带有 I²C 总线接口。

I²C 总线上扩展器件的连接端口为漏极开路,故总线必须有上拉电阻 R_P,通常取 5~10 kΩ。

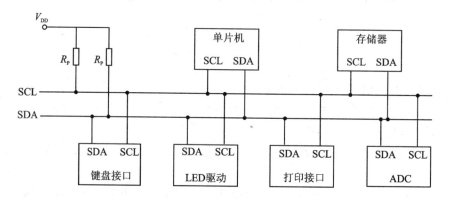

图 7.1　I²C 总线应用系统的组成

2. 总线器件的寻址方式

在一般的并行接口扩展中,器件的地址都是由地址线的连接形式决定的;而在 I²C 总线中,地址是由器件类型及其地址引脚电平决定的,对器件的寻址采用软件方法。

I²C 总线上所有外围器件都有规范的器件地址。寻址字节格式如表 7.1 所列。

表 7.1　寻址字节格式

位　序	D7	D6	D5	D4	D3	D2	D1	D0
寻址字节	器件地址				引脚地址			方向位
	DA3	DA2	DA1	DA0	A2	A1	A0	R/$\overline{W}$

器件地址(DA3,DA2,DA1,DA0)是 I²C 总线外围器件固有的地址编码,器件出厂时就已经给定。例如,AT24C02 的器件地址是 1010。

引脚地址(A2,A1,A0)是由 I²C 总线外围器件引脚所指定的地址端口。根据 A2,A1,A0 在电路中接电源、接地或悬空状态的组合,形成不同的地址代码。数据方向位(R/$\overline{W}$)规定了总线上的单片机(主器件)与外围器件(从器件)的数据传送方向。R/$\overline{W}$=1,表示接收(读);R/$\overline{W}$=0,表示发送(写)。

3. I²C 总线上的数据传送

(1) 数据传送

I²C 总线上每传送一位数据都有一个时钟相对应。在时钟线高电平期间,数据线上必须保持稳定电平状态:高电平为数据 1,低电平为数据 0。只有在时钟线为低电平时,才允许数据线上的电平状态发生变化。

I²C 总线上传送的每一帧数据均为一字节。但启动 I²C 总线后,传送的字节数没有限制,只要求每传送一字节后,对方回答一个应答位。

总线传送完一字节后,可以通过对时钟线的控制,使传送暂停。例如,当某个外围器件接收 N 个字节后,需要一段处理时间,以便接收以后的字节数据。这时可以在应答信号后,使 SCL 变为低电平,控制总线暂停。在发送时,首先发送的是数据的最高位。每次传送开始有起始信号,结束时有停止信号。

(2) 总线信号

I²C 总线上与数据传送有关的信号有起始信号(S)、终止信号(P)、应答信号(A)、非应答信号($\overline{A}$)以及总线数据位。现分述如下:

- 起始信号(S):在时钟 SCL 为高电平时,数据线 SDA 出现由高到低的下降沿,被认为是起始信号。只有出现起始信号后,其他命令才有效。
- 终止信号(P):在时钟 SCL 为高电平时,数据线 SDA 出现由低到高的上升沿,被认为是终止信号。随着终止信号的出现,所有外部操作都结束。

起始信号和终止信号如图 7.2 所示。

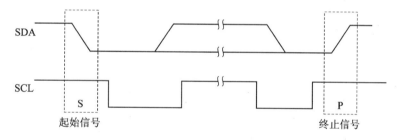

图 7.2 I²C 总线的起始信号和终止信号

- 应答信号(A):I²C 总线数据传送时,每传送一字节数据后都必须有应答信号,与应答信号相对应的时钟由主器件产生。这时,发送方必须在这一时钟位上释放数据总线,使其处于高电平状态,以便接收方在这一位上送出应答信号,如图 7.3 所示。

应答信号在第 9 个时钟位上出现,接收方输出低电平为应答信号(A)。

- 非应答信号($\overline{A}$):每传送完一字节数据后,在第 9 个时钟位上接收方输出高电平为非应答信号($\overline{A}$)。由于某种原因,接收方不产生应答时,如接收方正在进行其他处理而无法接收总线上的数据时,必须释放总线,将数据线置高电平,然后主控器可通过产生一个停止信号来终止数据传输。当主器件接收来自从器

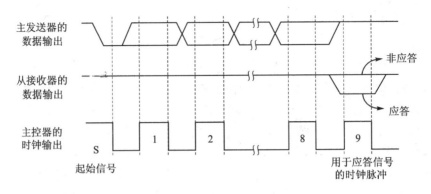

图 7.3 I²C 总线上的应答信号

件的数据时，接收到最后一个数据字节后，必须给从器件发送一个非应答信号（$\overline{A}$），使从器件释放数据总线，以便主器件发送停止信号，从而终止数据传送。

- 总线数据位：在 I²C 总线启动后或应答信号后的第 1~8 个时钟脉冲对应于一字节的 8 位数据传送。

I²C 总线上每传输一位数据都有一个时钟相对应。在时钟线高电平期间，数据线的状态就表示要传送的数据。数据线上数据的改变必须在时钟线为低电平期间完成，每位数据占一个时钟脉冲。在数据传输期间，只要时钟线为高电平，数据线必须稳定，否则数据线上的任何变化都可当作起始或终止信号。I²C 总线上数据位状态如图 7.4 所示。

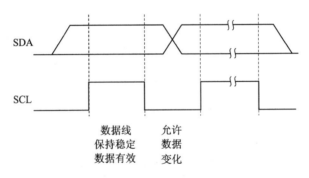

图 7.4 I²C 总线上的数据位状态

(3) 数据传送格式

I²C 总线数据传输时必须遵循规定的传送格式，图 7.5 为一次完整的数据传送格式。

按照总线规范，起始信号表明 I²C 总线一次数据传送的开始，其后是寻址字节，寻址字节由高 7 位地址和最低 1 位方向位组成（参见表 7.1）。在寻址字节后是按指定读、写操作的数据字节与应答位。在数据传送完成后主器件都必须发送停止信号。在起始与停止信号之间传输的数据字节数由单片机决定，并且从理论上说字节没限制。

总线上的数据传送有许多读/写组合方式。下面介绍 3 类数据传送格式。

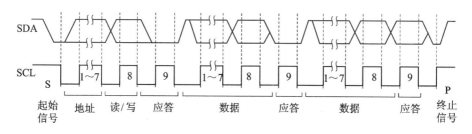

图 7.5 I²C 总线的一次完整的数据传送

- 主器件的写操作：主器件向被寻址的从器件发送 n 个数据字节，整个传送过程中数据传送方向不变。其数据传送格式如下：

| S | SLAW | A | Data1 | A | Data2 | A | … |
| … | Data($n-1$) | A | Data n | A/$\overline{\text{A}}$ | P | | |

其中，SLAW 为寻址字节(写)，Data1～Data n 为写入从器件的 n 个数据字节。

- 主器件的读操作：主器件读出来自从器件的 n 个字节，整个传送过程中除寻址字节外，都是从器件发送，主器件接收的过程。数据传送格式如下：

| S | SLAR | A | Data1 | A | Data2 | A | … |
| … | Data($n-1$) | A | Data n | $\overline{\text{A}}$ | P | | |

其中，SLAR 为寻址字节(读)，Data 1～Data n 为从器件被读出的 n 个字节。主器件发送停止信号前，应发送非应答信号 $\overline{\text{A}}$，向从器件表明读操作要结束。

- 主器件的读、写操作：在一次数据传输过程中需要改变传送方向的操作，此时起始位和寻址字节都会重复一次，但两次读、写方向正好相反。数据传送格式如下：

| S | SLAW/R | A | Data 1 | A | Data 2 | A | … | Data n | A/$\overline{\text{A}}$ | S$_r$ | SLAR/W | A |
| Data 1 | A | Data 2 | A | Data 3 | A | … | Data($n-1$) | A | Data n | A/$\overline{\text{A}}$ | P | |

其中，S$_r$ 为重复起始信号，数据字节的传送方向决定寻址字节的方向位；SLAW/R 和 SLAR/W 分别表示写/读寻址字节和读/写寻址字节。

从上述数据传送格式可以看出：

① 无论何种方式起始、停止，寻址字节都由主器件发出，数据字节的传送方向则遵循寻址字节中方向位的规定。

② 寻址字节只表明从器件地址及传送方向，从器件内部的 N 个数据地址，由器件设计者在该器件的 I²C 总线数据操作格式中，指定第一个数据字节作为器件内的单元地址(SUB-ADR)指针，并且设置地址自动加减功能，以减少单元地址寻址操作。

③ 每个字节传送都必须有应答信号(A 或 $\overline{\text{A}}$)相随。

④ I²C 总线从器件在接收到起始信号后都必须释放数据总线，使其处于高电平，以

便对将要开始的从器件地址的传送进行预处理。

4. 总线信号时序的定时要求

为了保证 I²C 总线数据的可靠传输,对总线上的信号时序作了严格规定,如图 7.6 所示,表 7.2 列出了具体的定时数据。

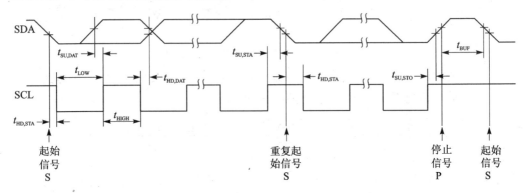

图 7.6　I²C 总线的时序定义

表 7.2　I²C 总线信号定时要求

参　数	符　号	标准模式		高速模式		单　位
		最小值	最大值	最小值	最大值	
SCL 时钟频率	f_{SCL}	0	100	0	400	kHz
一个终止信号和起始信号之间总线必须空闲的时间	t_{BUF}	4.7		1.3		μs
起始信号保持时间(在这段时间过后可产生第一个时钟脉冲)	$t_{HD,STA}$	4.0		0.6		μs
SCL 时钟信号低电平时间	t_{LOW}	4.7		1.3		μs
SCL 时钟信号高电平时间	t_{HIGH}	4.0		0.6		μs
一个重复起始信号的建立时间	$t_{SU,STA}$	4.7		0.6		μs
数据保持时间	$t_{HD,DAT}$	5.0				μs
数据建立时间	$t_{SU,DAT}$	250		100		ns
终止信号的建立时间	$t_{SU,STO}$	4.0		0.6		μs
总线上每条线的负载电容	c_b		400		400	pF

SCL 时钟信号最小高电平和低电平时间宽度决定了器件的最大传输速率,标准模式为 100 kHz,高速模式为 400 kHz。

表 7.2 中的数据还为用程序模拟总线信号提供了依据。假如单片机主振频率为 6 MHz,则可以用两个单机器周期(2 μs)指令"NOP"模拟 SCL 时钟高电平的宽度。

7.1.2 单总线接口

单总线(1-wire bus)是 DALLAS 公司推出的外围串行扩展总线。单总线只有一根数据输入/输出线 DQ,总线上所有器件都挂在 DQ 上,电源也经过这根信号线供给。这种使用一根信号线的串行扩展技术,称为单总线技术。

单总线系统中配置的各种测控器件,是由 DALLAS 公司提供的专用芯片 CSP (Chip Scale Package)实现的。厂家对每一个芯片用激光烧写编码,是器件的地址编码,确保挂在总线上后,可以唯一被确定。这种芯片的耗电量很小,从总线上馈送电量到电容中就可以正常工作,故一般不另附加电源。

图 7.7 表示了一个由单总线构成的分布式温度监测系统。许多带有单总线接口的数字温度计集成电路 DS1820 都挂在 DQ 总线上。单片机对每个 DS1820 通过总线 DQ 寻址。DQ 为漏极开路,须加上拉电阻 R_P。

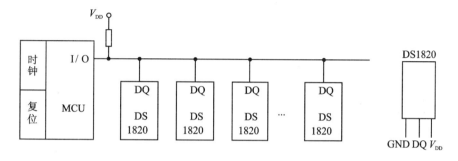

图 7.7 单总线构成的分布式温度监测系统

DALLAS 公司为单总线的寻址及数据的传送提供了严格的时序规范。

7.1.3 SPI 串行外设接口

SPI(Serial Peripheral Interface)是 MOTOROLA 公司推出的一种同步串行外设接口,允许 MCU 与各厂家生产的标准外围设备直接接口,以串行方式交换信息。

SPI 使用 4 条线:串行时钟 SCK,主机输入/从机输出数据线 MISO(简称 SO),主机输出/从机输入 MOSI(简称 SI)和低电平有效的从机选择线 $\overline{CS}$。

SPI 的典型应用是单主系统。该系统只有一台主机,从机通常是外围接口器件,如 E^2PROM、A/D、日历时钟及显示驱动等。

图 7.8 是 SPI 外围串行扩展结构图。单片机与外围器件在时钟线 SCK、数据线 MOSI 和 MISO 上都是同名端相连。外围扩展多个器件时,SPI 无法通过数据线译码选择,故 SPI 接口的外围器件都有片选端 $\overline{CS}$。在扩展单个 SPI 器件时,外围器件的 $\overline{CS}$ 端可以接地,或通过 I/O 口控制;在扩展多个 SPI 外围器件时,单片机应分别通过 I/O 口线来分时选通外围器件。

在 SPI 扩展系统中,如果某一从器件只作输入(如全键盘)或只作输出(如显示器)时,可省去一根数据输出(MISO)或一根数据输入(MOSI),从而构成双线系统($\overline{CS}$

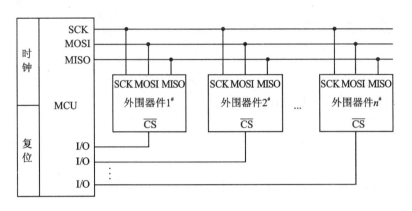

图 7.8 SPI 外围扩展示意图

接地)。

SPI 系统中从器件的选通依靠$\overline{CS}$引脚,数据的传送软件十分简单,省去了传输时的地址选通环节;但在扩展器件较多时,连线较多。

SPI 串行扩展系统中作为主器件的单片机在启动一次传送时便产生 8 个时钟传送给接口芯片,作为同步时钟,控制数据的输入与输出。数据的传送格式是高位(MSB)在前,低位(LSB)在后,如图 7.9 所示。数据线上输出数据的变化以及输入数据的采样,都取决于 SCK。但对于不同的外围芯片,有的可能是 SCK 上升沿起作用,有的可能是 SCK 下降沿起作用。

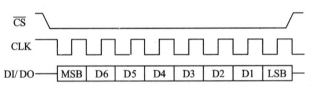

图 7.9 SPI 数据传送格式

SPI 有较高的数据传送速度,最高可达到 1.05 Mb/s。

MOTOROLA 公司为广大用户提供了一系列具有 SPI 接口的单片机外围接口芯片,如存储器 MC2814,显示驱动器 MC14499 和 MC14489 等。

SPI 串行扩展系统的主器件单片机,可以带有 SPI 接口,也可以不带有 SPI 接口,但从器件要具有 SPI 接口。

7.1.4 Microwire 串行扩展接口

Microwire 同步串行扩展接口是 NS(National Semiconductor)公司在其生产的 COP 系列和 HPC 系列单片机上采用的一种串行扩展接口。Microwire/Plus 是由 Microwire 发展而来的,是增强型的 Microwire 串行接口。Microwire 接口只能扩展外围器件;而 Microwire/Plus 接口既可以用自己的时钟,也可以由外部输入时钟,故除了扩展外围器件外,系统中还可以扩展多个单片机,构成多机系统。

Microwire/Plus 接口为 4 线数据传输：SI 为串行数据输入，SO 为串行数据输出，SK 为串行移位时钟和从机选择线$\overline{CS}$。

图 7.10 为 Microwire/Plus 的串行外围扩展示意图。串行外围扩展中的所有接口上的时钟线 SK 均作总线连接在一起，而 SO 和 SI 则依照器件的数据传送方向而定，主器件的 SO 与所有外围器件的输入端 DI 或 SI 相连；主器件的 SI 与外围器件的输出端 DO 或 SO 相连。与 SPI 相似，在扩展多个外围器件时，必须通过 I/O 口线来选通外围器件。

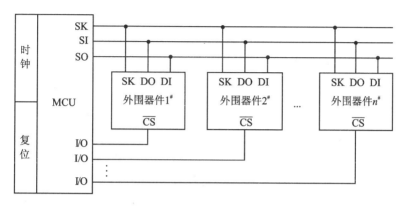

图 7.10　Microwire/Plus 外围扩展示意图

NS 公司为广大用户提供了一系列具有 Microwire/Plus 接口的外围芯片，如 A/D 器件 ADC0832 和 ADC0838，显示驱动器 MM5450，存储器 NMC93C66 等。

以单片机为主器件的 Microwire/Plus 串行扩展系统中，单片机可以带有 Microwire/Plus 接口，也可以不具有该接口；而外围芯片必须具备 Microwire/Plus 形式接口。

7.1.5　80C51 UART 方式 0 串行扩展接口

80C51 系列单片机的串行通信有 4 种工作方式，其中方式 0 为移位寄存器工作方式。采用移位寄存器，可以方便地扩展串行数据传送接口。图 7.11 为串行扩展示意图，外围器件必须具备移位寄存器串行接口。

AT89C51 单片机的移位寄存器方式为串行同步数据传送，TXD/P3.1 端为同步脉冲输出端，RXD/P3.0 端为串行数据输出/输入端。扩展外围器件时，TXD 端与外围器件串行口时钟端相连，RXD 与数据端相连。

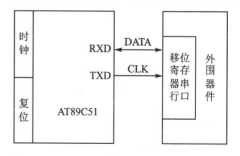

图 7.11　AT89C51 串行口方式 0 的外围扩展

7.2 单片机串行传输软件及其模拟技术

无论是串行扩展总线,还是串行扩展接口,除了要求扩展的外围器件应具有的相应串行接口外,还要求单片机具有相应的串行口实现功能。虽然目前已经有大量具有串行外围接口的器件可供选用,但用户所选择的单片机并不一定具备相应的接口,从而限制了串行外围接口技术的推广。如果采用模拟传送技术,用单片机通用 I/O 口来模拟串行接口,实现对外围器件的读/写操作,就能使目前具有串行接口的外围器件应用在任何型号的单片机系统中。这种模拟传送方式消除了串行扩展的局限性,扩大了各类串行扩展接口器件的应用范围。本节以 I^2C 总线为例,讨论用单片机 I/O 口模拟串行接口的方法。

应用 AT89C51 单片机的 I/O 口模拟 I^2C 总线串行接口时,设定单片机模拟 SDA 数据线的 I/O 口引脚为 VSDA,模拟 SCL 时钟线的 I/O 口引脚为 VSCL。例如,可设定 VSDA 为 P1.0 口,VSCL 为 P1.1 口等。假设单片机的系统时钟为 6 MHz,相应的单周期指令(NOP)执行时间为 2 μs,用 NOP 指令模拟信号的周期。如果单片机的系统时钟不是 6 MHz,应调整 NOP 指令的个数,以满足时序的要求。

7.2.1 I^2C 总线典型信号的模拟子程序

1. 启动子程序 STA

在 SCL 高电平期间 SDA 发生负跳变。子程序如下:

```
STA:  SETB   VSDA          ;SDA = 1
      SETB   VSCL          ;SCL = 1
      NOP
      NOP
      CLR    VSDA          ;SDA = 0
      NOP
      NOP
      CLR    VSCL          ;SCL = 0
      RET
```

STA 子程序对应波形如图 7.12 所示。

2. 停止子程序 STOP

在 SCL 高电平期间 SDA 发生正跳变。子程序如下:

```
STOP: CLR    VSDA          ;SDA = 0
      SETB   VSCL          ;SCL = 1
      NOP
      NOP
      SETB   VSDA          ;SDA = 1
```

```
        NOP
        NOP
        CLR     VSCL
        CLR     VSDA
        RET
```

STOP 子程序对应波形如图 7.13 所示。

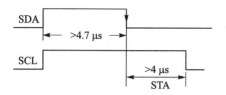

图 7.12 STA 信号波形

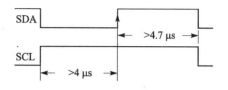

图 7.13 STOP 信号波形

3. 发送应答位子程序 MACK

在 SDA 低电平期间 SCL 发一个正脉冲。子程序如下：

```
MACK:   CLR     VSDA            ;SDA = 0
        SETB    VSCL            ;SCL = 1
        NOP
        NOP
        CLR     VSCL            ;SCL = 0
        SETB    VSDA            ;SDA = 1
        RET
```

MACK 子程序对应波形如图 7.14 所示。

4. 发送非应答位子程序 MNACK

在 SDA 高电平期间 SCL 发生一个正脉冲。子程序如下：

```
MNACK:  SETB    VSDA            ;SDA = 1
        SETB    VSCL            ;SCL = 1
        NOP
        NOP
        CLR     VSCL            ;SCL = 0
        CLR     VSDA            ;SDA = 0
```

MNACK 子程序对应波形如图 7.15 所示。

图 7.14 MACK 信号波形

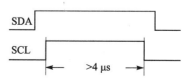

图 7.15 MNACK 信号波形

7.2.2 I²C 总线模拟通用子程序

I²C 总线操作中除了基本的启动(STA)、终止(STOP)、发送应答位(MACK)、发送非应答位(MNACK)外,还应有应答位检查(CACK)、发送 1 字节(WRBYT)、接收 1 字节(RDBYT)、发送 N 字节(WRNBYT)和接收 N 字节(RDNBYT)子程序。

1. 应答位检查子程序 CACK

在应答位检查子程序 CACK 中,设置了标志位 F0,当检查到正常应答时 F0=0,否则 F0=1。CACK 子程序如下:

```
CACK:  SETB   VSDA         ;VSDA 为输入线
       SETB   VSCL         ;使 SDA 上数据有效
       CLR    F0           ;预设 F0 = 0
       MOV    C,VSDA       ;输入 VSDA 引脚状态
       JNC    CEND         ;应答正常,则转 F0 = 0
       SETB   F0           ;应答不正常,F0 = 1
CEND:  CLR    VSCL         ;子程序结束,使 VSCL = 0
```

2. 发送 1 字节子程序 WRBYT

调用 I²C 模拟数据线 VSDA 发送 1 字节数据操作子程序之前,将欲发送的数据先送入 A 中。WRBYT 子程序如下:

```
WRBYT: MOV    R6,#08H      ;8 位数据长度送 R6
WLP:   RLC    A            ;A 左移,发送位进入 C
       MOV    VSDA,C       ;将发送位送入 SDA 数据线
       SETB   VSCL         ;同步脉冲 SCL 发送,SDA 数据有效
       NOP
       NOP
       CLR    VSCL         ;SDA 线上数据变化
       DJNZ   R6,WLP
       RET
```

3. 接收 1 字节子程序 RDBYT

从 I²C 模拟数据线 VSDA 上读取 1 字节数据,并存入 R2 或 A 中。RDBYT 子程序如下:

```
RDBYT: MOV    R6,#08H      ;8 位数据长度送 R6
RLP:   SETB   VSDA         ;置 VSDA 为输入方式
       SETB   VSCL         ;使 SDA 数据有效
       MOV    C,VSDA       ;读入 VSDA 引脚状态
       MOV    A,R2
       RLC    A            ;将 C 读入 A
       MOV    R2,A         ;将 A 转存入 R2
```

```
        CLR     VSCL                    ;VSCL=0,继续接收数据
        DJNZ    R6,RLP
        RET
```

4. 发送 N 字节数据子程序 WRNBYT

本子程序用来向 VSDA 线上发送 N 字节数据。子程序的编写必须按照 I²C 总线规定的读/写操作格式进行。主控器向 I²C 总线上外围器件连续发送 N 字节数据,其数据操作格式为:

| S | SLAW | A | Data 1 | A | Data 2 | A | … | Data n | A | P |

其中 SLAW 为外围器件寻址字节(写)。

本程序定义了一些符号单元,在使用这些符号单元时,应在单片机内部 RAM 中分配好相应地址。使用的符号单元有:

- MWD——主控器发送数据缓冲区首地址的存放单元;
- WSLA——外围器件寻址字节(写)存放单元;
- NUMBYT——发送数据字节 N 存放单元。

在调用本程序前,必须将寻址字节代码存放 WSLA 单元;必须将发送的 N 字节数据依次存放在以 MWD 单元内容为首地址的发送缓冲区内。调用本程序后,N 字节数据依次传送到外围器件内部相应地址单元中。在写入过程中,外围器件的单元地址具有自动加 1 功能,即自动修改地址指针,使传送过程大大简化。WRNBYT 子程序如下:

```
WRNBYT: MOV     R7,NUMBYT           ;发送数据字节数送 R7
        LCALL   STA                 ;启动 I²C 总线
        MOV     A,WSLA
        LCALL   WRBYT               ;发送 SLAW 寻址字节
        LCALL   CACK                ;发送 1 字节
                                    ;检查应答位
        JB      F0,WRNBYT           ;非应答则重发
        MOV     R0,MWD              ;主控器发送数据缓冲器首地址送 R0
WRDA:   MOV     A,@R0               ;发送数据送 A
        LCALL   WRBYT               ;发送 1 字节数据
        LCALL   CACK                ;检查应答位
        JB      F0,WRNBYT
        INC     R0                  ;修改地址指针
        DJNZ    R7,WRDA
        LCALL   STOP                ;发送结束
        RET
```

5. 读入 N 字节数据子程序 RDNBYT

本子程序用来从 VSDA 线上读入 N 字节数据。在 I²C 总线系统中,主控器从外围

器件读出 N 字节数据的操作格式为：

| S | SLAr | A | Data 1 | A | Data 2 | A | … | Data n | $\overline{A}$ | P |

其中，SLAR 为外围器件寻址字节(读)；$\overline{A}$ 为非应答位，主控器在接收完 N 字节后，必须发出一个应答位，然后再发送终止信号 P。

RDNBYT 子程序定义了一些符号单元。除了在 WRNBYT 子程序中使用过的 NUMBYT 外还有以下几个符号单元：

- RSLA——外围器件寻址字节(读)存放单元；
- MRD——主控器接收缓冲区首地址存放单元。

调用本子程序前，必须将字节寻址字节代码存入 RSLA 存储单元。调用本子程序后，从外围器件指定首地址开始的 N 字节数据将被存入主控器片内以 MRD 单元内容为首地址的缓冲区中。在读入过程中，外围器件的单元地址有自动加 1 功能，即自动修改地址指针，简化了程序设计。RDNBYT 子程序如下：

```
RDNBYT: MOV    R7,NUMBYT      ;读入字节数 N 存入 R7
        LCALL  STA            ;启动 I²C 总线
        MOV    A,RSLA         ;寻址字节存入 A
        LCALL  WRBYT          ;写入寻址字节
        LCALL  CACK           ;检查应答位
        JB     F0,RDNBYT      ;非正常应答时重新开始
        MOV    R0,MRD         ;接收缓冲区首地址入 R0
RDN1:   LCALL  RDBYT          ;读入 1 字节到 A
        MOV    @R0,A          ;存入缓冲区
        DJNZ   R7,ACK         ;N 字节未读完转 ACK
        LCALL  MNACK          ;N 字节读完发送非应答位 $\overline{A}$
        LCALL  STOP           ;发送停止信号
        RET
ACK:    LCALL  MACK           ;发送一个应答位到外围器件
        INC    R0             ;修改地址指针
        SJMP   RDN1
```

7.3 串行扩展外围芯片及应用实例

本节介绍具有 I²C 总线、SPI 和 Microwire 串行扩展接口典型芯片的工作原理、特点，以及与 AT89C51 单片机的接口方法及软件编程。

7.3.1 I/O 口串行扩展芯片 PCF8574/8574A

PCF8574/8574A 是 NXP 公司提供的具有 I²C 总线的 8 位并行 I/O 口扩展器件。两种型号的唯一区别是器件地址，PCF8574 的器件地址为 0100，8574A 的器件地址为

0111。PCF8574/8574A 的主要特点是：

- 工作电压 2.5~6 V；
- 静态电流 10 μA；
- 开漏中断输出；
- 带有输入/输出锁存功能的 8 位准双向口，可直接驱动 LED；
- 串行时钟的最高频率为 400 kHz。

1. 引脚排列

PCF8574/8574A 具有 16 脚双列直插和小型表面安装两种封装形式。其引脚排列如图 7.16 所示。

各脚功能如下：

- A0~A2——引脚地址；
- P0~P7——8 位准双向口；
- V_{SS}——接地端；
- SDA、SCL——I^2C 总线接口；
- V_{DD}——电源正端；
- $\overline{INT}$——中断请求输出端，低电平有效。

8 位准双向口输出锁存，上电复位后输出为高电平。作为输入口时，应置口锁存器为高电平。口线在低电平时吸收电流能力为 25 mA。

PCF8574/8574A 的中断请求 $\overline{INT}$ 在口输入线

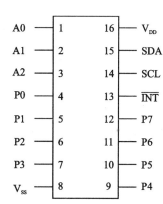

图 7.16　PCF8574/8574A 引脚图

上产生信号跳变时开始有效，只有 I^2C 总线对其实现一次读/写操作后才能复位中断请求。读操作时在应答位的 SCL 上升沿复位中断请求；写操作时在应答位的 SCL 的下降沿复位中断请求。$\overline{INT}$ 为开漏结构，在系统连接时应加上拉电阻。同时，也可以多个器件共用一个主器件的中断端口。

PCF8574/8574A 的引脚地址为 3 位，在 I^2C 总线上接收的同一型号（PCF8574 或 8574A）最多为 8 个，但两种型号同时挂接可达 16 个。

2. 数据操作格式

在 I^2C 系统中，PCF8574/8574A 是从器件，可接收主器件数据（写入），可向主器件提供数据（读出）。

PCF8574/8574A 写操作格式为：

S	SLA W	A	PData	A	P

主器件发送数据 P0Data，PCF8574/8574A 送回应答位后，数据便出现在 I/O 端口上。

PCF8574/8574A 读操作格式为：

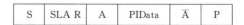

主器件发送了寻址字节 SLAR 后,从 PCF8574/8574A 的口锁存器读取状态数据 PIData。第一个应答位的 SCL 上升沿将口状态数据 PIData 捕获到口锁存器中。

3. PCF8574 扩展 8 位输入口应用举例

PCF8574 扩展 8 位输入口如图 7.17 所示,单片机晶体频率为 6 MHz,将开关状态读入片内 RAM30H 单元。

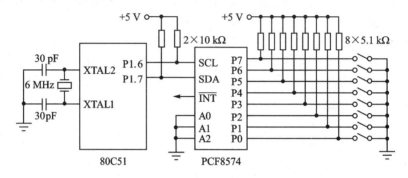

图 7.17　PCF8574 读方式的连接

程序如下:

```
RDPCF:  LCALL   STA                 ;启动
        MOV     A,#40H              ;SLAW = 40H
        LCALL   WRBYT
        LCALL   CACK                ;检测 A 信号
        JB      F0,RDPCF
        MOV     A,#0FFH             ;写入全 1
        LCALL   WRBYT
        LCALL   CACK
        JB      F0,RDPCF
        LCALL   STA                 ;重新启动
        MOV     A,#41H               ;SLAR = 41H
        LCALL   WRBYT
        LCALL   CACK
        JB      F0,RDPCF
        LCALL   RDBYT               ;读入数据
        MOV     30H,A
        LCALL   MNACK               ;送出 A̅ 信号
        LCALL   STOP                ;停止
        RET
```

4. PCF8574 扩展 8 位输出口应用举例

PCF8574 扩展 8 位输出口如图 7.18 所示,单片机晶振频率为 6 MHz,将片内

RAM30H 单元内容输出到 I/O 口。

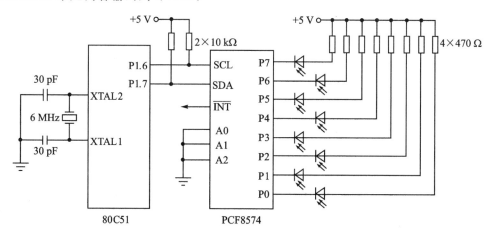

图 7.18　PCF8574 写方式的连接

程序如下：

```
WRPCF:  LCALL   STA
        MOV     A,#40H
        LCALL   WRBYT
        LCALL   CACK
        JB      F0,WRPCF
        MOV     A,30H
        LCALL   WRBYT
        LCALL   CACK
        JB      F0,WRPCF
        LCALL   STOP
        RET
```

7.3.2　串行 LED 显示驱动器 MC14499

MC14499 是 MOTOROLA 公司生产的具有 SPI 串行接口的 BCD 码输入——十进制码输出 CMOS LED 译码驱动器。一片 MC14499 可直接驱动 4 块共阴极型 LED 显示器。在单片机系统中，由于 MC14499 的显示为动态扫描方式，消耗功率较低，所需输入线少，因而得到广泛应用。

1. MC14499 的引脚及功能

MC14499 的引脚排列如图 7.19 所示。

MC14499 芯片内主要包括 20 位移位寄存器、锁存器、多路输出器、译码驱动器及振荡器。移位寄存器主要保存外部串行输入的数据，锁存器保存显示器所要显示的数据。片内振荡器产生振荡信号 4 分频后，经位译码器，提供 4 个位控信号，分别送到 LED 位选择输出端，作为 LED 的阴极开关信号，对显示器轮流扫描。

下面介绍各引脚功能：

- a~g,dp——7 段及小数点输出。
- Ⅰ~Ⅳ——位选输出,用来产生 LED 选通信号。
- OSC——振荡器外接电容端。外接电容使片内振荡器产生 200~800 Hz 扫描信号,以防止 LED 闪烁。
- DI——串行数据接收端。
- CLK——时钟输入端,用以提供串行接收的时钟信号,时钟标准为 250 kHz。
- $\overline{EN}$——使能端,低电平时,允许 MC14499 接收串行数据;高电平时,禁止 MC14499 接收数据,并将片内移位寄存器的数据送锁存器锁存。

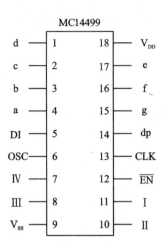

图 7.19　MC14499 系列引脚图

MC14499 每一次可接收 20 位(一帧)串行数据,串行数据的输入时序如图 7.20 所示。在每帧数据传送之前,必须使 $\overline{EN}$ 为 0,然后传送 20 位数据。在每个 CLK 时钟的下降沿,串行数据被送入片内移位寄存器。数据传送完毕,再使 $\overline{EN}$ 为 1,数据被锁存。

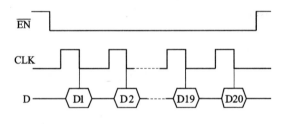

图 7.20　MC14499 时序图

20 位串行数据的前 4 位为 4 个 LED 的小数点选择位,后 16 位是 4 个 LED 的 BCD 码输入数据,一帧的数据传送格式如图 7.21 所示。

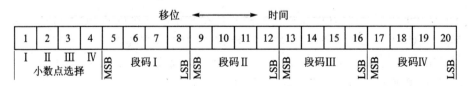

图 7.21　MC14499 一帧串行输入数据格式

MC14499 串行传送数据时,高位(MSB)在前,低位(LSB)在后。某个小数点选择位为 1 时,对应的 LED 小数点显示;为 0 时则熄灭。写入 MC14499 的 BCD 码与 LED 显示字符对应关系如表 7.3 所列。

表 7.3　MC14499 的 BCD 码显示字符

BCD 码	显示字符	BCD 码	显示字符
0000	0	1000	8
0001	1	1001	9
0010	2	1010	A
0011	3	1011	I
0100	4	1100	II
0101	5	1101	U
0110	6	1110	—
0111	7	1111	熄灭

由于 MC14499 片内有锁存器，送入一帧（20 位）数据后，这些数据被保存在 MC14499 中，可靠地驱动 4 位 LED 显示锁存器中的数据。

MC14499 每次接收的串行数据格式为 20 位。当单片机送出的串行数据多于 20 位时，MC14499 接收的将是最后 20 位数据，20 位前的多余数据位在移位过程中被后来的数据位排出；当单片机送出的串行数据少于 20 位时，MC14499 在接收过程中将保留一部分移位寄存器中原来的数据。

由于 MC14499 是将锁存器内的数据进行译码驱动输出，并非来自移位寄存器，因此当 MC14499 每次接收完数据时，必须将使能端 $\overline{EN}$ 置 1。其作用为：①将移位寄存器内的数据送入锁存器，以提供译码驱动输出；②禁止 MC14499 再接收外来数据。

2. 应用举例

图 7.22 为 AT89C51 单片机与 MC14499 的典型接线图。单片机向 MC14499 输出串行数据可分为通用 I/O 口控制和串行通信口控制两种方式。

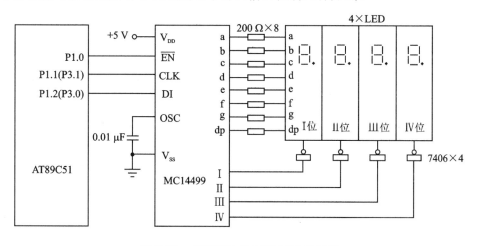

图 7.22　AT89C51 与 MC14499 接线图

MC14499 引脚 a～g 和 dp 通过限流电阻(200Ω)与 LED 的段码线 a～g 和小数点 dp 相接;引脚 I、II、III、IV 通过反相驱动器(7406)与各位 LED 的共阴极端相连,由内部时序分时送出信号选通 4 个 LED 数码管,进行动态显示扫描。

应用一般 I/O 口控制时,P1.0,P1.1 和 P1.2 分别与 MC14499 的 $\overline{EN}$、CLK 和 DI 引脚相连。应用串行通信口控制时,单片机的 TXD/P3.1 引脚连 MC14499 的 CLK 引脚;RXD/P3.0 引脚连接 DI 引脚;P1.0 连 $\overline{EN}$ 引脚。

设小数点选择位、段码 I 和段码 II、段码 III 和段码 IV 以压缩 BCD 码形式分别存放在以地址 30H 为首地址的单片机内部 RAM 中,如表 7.4 所列。移位共 24 次,前 4 次数据丢失,保存后 20 次移位。例如,若(30H)=02H,(31H)=12H,(32H)=34H,则显示 123.4。

表 7.4 小数点与 BCD 码存储单元分配

RAM 单元地址	30H								31H								32H							
RAM 中位顺序	D7	D6	D5	D4	D3	D2	D1	D0	D7	D6	D5	D4	D3	D2	D1	D0	D7	D6	D5	D4	D3	D2	D1	D0
移位发送顺序	1	2	3	4	5	6	7	8	9	10	11	12	13	14	15	16	17	18	19	20	21	22	23	24
小数点及段码数据	×	×	×	×	I	II	III	IV	BCD 码 I				BCD 码 II				BCD 码 III				BCD 码 IV			
	丢失位				小数点选择位				I 位 LED 显示用				II 位 LED 显示用				III 位 LED 显示用				IV 位 LED 显示用			

通用 I/O 口控制方式程序如下:

```
        CLR   P1.0              ;EN = 0
        MOV   R0,#30H           ;R0 间址
        MOV   R7,#03H           ;外循环次数
LOOP1:  MOV   A,@R0
        MOV   R6,#08H           ;内循环次数
LOOP2:  SET   P1.1              ;CLK = 1
        RLC   A
        MOV   P1.2,C            ;DI = C
        NOP
        CLR   P1.1              ;CLK = 0,移位一次
        DJNZ  R6,LOOP2
        INC   R0
        DJNZ  R7,LOOP1
        SETB  P1.0              ;EN = 1,锁存数据
        RET
```

串行口控制方式下,单片机的串行口 TXD 提供时钟信号,RXD 输出串行数据,P1.0 提供使能信号,单片机工作在串行工作方式 0。单片机在该工作方式下,发送数

据顺序从数据低位到高位,与 MC14499 接收数据顺序相反。因此,必须将传送的数据各位反向排列,即 D0 与 D7 交换,D1 与 D6 交换,依次类推。然后再发送到 MC14499,以保证显示的正确性。为了使串行口数据输出与 MC14499 接收速率相匹配,单片机的工作频率应为 3 MHz。单片机串行工作方式 0 时,其波特率固定为 3 MHz/12＝250 kHz,符合 MC14499 时钟频率要求。

串行控制方式程序如下:

```
        MOV     SCON,#00H           ;串行口工作方式 0
        MOV     R0,#30H
        MOV     R7,#03H
        CLR     P1.0                ;EN = 0
LOOP1:  MOV     R6,#08H
LOOP2:  MOV     A,@R0
        RRC     A
        MOV     @R0,A
        MOV     A,R4
        RLC     A
        MOV     R4,A
        DJNZ    R6,LOOP2
        MOV     SBUF,R4
LOOP3:  JNB     TI,LOOP3            ;发送等待
        CLR     TI
        INC     R0
        DJNZ    R7,LOOP1
        SETB    P1.0                ;EN = 1
        RET
```

7.3.3 12 位串行 A/D 转换器 MAX187

MAX187 是具有串行外围接口的 12 位 A/D 转换器。串行口只需 3 根线:SCLK、$\overline{CS}$ 和 DOUT,与 MCU 接口十分方便。MAX187 的主要特点如下:

- 分辨率 12 位;
- 单电源＋5 V 供电;
- 具有三线串行接口,且与 SPI 和 Microwire 兼容;
- 模拟输入范围 0 V～V_{REF};
- 具有低功耗工作方式,此时电源电流为 10 μA;
- 具有内部参考电源和外部参考电源两种选择;
- 内含有采样保持器,无需外部电容;
- 采用逐次逼近式 A/D 转换原理,转换时间包括采样时间在内为 10 μs。

1. MAX187 引脚排列及结构框图

MAX187 的引脚分配与内部结构框图如图 7.23 所示。

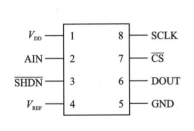 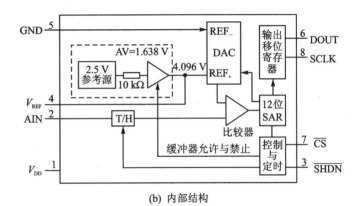

(a) 引脚配置 (b) 内部结构

图 7.23 MAX187 引脚分配与内部框图

外部引脚功能如下：
- V_{DD}——电源电压，+5 V。
- AIN——模拟输入，输入范围为 0 V～V_{REF}。
- $\overline{SHDN}$——具有 3 级输入。若 $\overline{SHDN}=0$，芯片处于低功耗状态，此时电源电流为 10 μA；若 $\overline{SHDN}=1$，允许使用参考电源；若 $\overline{SHDN}$ 处于悬浮状态，禁止内部参考电源，允许使用外部的参考电源。
- V_{REF}——参考电压输入端。当允许内部参考电源时，输出 4.096 V 的电压；当禁止使用内部参考电源时，可输入 2.5 V～V_{DD} 范围内的精密电压作参考电压。若采用内部参考电源，则退耦电容为 4.7 μF；若加上的是外部参考电源，则须再增加 0.1 μF 的退耦电容。
- GND——电源地。
- DOUT——串行数字输出，在 SCLK 的下降沿，数据改变状态。
- SCLK——串行时钟输入，时钟输入频率最高为 5 MHz。
- $\overline{CS}$——片选端，输入，低电平有效。在 $\overline{CS}$ 的下降沿，启动转换，当 $\overline{CS}$ 为高电平时，DOUT 线高阻态。

MAX187 的启动、转换及传输过程如图 7.24 所示。

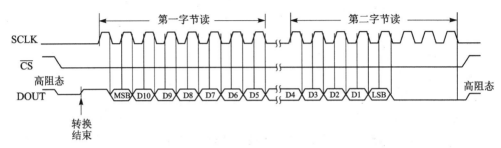

图 7.24 MAX187 的传输时序

- 启动：使 SCLK 为低，$\overline{CS}$ 由高变低，启动转换，DOUT 脱离高阻态，变为低电平。
- 转换:在保持$\overline{CS}$和SCLK为低电平状态,DOUT输出为低电平期间,进行A/D转换。
- 转换结束:在$\overline{CS}$和SCLK为低电平状态下,转换结束后,DOUT变为高电平。检测到DOUT的上升沿,确定转换结束。
- 数据传输:保持$\overline{CS}$为低,然后输出SCLK时钟,SCLK有效至少13个时钟周期。时钟的第一个下降沿,DOUT端将出现转换结果的最高位(MSB)。DOUT端在SCLK的下降沿出现数据,在SCLK的上升沿数据稳定,单片机可以读入数据。
- 传输结束:保持$\overline{CS}$为低,在第13个时钟下降沿时刻或以后,将使$\overline{CS}$变为高电平,传送结束,DOUT变为高阻态。若第13个时钟下降沿之后,$\overline{CS}$仍为低电平,并在SCLK作用下不断输出数据,则在输出LSB位后将输出为0。

2. MAX187与AT89C51的接口

AT89C51的P1.5,P1.6和P1.7分别与MAX187的$\overline{CS}$、SCLK、DOUT相连,接口电路如图7.25所示。

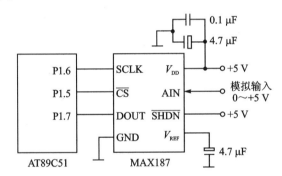

图7.25　MAX187和AT89C51接口电路

应用内参考电源方式,转换后的数据存于单片机内RAM21H和20H单元。程序如下:

```
AD187:   CLR    P1.6            ;SCLK = 0
         CLR    P1.5            ;CS = 0,启动转换
         SETB   P1.7            ;置P1.7为输入状态
LOOP1:   MOV    C,P1.7          ;等待转换
         JNC    LOOP1
         SETB   P1.6            ;SCLK = 1
         MOV    R7,#04H         ;接收高4位
         CLR    A
LOOP2:   CLR    P1.6            ;SCLK = 0,DOUT状态变化
         NOP
         SETB   P1.6            ;SCLK = 1,读入数据
```

```
            MOV     C,P1.7
            RLC     A
            DJNZ    R7,LOOP2
            MOV     B,A              ;暂存于 B
            MOV     R7,#08H          ;接收低 8 位
            CLR     A
LOOP3:      CLR     P1.6
            NOP
            SETB    P1.6
            MOV     C,P1.7
            RLC     A
            DJNZ    R7,LOOP3
            SETB    P1.5             ;$\overline{CS}$ = 1,传送结束
            MOV     20H,A            ;存低 8 位
            MOV     21H,B            ;存高 8 位
            RET
```

第 8 章
单片机功率接口技术

在单片机应用系统中,有时要控制高电压和大电流设备,如马达和调节器等。这些大功率的设备不能用单片机的 I/O 线直接驱动。单片机系统必须具有将输出的低电压、小电流信号转换成高电压、大电流信号的装置,被称为功率接口。

本章首先介绍常用的几种功率驱动元件,然后以电磁继电器和晶闸管调功器为例,说明功率接口的应用。

8.1 功率驱动器件

下面介绍单片机应用系统中常用的功率驱动器件:TTL 功率集成电路、光耦双向晶闸管和固态继电器等。

8.1.1 74 系列功率集成电路

74 系列功率集成电路是单片结构的集电极开路高压输出缓冲器/驱动器,可用于与 CMOS 等高逻辑电平接口,驱动指示灯和继电器等大电流负载,也可用作 TTL 输入的缓冲器。74 系列功率驱动器与大多数 TTL 族电路完全兼容,输入电路都有钳位二极管,可以把传输线的影响减到最小,由此简化系统设计。因为这些驱动器都是集电极开路结构,所以使用时输出端要加上拉负载电阻。

1. 7407/7417 集电极开路同相输出驱动器(Y=A)

表 8.1 为 74 系列集成电路常用参数,7407/7417 电路外部引脚如图 8.1 所示。

表 8.1 7407/7417 集成电路常用参数

型号	高电平输出电压/V	低电平输出电流/mA	典型延迟时间/ns	典型功耗/(门 · mW)
7407	30	40	13	21
7417	15	40	13	21

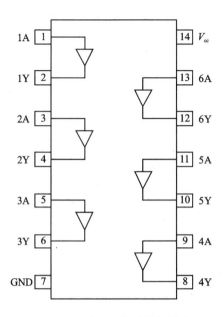

图 8.1　7407/7417 电路外部引脚图

引脚说明如下：

- V_{cc}——正电源端，+5 V；
- GND——接地端；
- xA——输入端，$x=1\sim6$；
- xY——输出端，$x=1\sim6$。

2. 7406/7416 集电极开路反相输出驱动器($Y=\overline{A}$)

7406/7416 电路外部引脚如图 8.2 所示，表 8.2 为集成电路常用参数。

表 8.2　7406/7416 集成电路常用参数

型　号	高电平输出电压/V	低电平输出电流/mA	典型延迟时间/ns	典型功耗/(门·mW)
7406	30	40	12.5	26
7416	15	40	12.5	26

引脚说明如下：

- V_{cc}——正电源端，+5 V；
- GND——接地端；
- xA——输入端，$x=1\sim6$；
- xY——输出端，$x=1\sim6$。

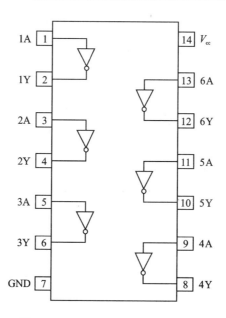

图 8.2　7406/7416 电路外部引脚图

8.1.2　75 系列功率集成电路

75 系列功率集成电路是采用 TTL 逻辑系统设计的通用器件,典型应用为高速逻辑缓冲器、电源驱动器、继电器驱动器、MOS 驱动器、总线驱动器和存储器驱动器等。

75451～75454 集成电路的每门输出电流为 300 mA,输出电压为 35 V。图 8.3 是 75 系列功率集成电路外部引脚图。

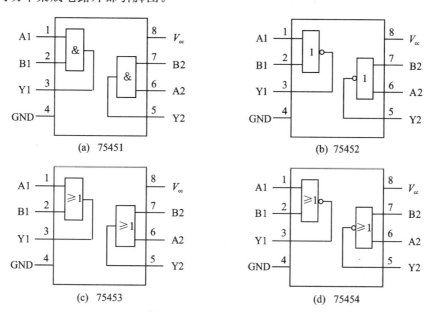

图 8.3　7545X 外部引脚图

引脚说明如下：
- V_{cc}——正电源端，+5 V；
- GND——接地端；
- A、B——输入端；
- Y——输出端。

这些驱动器都是集电极开路结构，所以使用时输出端一定要加上拉负载电阻，外加电源不超过 35 V。75 系列真值表如表 8.3 所列。

表 8.3 75 系列真值表

型号	逻辑关系	输入		输出
		A	B	Y
75451	$Y=AB$	L	L	L
		L	H	L
		H	L	L
		H	H	H
75452	$Y=\overline{AB}$	L	L	H
		L	H	H
		H	L	H
		H	H	L
75453	$Y=A+B$	L	L	L
		L	H	H
		H	L	H
		H	H	H
75454	$Y=\overline{A+B}$	L	L	H
		L	H	L
		H	L	L
		H	H	L

表中，输出 Y 的 H 状态对应关状态；L 状态对应开状态。输入 A 和 B 的 H 状态对应逻辑 1；L 状态对应逻辑 0。

8.1.3 MOC 系列光耦合过零触发双向晶闸管驱动器

一般的光耦合器因其输出端所能承受的电压较低（约 30 V），且输出电流小，故局限于输入通道中的抗干扰应用。MOTOROLA 公司生产的 MOC 系列光耦合器件产品专用于驱动双向晶闸管，不但具有隔离功能，而且还用于输出通道作为开关作用，直接用于高电压及较大电流场合。MOC 光耦器件可直接与微控制器 I/O 接口，用于控制固态继电器、工业控制器、电动机、电磁线圈等，在微机控制的接口系统中有广泛应用价值。

MOC 系列光耦合器由两部分组成：第一部分是发光器件，将电信号转变成光信号;第二部分是光敏器件,接收光信号并将其转变为电信号。根据光敏器件结构,可分为非过零触发型和过零触发型两类。光敏器件采用双向二极管(简称 DIAC)为非过零触发型(如 MOC3011);光敏器件采用双向可控硅(简称 TRAIC)为过零触发型(如 MOC3041)。

MOC 系列光耦合过零触发双向晶闸管驱动器型号及参数如表 8.4 所列。

表 8.4 MOC 系列光耦过零双向晶闸管驱动器

型 号 项 目	MOC3021~ MOC3023	MOC3031~ MOC3033	MOC3041~ MOC3043	MOC3061~ MOC3063	MOC3081~ MOC3083
I_{FT}/mA	5~15	5~15	5~15	5~15	5~15
V_R/V	3	3	3	3	3
V_{DRM}/V	400	250	400	600	800
I_{TSM}/A	1	1	1	1	1

注:I_{FT}表示触发电流;V_R表示反向电压;V_{DRM}表示断态重复峰值电压;I_{TSM}表示浪涌电流。

下面以 MOC3061 系列(MOC3061、MOC3062、MOC3063)为例,介绍其内部结构、主要参数及应用。

1. 结构及参数

MOC3061 系列器件由红外 LED 和带过零检测的光敏双向晶闸管组成,采用 6 脚 DIP 封装,如图 8.4 所示。

输入部分是一个砷化镓二极管。此二极管在 5~15 mA 正向电流作用下,发出强度足够的红外光。输出部分是光敏双向晶闸管,输出电压接近零时,在红外光作用下能双向导通。

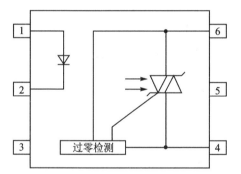

其中:1,2 脚为输入端;4,6 脚为输出端;3,5 脚为悬空。

图 8.4 MOC3061 系列器件结构图

MOC3061 系列的主要特性如下:
- 可靠触发电流 I_{FT} 为 5~15 mA;
- 断态重复峰值电压为 600 V;
- 保持电流为 100 μA;
- 浪涌电流为 1 A;
- LED 正向压降为 1.3 V(典型)和 1.5 V(最大);
- LED 导通时晶闸管压降为 1.8 V(典型)和 3 V(最大)。

MOC3061、MOC3062、MOC3063 主要电气性能参数和极限参数如表 8.5 及表 8.6 所列。

表 8.5　MOC3061 系列电气参数（$\theta_A = 25\ ℃$）

电气性能			符号	最小值	典型值	最大值	单位
输入LED	反向漏电流（$V_R = 6\ V$）		I_R	—	0.05	100	μA
	正向压降（$I_F = 30\ mA$）		V_F	—	1.3	1.5	V
输出器件	LED 截止时漏电流（额定 V_{DRM}，$I_F = 0$）		I_{DRM1}	—	60	500	nA
	判断状态额定电压上升率（$I_F = 0$）		dV/dt	600	1500	—	$V/\mu s$
耦合特性	LED 触发电流（输出端压降 3 V）	MOC3061	I_{FT}	—	—	15	mA
		MOC3062	I_{FT}	—	—	10	mA
		MOC3063	I_{FT}	—	—	5	mA
	光控晶闸管接通状态下的压降		V_{TM}	—	1.8	3	V
	保持电流		I_H	—	250	—	μA
	禁止电压（输出端间电压高于此值不触发）		V_{INH}	—	5	20	V
	禁止状态下的漏电流（$I_F = I_{FT}$，额定 V_{DRM}，断态）		I_{DRM2}	—	—	500	μA
	绝缘耐压值（峰值）（$f = 60\ Hz, t = 1\ s$）		V_{ISO}	7500	—	—	V

表 8.6　MOC3061 系列极限参数

定额参数		符号	数值	单位
输入 LED	反向电压	V_R	6	V
	正向电流	I_F	60	mA
	总功耗（$\theta_A = 25\ ℃$）	P_D	120	mW
输出器件	断态输出端电压	V_{DRM}	600	V
	峰值重复浪涌电流	I_{TSM}	1	A
	总功耗（$\theta_A = 25\ ℃$）	P_D	150	mW
	绝缘耐压（交流峰值）	V_{ISO}	7500	V
	总功耗（$\theta_A = 25\ ℃$）	P_D	250	mW
器件整体	结温（晶闸管）	θ_J	40～+100	℃
	运行环境温度	θ_A	−40～+85	℃
	存储温度	θ_{stg}	−40～+150	℃
	焊接温度（10 s）	θ_L	260	℃

2. 触发电路设计

MOC3061 系列器件专门用于设计双向功率晶闸管或反并联单向晶闸管触发器。当 LED 导通发射红外线且过零电路检测出输出端的交流电压过零时，光控双向晶闸管被触发导通，否则关断。图 8.5 为 MOC3061 组成的触发电路。

图中 MOC3061 的输出端的最大额定电压是 600 V，最大重复浪涌电流为 1 A，电

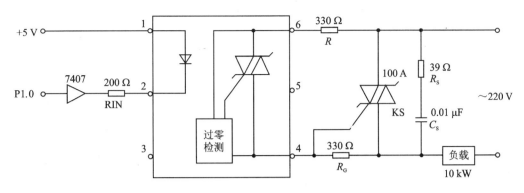

图 8.5　MOC3061 组成的触发电路举例

压上升率(dV/dt)为 600 V/μs，输入和输出间隔电压大于 7 500 V，输入端控制电流为 15 mA。

（1）输入限流电阻 R_{IN}

一般来说，当 LED 中的正向电流 I_F 大于或等于 I_{FT}（MOC3061 I_{FT} = 15 mA，MOC3062 I_{FT} = 10 mA，MOC3063 I_{FT} = 5 mA）时，光控晶闸管保证触发。在实际设计中，建议运行时的 I_F 取 I_{FT} 与最大 I_F（60 mA）之间的值。图 8.5 中当 P1.0 端为低电平时，MOC3061 输入电流约为 17 mA，在 4 和 6 输出端之间电压过零时，内部光控双向晶闸管导通，触发外部双向功率晶闸管 KS 导通；当 P1.0 为高电平时，双向晶闸管 KS 关断。

设 LED 导通压降为 1.3 V，7407 低电平为 0.3 V，则

$$R_{IN} = \frac{5\text{ V} - 1.3\text{ V} - 0.3\text{ V}}{17\text{ mA}} = 200\ \Omega$$

（2）输出限流电阻 R

R 是 MOC3061 的限流电阻，用于限制流经 MOC3061 的输出端的电流最大值不超过 1A。MOC3061 的过零检测电压为 20 V，所以对于电阻性负载，R 取值稍大于 20 Ω。如果是电感性负载，由于电感的影响，触发外部双向晶闸管 KS 的时间会延长，流经 MOC3061 输出端的电流会增加，故需增大 R 值。当感性负载的功率因数小于 0.5 时，R 的取值由下式计算：

$$R = \frac{V_P}{I_P} = \frac{220\text{ V} \times \sqrt{2}}{1\text{ A}} = 311\ \Omega$$

取标称值 330 Ω。

由于 R 的加入，使触发电路有一个最小触发电压，低于该电压，外部晶闸管不导通。直到高于该电压才导通。R 增大时，最小触发电压增大。

（3）功率晶闸管的门极电阻 R_G

R_G 电阻可防止误触发，提高抗干扰能力，一般取 300～500 Ω。

（4）吸收回路 R_S 和 C_S

R_S 和 C_S 吸收回路并接在功率晶闸管的阳极和阴极之间，作用是为了防止电源中

带来的尖峰电压、浪涌电流对晶闸管的冲击和干扰。一般 C_S 取值为 $0.01\sim 1.0~\mu F$，R_S 取值为几 Ω 到几十 Ω。

8.1.4 固态继电器

固态继电器 SSR(Solid State Relay)是固体元件组成的无触点开关元件。SSR 是利用电子元件的开关特性来控制电路的断开与接通。与电磁继电器相比，具有工作可靠、寿命长、无火花、抗干扰能力强、开关速度快、能与集成电路兼容等优点。由于它的低驱动电压和小驱动电流能控制大负载，所以在自动化控制方面有着极为广泛的应用。

1. 固态继电器的原理和结构

固态继电器电路由输入、隔离和输出 3 部分构成。接负载电源类型分为交流固态继电器(AC-SSR)和直流固态继电器(DC-SSR)。AC-SSR 用双向晶闸管作为开关元件，DC-SSR 用功率晶体管作为开关元件，前者用来接通或断开交流电源；后者可用来接通或断开直流电源。按触发形式可分为过零触发型和随机导通型。

下面以交流型固态继电器说明其工作原理。

SSR 一般为四端组件，其中两端为输入端，另外两端为输出端，如图 8.6 所示。

在输入端加一控制信号，就可以控制输出端的通与断，完成开关功能。应当指出，所谓过零并非真的是在 0 V 处，而一般在 ±10～±20 V 区域内。过零触发型继电器总是在交流电源的零电压附近导通，导通瞬间产生的干扰较小。吸收回路由 R 和 C 组成，其作用是防止电源中带来的尖峰电压、浪涌电流对于开关器件的冲击和干扰。

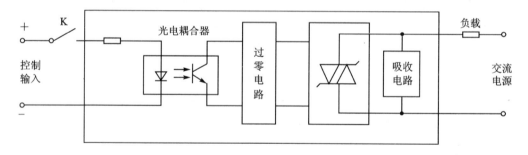

图 8.6　SSR 工作原理框图

2. 主要参数与选用

固态继电器的特性参数包括输入和输出参数。生产厂家在技术说明书中已给出产品的特性参数供选择时参考。下面介绍主要参数的含义和选用方法。

(1) 输入电压

输入电压(控制电压)提供加到继电器输入两端能使输出电路保持导通状态所规定的电压范围。根据输入电压的参数范围，可确定工作电压的大小。

(2) 输入电流

输入电流是指在控制电压范围内输入电路吸收的最大电流，也规定了所需的输入功率。一般限定在 5～50 mA。

(3) 接通电压和关断电压

接通电压是指固态继电器正常工作所需要的最低控制电压,它等于输入电压的下限值。低于这个值,器件就不能工作。

关断电压是指确保器件关断所规定的最低电压阈值,一般为 1 V。

(4) 额定输出电压

额定输出电压是指在给定条件下能承受稳态阻性负载的最大允许电压有效值。如果受控负载是非阻性的,就不能简单地按负载额定电压选择 SSR 型号。例如,负载为感性时,所选器件额定输出电压必须大于 2 倍电源值,而且所选器件的阻断(击穿)电压应高于负载电源电压峰值的 2 倍。例如,220 V 的负载应选 440 V 产品,380 V 的负载应选 800 V 的产品。

(5) 额定输出电流

额定输出电流是指在给定条件下(环境温度、额定电压、功率因数、有无散热器等)固态继电器所能承受的最大稳态阻性负载的电流的有效值。

在选用时,如果使用条件完全一致,可以全额选用。若其中任何一项或多项与给定条件不一致,不可简单地按负载额定电流选用。如一个感应电动机启动时常出现 5～7 倍稳态电流的浪涌电流,持续时间长达 5～10 个周波。如果它再带动其他大惯性负载,正反转时的浪涌电流会更大,启动时间也更长。正常情况下,选取的参考原则是:在选用时,如果负载为稳态阻性,继电器可全额或降额 10% 使用。对于电加热器、接触器等,初始接通瞬间出现的浪涌电流可达 3 倍的稳态电流,因此 SSR 要降额 20%～30% 使用。对于白炽灯类负载,SSR 应降额 50% 使用。对于变压器负载,所选 SSR 的额定电流必须高于负载工作电流的 2 倍。对于感应电机负载,所选 SSR 的额定电流值应为电机运转电流的 2～4 倍,SSR 的浪涌电流值应为额定电流的 10 倍。

(6) 浪涌电流

浪涌电流是指给定条件下(室温、额定电压、额定电流和持续时间等),在规定时间(一个正弦波)内不会造成永久性损坏所允许的最大重复性峰值电流。一般交流固态继电器的浪涌电流为额定电流的 5～10 倍(一个周期),直流产品为额定电流的 1.5～5 倍(1 s)。对于额定电流相同的继电器,浪涌电流极限值越大,其带负载的能力越强。

(7) 过零电压

过零电压是指施加接通信号后,输出器件的导通时刻延迟到交流正弦零点交越附近所规定的电压(±15 V)。当晶闸管导通电流小于维持电流时,晶闸管自动关断。对于感性负载,由于感应电势的存在,电压过零时,晶闸管仍有一定的电流通过,这有助于减小感性负载的电压和电流的冲击。

(8) 输出压降

输出压降是 SSR 正常工作时本身损失的电压,也称为通态电压降。一般在数伏之内,典型值为 1.5 V。它是表征功耗的重要参数。

3. 交流固态继电器的使用

交流固态继电器由于具有直流输入控制、无触点、无火花、寿命长、抗干扰能力强等优点,在要求高可靠性的某些工业控制领域,完全可以取代交流接触器。

(1) 大容量无触点开关

电路如图 8.7 所示。选用不同型号的固态继电器,可构成不同容量的无触点开关。3 只固态继电器串联使用,那么几 V 的控制电压及几十 mA 的控制电流就可以控制几 kW 的电器。

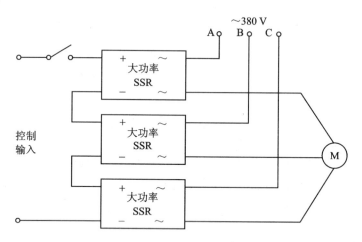

图 8.7 由 SSR 组成的大容量无触点开关示意图

(2) 路灯通/断控制

图 8.8 是一个由固态继电器作为路灯通断控制的实际电路。当光照较强时,光敏电阻 R_1 的阻值很小(几十 kΩ),三极管 BG 基极回路有电流流过,BG 导通。此时,SSR 控制输入端为低电平,使固态继电器关断,路灯熄灭。当光照很弱时,光敏电阻 R_1 的阻值很大(几十 MΩ),BG 的基极回路几乎无电流通过,三极管截止。此时,SSR 控制电压输入端为 Vcc(+9 V),使固态继电器接通,路灯点燃。

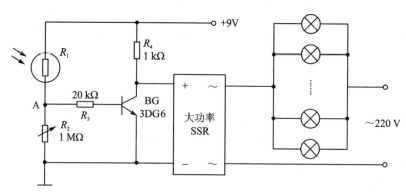

图 8.8 光控路灯开关示意图

(3) 温度控制

目前,许多高温箱、烘干箱的温度控制是靠电炉丝工作时间的长短来实现的。若将炉内温度的变化反馈给温度控制器,控制固态继电器的输入端,则可不断调节温度。图8.9中的固态继电器负载为电阻性负载,选用固态继电器输出额定电压参数为所用线路电压的1.5~2倍。

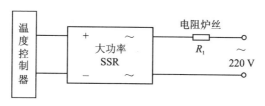

图 8.9 温度控制示意图

(4) 控制驱动电动机

如图8.10所示,依靠信号不断使固态继电器导通与切断,用于驱动电机正常工作。图中,固态继电器驱动电感性负载,其输出端的额定电压参数应为所用线路电压的2~3倍,必要时,可在固态继电器输出端并联一个瞬变电压抑制器(TVS)。

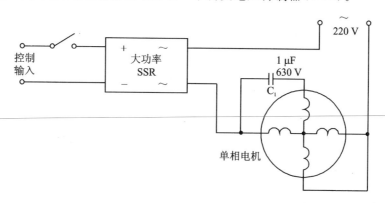

图 8.10 电机驱动电路示意图

8.2 继电器型负载功率接口

许多继电器负载,如电磁继电器、接触器、电铃、电磁阀门和电磁抱闸等,它们的一个共同特点是工作电压高于单片机+5 V电源,驱动电流一般较大。因此,从单片机输出的信号经过驱动电路进行转换,使输出的驱动电压、电流能够适应这些负载的要求。此外,还要解决在负载工作过程中对电源的干扰以及线圈断电时在线圈两端产生极高的感应电压等问题。一般按供电类型的不同,将继电器型负载分为直流电磁负载和交流电磁负载。

8.2.1 超小型电磁继电器

在单片机应用系统中,对大量使用的电磁继电器有如下要求:
① 体积小,质量小,能焊在印刷电路板上(最大外形尺寸一般小于 25 mm);
② 耗电少,可与半导体器件、集成电路等兼容;
③ 规格品种多,触点电流可在几 mA 到 10A 范围内选择;
④ 有一定的适应环境能力,能符合整机线路板的整体情况的要求。

1. 结构特点

超小型继电器的内部结构示意图如图 8.11 所示。在继电器主体的塑料骨架上安装了线圈,固定了外罩,此骨架又是静触点簧片的支撑座。动触片与薄片式弹簧连成一体。在没有激励的状态下,薄片式弹簧给衔铁提供复原力,形成一对常闭点。在有激励的状态下,衔铁被铁芯吸引,形成一对常开点。此类继电器的引线脚的间距符合国际通用的印制网格标准。此外,继电器的底部用环氧树脂封结,能防止尘埃侵入,还可以进行整体清洗。

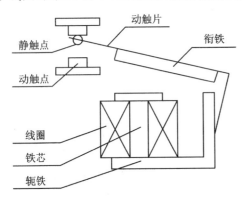

图 8.11 超小型继电器结构示意图

超小型继电器的主要特点是:
① 规格品种多,额定电压为直流 3~48 V,能满足用户要求。
② 功耗小,大多数只有 0.36 W。
③ 触点的负载能力适中,多数在 1~10 A 之间。电气寿命为 10^5 次,机械寿命为 10^7 次。
④ 有较高的品质因素,有一定的绝缘强度。
⑤ 有较强的适应环境能力,工作环境温度为 -40~+70 ℃。

2. 使用注意事项

超小型继电器在使用中的注意事项如下:
① 超小型继电器体积小,质量轻,采用塑封,使用中应轻拿轻放。
② 插向印刷板时,几个脚要同时插入,以防止引脚松动或断裂。
③ 焊接时不要用 100 W 以上的电烙铁。
④ 防止过强烈的冲击和振动。

8.2.2 直流电磁式继电器功率接口

对于直流电磁式继电器功率接口一般有两种:一种是采用功率接口集成电路,另一种是采用分立晶体管驱动。

图 8.12 是采用功率集成电路驱动继电器的接口电路。功率集成芯片 75452,其

$I_{OC}=300$ mA,几乎能驱动任意型号的小型继电器。图中的二极管 D 是专门为保护驱动器而设置的。在驱动器的输出由 0 变为 1,继电器的接通变为关断时,由于它的线包是感性负载,所以会产生很高的感应电势,此时二极管提供的泄流回路保护驱动器不被反电势击穿。

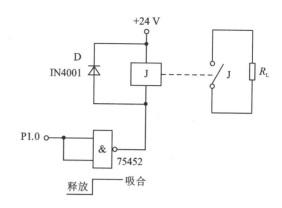

图 8.12 采用功率集成电路的继电器接口

图 8.13 是一个直流电磁继电器采用晶体管驱动的电路图。当 P1.0 为低电平时,继电器 J 吸合;
P1.0 为高电平时,继电器 J 释放。采用这种控制逻辑可以使继电器在上电复位或单片机受控复位时不吸合。继电器由普通晶体管 9013 驱动,可以提供 300 mA 的驱动电流,适用于继电器线圈工作电流小于 300 mA 的使用场合。Vcc 的电压范围是 6~30 V。光电耦合器使用 TIL117,其电流传输比不低于 50%。晶体管 9013 的电流放大倍数大于 50。当继电器线圈工作电流为 300 mA 时,光电耦合器需要输出大于 6.8 mA 的电流。其中,晶体管 9013 基极对地的电阻分流约为 0.8 mA。输入光电耦合器的输入电流必须大于 13.6 mA,才能保证向继电器提供 300 mA 的电流。图中光电耦合器的输入电流由 7407 提供,约 20 mA。二极管 D 的作用是保护晶体管 9013,防止 9013 关断时继电器线圈产生的感应电势所造成的损坏。

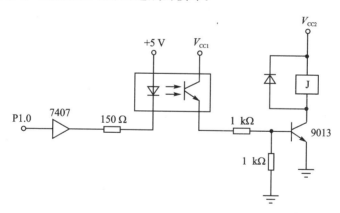

图 8.13 采用晶体管的继电器接口

8.2.3 交流电磁式继电器功率接口

交流电磁式继电器(或接触器)由于线圈的工作电压是交流的,可以使用固态继电器或一个小型直流继电器作中间继电器控制。图 8.14 是采用双向晶闸管驱动的接口电路。

交流电磁继电器由双向晶闸管 KS 驱动。KS 的选择要满足:额定工作电流为交

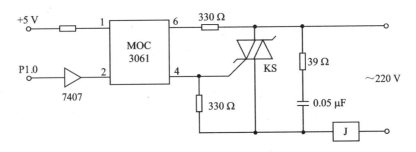

图 8.14 交流电磁继电器的功率接口

流继电器线圈工作电流的 2～3 倍;额定工作电压为交流继电器线圈工作电压的 2～3 倍。对于中小型 220 V 工作电压的交流电磁继电器,可以选择 3 A,600 V 的双向晶闸管。光电耦合驱动器 MOC3061 的作用是触发双向晶闸管 KS 以及隔离单片机系统与电磁继电器系统。光电耦合器 MOC3061 的输入端接 7407,由单片机 P1.0 端控制。P1.0 为低电平时,KS 导通,继电器 J 吸合;P1.0 为高电平时,KS 关断,J 释放。MOC3061 内部带有过零控制电路,使 KS 工作在过零触发方式。当继电器动作时,电源电压较低,这时接通用电器,对电源影响较小。

8.3 过零触发双向晶闸管调功器

温度是工业对象中主要的被控参数之一。单片机控制技术可使温度控制技术指标得到大幅度提高。本节通过电阻炉温度控制用调功器,说明单片机接口电路在温度控制系统中的应用。

图 8.15 是单片机电阻炉温度控制的接口电路。

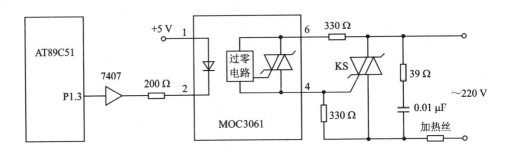

图 8.15 电阻炉炉温控制系统原理图

温度控制是通过对加热电阻丝的电源通断来实现的。本系统采用双向晶闸管调功方式。晶闸管开关控制方式有两种:相位控制和过零控制。相位控制会使负载上的电压波形发生畸变,产生高次谐波,影响电网中其他用电设备。过零控制则能使负载上产生较完善的正弦电压波形,同时由于过零时通断,防止了过大电流冲击。

系统采用 MOC3061 光耦过零触发驱动器实现对功率晶闸管的过零触发。

MOC3061内部含有过零检测电路,在P1.3控制电压作用下,完成了功率晶闸管的触发导通。过零触发过程信号关系如图8.16所示。

晶闸管串接在50 Hz交流电源和加热丝中,只要在给定周期内改变晶闸管的接通时间,就能达到加热功率改变的目的,从而实现温度调节,如图8.17所示。单片机P1.3口输出能控制晶闸管通断时间的脉冲信号。P1.3=1时关断晶闸管,P1.3=0时开启晶闸管。

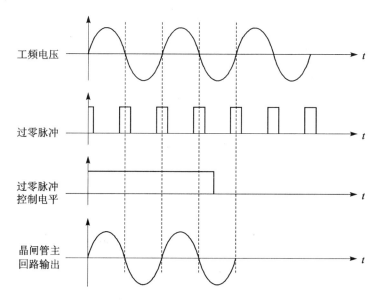

图8.16 晶闸管过零控制信号关系图

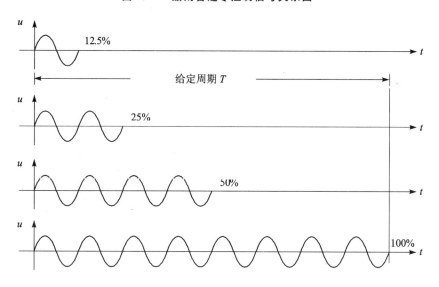

图8.17 晶闸管通断时间与输出功率关系

第 9 章

单片机应用系统工程设计

单片机在家用电器、仪器仪表、工业自动化等领域已得到广泛应用。本章对前面各章知识进行综合,介绍实用系统设计的基本步骤和方法。

9.1 单片机应用系统设计概述

9.1.1 设计步骤

单片机应用系统设计,就是以实际应用要求为出发点,从芯片到系统,从硬件到软件,反复验证调试,最后构成一套完整的测控系统。设计过程一般可分为4个步骤。

1. 功能指标分析,方案论证和总体设计阶段

单片机应用系统的设计过程是以确定系统的功能指标开始的。要对用户提出的任务进行深入细致地分析和研究,勘查工业现场,规范各项指标的要求。分析的内容主要包括:被测参数的形式(模拟量、数字量、电量、非电量等)、被控参数的形式与范围、性能要求、工作环境、报警、显示要求等。

方案论证是根据任务的性质和要求,设计出符合现场实际条件的软硬件方案。一般开始时要拟定多种方案,进行分析比较。既要满足性能指标要求,又要使系统简单、经济、可靠,这是总体设计一贯坚持的原则。

2. 器件选择,电路设计制作阶段

从硬件方面而言,设计就是从芯片到系统的过程,以芯片为基础开始设计,最后构成一套完整的测控系统。

芯片的选择除满足系统的逻辑功能外,还要经济、可靠。通过查阅资料、商品目录,选择最佳的器件。芯片的正确选用,是系统可靠性,经济性的重要方面。

对于有些芯片和局部电路,要做必要的试验。在此基础上方可进行总体设计。

3. 软件的编制阶段

总体方案一旦确定下来，系统的大致规模及软件的基本框架就确定了。在设计总体方案时，就要大致规定接口电路位置、用户程序要求、内存驻留区域、各采集信号的缓冲区域以及上下机通信协议等。这些工作内容及接口地址约定后，硬件和软件的设计工作可以并行进行。

随着软硬件设计工作的深化和细化，总体设计方案的局部矛盾会时有体现，要求及时协调和解决。

应当指出，在进行硬件、软件设计时，要同时考虑系统的抗干扰措施。硬件方面主要是：器件抗干扰性能、接地、滤波、屏蔽、以及电源的抗干扰设计等。软件的抗干扰设计是辅助措施，如重复检测、故障停机的检测及自动恢复等。

4. 系统的调试及性能测定阶段

编制好的程序和焊接好的线路，一般不可能按预期设计那样正确运行，这就需要调试。

调试时，应将硬件和软件分成几部分，逐部分调试，各部分无误后方可进行联调。

调试就是查错过程，应当做详细记录，以备查阅。

5. 文件编制阶段

为了以后系统的维护，系统改进和为新系统的设计积累经验，一定要精心编写文件，描述要清楚，资料要齐全。

文件主要包括：任务叙述，设计方案说明，软件资料（流程图、子程序使用说明、地址分配、程序清单等），硬件资料（电气原理图、元器件布置图、接线图、印制板图等），使用说明书等资料。

9.1.2 硬件设计要点

根据用户的要求，经过详细调查研究，确定方案之后，就可以进入正式的设计阶段。设计任务可以分为硬件设计和软件设计，这两者相互结合，不可分离，硬件设计的大量工作是在最初阶段，但最后往往还要做些必要的修改。为使硬件设计尽可能合理，重点考虑以下几个问题：

① 首先是芯片的选取，尽可能选取功能强，可靠性高，经济性好的芯片，有利于简化电路。

② 为了将来修改和扩展方便，硬件设计要注意留有余量。主要是 ROM、RAM 的空间，I/O 端口地址，A/D 和 D/A 通道要留有余地。

③ 单片机具有软件系统，有些硬件功能软件也可以做到。原则上，只要软件能做到的，就不用硬件。这样可以降低系统成本，提高可靠性。当然，由于软件要消耗时间，致使控制的实时性下降。在速度要求不高的场合，可以考虑以软代硬的方案。

④ 硬件抗干扰和工艺安装。印制板焊接好之后，要对系统进行装配，包括机箱、面

板、配线、接插件等。硬件装配要求紧凑、美观，散热、调试和维修方便。安装时要考虑抗干扰问题，要隔离强电和弱电、数字和模拟线路部分。

9.1.3 软件设计要点

软件设计和硬件设计要结合进行。软件设计时应注意以下几点：

1. 软件需求的分析与划分

根据用户提出的要求，提供的信息和硬件资源加以分析、提炼，将大的系统分解成若干相对独立、能简单描述的子系统，便于用软件表达和理解。

2. 软件设计

单片机应用系统的软件设计是千差万别的，不存在统一的模式，尽可能采用模块化结构。软件模块要功能清晰、简明，包括模块之间的接口定义。软件设计说明书要求体现：模块结构图（指出系统由哪些模块组成，模块之间的调用关系）；模块的功能说明（指出每个模块的输入、输出以及模块的功能）。

3. 软件的编制

软件的编制是在硬件资源合理分配的基础上，用程序设计语言把模块化结构转换成单片机能接受的形式，即具体地编制源程序，编写程序时要尽量多借用那些成熟的、经实践证明的现成的子程序，如各种算术子程序，数据处理子程序等，这样可以提高编程的效率和可靠性。

4. 软件测试

对于编制好的模块化程序，要逐一加以调试，发现错误，不断完善。在确保模块程序正确的前提下，最后进行系统总测试。软件测试越完备，系统就越可靠。

9.1.4 抗干扰技术设计要点

尽管系统的硬件和软件的逻辑十分完备，但忽略了抗干扰措施，在实际当中也难以正确运行。抗干扰技术要贯彻于设计、制造、调试以及日常维护的全过程，并不断加以修正和完善。抗干扰技术的应用要点主要包括以下几方面：

1. 精心选择芯片

芯片是组成硬件系统的基础，不仅要求功能完备，还要具有良好的抗干扰性能。如尽量选用 HCMOS 器件代替 HMOS 和 TTL 器件。

2. 印制板的制作

印制板集中了高性能、高速度的各种芯片，其间的接线、焊接工艺直接影响到系统的抗干扰性能。除了配加去耦电容之外，还要将各功能部件划分区域，使其芯片间距、导线间隔要符合要求，避免相互干扰。

3. 供电电源的配置

单片机系统一般由市电经过变压、稳压、滤波之后作为供电电源。因此,电源也是外界干扰进入系统的主要通道。电源除了采用传统的滤波,配置抑制二极管,与动力线隔离之外,还应实行分区供电方式。即按功能将硬件电路划分几个区域,如主机部分,显示部分,功率接口部分等。不同的部分采取不同的供电电源,包括使用独立的变压器,有助于抑制来自外部和相互之间的干扰。

4. 软件抗干扰设计

软件抗干扰是硬件抗干扰技术的一种辅助手段,是在系统发生故障时的一种补救措施,主要包括冗余技术、重复检测以及看门狗等。

5. 工艺安装的抗干扰问题

印制板要放置于机箱内,并与显示器、键盘以及外部接口部件连接。要注意接线的走向、隔离等措施,抑制线间串扰。

6. 采用无触点开关

单片机应用系统在用于工业控制时,是将弱电转换成强电控制的过程,即通过微电子技术实现对高电压、大功率设备的控制。一般来说,强电大功率设备的通断是通过有触点开关(如继电器、接触器等)来实现的。这些通断器件配有电感线圈,其触头也会产生火化,成为干扰的重要来源。随着半导体技术的发展,出现了很多性能好、可靠性高的无触点器件(如双向可控硅、固态继电器等)。驱动功率设备尽量选用无触点开关,可有效抑制电感和火花带来的干扰。无触点开关的不足之处是通断状态不明显。必要时可采用有触点和无触点相结合的方式。在设备接通时,先使有触点开关在不通电状态下闭合,然后开启无触点开关,设备启动;设备断电时,先使无触点开关断开电源,设备失电,然后使用有触点开关再断开。

9.2 低功耗单片机系统设计

单片机除了大量用于工业测控系统外,有时候还用于无市电供应的场合,如在野外、井下、空中等,这种特殊场合要求直流电池供电,此时单片机应用系统希望运行功耗最小。

单片机系统的功耗是由多方面因素决定的,包括芯片和器件的选择,以及系统的工作方式等。下面介绍低功耗单片机系统常采用的几种方法。

1. 选用 HCMOS 集成电路

CMOS 集成电路的最大优点是低功耗,同时输出逻辑电平摆幅大,抗干扰能力较强,工作温度范围也宽,因此,CMOS 电路在低功耗电路、便携式仪器仪表中获得广泛应用。

早期的 CMOS 电路速度比较低,难以在快速微电子技术中应用。但近期出现的 HCMOS(高速 CMOS)电路,其速度完全能和 LSTTL 电路兼容。目前几乎所有的 LSTTL 电路都有了相应的 HCMOS 电路,它们的功能、使用和管脚几乎完全一样,基本上可以直接替换。所以,目前低功耗单片机系统使用的几乎都是 HCMOS 集成电路。

2. 尽量选用高速低频工作方式

高速低频工作方式是指单片机本身具有较高的工作频率,而实际系统中却采用较低的工作频率。例如,AT89C51 最高工作频率为 24 MHz,实际系统在允许的情况下工作在 6~8 MHz 频率。

集成电路 HCMOS 器件的静态功耗几乎为零,仅在逻辑状态发生转换期间,电路有工作电流通过。它的动态功耗和逻辑状态转换频率成正比和电路的逻辑状态转换时间成正比。所以,从降低功耗的角度上来说,应当快速转换(具有较高的工作频率性能),低频率工作(实际系统中的晶振频率选用较低)。

应当指出,高速低频工作方式能提高系统的抗干扰性能。

3. 选用低功耗的外围器件

低功耗单片机系统除全部采用 HCMOS 器件外,还应选用低功耗的外围器件,如显示可用 LCD 液晶显示器,这样才能降低总体损耗。

4. 采用低功耗的工作方式

有些集成芯片具有降低功耗的工作方式,如单片机的待机、掉电工作方式;存储器的维持工作方式等。在设计单片机系统时,可以充分利用这些特点,使系统尽量在低功耗工作方式下工作。

5. 合理地确定技术指标

系统中的很多技术指标往往是和功耗联系在一起的,如速度、驱动能力、稳定性、线性等。性能指标的提高往往会增加电路的功耗。设计系统时可以合理地选择技术指标,甚至可以降低某些非关键性的指标,以换取功耗的降低。

6. 选用低电压供电

系统的功耗和供电电压有一定关系,供电电压越高,功耗越大。目前出现了不少低电压供电的单片机及其外围电路,例如 AT89LV51 的工作电源电压为 2.7~6 V,是低电压单片机。AT89LV51 单片机在引脚排列、工作特性、硬件组成、指令系统等方面与 AT89C51 单片机完全兼容。

应当指明,在电磁干扰严重的某些工业控制环境,低电压工作不利于提高系统的抗干扰性能。在用于电池供电的某些便携式仪器仪表,可以考虑采用低电压供电方式。

7. 采用低功耗软件设计

在低功耗单片机系统中,也可以通过软件设计降低功耗。由于系统的功耗与 CPU

的工作时间成正比,所以尽可能地采用待机和掉电运行方式,尽量压缩 CPU 的运行时间,是降低功耗的重要软件措施。此外,尽量用软件来代替硬件,也是低功耗设计的一个重要举措。

① 不采用动态扫描方式,而应当利用锁存器采用静态显示方式,以减少 CPU 的工作时间。

② 尽量不采用软件循环延时的工作方式,而应采用定时中断的工作方式以减少 CPU 的工作时间。

9.3 单片机应用系统设计举例

本节通过对电阻炉温度单片机控制系统的讨论,说明单片机应用系统的硬件、软件设计及控制方法的应用。

9.3.1 温度控制系统的组成

图 9.1 为电阻炉温度控制系统原理图。单片机定时对炉温进行检测,经 A/D 转换

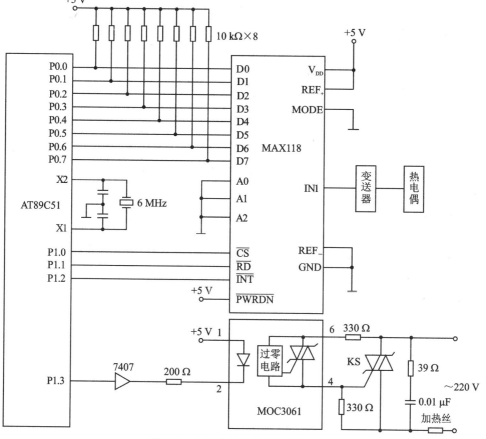

图 9.1 电阻炉炉温控制系统原理图

芯片得到相应的数字量,送到计算机进行判断和运算,得到应有的控制量,去控制加热功率,从而实现对温度的控制。

为实现对温度的控制,在设计系统时应首先明确以下几点:

① 控制指标主要是控制精度、超调量等指标。这涉及到 A/D 转换精度,控制规律的选择等。

② 温度控制范围为 400～1 000 ℃,这涉及到测温元件,电炉功率的选择。

③ 炉温变化规律控制,即确定温度-时间变化关系的控制算法,这主要在控制程序设计中考虑。

然后通过硬件电路和程序软件的设计,实现单片机对加热过程中的数据进行处理和控制。

9.3.2 硬件电路设计

1. 温度检测元件、变送器及 A/D 选择

温度检测元件及变送器的选择要考虑温度控制范围和精度要求。可采用镍铬-镍铝热电偶,分度号为 EU,对 0～1 000 ℃ 的温度转换电压为 0～41.32 mV。实际系统要求温度测量范围为 400～1 000 ℃,热电偶的输出电压为 16.4～41.32 mV,经毫伏变送器处理,使变送器输出为 0～10 mA,然后经过 I/V 变换电路转换出 0～5 V 电压信号。这样使用 8 位 A/D 转换器,使量化误差达到 ±2.34 ℃。

2. 接口电路

图 9.1 中画出了 A/D 转换器 MAX118 与单片机的接口电路,选用 1 通道(A2A1A0=000)作为模拟量的输入,MAX118 是 8 位 A/D 芯片,使其工作在 MODE0 方式,即 A/D 芯片的启动、转换、读数均由 $\overline{RD}$ 控制。$\overline{INT}$ 为 A/D 转换结束信号,当 A/D 转换结束后,$\overline{INT}$ 变为低电平。单片机通过查询 P1.2 引脚状态,判断 A/D 转换是否结束,并通过 P0 口将转换结果读入单片机中。

MAX118 是 MAXIM 公司推出的与微处理器兼容的 8 位 A/D 转换器。内部有 8 个多路开关,某一时刻只选中一个输入通道,并将此模拟量进行采样和保持;数据的输出带有锁存器和三态缓冲器。MAX118 与微处理器接口非常简单,不需要外加接口电路。MAX118 的主要技术性能如下:

- 单一+5 V 工作电源;
- 8 路模拟输入通道;
- 低功耗工作模式为 40 mV,功耗下降模式为 5 μW;
- 线性误差≤1LSB;
- 转换时间为每通道 660 ns;
- 不需要外部时钟;
- 内带采样保持器。

MAX118 采用 28 脚 DIP 或 SSOP 形式封装,如图 9.2 所示。

各引脚功能说明如下：
- D0~D7——转换结果的三态数据缓冲器输出端。
- A0~A2——模拟输入通道选择输入端。
- IN1~IN7——分别为 7 个外部模拟信号输入端。

模拟通道选择如表 9.1 所列。

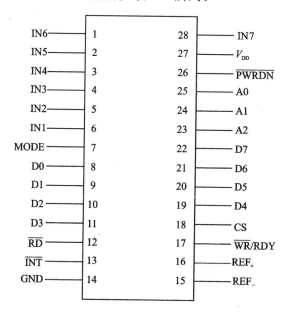

图 9.2 MAX118 引脚图

表 9.1 模拟通道选择真值表

选择通道	A2	A1	A0
IN1	0	0	0
IN2	0	0	1
IN3	0	1	0
IN4	0	1	1
IN5	1	0	0
IN6	1	0	1
IN7	1	1	0
IN8	1	1	1

由表可以看出，A2，A1 和 A0 为 000 时对应 IN1，为 001 时对应 IN2，依次类推。当 A2，A1 和 A0 为 111 时，选择第 8 通道 IN8。IN8 在芯片内部固定与 REF$_+$（参考正电压）相连，故此时的转换结果为参考正电压所对应的数字值，理论上应为 FFH，可用于对芯片的满刻度校验。

- MODE——模式选择输入端。

此引脚决定 CPU 读取 A/D 转换数据的模式。当 MODE=0 时，为 MODE0 模式（读模式）；当 MODE=1 时，为 MODE1 模式（写/读模式）。

当 MAX118 工作在 MODE0 时，微机控制 A/D 芯片的启动、转换、读数均由 $\overline{RD}$ 来控制。

在 MODE1 下有两种基本读数方式：标准读数方式和流水线读数方式。

在标准读数方式下，当 $\overline{WR}$ 下降沿到来时启动 A/D 转换。当 $\overline{WR}$ 返回高电平时，转换结果的高 4 位被锁存，同时开始低 4 位的转换。当 $\overline{INT}$ 引脚上出现有效低电平时表明转换结束，并且低 4 位转换结果锁存。当 $\overline{RD}$ 的下降沿到来时，MAX118 的三态数据缓冲器被打开，此时，CPU 可把 8 位转换结果取走，$\overline{INT}$ 变为高电平。

流水线读数方式下可将 $\overline{WR}$ 和 $\overline{RD}$ 连接在一起使用。当 $\overline{CS}$ 为低电平时，使 MAX118 的 $\overline{WR}$ 和 $\overline{RD}$ 同时为低电平，启动一次新的 A/D 转换，同时可读取前一次转换结果。可见,流水线读数方式可同时完成启动和读数两种功能。

● $\overline{CS}$——片选输入端。

当进行读或写时,$\overline{CS}$必须为低电平。

● $\overline{RD}$——读信号输入端。

当$\overline{CS}=0$,$\overline{RD}=0$时,CPU可以取走MAX118的转换结果。

● $\overline{WR}$/RDY——写控制输入/输出准备好,双功能引脚。

在MODE0方式下,$\overline{WR}$/RDY是"准备好"输出端。

● $\overline{PWRDN}$——功率下降输入端。

当$\overline{PWRDN}$为低电平时,MAX118进入"功率下降"阶段,或称为睡眠状态,此时电源电流降为微安级;$\overline{PWRDN}$为高电平时,MAX118为工作状态。用户可通过控制$\overline{PWRDN}$引脚的状态使MAX118在两次转换之间处于睡眠状态。如果不需要节电方式,可将$\overline{PWRDN}$直接连至V_{DD}。

● $\overline{INT}$——中断输出。

当$\overline{INT}$为低电平时,表明A/D转换结束。

● REF$_+$——参考电压正端。

REF$_+$用以设置对应输出各位全为1时的模拟电压,即满量程输入,范围是$V_{REF-}<V_{REF+}\leqslant V_{DD}$。

● REF$_-$——参考电压负端。

REF$_-$用以设置对应输出各位全为0时的模拟输入电压,范围是$GND\leqslant V_{REF-}<V_{REF+}$。

● V_{DD}——为正电源输入端,典型值为+5 V。

● GND——电源地。

3. 温度控制电路

温度控制是通过对加热电阻丝的电源通断来实现的。本系统采用晶闸管调功方式。晶闸管开关控制方式有两种:相位控制和过零控制。相位控制会使负载上的电压波形发生畸变,产生高次谐波,影响电网中其他用电设备。过零控制则能使负载上产生较完善的正弦电压波形,同时由于过零时通断,防止了过大电流冲击。

系统采用MOC3061光耦过零触发驱动器实现对功率晶闸管的过零触发。

晶闸管串接在50 Hz交流电源和加热丝中,只要在给定周期内改变晶闸管的接通时间,就可以达到加热功率改变的目的。单片机P1.3口输出能控制晶闸管通断时间的脉冲信号。P1.3=1时关断晶闸管,P1.3=0时开启晶闸管(参见图8.17)。

4. 硬件抗干扰措施

根据图9.1所示原理,抗干扰措施主要有:

① 温度检测采用电流量进行远距离传送,然后通过I/V变换将电流转换成电压,供A/D转换成数字量。远距离电流传送要比电压传送具有更强的抗干扰性能。

② 单片机AT89C51的最高频率为24 MHz,系统晶振采用6 MHz,即采用高速低

频工作方式,提高了抗干扰能力。

③ 单片机 P0 口配置 10 kΩ×8 的上拉电阻,提高了逻辑电平,增强了抗干扰性能。

④ 大功率的电阻加热炉采用晶闸管控制,而不是有触点通断,抑制了电流冲击和电弧干扰。

此外,印制板焊接、安装工艺以及电源配置均要采取相应的抗干扰措施。

9.3.3 程序设计

电阻炉温度控制是一个反馈调节过程:首先比较实际炉温和给定炉温的偏差;然后对偏差进行控制算法处理,得到一个输出量,用以调节炉子的加热功率,从而实现对炉温的控制。通过对偏差的比例、积分和微分运算而产生控制信号(称 PID 调节),是过程控制中应用最广泛的一种控制形式。系统的控制过程分为:

① 定时采样。使用 T0 定时器产生 5 s 定时中断,作为本系统的采样周期。在中断服务程序中启动 A/D 转换,读入采样数据。

② 数据处理。对采样数据进行数字滤波,上下限报警处理等。

③ PID 计算。对偏差进行 PID 算法处理,并输出控制脉冲信号,脉冲宽度由 T0 定时器中断决定。

1. 主程序

主程序流程如图 9.3 所示。主程序主要完成:T0 初始化,温度采样,温度显示,PID 计算等。

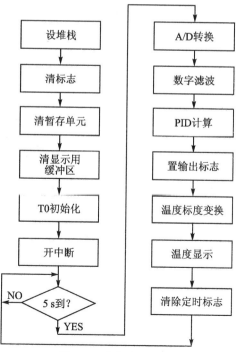

图 9.3 主程序流程图

主程序如下：

	MOV	SP,#50H	;设置堆栈
	SETB	P1.2	;置 P1.2 为输入方式
	MOV	P0,#0FFH	;置 P0 为输入方式
	CLR	GF0	;清 5 s 定时标志
	CLR	A	
	MOV	20H,A	;清 5 s 定时计数单元
	MOV	2FH,A	
	MOV	30H,A	
	MOV	3BH,A	
	MOV	3CH,A	
	MOV	3DH,A	
	MOV	3EH,A	
	MOV	45H,A	
	MOV	MISM0,A	;清显示缓冲区
	MOV	MISM1,A	
	MOV	MISM2,A	
	MOV	MISM3,A	
	MOV	MISM4,A	
	MOV	MISM5,A	
	MOV	TCON,#00H	;清 TCON
	MOV	TMOD,#01H	;T0 定时方式 1
	MOV	TH0,#0D8H	;计数初值设定,20 ms
	MOV	TL0,#0F0H	
	SETB	EA	;开总中断
	SETB	ET0	;T0 允许中断
	SETB	TR0	;启动 T0
LOOPA:	JNB	GF0,$	;GF0 = 0 则等待
	LCALL	SAMPLE	;A/D 转换
	LCALL	FILTER	;调用数字滤波子程序
	LCALL	PID	;调用 PID 计算子程序
	LCALL	CHNTER	;调用温度标度变换子程序
	LCALL	DISPLAY	;调用显示子程序
	CLR	GF0	;清 5 s 定时标志
	SETB	TR0	;启动 T0
	SJMP	LOOPA	

2. T0 中断服务程序

T0 用于产生 5 s 采样周期和晶闸管通断周期,程序流程如图 9.4 所示。

T0 中断服务程序如下：

	PUSH	ACC

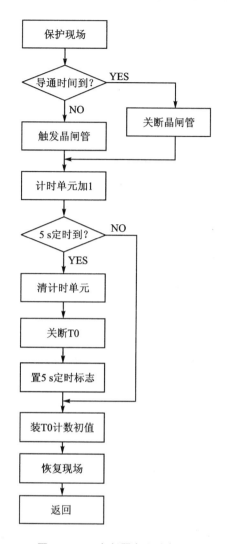

图 9.4　T0 中断服务程序框图

```
            MOV     A,45H
            JZ      LOOPB1
            DEC     A
            MOV     45H,A
            CLR     P1.3                    ;晶闸管触发
            SJMP    LOOPB2
LOOPB1:     SETB    P1.3                    ;关断晶闸管
LOOPB2:     INC     20H                     ;计时单元加 1
            MOV     A,20H
            CJNE    A,#0FAH,LOOPB3
            MOV     20H,#00H                ;5 s 定时到,清计时单元
            CLR     TR0                     ;关断 T0
```

```
            SETB    GF0                     ;置 5 s 定时标志
LOOPB3：    MOV     TH0,#0D8H               ;置 T0 初值
            MOV     TL0,#0F0H
            POP     ACC
            RETI
```

3. A/D 转换子程序

MAX118 采样 3 次,并将转换结果存于 2CH、2DH 和 2EH 单元中。程序如下:

```
SAMPLE：    MOV     R0,#2CH                 ;采样值存储单元首地址
            MOV     R1,#03H                 ;采样次数
SAMP1：     CLR     P1.0                    ;$\overline{CS}$ = 0
            CLR     P1.1                    ;$\overline{RD}$ = 0
            JB      P1.2,$                  ;判断 A/D 结束
            MOV     A,P0
            MOV     @R0,A                   ;存转换结果
            SETB    P1.0
            SETB    P1.1
            MOV     R2,#20H
DLY：       DJNZ    R2,DLY                  ;延时
            INC     R0
            DJNZ    R1,SAMP1
            RET
```

4. 数字滤波子程序

3 次采样值 Cn1,Cn2 和 Cn3 分别存于 2CH,2DH 和 2EH 单元,取中间值存放在 2AH 单元,以备 PID 运算和温度标度转换用。

数字滤波子程序如下:

```
FILTER：    MOV     R3,#02H                 ;循环次数
LOOPC1：    MOV     R2,#02H                 ;循环次数
            MOV     R0,#2CH                 ;采样值首地址
LOOPC2：    MOV     A,@R0
            INC     R0
            CLR     C
            SUBB    A,@R0
            JC      LOOPC3
            ADD     A,@R0                   ;恢复 A
            XCH     A,@R0
            DEC     R0
            MOV     @R0,A
            INC     R0
LOOPC3：    DJNZ    R2,LOOPC2
```

```
        DJNZ    R3,LOOPC1
        MOV     A,2DH
        MOV     2AH,A              ;采样中间值存于2AH
        RET
```

5. 温度标度变换子程序

控制系统在读入被测模拟信号并转换成数字量后,往往要转换成操作人员所熟悉的物理量。这是因为被测对象的各种数据的量纲与 A/D 转换的输入值不一样。被测对象的参数经传感器和 A/D 转换后得到一系列的数码,这些数码值并不等于原来带有量纲的参数值,仅仅对应于参数的大小,故必须把它转换成带有量纲的数值才能显示或打印输出。这种转换就是标度变换。

线性标度变换的公式为

$$Y = (Y_{max} - Y_{min})(X - N_{min})/(N_{max} - N_{min}) + Y_{min}$$

式中：Y 为参数测量值；

Y_{max} 为测量范围最大值；

Y_{min} 为测量范围最小值；

N_{max} 为 Y_{max} 对应的 A/D 转换值；

N_{min} 为 Y_{min} 对应的 A/D 转换值；

X 为测量值 Y 对应的 A/D 转换值。

本系统中,$Y_{min}=400\ ℃$,$Y_{max}=1\ 000\ ℃$,$N_{min}=0$,$N_{max}=255$,则

$$Y = \frac{1000 - 400}{255 - 0} \cdot (X - 0) + 400 = 2.35X + 400 = a_1 X + a_0$$

其中：$a_1 = 2.35$,$a_0 = 400$。

若设 A/D 转换值存于 2AH,a_1 存于 21H 单元,a_0 存于 22H 和 23H 单元,标度变换结果存于 24H 和 25H 单元,编制程序如下(a_0 和 a_1 扩大 100 倍)：

```
CHNTER: MOV     21H,#235           ;a1 存于21H
        MOV     DPTR,#40000
        MOV     22H,DPL
        MOV     23H,DPH
        MOV     A,2AH
        MOV     B,21H
        MUL     AB
        ADD     A,22H
        MOV     24H,A
        MOV     A,B
        ADDC    A,23H
        MOV     25H,A
        RET
```

6. PID 计算程序

PID 调节规律的基本输入输出关系可用微分方程表示为

$$u(t) = K_p\left[e(t) + \frac{1}{T_I}\int_0^t e(t)\,\mathrm{d}t + T_D\frac{\mathrm{d}e(t)}{\mathrm{d}t}\right]$$

式中：$e(t)$ 为调节器的输入偏差信号，且

$$e(t) = r(t) - C(t)$$

其中：$r(t)$ 是给定值，$C(t)$ 为被控变量；

$u(t)$ 为调节器的输出控制信号；

K_P 为比例系数；

T_I 为积分时间常数；

T_D 为微分时间常数。

计算机只能处理数字信号，若采样周期为 T，第 n 次采样输入偏差为 e_n，且 $e_n = r(n) - C(n)$，输出为 u_n，PID 算法用的微分 $\frac{\mathrm{d}e}{\mathrm{d}t}$ 由差分 $\frac{e_n - e_{n-1}}{T}$ 代替，积分 $\int_0^1 e(t)\,\mathrm{d}t$ 由 $\sum e_K T$ 代替，于是得到

$$u_n = K_P\left[e_n + \frac{1}{T_I}\sum_{i=0}^n e_i T + T_D\frac{e_n - e_{n-1}}{T}\right]$$

写成递推形式为

$$\begin{aligned}\Delta u_n &= u_n - u_{n-1}\\ &= K_P\left[(e_n - e_{n-1}) + \frac{T}{T_I}\left(\sum_{i=0}^n e_i - \sum_{i=0}^{n-1} e_i\right) + \frac{T_D}{T}(e_n - 2e_{n-1} + e_{n-2})\right]\\ &= K_P\left[(e_n - e_{n-1}) + \frac{T}{T_I}e_n + \frac{T_D}{T}(e_n - 2e_{n-1} + e_{n-2})\right]\\ &= K_P(e_n - e_{n-1}) + K_P\frac{T}{T_I}e_n + K_P\frac{T_D}{T}(e_n - 2e_{n-1} + e_{n-2})\\ &= K_P(e_n - e_{n-1}) + K_I e_n + K_D(e_n - 2e_{n-1} + e_{n-2})\\ &= P_P + P_I + P_D\end{aligned}$$

其中：$P_P = K_P(e_n - e_{n-1})$

$$P_I = K_P\frac{T}{T_I}e_n = K_I e_n$$

$$P_D = K_P\frac{T_D}{T}(e_n - 2e_{n-1} + e_{n-2}) = K_D(e_n - 2e_{n-1} + e_{n-2})$$

显然，PID 计算 Δu_n 只需要保留现时刻 e_n 以及以前的两个偏差值 e_{n-1} 和 e_{n-2}。初始化程序置初值 $e_{n-1} = e_{n-2} = 0$，通过采样，并根据参数 K_P, K_D, K_I 以及 e_n, e_{n-1}, e_{n-2} 计算 Δu_n。

根据输出控制增量 Δu_n，可求出本次控制输出为

$$u_n = u_{n-1} + \Delta u_n = u_{n-1} + P_P + P_I + P_D$$

由于电阻炉一般都属于一阶对象和带滞后的一阶对象,所以式中 K_P、K_I 和 K_D 的选择取决于电阻炉的阶跃响应特性和实际经验,工程上已经积累了不少行之有效的参数整定方法。例如按 Ziegler-Nichols 提出的方法调整,令

$$T = 0.1T_u$$
$$T_I = 0.5T_u$$
$$T_D = 0.125T_u$$

式中 T_u 称为临界周期。在单纯比例作用下(比例增益由小到大),使系统产生等幅振荡的比例增益,称为临界比例增益 K_u,这时的工作周期为临界周期 T_u,则可得

$$\Delta u_n = K_P[(e_n - e_{n-1}) + 0.2e_n + 1.25(e_n - 2e_{n-1} + e_{n-2})]$$
$$= K_P(e_n - e_{n-1}) + 0.2K_P e_n + 1.25K_P(e_n - 2e_{n-1} + e_{n-2})$$
$$= K_P(e_n - e_{n-1}) + K_I e_n + K_D(e_n - 2e_{n-1} + e_{n-2})$$

式中:
$$K_I = 0.2K_P$$
$$K_D = 1.25K_P$$

从而可调整的参数只有一个 K_P。可设计一个调整子程序,通过键盘输入改变 K_P 值,改变运行参数,使整个系统满足要求。

下面对 PID 运算加以说明:

① 所有的数都变成定点纯小数进行处理,转换方法请参考有关资料。

② 算式中的各项有正有负,以最高位作为符号位,最高位为 0 表示正数,为 1 表示负数。正负数都是补码表示,最后的计算结果以原码输出。

③ 双精度运算,为了保证运算精度,把单字节 8 位输入的采样值 C_n 和给定值 r_n 都变成双字节 16 位进行运算,最后将运算结果取成高 8 位有效值输出。

④ 输出控制量 u_n 的限幅处理。为了便于实现对晶闸管的通断处理,PID 的输出限制在 0~250 之间。大于 250 或小于 0 的控制量 u_n 都是没有意义的。因此,在算法上对 u_n 进行限幅,即

$$u_n = \begin{cases} u_{min} & u_n \leqslant u_{min} \\ u_n & u_{min} < u_n < u_{max} \\ u_{max} & u_n \geqslant u_{max} \end{cases}$$

PID 计算采用位置式算法,计算公式为

$$u_n = u_{n-1} + K_P(e_n - e_{n-1}) + K_I e_n + K_D(e_n - 2e_{n-1} + e_{n-2})$$
$$= u_{n-1} + P_P + P_I + P_D$$

程序流程图如图 9.5 所示,参数内存分配如表 9.2 所列。

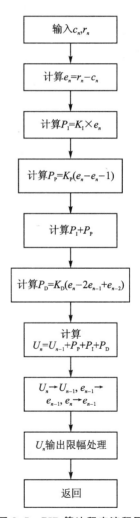

图 9.5 PID 算法程序流程图

表 9.2 参数内存分配表

存储单元	符号	说明	存储单元	符号	说明
20H		5 s 定时计数	3AH	e_{nL}	e_n 低 8 位
2AH	C_n	采样中间值	3BH	$e_{n-1,H}$	e_{n-1} 高 8 位
2BH		暂存单元	3CH	$e_{n-1,L}$	e_{n-1} 低 8 位
2CH	C_{n1}	C_n 第 1 次采样值	3DH	$e_{n-2,H}$	e_{n-2} 高 8 位
2DH	C_{n2}	C_n 第 2 次采样值	3EH	$e_{n-2,L}$	e_{n-2} 低 8 位
2EH	C_{n3}	C_n 第 3 次采样值	3FH	P_{IH}	P_I 高 8 位
2FH	u_{nH}	u_n 高 8 位	40H	P_{IL}	P_I 低 8 位
30H	u_{nL}	u_n 低 8 位	45H		K_S 导通定时
31H	r_{nH}	给定值高 8 位	46H		暂存单元
32H	r_{nL}	给定值低 8 位	47H		暂存单元
33H	K_{pH}	K_p 高 8 位	48H		暂存单元
34H	K_{pL}	K_p 低 8 位	49H		暂存单元
35H	K_{IH}	K_I 高 8 位	4AH		暂存单元
36H	K_{IL}	K_I 低 8 位	4BH		暂存单元
37H	K_{DH}	K_D 高 8 位	4CH		暂存单元
38H	K_{DL}	K_D 低 8 位	4DH		暂存单元
39H	e_{nH}	e_n 高 8 位			

根据图 9.5 编写程序如下:

```
        MOV     R5,31H                  ;给定值 rn
        MOV     R4,32H
        MOV     R3,2AH                  ;采样值 Cn
        MOV     R2,#00H
        LCALL   CPL1                    ;取 -Cn 的补码
        LCALL   DSUM                    ;计算 en - rn - Cn
        MOV     39H,R7                  ;存 en(补码)
        MOV     3AH,R6
        MOV     R5,35H                  ;取 KI
        MOV     R4,36H
        MOV     R0,#4AH
        LCALL   MULT1                   ;计算 PI = KI · en,并存于 4AH~4DH
        MOV     R5,39H                  ;取 en(补码)
        MOV     R4,3AH
        MOV     R3,3BH                  ;取 en-1(补码)
        MOV     R2,3CH
        LCALL   DSUM                    ;求 en - en-1,补码存于 R7R6
```

MOV	R5,33H	;取 K_P	
MOV	R4,34H		
MOV	R0,#46H		
LCALL	MULT1	;求 $P_P = K_P(e_n - e_{n-1})$,存于 46H~49H	
MOV	R5,49H	;取 P_P	
MOV	R4,48H		
MOV	R3,4DH	;取 P_I	
MOV	R2,4CH		
LCALL	DSUM	;求 $P_P + P_I \rightarrow$ R7R6	
MOV	4AH,R7	;保存和 $P_P + P_I \rightarrow$ 4AH,4BH	
MOV	4BH,R6		
MOV	R5,39H	;取 e_n(补码)	
MOV	R4,3AH		
MOV	R3,3DH	;取 e_{n-2}(补码)	
MOV	R2,3EH		
LCALL	DSUM	;计算 $e_n + e_{n-2} \rightarrow$ R7R6	
MOV	A,R7		
MOV	R5,A		
MOV	A,R6		
MOV	R4,A		
MOV	R3,3BH	;取 e_{n-1}(补码)	
MOV	R2,3CH		
LCALL	DSUM	;计算 $e_n + e_{n-2} - e_{n-1} \rightarrow$ R7R6	
MOV	A,R7		
MOV	R5,A		
MOV	A,R6		
MOV	R4,A		
MOV	R3,3BH	;取 e_{n-1}(补码)	
MOV	R2,3CH		
LCALL	DSUM	;计算 $e_n - 2e_{n-1} + e_{n-2} \rightarrow$ R7R6	
MOV	R5,37H	;取 K_D	
MOV	R4,38H		
MOV	R0,#46H		
LCALL	MULT1	;计算 $P_D = K_D(e_n - 2e_{n-1} + e_{n-2})$	
MOV	R5,49H	;取 P_D	
MOV	R4,48H		
MOV	R3,4AH	;取 $P_P + P_I$	
MOV	R2,4BH		
LCALL	DSUM	;计算 $P_P + P_I + P_D \rightarrow$ R7R6	
MOV	A,R7		
MOV	R3,A		
MOV	A,R6		
MOV	R2,A		

```
        MOV     R5,2FH              ;取 $u_{n-1}$
        MOV     R4,30H
        LCALL   DSUM                ;计算 $u_{n-1}+P_P+P_I+P_D\rightarrow$R7R6
        MOV     2FH,R7              ;用 $u_n$ 取代 $u_{n-1}$
        MOV     30H,R6
        MOV     3DH,3BH             ;用 $e_{n-1}$ 取代 $e_{n-2}$
        MOV     3EH,3CH
        MOV     3BH,39H             ;用 $e_n$ 取代 $e_{n-1}$
        MOV     3CH,3AH
        MOV     A,2FH               ;$u_n$ 的限幅处理
        JNB     ACC.7,CONT1
        MOV     45H,#00H            ;$u_n$ 为负值取为 0
        RET
CONT1:  MOV     A,30H
        RLC     A
        MOV     A,2FH
        RLC     A
        MOV     R2,A                ;KS 控制取高 8 位
        SUBB    A,#0FAH
        JNC     CONT2
        MOV     45H,R2
        RET
CONT2:  MOV     45H,#0FAH
        RET
```

负数双字节-(R3R2)求补,结果仍存放于 R3R2 中。其子程序如下:

```
CPL1:   MOV     A,R2
        CPL     A
        ADD     A,#01H
        MOV     R2,A
        MOV     A,R3
        CPL     A
        ADDC    A,#00H
        MOV     R3,A
        RET
```

双字节加法(R5R4)+(R3R2)→(R7R6)。其子程序如下:

```
DSUM:   MOV     A,R4
        ADD     A,R2
        MOV     R6,A
        MOV     A,R5
        ADDC    A,R3
        MOV     R7,A
        RET
```

双字节无符号数乘法子程序：
- 入口：(R7R6)=被乘数；(R5R4)=乘数。
- 出口：(R0)=乘积的 4 字节地址指针。
- 工作寄存器：R3,R2。

竖式乘法过程表示为

```
              R7    R6
        ×)    R5    R4
        ─────────────────
              H64   L64  ←── R6×R4
        H74   L74       ←──── R7×R4
        H56   L56       ←──── R5×R6
   +)   H75   L75       ←──── R7×R5
   ──────────────────────────────────
        (R0+3)(R0+2)(R0+1) R0 ←──── 乘积存储单元
```

MULT:	MOV	A,R6	
	MOV	B,R4	
	MUL	AB	;R6×R4
	MOV	@R0,A	;存 L64
	MOV	R3,B	;H64 存于 R3
	MOV	A,R4	
	MOV	B,R7	
	MUL	AB	;R7×R4
	ADD	A,R3	;H64+L74 存于 R3
	MOV	R3,A	
	MOV	A,B	
	ADDC	A,#00H	;H74+进位存于 R2
	MOV	R2,A	
	MOV	A,R6	
	MOV	B,R5	
	MUL	AB	;R5×R6
	ADD	A,R3	;H64+L74+L56 存于(R0+1)单元
	INC	R0	
	MOV	@R0,A	
	CLR	F0	;清标志 PSW.5
	MOV	A,R2	
	ADDC	A,B	;H74+进位+H56 存于 R2
	MOV	R2,A	
	JNC	LAST	
	SETB	F0	;置进位标志 PSW.5
LAST:	MOV	A,R7	
	MOV	B,R5	

```
            MUL     AB                      ;R7×R5
            ADD     A,R2                    ;H74+进位+H56+L75 存于(R0+2)单元
            INC     R0
            MOV     @R0,A
            MOV     A,B
            ADDC    A,#00H
            MOV     C,F0
            ADDC    A,#00H
            INC     R0
            MOV     @R0,A                   ;存积最高字节
            RET
```

双字节带符号数乘法子程序：
带符号数用补码表示，最高位为 1 表示负数，为 0 表示正数。
- 入口：(R7R6)=被乘数；(R5R4)=乘数；SIGN1 标号位地址为 5CH；SIGN2 标号位地址为 5DH。
- 出口：(R0)=乘积的 4 字节地址指针。

程序流程图如图 9.6 所示。

```
MULT1:      MOV     A,R7
            RLC     A
            MOV     SIGN1,C                 ;存被乘数符号位
            JNC     POS1                    ;被乘数为正则转
            MOV     A,R6                    ;被乘数求补变为无符号数
            CPL     A
            ADD     A,#01H
            MOV     R6,A
            MOV     A,R7
            CPL     A
            ADDC    A,#00H
            MOV     R7,A
POS1:       MOV     A,R5
            RLC     A
            MOV     SIGN2,C                 ;存乘数符号位
            JNC     POS2                    ;乘数为正则转
            MOV     A,R4                    ;乘数求补变为无符号数
            CPL     A
            ADD     A,#01H
            MOV     R4,A
            MOV     A,R5
            CPL     A
            ADDC    A,#00H
            MOV     R5,A
```

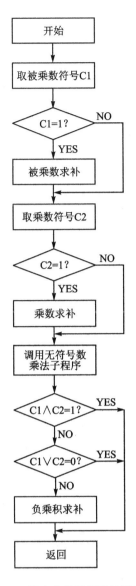

图 9.6 双字节带符号乘法流程图

```
POS2:   MOV     2BH,R0                  ;调用无符号数乘法子程序
        LCALL   MULT
        MOV     C,SIGN1
        ANL     C,SIGN2
        JC      TPL                     ;C＝1 是两个负数则转
        MOV     C,SIGN1
        ORL     C,SIGN2
        JNC     TPL                     ;C＝0 是两个正数则转
        MOV     R0,2BH                  ;乘积求补
        MOV     A,@R0
```

```
           CPL    A
           ADD    A,#01H
           MOV    @R0,A
           INC    R0
           MOV    A,@R0
           CPL    A
           ADDC   A,#00H
           MOV    @R0,A
           INC    R0
           MOV    A,@R0
           CPL    A
           ADDC   A,#00H
           MOV    @R0,A
           INC    R0
           MOV    A,@R0
           CPL    A
           ADDC   A,#00H
           MOV    @R0,A
    TPL:   RET
```

应指出，上述 PID 计算过程只是说明了控制过程的基本思路，有些具体工程问题，如数值的溢出，符号位的处理等，希望读者根据工艺具体要求，对程序进行补充和改进。

附录 A

80C51 系列单片机指令集

A.1 按字母顺序排列的指令集

表 A.1 列出了按字母顺序排列的 80C51 系列单片机的指令,共 111 条。

表 A.1 按字母顺序排列的指令集

序号	助记符	操作数	指令代码	字节数	机器周期
1	ACALL	Addr11	*0001,addr7~0	2	2
2	ADD	A,Rn	28~2F	1	1
3	ADD	A,direct	25 direct	2	1
4	ADD	A,@Ri	26~27	1	1
5	ADD	A,#data	24 data	2	1
6	ADDC	A,Rn	38~3F	1	1
7	ADDC	A,direct	35 direct	2	1
8	ADDC	A,@Ri	36~37	1	1
9	ADDC	A,#data	34 data	2	1
10	AJMP	Addr11	*0001,addr7~0	2	2
11	ANL	A,Rn	58~5F	1	1
12	ANL	A,direct	55 direct	2	1
13	ANL	A,@Ri	56~57	1	1
14	ANL	A,#data	54 data	2	1
15	ANL	direct,A	52 direct	2	1

续表 A.1

序号	助记符	操作数	指令代码	字节数	机器周期
16	ANL	direct,#data	53 direct data	3	2
17	ANL	C,bit	82 bit	2	2
18	ANL	C,/bit	B0 bit	2	2
19	CJNE	A,direct,rel	B5 direct rel	3	2
20	CJNE	A,#data,rel	B4 data rel	3	2
21	CJNE	Rn,#data,rel	B8~BF data rel	3	2
22	CJNE	@Ri,#data,rel	B6~B7 data rel	3	2
23	CLR	A	E4	1	1
24	CLR	C	C3	1	1
25	CLR	bit	C2 bit	2	1
26	CPL	A	F4	1	1
27	CPL	C	B3	1	1
28	CPL	bit	B2 bit	2	1
29	DA	A	D4	1	1
30	DEC	A	14	1	1
31	DEC	Rn	18~1F	1	1
32	DEC	direct	15 direct	2	1
33	DEC	@Ri	16~17	1	1
34	DIV	AB	84	1	4
35	DJNZ	Rn,rel	D8~DF rel	2	2
36	DJNZ	direct,rel	D5 direct rel	3	2
37	INC	A	04	1	1
38	INC	Rn	08~0F	1	1
39	INC	direct	05 direct	2	1
40	INC	@Ri	06~07	1	1
41	INC	DPTR	A3	1	2
42	JB	bit,rel	20 bit rel	3	2
43	JBC	bit,rel	10 bit rel	3	2
44	JC	rel	40 rel	2	2
45	JMP	@A+DPTR	73	1	2
46	JNB	bit,rel	30 bit rel	3	2

续表 A.1

序 号	助记符	操作数	指令代码	字节数	机器周期
47	JNC	rel	50 rel	2	2
48	JNZ	rel	70 rel	2	2
49	JZ	rel	60 rel	2	2
50	LCALL	addr16	12 addr15~8 addr7~0	3	2
51	LJMP	addr16	02 addr15~8 addr7~0	3	2
52	MOV	A,Rn	E8~EF	1	1
53	MOV	A,direct	E5 direct	2	1
54	MOV	A,@Ri	E6~E7	1	1
55	MOV	A,#data	74 data	2	1
56	MOV	Rn,A	F8~FF	1	1
57	MOV	Rn,direct	A8~AF direct	2	2
58	MOV	Rn,#data	78~7F data	2	1
59	MOV	direct,A	F5 direct	2	1
60	MOV	direct,Rn	88~8F direct	2	2
61	MOV	direct2,direct1	85 direct1 direct2	3	2
62	MOV	direct,@Ri	86~87 direct	2	2
63	MOV	direct,#data	75 direct data	3	2
64	MOV	@Ri,A	F6~F7	1	1
65	MOV	@Ri,direct	A6~A7 direct	2	2
66	MOV	@Ri,#data	76~77 data	2	1
67	MOV	C,bit	A2 bit	2	1
68	MOV	bit,C	92 bit	2	2
69	MOV	DPTR,#data16	90 data15~8 data7~0	3	2
70	MOVC	A,@A+DPTR	93	1	2
71	MOVC	A,@A+PC	83	1	2
72	MOVX	A,@Ri	E2~E3	1	2
73	MOVX	A,@DPTR	E0	1	2
74	MOVX	@Ri,A	F2~F3	1	2
75	MOVX	@DPTR,A	F0	1	2
76	MUL	AB	A4	1	4
77	NOP		00	1	1

续表 A.1

序号	助记符	操作数	指令代码	字节数	机器周期
78	ORL	A,Rn	48~4F	1	1
79	ORL	A,direct	45 direct	2	1
80	ORL	A,@Ri	46~47	1	1
81	ORL	A,#data	44 data	2	1
82	ORL	direct,A	42 direct	2	1
83	ORL	direct,#data	43 direct data	3	2
84	ORL	C,bit	72 bit	2	2
85	ORL	C,/bit	A0 bit	2	2
86	POP	direct	D0 direct	2	2
87	PUSH	direct	C0 direct	2	2
88	RET		22	1	2
89	RETI		32	1	2
90	RL	A	23	1	1
91	RLC	A	33	1	1
92	RR	A	03	1	1
93	RRC	A	13	1	1
94	SETB	C	D3	1	1
95	SETB	bit	D2 bit	2	1
96	SJMP	rel	80 rel	2	2
97	SUBB	A,Rn	98~9F	1	1
98	SUBB	A,direct	95 direct	2	1
99	SUBB	A,@Ri	96~97	1	1
100	SUBB	A,#data	94 data	2	1
101	SWAP	A	C4	1	1
102	XCH	A,Rn	C8~CF	1	1
103	XCH	A,direct	C5 direct	2	1
104	XCH	A,@Ri	C6~C7	1	1
105	XCHD	A,@Ri	D6~D7	1	1
106	XRL	A,Rn	68~6F	1	1
107	XRL	A,direct	65 direct	2	1
108	XRL	A,@Ri	66~67	1	1

续表 A.1

序号	助记符	操作数	指令代码	字节数	机器周期
109	XRL	A,♯data	64 data	2	1
110	XRL	direct,A	62 direct	2	1
111	XRL	direct,♯data	63 direct data	3	2

* ACALL addr11 指令代码为

| a10 | a9 | a8 | 1 | 0 | 0 | 0 | 1 |

| a7 | a6 | a5 | a4 | a3 | a2 | a1 | a0 |

* AJMP addr11 指令代码为

| a10 | a9 | a8 | 0 | 0 | 0 | 0 | 1 |

| a7 | a6 | a5 | a4 | a3 | a2 | a1 | a0 |

A.2 按功能分类的指令集

指令系统有 51 种功能的 111 条汇编指令,对应有 255 条目标指令。全部指令分为 4 大类,即传送、交换和栈出/入指令,算术、逻辑运算指令,转移指令及布尔指令集。指令集的指令分类如表 A.2~A.5 所列。

表 A.2 传送、交换和栈出/入指令

助记符	说明	字节数	振荡器周期
MOV A,Rn	寄存器传送到累加器	1	12
MOV A,direct	直接字节传送到累加器	2	12
MOV A,@Ri	间接 RAM 传送到累加器	1	12
MOV A,♯data	立即数传送到累加器	2	12
MOV Rn,A	累加器传送到寄存器	1	12
MOV Rn,direct	直接字节传送到寄存器	2	24
MOV Rn,♯data	立即数传送到寄存器	2	12
MOV direct,A	累加器传送到直接字节	2	12
MOV direct,Rn	寄存器传送到直接字节	2	24
MOV direct,direct	直接字节传送到直接字节	3	24
MOV direct,@Ri	间接 RAM 传送到直接字节	2	24
MOV direct,♯data	立即数传送到直接字节	3	24
MOV @Ri,A	累加器传送到间接 RAM	1	12

续表 A.2

助记符	说 明	字节数	振荡器周期
MOV @Ri,direct	直接字节传送到间接 RAM	2	24
MOV @Ri,#data	立即数传送到间接 RAM	2	12
MOV DPTR,#data16	16 位常数加载到数据指针	3	24
MOVC A,@A+DPTR	代码字节传送到累加器	1	24
MOVC A,@A+PC	代码字节传送到累加器	1	24
MOVX A,@Ri	外部 RAM(8 位地址)传送到 ACC	1	24
MOVX A,@DPTR	外部 RAM(16 位地址)传送到 ACC	1	24
MOVX @Ri,A	ACC 传送到外部 RAM(8 位地址)	1	24
MOVX @DPTR,A	ACC 传送到外部 RAM(16 位地址)	1	24
PUSH direct	直接字节压到堆栈	2	24
POP direct	从栈中弹出直接字节	2	24
XCH A,Rn	寄存器和累加器交换	1	12
XCH A,direct	直接字节和累加器交换	2	12
XCH A,@Ri	间接 RAM 和累加器交换	1	12
XCHD A,@Ri	间接 RAM 和累加器交换低 4 位字节	1	12
SWAP A	累加器内部高、低 4 位交换	1	12

表 A.3 算术、逻辑运算指令

助记符	说 明	字节数	振荡器周期
ADD A,Rn	寄存器加到累加器	1	12
ADD A,direct	直接字节加到累加器	2	12
ADD A,@Ri	间接 RAM 加到累加器	1	12
ADD A,#data	立即数加到累加器	2	12
ADDC A,Rn	寄存器加到累加器(带进位)	1	12
ADDC A,direct	直接字节加到累加器(带进位)	2	12
ADDC A,@Ri	间接 RAM 加到累加器(带进位)	1	12
ADDC A,#data	立即数加到累加器(带进位)	2	12
SUBB A,Rn	ACC 减去寄存器(带借位)	1	12
SUBB A,direct	ACC 减去直接字节(带借位)	2	12
SUBB A,@Ri	ACC 减去间接 RAM(带借位)	1	12
SUBB A,#data	ACC 减去立即数(带借位)	2	12

续表 A.3

助记符	说 明	字节数	振荡器周期
INC A	累加器加1	1	12
INC Rn	寄存器加1	1	12
INC direct	直接字节加1	2	12
INC @Ri	间接RAM加1	1	12
DEC A	累加器减1	1	12
DEC Rn	寄存器减1	1	12
DEC direct	直接地址字节减1	2	12
DEC @Ri	间接RAM减1	1	12
INC DPTR	数据指针加1	1	24
MUL AB	A和B的寄存器相乘	1	48
DIV AB	A寄存器除以B寄存器	1	48
DA A	累加器十进制调整	1	12
ANL A,Rn	寄存器"与"到累加器	1	12
ANL A,direct	直接字节"与"到累加器	2	12
ANL A,@Ri	间接RAM"与"到累加器	1	12
ANL A,#data	立即数"与"到累加器	2	12
ANL direct,A	累加器"与"到直接字节	2	12
ANL direct,#data	立即数"与"到直接字节	3	24
ORL A,Rn	寄存器"或"到累加器	1	12
ORL A,direct	直接字节"或"到累加器	2	12
ORL A,@Ri	间接RAM"或"到累加器	1	12
ORL A,#data	立即数"或"到累加器	2	12
ORL direct,A	累加器"或"到直接字节	2	12
ORL direct,#data	立即数"或"到直接字节	3	24
XRL A,Rn	寄存器"异或"到累加器	1	12
XRL A,direct	直接字节"异或"到累加器	2	12
XRL A,@Ri	间接RAM"异或"到累加器	1	12
XRL A,#data	立即数"异或"到累加器	2	12
XRL direct,A	累加器"异或"到直接字节	2	12
XRL direct,#data	立即数"异或"到直接字节	3	24
CLR A	累加器清零	1	12

续表 A.3

助记符	说 明	字节数	振荡器周期
CPL A	累加器取反	1	12
RL A	累加器循环左移	1	12
RLC A	经过进位位的累加器循环左移	1	12
RR A	累加器循环右移	1	12
RRC A	经过进位位的累加器循环右移	1	12

表 A.4 转移指令

助记符	说 明	字节数	振荡器周期
ACALL addr11	绝对调用子程序	2	24
LCALL addr16	长调用子程序	3	24
RET	从子程序返回	1	24
RETI	从中断返回	1	24
AJMP addr11	绝对转移	2	24
LJMP addr16	长转移	3	24
SJMP rel	短转移(相对转移)	2	24
JMP @A+DPTR	相对 DPTR 的间接转移	1	24
JZ rel	累加器为零则转移	2	24
JNZ rel	累加器为非零则转移	2	24
CJNE A,direct,rel	比较直接字节和 ACC,不相等则转移	3	24
CJNE A,#data,rel	比较立即数和 ACC,不相等则转移	3	24
CJNE Rn,#data,rel	比较立即数和寄存器,不相等则转移	3	24
CJNE @Ri,#data,rel	比较立即数和间接 RAM,不相等则转移	3	24
DJNZ Rn,rel	寄存器减1,不为零则转移	3	24
DJNZ direct,rel	直接字节减1,不为零则转移	3	24
NOP	空操作	1	12

表 A.5 布尔指令集

助记符	说 明	字节数	振荡器周期
CLR C	清进位	1	12
CLR bit	清直接寻址位	2	12
SETB C	进位位置位	1	12
SETB bit	直接寻址位置位	2	12
CPL C	进位位取反	1	12
CPL bit	直接寻址位取反	2	12
ANL C,bit	直接寻址位"与"到进位位	2	24
ANL C,/bit	直接寻址位的反码"与"到进位位	2	24
ORL C,bit	直接寻址位"或"到进位位	2	24
ORL C,/bit	直接寻址位的反码"或"到进位位	2	24
MOV C,bit	直接寻址位传送到进位位	2	12
MOV bit,C	进位位传送到直接寻址位	2	24
JC rel	如果进位为1则转移	2	24
JNC rel	如果进位为零则转移	2	24
JB bit,rel	如果直接寻址位为1则转移	3	24
JNB bit,rel	如果直接寻址位为零则转移	3	24
JBC bit,rel	如果直接寻址位为1则转移并清除该位	3	24

附录 B 常用芯片索引

序 号	型 号	名 称	章节图号
1	80C51	单片机	图 2.2
2	74HC04	六反相器	图 2.11, 图 6.43
3	AT89C51	单片机	图 2.17
4	AT89C2051	单片机	图 2.19
5	74HC373	8D 锁存器	图 4.7
6	74HC377	8D 触发器	图 4.8, 图 6.20
7	74HC244	三态门缓冲器	图 4.10, 图 6.18
8	74HC74A	双 D 触发器	图 4.16, 图 6.41
9	74HC164	8 位并行输出/串行输入寄存器	图 4.33
10	74HC165	8 位并入/串出移位寄存器	图 4.35
11	TLP521－4	光电耦合器	图 5.34
12	74HC123	双可再触发单稳态多谐振荡器	图 5.85
13	MAX791	微处理器监控器	图 5.88
14	74LS373	8 位锁存器	图 6.3
15	8282	8 位锁存器	图 6.3
16	74LS138	3－8 译码器	图 6.4
17	74LS139	双 2－4 译码器	图 6.5
18	EPROM2764	程序存储器	图 6.9
19	RAM6264	数据存储器	图 6.13
20	E^2PROM2817A	数据存储器	图 6.15

续表

序号	型号	名称	章节图号
21	E^2PROM2864A	数据存储器	图6.16
22	8255A	可编程并行I/O扩展接口	图6.22
23	8253	可编程定时器/计数器	图6.27
24	DAC0832	8位D/A转换器	图6.30
25	DAC1208	12位D/A转换器	图6.35
26	ADC0809	8位A/D转换器	图6.39
27	74HC32	四2输入正或门	图6.42
28	MAX197	8通道12位A/D转换器	图6.44
29	ICL7109	双积分12位A/D转换器	图6.47
30	AD652	V/F转换器	图6.52
31	ICM7218B	8位LED驱动器	图6.60
32	8279	键盘和LED显示器接口芯片	图6.63
33	ICM7211M	LCD驱动器	图6.70
34	74HC245	三态双向缓冲器	图6.78
35	74HC08	四2输入正与门	图6.79
36	PCF8574	I/O口串行扩展芯片	图7.16
37	MC14499	串行LED显示驱动器	图7.19
38	MAX187	12位串行A/D转换器	图7.23
39	7407/7417	集电极开路同相输出驱动器	图8.1
40	7545×	75系列功率集成电路	图8.3
41	MOC3061	光耦合过零触发驱动器	图8.4
42	MAX118	8通道8位A/D转换器	图9.2

参考文献

1. 何立民. MCS-51系列单片机应用系统设计. 北京：北京航空航天大学出版社,1990.
2. 何立民. I²C总线应用系统设计. 北京：北京航空航天大学出版社,1995.
3. 何立民. 单片机高级教程. 北京：北京航空航天大学出版社,2000.
4. 张俊谟. 单片机中级教程. 北京：北京航空航天大学出版社,2000.
5. 朱勇. 单片机原理与应用技术. 北京：清华大学出版社,2006.
6. 张毅刚. 新编MCS-51单片机应用设计. 哈尔滨：哈尔滨工业大学出版社,2008.
7. 王幸之. AT89系列单片机原理与接口技术. 北京：北京航空航天大学出版社,2004.
8. 王幸之. 单片机应用系统电磁干扰与抗干扰技术. 北京：北京航空航天大学出版社,2006.